略　語　表

A	adenine	アデニン
ACP	acyl carrier protein	アシルキャリアタンパク質
ADP	adenosine-5′-diphosphate	アデノシン 5′-二リン酸
ALT	alanine aminotransferase, alanine transaminase	アラニンアミノトランスフェラーゼ
AMP	adenosine-5′-monophosphate	アデノシン 5′-一リン酸
AST	aspartate aminotransferase, aspartate transaminase	アスパラギン酸アミノトランスフェラーゼ
ATP	adenosine-5′-triphosphate	アデノシン 5′-三リン酸
ATPase	adenosine triphosphatase	ATPアーゼ，ATP加水分解酵素
bp	base pair	塩基対
BPG	2,3-bisphosphoglycerate	2,3-ビスホスホグリセリン酸
C	cytosine	シトシン
cAMP	adenosine-3′,5′-cyclic monophosphate	サイクリックアデノシン 3′,5′-一リン酸
cDNA	complementary DNA	相補的DNA
CDP	cytidine-5′-diphosphate	シチジン 5′-二リン酸
cGMP	guanosine-3′,5′-cyclic monophosphate	サイクリックグアノシン 3′,5′-一リン酸
CMP	cytidine-5′-monophosphate	シチジン 5′-一リン酸
CoA (CoASH)	coenzyme A	補酵素A
CoQ	coenzyme Q, ubiquinone (oxidized form)	補酵素Q，ユビキノン（酸化型）
$CoQH_2$	coenzyme Q, ubiquinone (reduced form)	補酵素Q，ユビキノン（還元型）
CTP	cytidine-5′-triphosphate	シチジン 5′-三リン酸
Cyt	cytochrome	シトクロム
DAG	diacylglycerol	ジアシルグリセロール
DNA	deoxyribonucleic acid	デオキシリボ核酸
FAD	flavin adenine dinucleotide (oxidized form)	フラビンアデニンジヌクレオチド（酸化型）
$FADH_2$	flavin adenine dinucleotide (reduced form)	フラビンアデニンジヌクレオチド（還元型）
FMN	flavin mononucleotide (oxidized form)	フラビンモノヌクレオチド（酸化型）
G	guanine or Gibbs free energy	グアニンもしくはギブズの自由エネルギー
G protein	guanine-nucleotide binding protein	グアニンヌクレオチド結合タンパク質
GDP	guanosine-5′-diphosphate	グアノシン 5′-二リン酸
GLUT	glucose tranporter	グルコース輸送体
GMP	guanosine-5′-monophosphate	グアノシン 5′-一リン酸
GSH	glutathione	グルタチオン
GSSG	glutathione (oxidized form)	グルタチオン（酸化型）
GTP	guanosine-5′-triphosphate	グアノシン 5′-三リン酸
Hb	hemoglobin	ヘモグロビン
HDL	high-density lipoprotein	高密度リポタンパク質
HMG-CoA	3-hydroxy-3-methylglutaryl-CoA	3-ヒドロキシ-3-メチルグルタリルCoA
HRE	hormone response element	ホルモン応答配列
IgG	immunoglobulin G	免疫グロブリンG
IMP	inosine-5′-monophosphate	イノシン 5′-一リン酸
IP_3	inositol-1,4,5-triphosphate	イノシトール 1,4,5-三リン酸
K_m	Michaelis constant	ミカエリス定数
kb	kilobases	キロベース
kDa	kilodalton	キロダルトン
LDH	lactate dehydrogenase	乳酸脱水素酵素，乳酸デヒドロゲナーゼ
LDL	low-density lipoprotein	低密度リポタンパク質
MAPK	mitogen-activated protein (MAP) kinase	MAPキナーゼ
NAD^+	nicotinamide adenine dinucleotide (oxidized form)	ニコチンアミドアデニンジヌクレオチド（酸化型）
NADH	nicotinamide adenine dinucleotide (reduced form)	ニコチンアミドアデニンジヌクレオチド（還元型）
$NADP^+$	nicotinamide adenine dinucleotide phosphate (oxidized form)	ニコチンアミドアデニンジヌクレオチドリン酸（酸化型）
NADPH	nicotinamide adenine dinucleotide phosphate (reduced form)	ニコチンアミドアデニンジヌクレオチドリン酸（還元型）
PAGE	polyacrylamide gel electrophoresis	ポリアクリルアミドゲル電気泳動
PCR	polymerase chain reaction	ポリメラーゼ連鎖反応
pI	isoelectric point	等電点
Pi	inorganic phosphate (orthophosphate)	無機リン酸（正リン酸）
PKA	protein kinase A	プロテインキナーゼA
PKC	protein kinase C	プロテインキナーゼC
PLC	phospholipase C	ホスホリパーゼC
PPi	pyrophosphate	ピロリン酸
RNA	ribonucleic acid	リボ核酸
hnRNA	heterogenous nuclear RNA	ヘテロ核RNA
mRNA	messenger RNA	メッセンジャーRNA
rRNA	ribosomal RNA	リボソームRNA
snRNA	small nuclear RNA	核内低分子RNA
tRNA	transfer RNA	トランスファーRNA
RNase	ribonuclease	リボヌクレアーゼ
S	Svedberg unit	スベドベリ単位
SDS	sodium dodecyl sulfate	ドデシル硫酸ナトリウム
T	thymine	チミン
TG	triacylglycerol, triglyceride	中性脂肪
TPP	thiamine pyrophosphate	チアミンピロリン酸
U	uracil	ウラシル
UDP	uridine-5′-diphosphate	ウリジン 5′-二リン酸
UMP	uridine-5′-monophosphate	ウリジン 5′-一リン酸
UTP	uridine-5′-triphosphate	ウリジン 5′-三リン酸
VFA	volatile fatty acids	揮発性脂肪酸
VLDL	very low density lipoprotein	超低密度リポタンパク質
V_{max}	maximum velocity	最大反応速度（酵素）

改訂
獣医生化学

横田　博
木村和弘
志水泰武
［編］

朝倉書店

序

　口蹄疫，鳥インフルエンザ，かつてはBSEなどが国境を越えて発生し，そのたびに食料生産（畜産）現場は危機的状況に追い込まれてきた．さらに，人の健康へも影響が懸念され社会的不安が広がっている．こうした不安を払拭し状況を改善するために，獣医学のさらなる発展が強く望まれている．一方で，国家試験の出題基準が大幅に改正され，国際獣疫事務局より獣医学教育に関するミニマム・コンピテンシー（案）が公表された．これを受け，獣医学教育のモデル・コアカリキュラムが設定され，共同教育課程の設置，CBTを用いた学習度の評価などの教育改善の取り組みが行われつつある．

　大学基準協会による獣医学教育に関する基準の中に，「獣医学基礎教育は生命科学分野（ライフサイエンス分野）の全般を俯瞰し，臨床教育への繋がりと常に新しい事態に対応できる能力の開発と養成を図ること」とある．生化学は，人の医学と同様に動物の医療においても，数々の病気を分子レベルで解析し，その予防や治療に役立てる基礎研究の主役を担ってきた．すなわち，地球上の病気の克服は生化学の発展によって推進されてきたといっても過言ではない．そこで獣医学教育における生化学教育をさらに充実させ，病態を分子レベルで理解し，降り掛かる新しい事態に対応できる能力を養うことが重要となってきている．

　そうした状況の中で，今回従来の『獣医生化学』に新しい執筆者，新しい章や事柄を加え，大幅に見直しを行った．前版の特徴であり，好評であった以下の点はさらに充実させた．つまり，各章の最初にポイントを整理し，理解を進めるために図を多く取り入れ，相互関係を理解するために自習問題を各章の終わりに掲載した．

　獣医師として修めておくべき多くの分野を学習する土台として，この教科書を利用していただきたい．さらに，獣医臨床や応用分野で新しい事態に直面した際の考える基盤としていただければ幸いである．最後に，本書を出版するにあたり，改訂趣旨に賛同いただき執筆の労を担っていただいた先生方，ならびにまさに献身的なご尽力をいただいた朝倉書店の担当者の各位に深く感謝する次第である．

2016年3月

編 集 者 一 同

■ 編集者

横田	博	酪農学園大学獣医学群教授
木村 和弘		北海道大学大学院獣医学研究科教授
志水 泰武		岐阜大学応用生物科学部教授

■ 執筆者（執筆順）

竹中 重雄		大阪府立大学大学院生命科学研究科准教授 [1章]
杉谷 博士		日本大学生物資源科学部教授 [2章]
新井 克彦		東京農工大学農学部附属硬蛋白質利用研究施設教授 [3章]
藤田 秋一		鹿児島大学共同獣医学部教授 [4章]
渡辺 清隆		前北里大学獣医学部教授 [5章]
横田 博		酪農学園大学獣医学群教授 [6章, 10章]
折野 宏一		北里大学獣医学部教授 [7章]
志水 泰武		岐阜大学応用生物科学部教授 [8章, 9章]
岡松 優子		北海道大学大学院獣医学研究科講師 [11章]
新井 敏郎		日本獣医生命科学大学獣医学部教授 [12章]
小森 雅之		大阪府立大学大学院生命科学研究科教授 [13章]
木村 和弘		北海道大学大学院獣医学研究科教授 [14章]
森松 正美		北海道大学大学院獣医学研究科准教授 [15章, 16章]
佐々木 典康		日本獣医生命科学大学獣医学部准教授 [17章]
西川 義文		帯広畜産大学原虫病研究センター准教授 [18章]
田中 智		東京大学大学院農学生命科学研究科准教授 [19章]
浅野 淳		鹿児島大学共同獣医学部教授 [20章]
石岡 克己		日本獣医生命科学大学獣医学部准教授 [21章]

目　　次

1　生体構成分子と化学結合，細胞

1.1　生命と生体分子 …………………………1
1.2　元素と化学結合 …………………………2
　1.2.1　元　素 ……………………………2
　1.2.2　化学結合 …………………………3
　1.2.3　生体高分子と超分子集合体 ………4
1.3　細胞と細胞小器官 ………………………4
　1.3.1　細　胞 ……………………………4
　1.3.2　細胞小器官 ………………………6
自習問題 ………………………………………7

2　水と電解質

2.1　水 …………………………………………9
　2.1.1　水の特性 …………………………9
　2.1.2　水と水素結合 ……………………10
2.2　水の電離とpH …………………………10
　2.2.1　水の電離 …………………………10
　2.2.2　pH ………………………………10
　2.2.3　ヘンダーソン-ハッセルバルヒの式 …11
　2.2.4　緩衝作用と緩衝液 ………………12
　2.2.5　生体内の緩衝系 …………………12
2.3　電解質 …………………………………13
　2.3.1　ナトリウム ………………………14
　2.3.2　カリウム …………………………15
　2.3.3　カルシウム ………………………15
　2.3.4　リン ………………………………17
　2.3.5　マグネシウム ……………………17
　2.3.6　塩　素 ……………………………18
自習問題 ………………………………………18

3　タンパク質の構造

3.1　アミノ酸 ………………………………20
　3.1.1　アミノ酸の基本構造とその命名法 …20
　3.1.2　タンパク質を構成するアミノ酸の分類 …21
　3.1.3　アミノ酸の性質 …………………22
　3.1.4　アミノ酸誘導体 …………………23
3.2　タンパク質 ……………………………23
　3.2.1　タンパク質の分類 ………………23
　3.2.2　タンパク質の構造 ………………23
　3.2.3　繊維状タンパク質 ………………28
　3.2.4　球状タンパク質 …………………29
　3.2.5　タンパク質の性質および変性 …31
　3.2.6　タンパク質の精製 ………………31
自習問題 ………………………………………34

4　脂質の構造と生体膜

4.1　脂質の構造 ……………………………35
　4.1.1　脂肪酸 ……………………………36
　4.1.2　貯蔵脂質 …………………………37
　4.1.3　構造脂質 …………………………37
　4.1.4　生理活性脂質 ……………………39
4.2　生体膜の構造と性質 …………………40
　4.2.1　生体膜の構造 ……………………40
　4.2.2　生体膜の機能 ……………………43
自習問題 ………………………………………47

5　糖質の構造

5.1　単糖の構造 ……………………………48
5.2　単糖の光学活性 ………………………50

5.3 糖の環状構造 ……………………50
5.4 グリコシド結合 ……………………51
5.5 オリゴ糖 ……………………………51
5.6 多 糖 ………………………………52
　5.6.1 ホモ多糖 ………………………52
　5.6.2 ヘテロ多糖 ……………………54
5.7 複合糖質 …………………………55
自習問題 …………………………………58

6 代謝の概観と酵素

6.1 代謝の概観 ………………………60
　6.1.1 分解（異化）と生合成（同化）……60
　6.1.2 代謝分解（異化反応）………61
　6.1.3 生合成（同化反応）…………62
6.2 化学反応とエネルギー …………63
　6.2.1 熱力学の法則に基づく生体の反応 …63
　6.2.2 化学反応の予測 ……………63
　6.2.3 自由エネルギーの放出 ……64
6.3 酵 素 ………………………………65
　6.3.1 酵素の生体内での機能 ……65
　6.3.2 アイソザイムとその目的 …67
　6.3.3 酵素反応の調節 ……………69
　6.3.4 補酵素の実際（ビタミン）…70
6.4 水溶性ビタミンとその機能 ……70
　6.4.1 ビタミンB_1（チアミン）…70
　6.4.2 ビタミンB_2（リボフラビン）……71
　6.4.3 ビタミンB_3（ナイアシン）……71
　6.4.4 ビタミンB_6 ……………………71
　6.4.5 ビタミンB_{12}（コバラミン）……72
　6.4.6 ビタミンC（アスコルビン酸）……72
　6.4.7 葉 酸 ………………………72
　6.4.8 ビオチン ……………………73
　6.4.9 パントテン酸 ………………73
自習問題 …………………………………73

7 糖質の代謝

7.1 食餌糖質の消化吸収 ……………74
7.2 解 糖 ………………………………76
7.3 糖新生 ……………………………81
7.4 解糖と糖新生の制御 ……………83
7.5 ペントースリン酸経路 …………85
7.6 グリコーゲン代謝 ………………85
　7.6.1 グリコーゲンの分解 ………86
　7.6.2 グリコーゲンの合成 ………86
7.7 グリコーゲン代謝の制御 ………88
自習問題 …………………………………89

8 クエン酸回路と酸化的リン酸化

8.1 クエン酸回路と酸化的リン酸化経路の概要 ……………………………90
8.2 クエン酸回路 ……………………90
　8.2.1 クエン酸回路の役割 ………90
　8.2.2 ピルビン酸からのアセチルCoA生成 ……………………………91
　8.2.3 クエン酸回路の成り立ち …91
　8.2.4 クエン酸回路の調節 ………93
8.3 酸化的リン酸化 …………………94
　8.3.1 電子伝達系の構成と役割 …94
　8.3.2 ATP合成 ……………………96
　8.3.3 電子伝達系とATP合成の共役 …96
8.4 クエン酸回路の同化過程における機能 …97
自習問題 …………………………………98

9 脂質の代謝

9.1 食餌性脂質の消化と吸収 ………100
9.2 脂肪酸の合成 ……………………101
　9.2.1 基質としてのアセチルCoAの供給 ……………………………101
　9.2.2 脂肪酸の合成反応 …………101
9.3 トリアシルグリセロールの合成・輸送・分解 ……………………………103
　9.3.1 トリアシルグリセロールの合成 …103
　9.3.2 リポタンパク質によるトリアシルグリセロールの輸送と脂肪細胞への貯蔵 ……………………………103
　9.3.3 トリアシルグリセロールの分解 …105
9.4 脂肪酸の分解：β酸化 ……………105
9.5 ケトン体の生成 …………………107

9.6　コレステロールの代謝 …………………108
自習問題 ………………………………………109

10　アミノ酸と窒素化合物の代謝

10.1　食餌タンパク質の消化と吸収 …………110
10.2　アミノ酸の分解と合成 …………………112
10.3　アミノ酸窒素の利用と処理 ……………114
10.4　ヌクレオチド代謝 ………………………116
自習問題 ………………………………………117

11　代謝の臓器特異性とその相関

11.1　概　要 ………………………………………119
11.2　主要臓器の代謝特性と役割 ……………120
　11.2.1　消化管 ………………………………120
　11.2.2　肝　臓 ………………………………121
　11.2.3　骨格筋と心臓 ………………………122
　11.2.4　脂肪組織 ……………………………123
　11.2.5　脳 ……………………………………123
　11.2.6　腎　臓 ………………………………124
　11.2.7　血　液 ………………………………124
11.3　代謝の臓器相関と調節 …………………124
　11.3.1　ホルモン・神経による調節と
　　　　　代謝応答 ……………………………125
　11.3.2　食事摂取と絶食に対する代謝応答 …127
　11.3.3　ストレス時の代謝変化と運動 ……128
　11.3.4　血糖調節と糖尿病での代謝異常 …129
　11.3.5　エネルギー代謝異常と肥満 ………130
自習問題 ………………………………………131

12　反すう動物の生化学的特性

12.1　反すう動物の栄養特性 …………………132
　12.1.1　第一胃の発達 ………………………132
　12.1.2　下部消化管におけるグルコースの
　　　　　利用 ……………………………………132
12.2　代謝とホルモン制御 ……………………133
　12.2.1　血液中の代謝産物濃度 ……………133
　12.2.2　糖質の代謝 …………………………133
　12.2.3　タンパク質の代謝 …………………135

12.2.4　脂質の代謝 …………………………135
12.2.5　ホルモン分泌制御の特性 …………136
12.3　反すう動物の代謝障害 …………………136
自習問題 ………………………………………137

13　ホルモンの基本生化学

13.1　ホルモンの定義 …………………………138
13.2　水溶性ホルモン …………………………139
　13.2.1　水溶性ホルモンの種類と性質・特徴
　　　　　 ……………………………………………139
　13.2.2　水溶性ホルモンの合成と修飾 ……140
　13.2.3　水溶性ホルモンの分泌と生理機能
　　　　　 ……………………………………………142
13.3　脂溶性ホルモン …………………………142
　13.3.1　脂溶性ホルモンの種類と性質・特徴
　　　　　 ……………………………………………142
　13.3.2　脂溶性ホルモンの合成と修飾 ……142
　13.3.3　脂溶性ホルモンの分泌と生理機能
　　　　　 ……………………………………………144
13.4　ホルモンの階層性と相互作用 …………145
自習問題 ………………………………………146

14　細胞間情報伝達と受容，応答，調節

14.1　生体の情報伝達機構 ……………………147
14.2　細胞間情報伝達 …………………………149
　14.2.1　シグナル分子の分泌と受容体での
　　　　　受容の様式 ……………………………149
　14.2.2　分泌型シグナル分子の構造と特性
　　　　　 ……………………………………………149
　14.2.3　分泌型シグナル分子の受容体 ……153
　14.2.4　細胞膜結合分子による接触型
　　　　　シグナルとその受容 ………………156
　14.2.5　細胞間のギャップ結合を介した
　　　　　シグナル分子の移動（非特異的）…158
14.3　細胞内情報伝達 …………………………158
　14.3.1　Gタンパク質を介するシグナル
　　　　　伝達機構 ……………………………159
　14.3.2　アダプタータンパク質 ……………161
　14.3.3　タンパク質リン酸化応答を介する

　　　　　　細胞内情報伝達機構 ……………163
　14.3.4　脂質シグナル ……………………165
　14.3.5　ホスファターゼ …………………166
14.4　標的細胞の応答 ………………………166
　14.4.1　早い応答 …………………………166
　14.4.2　遅い応答 …………………………166
自習問題 …………………………………………168

15　ヌクレオチド・核酸の構造

15.1　ヌクレオチド …………………………169
15.2　DNA …………………………………170
15.3　RNA …………………………………171
自習問題 …………………………………………173

16　遺伝情報の伝達

16.1　DNAと染色体 ………………………174
　16.1.1　ゲノムサイズと遺伝子の数 ………174
　16.1.2　染色体の構造と機能 ………………175
　16.1.3　ヌクレオソームとその高密度の
　　　　　折りたたみ ………………………176
16.2　DNAの複製 …………………………176
　16.2.1　細胞周期と細胞分裂 ………………176
　16.2.2　DNA鎖の半保存的複製 …………177
　16.2.3　DNA複製における合成反応 ……177
　16.2.4　半不連続的複製 ……………………177
　16.2.5　DNA複製に関与するタンパク質
　　　　　因子 ………………………………178
16.3　DNAの修復，組換え …………………178
　16.3.1　DNAの損傷 ………………………178
　16.3.2　DNA損傷の修復 …………………180
　16.3.3　DNAの組換え ……………………181
16.4　RNA依存性のRNA，DNA合成 ……182
　16.4.1　RNAウイルスにおける
　　　　　RNA依存性合成 …………………182
　16.4.2　テロメラーゼによる
　　　　　RNA依存性DNA合成 …………183
自習問題 …………………………………………184

17　組換えDNA技術

17.1　組換えDNA技術 ……………………185
17.2　組換えDNA技術で使われる酵素 ……186
　17.2.1　制限酵素 ……………………………186
　17.2.2　DNAリガーゼ ……………………186
　17.2.3　DNAポリメラーゼ ………………187
17.3　ポリメラーゼ連鎖反応（PCR） ………187
　17.3.1　逆転写PCR ………………………188
　17.3.2　リアルタイムPCR ………………188
　17.3.3　リアルタイムPCRの定量原理 …188
17.4　遺伝子クローニング …………………188
　17.4.1　ゲノムクローニングとcDNA
　　　　　クローニング ……………………189
　17.4.2　クローニングベクター ……………189
　17.4.3　目的クローンの検出 ………………190
　17.4.4　PCRによるクローニング ………191
17.5　DNA塩基配列決定法 ………………192
17.6　次世代シークエンス …………………193
17.7　トランスジェニックとクローン動物 …194
　17.7.1　トランスジェニック動物 …………194
　17.7.2　クローン動物 ………………………195
自習問題 …………………………………………195

18　遺伝情報の発現とタンパク質合成，分布，分解

18.1　原核生物と真核生物の遺伝子発現 ……197
18.2　転写：DNA依存性のRNA合成と
　　　プロセシング ………………………197
　18.2.1　RNAポリメラーゼ ………………197
　18.2.2　RNAポリメラーゼI（pol I）による
　　　　　rRNA合成とプロセシング ………198
　18.2.3　RNAポリメラーゼⅡ（pol Ⅱ）による
　　　　　mRNA合成とプロセシング ……198
　18.2.4　RNAポリメラーゼⅢ（pol Ⅲ）による
　　　　　tRNA合成とプロセシング ………199
　18.2.5　クロマチン構造と転写 ……………199
18.3　翻訳：遺伝暗号とポリペプチド合成 …200
　18.3.1　遺伝暗号 ……………………………201

18.3.2 アミノ酸の活性化 …………………201
18.3.3 ポリペプチドの合成 …………………202
18.4 翻訳後修飾とタンパク質
ターゲッティング ……………………205
18.5 タンパク質分解 ……………………………205
18.6 誘導と抑制による転写調節 ……………207
自習問題 ……………………………………………208

19 エピジェネティクス

19.1 エピジェネティック制御 ………………210
19.2 ヌクレオソーム ……………………………210
19.3 ヒストンバリアント ……………………212
19.4 DNA のメチル化 ………………………214
　19.4.1 CpG アイランド ……………………214
　19.4.2 DNA のメチル化と脱メチル化 …214
　19.4.3 DNA メチル基転移酵素（DNMT）
　　　　　……………………………………216
　19.4.4 DNA メチル化修飾の読み取り …217
　19.4.5 バイサルファイト反応による DNA
　　　　メチル化解析 ……………………218
　19.4.6 細胞の DNA メチル化プロフィール
　　　　　……………………………………218
19.5 ヒストンの翻訳後修飾 …………………219
19.6 ヒストンコードの書き込み，消去と
　　読み取り ……………………………220
　19.6.1 ヒストンアセチル化酵素 …………220
　19.6.2 ヒストン脱アセチル化酵素 ………221
　19.6.3 ヒストンメチル化酵素 ……………221
　19.6.4 ヒストン脱メチル化酵素 …………221
　19.6.5 ヒストンコードの読み取り ………223
　19.6.6 クロマチン免疫沈降法（ChIP）…223
19.7 iPS 細胞とエピジェネティクス ………224

自習問題 ……………………………………………226

20 抗生物質

20.1 抗生物質の定義と歴史 …………………227
20.2 抗菌薬としての抗生物質の作用機序 …228
　20.2.1 細胞壁合成阻害薬 …………………229
　20.2.2 タンパク質合成阻害薬 ……………230
　20.2.3 核酸合成阻害薬 ……………………231
　20.2.4 葉酸合成阻害薬 ……………………232
20.3 真核細胞に作用する抗生物質 …………232
自習問題 ……………………………………………234

21 血液，尿と臨床化学

21.1 血　液 ……………………………………235
　21.1.1 血液学総論 …………………………235
　21.1.2 赤血球 ………………………………236
　21.1.3 白血球 ………………………………238
　21.1.4 血小板と凝固因子 …………………238
　21.1.5 臨床化学総論 ………………………240
　21.1.6 血漿タンパク質 ……………………241
　21.1.7 脂質代謝とリポタンパク質 ………242
　21.1.8 臓器別にみた臨床化学 ……………243
21.2 尿 …………………………………………246
　21.2.1 腎泌尿器の臨床検査 ………………246
　21.2.2 物理的性状 …………………………246
　21.2.3 化学的性状 …………………………246
　21.2.4 沈　渣 ………………………………247
21.3 遺伝子診断法（分子生物学と獣医療）…247
　21.3.1 遺伝性疾患の診断 …………………247
　21.3.2 悪性腫瘍の診断 ……………………248
自習問題 ……………………………………………248

索　引 ……………………………………………249

コ ラ ム

- アクアポリン …………………………… 11
- ストア作動性 Ca^{2+} チャネル ………… 16
- タンパク質の糖化と AGEs ……………… 24
- アミノ酸誘導体（タウリン）の合成 ……… 25
- まだよくわかっていない脂質の機能 ……… 42
- イオンチャネルの高いイオン選択性 ……… 46
- ヒトのアルコール代謝と中毒 …………… 68
- 離乳と乳糖不耐症 ………………………… 75
- ビールのつくり方 ………………………… 77
- 糖原病 …………………………………… 86
- 解糖のはじまりとコリ回路 ……………… 88
- 褐色脂肪組織の熱産生機能と
  脱共役タンパク質 ……………………… 97
- 体脂肪の果たす様々な役割 ……………… 104
- 乳牛のケトーシス ……………………… 108
- 血中逸脱酵素と血清診断 ………………… 113
- ホルモンの命名 ………………………… 138
- インスリン前駆体 ……………………… 141
- 糖尿病とインスリン：イヌの貢献 ……… 148
- 糖尿病での情報システムと代謝異常 …… 150
- イントラクリノロジー ………………… 152
- リアノリジン受容体とブタのむれ肉 …… 155
- 細胞接着因子の病態形成へのかかわり … 157
- 細胞間バリアー ………………………… 158
- 細胞間・細胞内情報伝達系の異常とがん … 160
- ブタの鼻曲がりと G タンパク質 ………… 162
- オタマジャクシの尻尾が消える：
  プログラム細胞死 …………………… 167
- サザンブロット，ノザンブロット解析 … 172
- ミトコンドリア DNA …………………… 176
- DNA 損傷とがん ………………………… 179
- HIV 逆転写酵素の阻害剤 ………………… 183
- DNA マイクロアレイ …………………… 191
- 抗生物質による翻訳の阻害 ……………… 204
- アポトーシス …………………………… 206
- エピジェネティクスとは？ ……………… 210
- ヒストンコード仮説 …………………… 212
- CpG アイランド ………………………… 215
- 二価のヒストン修飾 …………………… 221
- 薬剤耐性機構 …………………………… 228
- 遺伝子導入と抗生物質 ………………… 228
- 臨床検査の感度と特異度，的中率 ……… 248

1 生体構成分子と化学結合，細胞

ポイント

(1) 生命の最小構成単位は細胞である．
(2) 生命を構成する元素は H, O, C, N, P, S が主体であり，その組成は動的平衡状態にある．
(3) 生体成分はこれらの元素の原子間や分子間結合によって構築される．
(4) 生体成分の化学結合には共有結合と非共有結合がある．共有結合は安定で強力な結合である．非共有結合にはイオン結合，水素結合，ファンデルワールス結合があるが，共有結合よりも弱い結合である．
(5) 生体高分子のタンパク質や核酸，多糖が相互作用によって複合体を形成し，それぞれではもちえなかった機能を得たものを超分子集合体とよぶ．酵素複合体，細胞骨格，リボソーム，生体膜などに代表され，生命機能において重要な役割を担う．
(6) 細胞は原核細胞と真核細胞に大別される．真核細胞は核やミトコンドリア，小胞体，ゴルジ体，ペルオキシソームなど多様な細胞小器官を有し，それぞれが細胞の生命機能を分担している．対して，原核細胞は細胞小器官をもたない．

1.1 生命と生体分子

生命とは，自己と外界の隔離，自己の維持，増殖などの様々な現象が連続的に続くものを指す．生命に特徴的な現象，生命現象には様々な側面があるが，その内部での化学物質の変換とそれらの外部とのやりとり（代謝），自己と同じ形質をもつ個体の再生産（遺伝と生殖）が根本的なものである．また，そのような性質をもつ最小単位が細胞であり，それによって構成されるものを生命と考えることができる．

地球上の生命は約 40 億年前に発生した．また，現在の地球上に認められる生命体の構成成分の化学的特徴から，地球上の生命は単一の祖先から進化したと考えられる．その最初の生命体の構成物質はどのようにしてつくられたものであるのかという疑問に対して，「無機物から有機物が生成され，有機物の反応によって生命が誕生した」とする化学進化説がもっとも広く受け入れられている．1953 年にミラーらは，原始地球の大気に近いと考えられていた組成のメタン，水素，アンモニアを閉じ込めたガラス容器に，高温の水蒸気と雷を模した数万ボルトの火花放電を行うことに

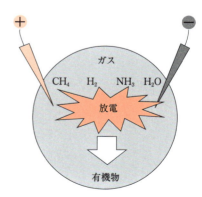

図 1.1 ユーリー・ミラーの実験の概念図
1953 年，ミラーらは太古の地球の大気（と考えられていた）組成に放電し，有機物の生成を確認した．

り，アミノ酸やアルデヒドなど様々な有機物が生成し，蓄積することを示した（図 1.1）．

本章では，生命を構成する生体分子を化学的視点から概観する．元素が様々な化学結合をすることで生成した無機物，有機物，複雑な高次構造を有する生体高分子，さらにはそれらを複合的に組み合わせた超分子集合体や生命の最小単位である細胞の構造を概説する．

1.2　元素と化学結合

1.2.1　元　素

生物を構成するおもな元素は，地球表面に豊富に存在する元素である．しかしながら，生物を構成する元素の存在比は，その生息環境を構成する元素の存在比と異なり，特徴的な元素を濃縮している（表 1.1）．たとえば，イルカの生体を構成する元素の比率は生息環境である海水のそれと大きく異なる．生物の体を構成する元素組成は常に一定の比率を保っているが，実際には外部から食餌として様々なものを摂取したり，体内の老廃物や不要物を排泄したりすることで常に動的な平衡状態を保っている．

生体を構成する主要な元素のうち，H は第 1 周期，O，N，C は第 2 周期に属する最小の原子群であり（図 1.2），安定な共有結合を形成する．とくに 4 個の荷電子をもつ C は，二重結合（C＝C）や三重結合（C≡C）をつくることが可能であり，生体構成分子の基本元素である．C を含む分子を有機化合物とよぶ．一方，O_2 は強力な電子受容体で，ほかの分子から電子の転移を受ける際にエネルギーを生成する．

表 1.1　生物，地球および地殻に存在する 14 種の元素の存在比

元素	原子番号	生物（%）	地球（%）	地殻（%）
H	1	60.3	90.7	
C	6	10.5	9.08	
N	7	2.4	0.041	
O	8	25.5	0.057	62.55
Na	11	0.73	0.00012	2.64
Mg	12	0.01	0.0023	1.84
Al	13		0.00023	6.47
Si	14	0.00091	0.026	21.22
P	15	0.13	0.00034	
S	16	0.13	0.0091	
Cl	17	0.032	0.00044	
K	19	0.036	0.000018	1.42
Ca	20	0.23	0.00017	1.94
Fe	26	0.00059	0.0047	1.92

P および S は，それぞれ第 3 周期 V 族および VI 族に属し，それぞれの電気陰性度はともに第 2 周期のものより小さい．したがって，P—O—P および S—O—S の結合は，O_2，H_2O あるいは NH_3 などによる求核攻撃を受けやすい．P および S は，生体エネルギー運搬体であるアデノシン三リン酸（ATP）などにエネルギーを蓄積する結合を

1	2	3	4	5	6	7	8	9	10	11	12	13	14	15	16	17	18
1 **H** 1.0079																	2 **He** 4.0026
3 **Li** 6.941	4 **Be** 9.0122											5 **B** 10.811	6 **C** 12.011	7 **N** 14.007	8 **O** 15.999	9 **F** 18.998	10 **Ne** 20.180
11 **Na** 22.990	12 **Mg** 24.305											13 **Al** 26.982	14 **Si** 28.086	15 **P** 30.974	16 **S** 32.065	17 **Cl** 35.453	18 **Ar** 39.948
19 **K** 39.098	20 **Ca** 40.078	21 **Sc** 44.956	22 **Ti** 47.867	23 **V** 50.942	24 **Cr** 51.996	25 **Mn** 54.938	26 **Fe** 55.845	27 **Co** 58.933	28 **Ni** 58.693	29 **Cu** 63.546	30 **Zn** 65.409	31 **Ga** 69.723	32 **Ge** 72.64	33 **As** 74.922	34 **Se** 78.96	35 **Br** 79.904	36 **Kr** 83.798
37 **Rb** 85.468	38 **Sr** 87.62	39 **Y** 88.906	40 **Zr** 91.224	41 **Nb** 92.906	42 **Mo** 95.94	43 **Tc** (98)	44 **Ru** 101.07	45 **Rh** 102.91	46 **Pd** 106.42	47 **Ag** 107.87	48 **Cd** 112.41	49 **In** 114.82	50 **Sn** 118.71	51 **Sb** 121.76	52 **Te** 127.60	53 **I** 126.90	54 **Xe** 131.29
55 **Cs** 132.91	56 **Ba** 137.33	57-71 ランタノイド	72 **Hf** 178.49	73 **Ta** 180.95	74 **W** 183.84	75 **Re** 186.21	76 **Os** 190.23	77 **Ir** 192.22	78 **Pt** 195.08	79 **Au** 196.97	80 **Hg** 200.59	81 **Tl** 204.38	82 **Pb** 207.2	83 **Bi** 208.98	84 **Po** (209)	85 **At** (210)	86 **Rn** (222)

図 1.2　周期表
色がついているのは生体に含まれる元素で，灰色：多量元素，橙色：微量元素．

形成するために重要である．

Na, K, Ca, Mg と Cl は，水溶液中で陽イオンまたは陰イオンとして存在し，生体内の浸透圧の維持，神経伝達，イオン勾配の形成などに関与する．これらの元素の体液中の組成は海水のそれと類似していることから，海水の進化上の重要性が認められる．また，Ca と P は脊椎動物の骨の主成分である．

Fe, Cu, Zn, Mn, Co, I, Mo, V, Ni, Cr, F, Se, Si, Sn, B, As などの元素は生物に微量または極微量であるが存在するため，微量元素（またはミネラル；trace element）とよばれる．これらは電子伝達反応の電子受容体や供与体，酵素活性など様々な生理機能の発現に必須である．

1.2.2　化学結合

生体を構成する主要な元素 H, O, C, N, P, S は，生体重量の 99% を占める．これらの元素は，共有結合のような原子間の化学結合や水素結合に代表される分子間の相互作用によって様々な化合物や複合体を形成し，タンパク質や核酸，糖質，脂質など生命現象に必須の生体成分になる．原子間や分子間の結合には以下のようなものがある．

a．共有結合と非共有結合

元素の最小単位である原子（atom）は，原子核（atom nucleus）とそれを取り巻く電子（electron）からなる．原子核は陽子（proton）と中性子（neutron）からなり，原子に含まれる陽子の数が原子番号（atomic number）である．原子は電子配置を安定化するため電子を放出したり，奪ったり，共有したりする．元素には，電子を容易に放出する電気陽性元素，電子を容易に取り込む電気陰性元素，電気的に陽性および陰性の性質をもたない元素の3種類がある．これらの元素が結合し，様々な化合物を形成することによって，生体成分が構成される．生体成分を構成する化学結合は，共有結合と非共有結合の2種類に大別される（図1.3）．

b．共有結合

共有結合（covalent bond）は，電気陰性元素同士が電子対を共有することによって形成される強力な安定した結合である．共有結合によって形成された化合物は，液体，固体および気体のいずれの状態においても電荷をもたないので電流を流さない．共有結合にはH—H, C—H, C—C, C—Nなどの単結合と，一対の電子間で2個以上の電子を共有する多重共有結合がある．多重共有結合には，4個の電子対を共有する二重結合（C=C, C=Oなど）や6個の電子を共有する三重結合（C≡Cなど）がある．二重結合の結合エネルギーは単結合より大きく，三重結合ではさらに大きくなる（表1.2）．また，分子内に単結合と二重結合をもち，それらが入れ替わる共鳴構造（resonance structure）が存在する場合，共鳴安定化（resonance stabilization）された一定の構造をとる．

表 1.2　結合エネルギーの強さ（単位：kJ/mol）

結合の種類	エネルギー	結合の種類	エネルギー
単結合		二重結合	
O—H	464	C=O	740
H—H	435	C=C	611
P—O	351*	C=N	615
C—H	414	P=O	502
N—H	389	N=N	418
C—O	351		
C—C	347	三重結合	
S—H	339	C≡C	836
C—N	293	N≡N	945
N—O	201	C≡O	1 071
S—S	213	C≡N	891

*：電気陰性度差からの推定値．

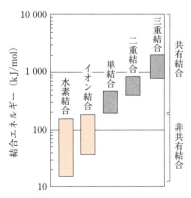

図 1.3　共有結合と非共有結合

c．非共有結合

非共有結合（noncovalent bond）は共有結合に比べて弱い結合で，簡単に形成されたり，壊れたりする原子間または分子間相互作用であり，とくに分子間の安定構造の形成に重要である．非共有結合には，イオン結合，水素結合，ファンデルワールス結合の3種類がある．

(1) イオン結合：イオン結合は静電的相互作用（electrostatic interaction）による無機塩類の化学結合で，電気陽性元素と電気陰性元素が反応して形成される．その結合エネルギーは，次のクーロンの法則によって与えられる．

$$F = k \frac{q_1 q_2}{r}$$

ここで，F はクーロン力，k は比例定数，q_1 と q_2 はそれぞれの原子の電荷，r は2個の原子間の距離である．

(2) 水素結合：水素結合は，水素原子を介して行われる極性原子間の静電的相互作用である．水素原子HがOやNなどと結合する水素結合において，水素原子をもっている側の原子を水素結合供与体（hydrogen-bond donor），その電子を引き受ける側を水素結合受容体（hydrogen-bond acceptor）とよぶ．電子を引きつける側の原子が水素元素を共有結合すると，水素原子は部分的に正電荷を帯びるようになり，負電荷をもつ原子と静電的相互作用できるようになる．その結合の強さは，正と負の分極が弱いため，イオン結合に比べて弱い．

水素結合はDNA二重らせん構造における塩基対，タンパク質などの生体高分子の立体構造の形成においても重要な相互作用を生み出す．また，酵素反応などの化学反応を進行させる上でも重要である．

水が生体内で特殊な触媒として作用するのは，この水素結合によって生まれる相互作用によるものである．

(3) ファンデルワールス結合：ファンデルワールス結合は，イオン結合および水素結合することのできない無極性分子間の非特異的な引力，すなわちファンデルワールス力（van der Waals force）による結合である．一般に，分子周辺の電荷分布は変化するため，一時的な分子周辺の電荷分布の非対称性が生じた場合，ファンデルワールス相互作用（van der Waals interaction）が発現する．

この相互作用は非常に弱いものであり，原子間の距離がファンデルワールス半径（van der Waals radius）または接触距離（contact distance）に近づくにつれて強くなり，逆にその距離が離れるほど弱くなる．ファンデルワールス相互作用は酵素と基質の結合などに大きな影響を及ぼす．

1.2.3 生体高分子と超分子集合体

生体成分のうちアミノ酸，ヌクレオチド，単糖などの単量体は，重合してタンパク質，核酸，多糖などの高次構造をもつ生体高分子（biopolymer）を形成する．タンパク質は酵素などの機能分子として，核酸は遺伝子として，多糖類はエネルギー源や生体構成成分として，それぞれの細胞の諸機能を担っている．生体高分子は，高次構造の形成に伴って立体構造が可逆的に変化可能な状態になり，同種または異種タンパク質やほかの生体高分子と相互作用することによって，巨大な複合体を形成することがある．その複合体に含まれるタンパク質が互いに協同的に作用し，それぞれ単独では発揮しえない新しい機能を獲得する場合がある．そのような生体高分子の集合体を，超分子集合体または超分子とよぶ．たとえば，複合酵素系，細胞骨格，リボソーム，染色体，生体膜，アクチンフィラメント，ミオシンフィラメントほか，生命の維持に不可欠な多くの超分子集合体が存在する．

1.3 細胞と細胞小器官

1.3.1 細 胞

細胞は，すべての生物の構造的および機能的な最小単位である．最小の生物は細胞1個からなり，より大きな生物は複数の細胞が集合することによって構成される．細胞の構成成分は原子，分子，超分子からつくられる（図1.4）．

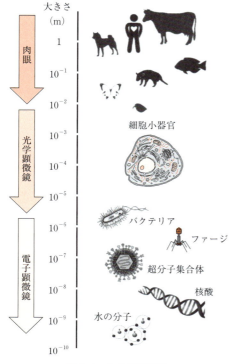

図 1.4　生命の階層性

それを通して環境に由来する化学物質を取り込んで利用し生体高分子集合体を形成するなどの生命現象は，細胞内の細胞小器官の中など特定の場所で行われる．

細胞膜は，莫大な数の脂質とタンパク質分子によって構成される．それらは非共有の疎水性結合によって保持され，薄く，丈夫で柔軟な不溶性の脂質二重層を形成し，無機イオンやほかの電荷や極性をもつ化合物の細胞内への浸透を防いでいる．細胞膜に存在する様々なタンパク質には，ある種のイオンや分子を細胞内外へと輸送する運搬体タンパク質や，外界からの情報を細胞内に伝える受容体，様々な酵素などがある．細胞膜を構成する脂質やタンパク質は共有結合していないので，細胞膜は柔軟な構造をとることができ，細胞の形を大きく変えられる．そのため，細胞が成長するにつれて，新しく合成された脂質やタンパク質などの細胞膜成分を細胞内から細胞膜に融合させ，細胞を大きくすることができる．このような柔軟な細胞膜の性質は，細胞分裂や，外界の大きな分子を細胞膜ごと取り込むエンドサイトーシス，その反対に細胞内から外界に細胞成分を放出するエキソサイトーシスとして知られる輸送を可能にしている．

地球上ではきわめて多くの単細胞生物が，極地や火山の噴気孔といった極限環境やより大きな生物の体内から見つかっている．また，多細胞生物も多種多様であり，様々な特性をもつ細胞から構成されている．それぞれの生物種は，細胞膜および細胞小器官（オルガネラ；organelle）の存在様式により原核細胞（prokaryote）と真核細胞（eukaryote）に大別される．

原核細胞は，グラム陽性菌またはグラム陰性菌に分類される．いずれも，細胞表層はペプチドグリカンを主成分とする硬い細胞壁で覆われている．真核細胞と異なり，核やミトコンドリアなどの細胞小器官がなく，細胞質にはゲノム DNA と多数の顆粒が含まれている．真核細胞は原核細胞よりはるかに大きく，その細胞容積は原核細胞の $10^3 \sim 10^4$ 倍である．

これら様々な細胞が存在し，それぞれに固有の性質をもっているが，すべての細胞に共通する特徴もある．それは外界と細胞を区別する細胞膜である．細胞膜によって外界と細胞内が分けられ，

細胞膜で覆われた細胞質には様々な細胞小器官が多数含まれ，それぞれに特有の機能を果たしている（図 1.5）．

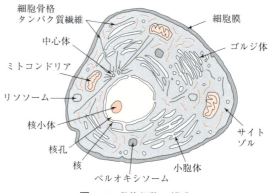

図 1.5　動物細胞の構造

1.3.2 細胞小器官

a. 核

核（nucleus）は遺伝情報の総体であるゲノムを1セット保持する最大の細胞小器官で，細胞に通常1個存在する．核を覆う核膜は核孔とよばれる孔が多数開いた二重膜よりなり，その内側に遺伝情報をもつ長大なDNAがヒストン複合体からなるクロマチンにコンパクトに折りたたまれて保持される．クロマチンは核分裂直前に染色体として複製され，分裂時に娘細胞に一式ずつ分配される．また，核内にはリボソームRNA（rRNA）転写やそれらを構成成分にするリボソームを形成する場である核小体が存在する．

b. ミトコンドリア

ミトコンドリア（mitochondria）は細胞の種類によって，その形や数が様々である．一般に動物細胞1個あたり100～1000個程度含まれている．脂質二重層からなる内膜と外膜をもち，外膜は全体を包み，内膜は折れ曲がったクリステとよばれる構造をとる．クリステは折れ曲がった構造をとることによって，内膜の面積を大きくしている．内膜の内側はマトリックスとよばれ，エネルギー産生にかかわる代謝酵素やそれらの代謝中間体が存在する．ミトコンドリア内膜には，酸化的リン酸化に関与する多数の酵素が埋め込まれ，ATPを産生する電子伝達系を形成する．好気性細胞では，ミトコンドリアがATPを産生する主要な場である．また，ミトコンドリアは独自のゲノムをもち，固有なタンパク質をコードしている．このことは，ミトコンドリアが初期の真核細胞に共生していたほかの細胞に由来することを示す証拠の一つでもある．

c. 小胞体

小胞体（endoplasmic reticulum；ER）は，脂質二重層からなる網状の三次元的な構造で核を覆い，ゴルジ体につながる．小胞体の中には，リボソーム顆粒が多数結合している粗面小胞体と，結合していない滑面小胞体がある．リボソームはタンパク質合成の場であり，ここで合成された分泌タンパク質は小胞体内腔に現れる．滑面小胞体の内腔は，粗面小胞体と連続しており，粗面小胞体で合成された分泌タンパク質やそれらを含む分泌顆粒をゴルジ体に輸送する通路となっている．また滑面小胞体は，合成されたタンパク質へのN結合型糖鎖の付加や脂質の合成，ある種の薬物の解毒を行っている．

d. ゴルジ体

ゴルジ体（Golgi body）は表面の平らな膜で囲まれた嚢状の重層構造体で，シス面は小胞体に面し，トランス面は細胞膜に面している．小胞体で合成されたタンパク質には，シス面からトランス面へとゴルジ体内を通過する際に，O結合型，N結合型糖鎖や脂質が付加される．同時に，それぞれのタンパク質の適切な行き先を示す選別も行われる．

e. リソソーム

リソソーム（lysosome）は，動物細胞の細胞質にみられる一重膜で覆われた比較的大きな小胞である．リソソーム内にはタンパク質，多糖，核酸や脂質を分解する多様な分解酵素が含まれ，エンドサイトーシスによって取り込んだ複雑な分子やファゴサイトーシスによって取り込んだほかの細胞の断片，自身の細胞内で不要になった細胞小器官や分子の分解と再生を担う．また，リソソーム内はATPのエネルギーを利用するプロトンポンプによって酸性（$pH<5$）に保たれ，リソソーム内の加水分解酵素はその条件で最大の活性を示すものがほとんどであるため，それらが中性のpHを示すサイトゾル（後述）に漏れ出してもほとんど作用しない．これは，細胞自身にとっても有害な分解酵素をリソソーム内に閉じ込めることに加えた安全機構であると考えられている．加えて，プログラムされた細胞死（アポトーシス）の過程においても，リソソームが重要な役割を果たすことが知られている．

f. ペルオキシソーム

ペルオキシソーム（peroxisome）は一重膜で覆われた小胞で，アミノ酸や脂質の分解過程で生じる，反応性のきわめて高いフリーラジカルや過酸化水素を分解するペルオキシダーゼやカタラーゼ

のほか，多くの酸化酵素を含んでいる．また，ペルオキシソームは滑面小胞体から出芽したものと考えられている．

g．リボソーム

リボソーム（ribosome）は，50種類以上のタンパク質とメッセンジャーRNA（mRNA）を含むRNA分子からなる巨大複合体である．mRNAの遺伝暗号を解読，翻訳して，mRNAに記述されたタンパク質を合成する場となる．

h．細胞骨格

真核細胞の細胞質には，細胞を支える3種類の細胞骨格（cytoskeleton）タンパク質繊維（微小管，アクチンフィラメント，中間径フィラメント）が存在する．微小管はもっとも細い繊維であり，αチューブリン-βチューブリンからなる二量体タンパク質が重合することで形成される．また，細胞分裂中期に微小管は紡錘体を形成する．アクチンフィラメントは，アクチンが重合することで形成され，細胞膜の内側の構造を維持する．また，微小管とアクチンフィラメントは細胞小器官の移動や細胞の動きを助けるはたらきもする．中間径フィラメントは，構成タンパク質によっていくつかに分類されるが，細胞の種類によって発現する種類が異なる．いずれも細胞内で構造体を形成し，細胞に機械的強度を付与するとともに，細胞小器官の配置に関与する．

i．細胞質

細胞膜で包まれた内容物を細胞質（cytoplasm）とよぶ．細胞質はサイトゾル（cytosol）とよばれる水溶液部分と，その中に浮遊する様々な不溶性の粒子からなる．サイトゾルは希薄な水溶液ではなく，多くの酵素やRNAなどの核酸が含まれる複雑な組成のゲル状である．また，様々な低分子の有機化合物や無機イオンが存在し，同化や異化など細胞の様々な機能に関与している．

［竹中重雄］

自 習 問 題

【1.1】 生命を構成する元素について説明しなさい．

【1.2】 微量元素について説明しなさい．

【1.3】 共有結合について説明しなさい．

【1.4】 非共有結合について説明しなさい．

【1.5】 真核細胞と原核細胞の違いを説明しなさい．

【1.6】 ミトコンドリアの機能を説明しなさい．

【1.7】 細胞骨格について説明しなさい．

2 水 と 電 解 質

ポイント

(1) 水は生体の主要な構成成分であり，様々な物質を溶解する溶媒として細胞内外に存在し，細胞機能のための好適環境を整えている．水がイオン類や各種有機分子の溶媒となりうるのは，水のもつ双極性と水素結合能による．

(2) 水はわずかであるがイオン化できる能力を有しており，解離するとヒドロキソニウムイオン（H_3O^+）と水酸化物イオン（OH^-）を生じる．H_3O^+は簡略化してH^+で表される．[H^+]と[OH^-]のモル濃度の積をイオン積（K_w）といい，酸性溶液やアルカリ性溶液においても$10^{-14} M^2$という値をとり，pHの計算に用いられる．

(3) 下式がヘンダーソン-ハッセルバルヒの式であり，プロトン平衡における数値を予測する上で重要である．イオン化した酸の濃度[A^-]とイオン化していない酸分子の濃度[HA]が等しいときpH=pK_aとなり，その酸の2分の1が解離したときのpHの値を示す．あるプロトンが塩基によってどの程度除去されやすいかは，pK_a値によって表されることになる．

$$pH = pK_a + \log\frac{[A^-]}{[HA]}$$

(4) 生体のすべての生化学的過程は水素イオン濃度によって大きく影響されるが，緩衝作用というpHの変化を緩和する機構が備わっている．炭酸・重炭酸塩緩衝系，リン酸塩緩衝系，血漿タンパク質緩衝系や，赤血球中のヘモグロビンによる緩衝系などが存在する．溶液において緩衝作用を有するものを緩衝液といい，H^+やOH^-を加えてもpHはある決まった値付近に保たれる．

(5) 水の中で解離をしてイオンとなる分子を電解質とよび，陽イオンと陰イオンに分類される．主たる陽イオンはナトリウムイオン（Na^+），カリウムイオン（K^+），カルシウムイオン（Ca^{2+}）やマグネシウムイオン（Mg^{2+}）であり，また陰イオンは塩素イオン（Cl^-）や重炭酸イオン（HCO_3^-），リン酸イオン（HPO_4^{2-}）である．

(6) Na^+は細胞外液の浸透圧維持を担っている．また細胞機能として，興奮性細胞における興奮性の維持や，栄養素やイオンなどの物質輸送にもかかわっている．Na^+の再吸収には，レニン-アンジオテンシン-アルドステロン系が，排泄にはナトリウム利尿ペプチドがかかわる．

(7) K^+は細胞内液の浸透圧維持にかかわる電解質である．H^+やCl^-の輸送にかかわっており，また酵素の補助因子としても機能する．アルドステロンにより排泄が促される．

(8) カルシウムは石灰化組織の構成成分として重要である．また，Ca^{2+}は様々な細胞において細胞内メッセンジャーとして機能し，筋組織においては収縮-弛緩の調節をつかさどる．血漿Ca^{2+}の上昇には副甲状腺ホルモン（PTH）と活性型ビタミンDが，低下にはカルシトニンが調節因子としてかかわる．

(9) 生体における無機リンの機能は多様であり，骨代謝，エネルギー代謝，タンパク質合成，情報伝達などにかかわっている．活性型ビタミンDはリンの吸収促進因子であり，PTHと線維

芽細胞増殖因子 23 がリン利尿因子である．
(10) Mg^{2+} は，神経や筋肉の興奮性の維持，骨や歯の形成にかかわり，また多くの酵素の補助因子や賦活剤としての機能を有する．腸管からの吸収においては，食物中のマグネシウム，カルシウム，リンや，活性型ビタミン D や PTH が調節因子として知られている．

(11) Cl^- は細胞外液中に多く存在する陰イオンであり，Na^+ の対イオンとして機能し，浸透圧，水分平衡，酸塩基平衡などに関与する．また，胃酸や，白血球における殺菌作用を有する因子の材料としても利用される．

2.1 水

水は生体の主要な構成成分である．生体は細胞を単位として構成されるが，水は細胞内では細胞内液（intracellular fluid）として，また細胞を取り巻く環境では細胞外液（extracellular fluid）として存在する．ヒトを例にみると，全水分量は体重の 60〜70％ を占めている．そのうち約 3 分の 2 が細胞内液として，残り 3 分の 1 が細胞外液として分布している．細胞外液の 4 分の 3 が間質液（interstitial fluid）であり，血管外の細胞間隙に存在し，4 分の 1 が血液の液体成分の血漿として血管内に存在する．水は細胞内液と間質液間で，また間質液と血漿の間で移動を行っている．

水分は飲料や食物から摂取されるばかりでなく，栄養素の代謝によっても産生される．摂取された水分や消化液として分泌された水分は腸管で吸収される．排泄は腎臓から尿として，また腸管からは糞としてなされるが，肺や皮膚からも蒸発し，排泄される（不感蒸泄）．この水分の出納により，体内の水分量が調節されている．

水の役割は，種々の物質を溶解する溶媒として細胞内外に存在し，細胞の存在のための好適環境の形成を行うことである．生体内における多くの化学反応や輸送は水を媒体として行われる．これは，水がイオンや極性物質をよく溶かすことに基づいている．さらに，水はタンパク質などの高分子の空間的構造を保持する．

2.1.1 水の特性

水の比熱は 4.186 J/g（37℃）であり，温度を上げるのに非常に多量の熱が必要となる．これによ

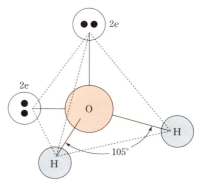

図 2.1　水分子の四面体構造

り，環境の急激な温度変化から生体を守っている．また，水の蒸発熱と融解熱は非常に高く，これにより生体が脱水しないように保護している．

水の分子（H_2O）はやや不正な四面体型であり中心に酸素原子が位置する（図 2.1）．2 個の水素原子との結合は四面体の二つの隅に向いており，水素原子間の角度は正四面体の角度（109.5°）よりも若干小さい 105° であるため，ゆがんだ形をとっている．残りの二つの隅は，二つの sp^3 混成軌道上にある非共有電子対により占められている．このゆがんだ四面体構造のために，水分子では電荷が構造に沿って不均等に分布する双極子（dipole）を形成している．電気陰性度の強い酸素原子が 2 個の水素原子から電子を引きつけるので，水素原子の周囲は正に帯電することとなる．

水は，塩類などの電荷をもった化合物を多量に溶かし込むことができる．これは水の強い双極性と高い誘電率に起因している．真空の誘電率を 1 とすると，様々な化合物はそれぞれの比誘電率を示すが，水の比誘電率はきわめて高い（表 2.1）．反対の電荷をもつ粒子との相互作用の力は，周りの媒質の誘電率に反比例する（クーロンの法則）

表 2.1 比誘電率の比較

化合物	比誘電率
水	80.37
エタノール	33.62
メタノール	24.30
アンモニア	16.90
酢酸	6.15

ため，誘電率の低い非水環境に比べて，電荷を有するまたは帯電している極性分子種間の引力を大幅に減少させる．

2.1.2 水と水素結合

1個の水分子の正に帯電した水素原子は，別の水分子の負に帯電した酸素原子と相互作用ができるようになる．これを水素結合 (hydrogen bond) という．水分子は露出した水素の原子核と非共有電子対との両方の特性を有するため，水素結合によって容易に規則的配列をつくることができる．水が例外的に大きい粘性や表面張力，沸点を特性として有するのは，この水素結合に起因する．水分子が水素結合をつくりうる対象には，ほかの水分子だけでなく，カルボン酸，アルコール，糖質，脂質，アミノ酸，タンパク質など，多くの生体成分が含まれる．それにより，様々な双極性分子に明確な構造が与えられることになる．

水がイオン類や各種有機分子の溶媒となりうるのは，水の双極性と水素結合能による．水と水素結合をつくることのできる分子は，水に容易に溶ける．さらに，水素結合の形成でそれらの溶解度が増すことになる．

2.2 水の電離とpH

2.2.1 水の電離

水はわずかであるがイオン化できる能力を有している．水が解離するとヒドロキソニウムイオン (H_3O^+) と水酸化物イオン (OH^-) を生じる．H_3O^+ は水分子と水素イオン (H^+) が結合したものであるが，簡略化して H^+ で表され，プロトンともよばれる．この H^+ を用いると，水の平衡状態は次のように表され，水の平衡定数（解離定数）K_{eq} が定義される．

$$H_2O \rightleftharpoons H^+ + OH^-$$

$$K_{eq} = \frac{[H^+][OH^-]}{[H_2O]}$$

[ ] で示されているのはそれぞれの分子のモル濃度 (M) である．1 M の水の重さは 18 g であるから，1 L の水は 55.56 M となる．純水中の水素が水素イオンとして存在する確率は 1.8×10^{-9} であるので，水のモル濃度 55.56 を掛けることにより，水素イオンおよび水酸化物イオンのそれぞれのモル濃度は 1.0×10^{-7} M (25℃) となる．これらの数値を代入することにより K_{eq} を求めることができる．

$$K_{eq} = \frac{[H^+][OH^-]}{[H_2O]} = \frac{10^{-7} \times 10^{-7}}{55.56}$$
$$= 0.018 \times 10^{-14} = 1.8 \times 10^{-16} \text{ M}$$

水のモル濃度 55.56 M はたいへん大きいので電離によってほとんど変化しないものと考えると，水の濃度変化は無視することができ，K_{eq} の式を簡略化して以下のように表せる．

$$K_w = [H^+][OH^-]$$

この定数 K_w は水のイオン積とよばれるものであり，値は水素イオンと水酸化物イオンのモル濃度の積に等しい．

K_{eq} と K_w の関係から数値を代入すると以下のようになる．

$$K_w = 1.8 \times 10^{-16} \text{ M} \times 55.56 \text{ M}$$
$$= 1.00 \times 10^{-14} \text{ M}^2$$

すなわち，25℃において K_w は 10^{-14} M^2 となる．K_w の値は酸性溶液やアルカリ性溶液においても 10^{-14} M^2 であり，pH の計算に用いられる．

2.2.2 pH

生体成分の一つである有機酸は，イオン化してプロトンと塩基を生じる．

$$酸 \rightleftharpoons H^+ + 塩基$$

酸のイオン化によって生じる分子種が共役塩基である．そのため，酸はプロトン供与体であり，塩基はプロトン受容体となる．逆の場合もあり，

ある塩基にプロトンを付加すると共役酸となる．共役酸-塩基対である酢酸と酢酸イオンの例を以下に記す．

$$\text{CH}_3\text{COOH} \rightleftharpoons \text{H}^+ + \text{CH}_3\text{COO}^-$$
（酢酸）　　　　　　（酢酸イオン）

溶液中の水素イオン濃度は pH として表され，次式のようになる．

$$\text{pH} = -\log[\text{H}^+]$$

水素イオン濃度 $[\text{H}^+]$ はモル濃度単位で表す．たとえば，25℃の純水の場合の水素イオン濃度は 10^{-7} M なので次のようになる．

$$\text{pH} = -\log[\text{H}^+] = -\log 10^{-7} = -(-7) = 7$$

したがって，水素イオン濃度が高くなると pH は低く，逆に低くなると pH は高くなる．

2.2.3 ヘンダーソン-ハッセルバルヒの式

生体内に存在する酸の強さは，ある酸の解離度により判断することができる．たとえばある弱酸（HA）についてみてみると，次のようなイオン化平衡として表され，またイオン化の平衡定数を K_a とすると，以下のように定義される．

$$\text{HA} \rightleftharpoons \text{H}^+ + \text{A}^-$$

$$K_a = \frac{[\text{H}^+][\text{A}^-]}{[\text{HA}]}$$

この式を変形すると次のように表され，さらに両辺の対数をとって表すことができる．

$$\frac{1}{[\text{H}^+]} = \frac{1}{[K_a]} \cdot \frac{[\text{A}^-]}{[\text{HA}]}$$

$$\log\frac{1}{[\text{H}^+]} = \log\frac{1}{[K_a]} + \log\frac{[\text{A}^-]}{[\text{HA}]}$$

ここで，$\log(1/[K_a])$ を酸の $\text{p}K_a$ と定義し，$\log(1/[\text{H}^+])$ を pH として置き換えると次の式が得られる．

$$\text{pH} = \text{p}K_a + \log\frac{[\text{A}^-]}{[\text{HA}]}$$

この式がヘンダーソン-ハッセルバルヒの式であり，プロトン平衡における数値を予測する上で非常に重要である．

■ **アクアポリン** ■

哺乳動物の多くの細胞は，低張液中に置かれると浸透流のために膨潤し，逆に高張液に浸した場合には縮小する．しかし，カエルの卵母細胞は浸透圧の低い池の水の中に産み付けられても膨張はしない．このことは，哺乳動物の細胞膜には浸透流を助ける装置があり，カエルの卵母細胞にはそれがないための結果と考えられ，これが水チャネルタンパク質アクアポリン（aquaporin；AQP）の発見につながった．実際に AQP をカエル卵母細胞で発現させると，低張液に浸したときに膨潤が認められる．

哺乳動物においては，現在 AQP0～AQP12 の 13 種類が AQP ファミリーとして知られている．AQP によっては，水以外にもグリセロールやイオンなども通す．いずれの AQP も構造的には六つの膜貫通ドメインをもち，N 末端および C 末端は細胞質側に存在する（図2.2）．細胞膜貫通部位の 2-3 をつなぐ細胞内のループ B と細胞膜貫通部位 5-6 をつなぐ細胞外のループ E が脂質二重層に入り込み，水の通る中央の孔をつくっている．孔を形成する部分に

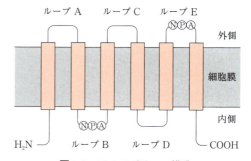

図2.2　アクアポリンの構造

は，AQP の特徴となる NPA（疎水性のアミノ酸残基，アスパラギン-プロリン-アラニンのアミノ酸の一文字表記）ボックスが存在し，水の透過性を規定している．

腎臓の集合管では，バソプレッシンにより尿細管腔から尿細管細胞内への水の移動が促進され，水の再吸収が起こる．細胞内小胞であるエンドソームが管腔側膜に移動，融合して水チャネル（AQP2）を形成することが，その機序として知られている．

イオン化した酸の濃度 [A⁻] とイオン化していない酸分子の濃度 [HA] が等しいとき（[A⁻] = [HA]）は，log([A⁻]/[HA]) は 0 となるので，pH = pK_a となる．すなわち，pK_a はその酸の 2 分の 1 が解離したときの pH の値である．あるプロトンが塩基によってどの程度除去されやすいかは pK_a 値によって表され，ヘンダーソン-ハッセルバルヒの式は以下のように表すことができる．

$$pH = pK_a + \log\frac{[共役塩基]}{[共役酸]}$$

この式は，弱酸以外のイオン化にも使用できる．例としてアミノ基（R-NH$_3^+$）を共役酸，R-NH$_2$ を共役塩基とすると次のようになる．

$$R\text{-}NH_3^+ \rightleftarrows R\text{-}NH_2 + H^+$$

$$pH = pK_a + \log\frac{[R\text{-}NH_2]}{[R\text{-}NH_3^+]}$$

2.2.4 緩衝作用と緩衝液

生体のすべての生化学的過程は，水素イオン濃度によって大きく影響される．酵素反応における至適 pH などは一つの例である．一方で，pH の変化が生体内の分子の構造を変化させ，有害な反応を引き起こすこともある．生体にはこのような pH の変化を緩和する機構が備わっており，それが緩衝作用である．

溶液において緩衝作用を有するものを緩衝液といい，酸や塩基に対する pH の変化を緩和させる．弱酸の酸に OH⁻ を加えると pH が変化するが，どのように変化するかをグラフに表したものを滴定曲線とよぶ．酢酸溶液に OH⁻ を加えたものは以下の式のようになり，滴定曲線は図 2.3 のようになる．

$$CH_3COOH + OH^- \rightleftarrows CH_3COO^- + H_2O$$

酢酸溶液に OH⁻ を加えた場合，はじめのうちは pH は大きく変化するが，酢酸の pK_a に相当する pH 4.76 の付近になると OH⁻ を加えても pH は大きく変化しなくなる（緩衝領域）．この領域を外れると，再び加えた OH⁻ に依存して pH は大きく変化する．一般に，pH 変化に対する弱酸の緩衝作用がもっとも効果的なのは，その酸の pK_a 付近である．

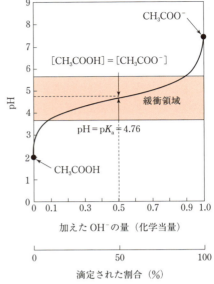

図 2.3 酢酸の滴定曲線

酢酸の pK_a を挟んで緩衝領域が存在し，塩基を加えても pH は大きく変化しない．
[ハーパー・生化学，原書 28 版より]

2.2.5 生体内の緩衝系

生物が生体内の環境を制御するためにも，緩衝系は重要な役割を担っている．血液の緩衝系としては，炭酸・重炭酸塩緩衝系，リン酸塩緩衝系，血漿タンパク質緩衝系や赤血球中のヘモグロビンによる緩衝系が存在する．また，細胞内においても緩衝系が存在する．

a．炭酸・重炭酸塩緩衝系

生化学燃料の好気的消費により二酸化炭素（CO$_2$）が発生する．CO$_2$ は水に溶解し，炭酸（H$_2$CO$_3$）がつくられる．炭酸脱水酵素はこの反応を促進する．さらに，次式のように H$_2$CO$_3$ は H⁺ と HCO$_3^-$ に解離する．すなわち，共役酸-塩基対である H$_2$CO$_3$/HCO$_3^-$ が緩衝液としてはたらくことになる．

$$CO_2 + H_2O \rightleftarrows H_2CO_3 \rightleftarrows H^+ + HCO_3^-$$

酸を加えてもそれから遊離した H⁺ が HCO$_3^-$ と結合するので，pH にはほとんど影響しない．血液に H⁺ が加わると上記の反応式は右から左に進み，CO$_2$ を生じる．これは肺から吐き出されるので，H$_2$CO$_3$/HCO$_3^-$ の比が維持され，pH が保たれる．

pHとCO₂とHCO₃⁻の関係は，ヘンダーソン-ハッセルバルヒの式では以下のようになる．

$$\mathrm{pH} = \mathrm{p}K_a + \log\frac{[\mathrm{HCO_3^-}]}{[\mathrm{CO_2}]}$$

正常な血液中のCO_2（H_2CO_3）とHCO_3^-の比率が1：20であり，炭酸・重炭酸塩系のpK_aが6.10であるので，それを代入するとpHは7.4となる．

b．リン酸塩緩衝系

以下のように，一塩基性リン酸が二塩基性リン酸に解離してH^+が産生される．

$$\mathrm{H_2PO_4^-} \rightleftarrows \mathrm{HPO_4^{2-}} + \mathrm{H^+}$$

酸性液ではHPO_4^{2-}がH^+と結合して$H_2PO_4^-$となり，アルカリ性液では反対に$H_2PO_4^-$がHPO_4^{2-}とH^+になってpH維持にはたらく．

c．血漿タンパク質緩衝系

血漿タンパク質のアミノ酸のカルボキシ基（COOH）はCOO⁻とH^+に解離する．また，アミノ基（NH_2）はH^+を結合してNH_3^+となる．すなわち両性電解質である．血液のpHにおいては，一部が弱塩基として解離し，H^+に対して緩衝作用がはたらく．

$$\text{タンパク質} \rightleftarrows \text{タンパク質}^- + \mathrm{H^+}$$

d．ヘモグロビン緩衝系

血色素であるヘモグロビン分子は，イミダゾール基を構成要素とするヒスチジン残基を多く有する．ヒスチジンのpK_aは6.4〜7.0であり，緩衝能は大きい．イミダゾール基は鉄に結合しており，酸素が結合することによりH^+が解離しやすくなる．そのため，オキシヘモグロビンも緩衝能を有するが，デオキシヘモグロビンの緩衝能の方がはるかに大きい．

また，ヘモグロビンはH_2CO_3に対する緩衝能も有する．組織の代謝により産生されたCO_2が赤血球に取り入れられると，炭酸脱水酵素によりH_2CO_3となる．組織で酸素を離したヘモグロビンはH_2CO_3と結合し，HCO_3^-をつくる．赤血球内に蓄積されたHCO_3^-は，血漿中の塩素イオン（Cl^-）が赤血球に入ることとの交換輸送（塩素移動）により血漿中に移行する．こうしてpHが維持される．

■2.3 電　解　質

水の中で解離をしてイオンとなる分子を電解質（electrolyte）とよび，陽イオンと陰イオンに分類

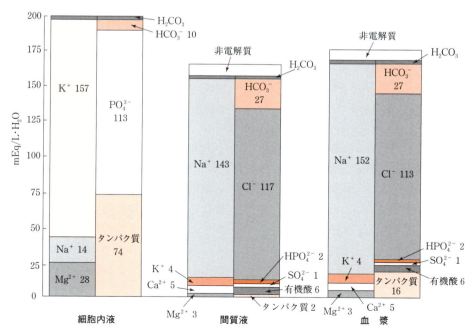

図2.4　体液の電解質組成
細胞内液にCa^{2+}が記されていないが，存在しないのではなく，きわめて低い濃度で存在する．

される．図2.4に体液の電解質組成を示す．溶液中の分子はモル濃度を用いて表されるが，電荷をもつ分子は当量（equivalent；Eq）濃度で示すこともある．当量濃度は原子価を利用するものであり，たとえばカルシウムイオン（Ca^{2+}）の1 mmol/Lは2価なので2 mEq/Lとなる．

電解質に対して，水の中で解離しない物質を非電解質という．グルコースや尿素，臨床的にはクレアチニンやビリルビンがあげられる．

2.3.1 ナトリウム

a. 浸透圧調節

細胞外液のナトリウムイオン（Na^+）の役割の一つが細胞外液の浸透圧の維持である．細胞膜のように選択的透過性を示す膜を介して起こる水の拡散が浸透であり，濃度勾配に沿った水の動きとして常に起こる．溶液が水を引き込む力を浸透圧（osmotic pressure）といい，溶質濃度が高いほど浸透圧は大きい．浸透圧濃度は1 Lあたりのミリオスモル数（mOsm）で表されるが，正常なヒトの場合，血漿浸透圧は290 mOsm/Lである．このうち270 mOsm/LがNa^+とその対になる陰イオン（Cl^-，HCO_3^-など）によるものである．

Na^+による浸透圧の調節は，細胞外液量の調節にもかかわる．NaClの摂取により浸透圧調節系を介して水が保持される．血漿量減少などで腎臓の糸球体濾過量が低下し，糸球体近接装置を構成する緻密斑細胞がこれを感知すると，レニンが分泌され，アンジオテンシンⅡ産生を介して副腎皮質ホルモンであるアルドステロンの分泌を促す．アルドステロンは腎臓集合管の主細胞に作用し，Na^+の再吸収とカリウムイオン（K^+）の排泄を促す．Na^+の再吸収には，アルドステロンによる上皮型Na^+チャネル（epithelial sodium channel；ENaC）の合成や，細胞内の貯蔵部位から細胞膜への組み込みの促進によるチャネル活性の増加がかかわる．

体液量の増加では，心房から分泌される心房性ナトリウム利尿ペプチド（atrial nautriuretic peptide；ANP）がNa^+排泄量と尿量増加効果を示す．集合管主細胞のANP受容体に作用することで，細胞内cGMP濃度上昇を介してENaCのチャネル活性を抑制し，ナトリウム利尿にかかわる．ANPファミリーであるBNP（brain nautriuretic peptide）も同様のナトリウム利尿効果を有する．

b. 興奮性の維持

Na^+は神経や骨格筋の興奮性の維持にもかかわる．興奮性細胞では，Na^+チャネルを介して流入するNa^+が細胞膜の脱分極を引き起こし，電位依存性Na^+チャネルが開いてNa^+が流入し（受動輸送），活動電位が発生する．そのため，活動電位はNa^+の平衡電位とみなすことができる．

チャネルを介して細胞内に流入したNa^+は，ポンプ機能により細胞外液に能動輸送で戻され，Na^+の濃度勾配の恒常性は保たれる．Na^+,K^+-ATPaseはATPのADPへの加水分解を触媒する酵素であり，そのポンプの役割を担う．その際のエネルギーを用いて，1分子のATPあたり3個の細胞内のNa^+を細胞外に輸送し，逆に2個のK^+を細胞外から細胞内へ輸送する．

神経や骨格筋といった興奮性細胞においては，このようなチャネルとポンプの機能により興奮性が維持されている．

c. 二次性能動輸送

前述のNa^+の能動輸送は，糖，アミノ酸，H^+，Ca^{2+}などの輸送に対しても重要な役割を担っている．一つの例は，小腸粘膜細胞におけるグルコースの輸送である．小腸粘膜細胞管腔側からのグルコースは，Na^+依存性グルコース輸送体（sodium-dependent glucose transporter；SGLT）により，濃度勾配によるNa^+輸送と同時に細胞内へ輸送される．すなわち，グルコースの吸収にはNa^+の濃度勾配によるNa^+の輸送が必要であり，その濃度勾配を維持する上で，細胞内からの能動輸送によるNa^+の汲み出しが重要となる．グルコースは細胞内から別の輸送体により間質を経て毛細血管に入る．このようなNa^+の能動輸送がほかの物質の輸送に関与するものを，二次性能動輸送（secondary active transport）という．

2.3.2 カリウム

K^+ は細胞内に多く存在する陽イオンであり，細胞内液の浸透圧維持に役立っている．また，K^+ による濃度勾配が細胞膜の静止電位を形成するおもな要因となっている．細胞内 K^+ 濃度の調節にも Na^+, K^+-ATPase が寄与している．また，H^+ や Cl^- の輸送にも共輸送体（シンポーター）や対向輸送体（アンチポーター）を介してかかわっている．さらに，解糖系の酵素であるピルビン酸キナーゼなどのいくつかの酵素は，活性には K^+ を補助因子として必要とする．

前述したように，アルドステロンは腎臓の集合管に作用し，K^+ の排泄を促す．アルドステロンは Na^+, K^+- ATPase を活性化するため，Na^+ の再吸収とは逆に，K^+ 排泄が促進されるのである．

2.3.3 カルシウム

a. 血漿 Ca^{2+} 濃度調節

カルシウムはヒトの体重の約 2% を占める無機質であり，その 99% が骨や歯といった硬組織に含まれている．ヒトの場合の血漿カルシウム濃度は約 10 mg/dL（5 mEq, 2.5 mmol/L）である．このうち約半分がイオン化された遊離型（Ca^{2+}）であり，残りは血漿タンパク質と結合している．血漿 Ca^{2+} 濃度は，腸管からの吸収，骨組織への沈着と吸収，腎臓からの再吸収と排泄のバランスにより厳密に維持されている．その濃度維持のために，副甲状腺ホルモン（parathyroid hormone；PTH），活性型ビタミン D およびカルシトニンが調節因子として機能する．

血漿 Ca^{2+} 濃度は副甲状腺で感知され，その受容体は細胞膜にある 7 回膜貫通型で G タンパク質共役型の Ca^{2+} 感知受容体（Ca-sensing receptor；CaSR）である．細胞外 Ca^{2+} が正常なときには CaSR は活性化されており，細胞内 Ca^{2+} 濃度上昇によるホスホリパーゼ A の活性化を介して産生されたアラキドン酸やその代謝物が PTH の分泌を抑制している．血漿 Ca^{2+} 濃度が下がると，CaSR の活性化が阻害され，PTH の分泌抑制が解除される．

PTH は骨芽細胞に作用し，RANK リガンド（receptor activator of NF-κb ligand；RANKL）と M-CSF（macrophage colony-stimulating factor）の発現を促進し，一方で RANKL の作用を阻害する分子であるオステオプロテグリン（osteoprotegerin）の発現を抑制する．それらが破骨細胞の形成と成熟を刺激し，骨吸収と Ca^{2+} 動員を引き起こす．

血漿 Ca^{2+} は腎臓の糸球体で濾過され，尿細管でその 95% 以上が再吸収される．PTH は遠位尿細管での Ca^{2+} 再吸収調節にかかわるが，その再吸収は TRPV（transient receptor potential vanilloid channel）ファミリーの TRPV5 に依存している．

さらに，PTH は腎臓に作用し 1-ヒドロキラーゼを活性化するため，活性型ビタミン D である 1,25-ジヒドロキシコレカルシフェロール（1,25-dihydroxycholecalciferol）の産生を促し，腸管からの Ca^{2+} 吸収を促進する．小腸上皮細胞の微絨毛膜には TRPV6 というチャネルが発現しており，これを介して Ca^{2+} は吸収される．上皮細胞内に吸収された Ca^{2+} は，Ca^{2+} 結合タンパク質カルビンディン-D_{9k} に結合して基底側膜側に配送され，Ca^{2+} 依存性 ATPase や Na^+/Ca^{2+} 交換輸送体により血流中に輸送される．活性型ビタミン D は，この輸送系の合成を調節して Ca^{2+} 吸収にかかわる．

甲状腺の傍濾胞細胞で産生・分泌されるカルシトニンは，血漿 Ca^{2+} とリン酸濃度を低下させる作用を有する．骨吸収を抑制し，また尿への Ca^{2+} 排泄を促し，血漿 Ca^{2+} 濃度の低下を引き起こす．

b. 細胞外液中 Ca^{2+} の機能

血液凝固はたくさんの因子が継時的に活性化されながら，フィブリン形成に至るものである．血液凝固因子は血漿中に存在するが，Ca^{2+} もその一つであり（IV 因子），いくつかの凝固因子が機能する際に，凝集された血小板のリン脂質などとともに必要となる．たとえば，プロトロンビンからトロンビンへの変換には，血小板リン脂質，V 因子および Ca^{2+} の存在下に活性型 X 因子が作用

する．機能するのに Ca^{2+} を必要とする血液凝固因子は，γ-カルボキシグルタミン酸残基を有するタンパク質であり，グルタミン酸残基が γ-カルボキシ化されることで Ca^{2+} との親和性が高められる．このグルタミン酸の γ-カルボキシ化には，脂溶性のビタミン K が必要である．

その他の細胞外液中 Ca^{2+} の機能として，神経終末からの神経伝達物質の分泌や，内分泌腺におけるホルモンの分泌があげられる．両者の分泌において，分泌される物質はシナプス小胞や分泌顆粒に貯留されており，分泌刺激が与えられると，それらの膜が細胞膜と融合し，口を開いて貯留物質は分泌される．これは開口分泌（exocytosis）とよばれ，細胞膜に局在する Ca^{2+} チャネルが開き，細胞外から細胞内への Ca^{2+} の流入がトリガーとなる．

c．細胞内メッセンジャーとしての Ca^{2+}

Ca^{2+} は様々な生体機能に関与する．細胞外液の Ca^{2+} 濃度は約 1 mmol/L 程度であるが，細胞質の Ca^{2+} 濃度は 100 nmol/L～数 μmol/L 程度とはるかに低く保たれている．細胞機能にかかわるときには，細胞質の Ca^{2+} 濃度は数 μmol/L 程度に増加する．細胞内の Ca^{2+} は多くは小胞体やミトコンドリアといった細胞小器官に貯蔵されているが，そこからリガンド作動性チャネルを介して Ca^{2+} を放出し，細胞質中の Ca^{2+} 濃度を増加させる．また，細胞外から細胞内への Ca^{2+} の流入が，細胞膜局在のリガンド作動性や電位作動性，機械ストレス作動性などの Ca^{2+} チャネルを介してもたらされる．増加した細胞質 Ca^{2+} は Ca^{2+} 結

■ ストア作動性 Ca^{2+} チャネル ■

多くの細胞において，細胞質への Ca^{2+} の放出により細胞内 Ca^{2+} ストアが空になると，細胞膜に存在する Ca^{2+} チャネルが活性化され，細胞外から Ca^{2+} を引き入れ，細胞内 Ca^{2+} ストアを満たすシステムが考えられている．この現象をストア作動性 Ca^{2+} 流入（store-operated Ca^{2+} entry），それにかかわるチャネルをストア作動性 Ca^{2+} チャネル（store-operated Ca^{2+} channel）という．近年，Ca^{2+} ストアである小胞体には STIM1 というタンパク質があり，Ca^{2+} 枯渇を感受しており，構造を変化させること，細胞膜には Orai1 というタンパク質が STIM1 と複合体を形成しており，ストアへの Ca^{2+} 補充のための Ca^{2+} チャネルとして機能することが明らかになりつつある．図 2.5 に示すように細胞外からの情報（L）がくると，受容体（R）の活性化に伴い G タンパク質（G）を介して PLC が活性化され，代謝産物である IP_3 が細胞内 Ca^{2+} ストアの IP_3 受容体（IP_3R）に結合してそのチャネルを開くとストアは枯渇する．その情報をとらえて STIM1 が集合し，Orai1 と複合体をつくってストアに細胞外から Ca^{2+} を取り込むのである．

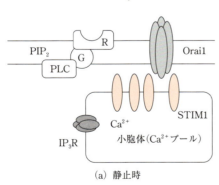 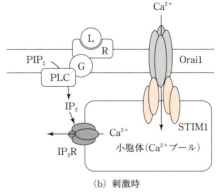

(a) 静止時　　　　　　　　　　(b) 刺激時

図 2.5 ストア作動性 Ca^{2+} チャネルにおける STIM1 と Orai1
静止時の細胞に刺激が加わると STIM1 と Orai1 とが複合体をつくり，細胞外液から細胞内ストアへの Ca^{2+} 流入が起こる．

合タンパク質と結合して細胞機能に関与する．

興奮性組織の骨格筋の場合，T管系に隣接した筋小胞体が細胞内Ca^{2+}プール（ストア）であり，そこに活動電位が伝わると，Ca^{2+}チャネルの一種であるリアノジン受容体を介して細胞質にCa^{2+}を放出する．Ca^{2+}結合タンパク質であるトロポニンCへのCa^{2+}の結合が，ミオシン頭部が回転をしてアクチンを動かす筋収縮に必要である．筋小胞体のCa^{2+}-ATPase（Ca^{2+}ポンプ）は能動輸送により細胞質からCa^{2+}を汲み上げているが，これにより細胞質のCa^{2+}濃度が低下すると，ミオシンとアクチンの相互作用がとまり，筋は弛緩する．

非興奮性細胞においても，細胞膜受容体にリガンドが結合して膜酵素であるホスホリパーゼC（PLC）が活性化されると，リン脂質であるホスファチジルイノシトール4,5-二リン酸（$PI(4,5)P_2$）が分解され，ジアシルグリセロールと同時に，糖質であるイノシトール1,4,5-三リン酸（IP_3）が産生される．この受容体が小胞体にあり，リガンド作動型Ca^{2+}チャネルとして機能して，IP_3の結合により小胞体からCa^{2+}の放出を引き起こし，細胞機能に関与する．

2.3.4 リン

ヒトの場合，80％が骨や歯の石灰化組織に含まれており，成人における血清リン（P）濃度は2.5〜4.5 mg/dLである．血液中のリンは2種類あり，有機リンと無機リンである．有機リンは血液のリポタンパク質の成分として含まれる．また，血液中のリンは血液の緩衝系としての役割も担う（2.2.5項b参照）．

血清リン濃度は，腸管からの吸収，骨形成，腎からの排泄と再吸収によりバランスが保たれる．リンの吸収と再吸収には，Na^+依存性リン輸送体（sodium phosphate transporter；NPT）がかかわる．摂取リンが少ないと，NPTの一種であるNPT2（NaPi-II）の発現が増加し，摂取の増加により発現が低下してくる．NPT2にはa〜cの3種が存在し，小腸上皮の管腔側にはNPT2bが，腎近位尿細管にはNTP2aおよびNTP2cが局在する．

血清リン濃度の調節因子は，食物リン含量，活性型ビタミンD，PTH，骨細胞から分泌される線維芽細胞増殖因子23（fibroblast growth factor 23；FGF23）である．食物リン含量が少ないと，腸管リン吸収と腎リン再吸収が促進される．活性型ビタミンDは，腸管のNPT2bの発現を介して，リンの吸収を促進する．一方，PTHとFGF23は強力なリン利尿因子である．PTHは近位尿細管ではNTP2の細胞内移行と分解を促進して，リン酸利尿を促進する．FGF23はFGF受容体1（FGFR1）を介してその作用を及ぼすが，おもに腎臓に発現するKlothoというタンパク質がFGFR1-Klotho共受容体として機能することで，FGF23の親和性を増大し，シグナルを細胞内へ伝え，NTP2の発現を抑制する．

2.3.5 マグネシウム

マグネシウムイオン（Mg^{2+}）は，神経や筋肉の興奮性の維持や，リン酸マグネシウム，炭酸マグネシウムとして骨や歯の形成にかかわる．また，キナーゼ類，ムターゼ類，ホスファターゼ類など多くの酵素の補助因子や賦活剤としての機能を有し，エネルギー代謝や核酸代謝，タンパク質合成に関与する．

ヒトの体内のマグネシウムの60〜65％が骨に，35〜45％が筋肉や軟組織に存在する．血清のマグネシウム濃度は1.8〜2.6 mg/dLに調節されており，カルシウムと同様，腸管からの吸収，骨組織への貯蔵，腎臓からの排泄によってバランスが保たれている．

腸管からの吸収においては，食物中のマグネシウム，カルシウム，リンや，活性型ビタミンDやPTHが調節因子として知られる．腸管や遠位尿細管，管腔側では，発現するチャネルタンパク質TRPM6がMg^{2+}輸送にかかわっている．

血漿中Mg^{2+}の約80％が糸球体で濾過されるが，その95％は再吸収される．近位尿細管では15〜20％，ヘンレの太い上行脚で65〜75％，遠位尿細管で5〜10％再吸収される．ヘンレの太い

上行脚での再吸収には，Na^+ と Cl^- の再吸収により形成される膜電位勾配と傍細胞輸送系としての密着結合タンパク質 claudin-16 が必要とされている．遠位尿細管では TRPM6 が管腔側に発現しており，再吸収にかかわっている．

2.3.6 塩素

塩素イオン（Cl^-）は細胞外液中に多く存在する陰イオンであり，Na^+ の対イオンとして機能し，浸透圧，水分平衡，酸塩基平衡などに関与する．

神経系において，抑制性シナプス後電位 (inhibitory postsynaptic potential；IPSP) の発生に Cl^- の流入が関与している．抑制性神経伝達物質の GABA（γ-aminobutyric acid）は受容体に結合し，Cl^- 透過性を増加させ IPSP を発生させる．また，グリシンが抑制性神経伝達物質として作用する場合にも同様である．アルコールや麻酔薬であるバルビツール酸系薬物は，GABA 受容体やグリシン受容体に作用し，Cl^- 透過性を増加させると考えられている．

多形核白血球内の顆粒に存在するペルオキシダーゼの一種であるミエロペルオキシダーゼは，Cl^- を酸化して HOCl を産生し，殺菌作用を示す．また，過酸化水素と Cl^- との反応により塩素酸（ClO^-）が産生され，ファゴリソソーム内で殺菌を行う．

Cl^- は胃酸 HCl の材料である．HCl は，胃の壁細胞よりアセチルコリン，ヒスタミン，ガストリンなどの刺激により分泌される．壁細胞内の代謝で産生された CO_2 が H^+ と HCO_3^- に代謝され，H^+ は胃酸の分泌側（分泌細管腔）に H^+, K^+-ATPase による交換反応で放出される．一方 Cl^- は細胞外から HCO_3^- との交換反応により細胞に取り込まれ，Cl^- チャネルにより分泌細管腔に輸送される．こうして HCl が産生され，胃酸として機能する．

［杉谷博士］

自習問題

【2.1】 OH^- 濃度が 3.8×10^{-4} mol/L の溶液の pH はいくらか．

【2.2】 生体における水の分布について説明しなさい．

【2.3】 生体系における炭酸-重炭酸塩緩衝系について説明し，血液の pH が弱アルカリ性に維持される理由を説明しなさい．

【2.4】 細胞外液中の Na^+ と細胞内液中の K^+ の役割について説明し，そのバランスを制御するシステムについて説明しなさい．

【2.5】 血漿 Ca^{2+} 濃度調節因子について説明し，細胞機能における Ca^{2+} の役割を説明しなさい．

【2.6】 生体におけるリンの機能を説明し，リンの吸収と排泄に関与する調節について説明しなさい．

3 タンパク質の構造

ポイント

(1) アミノ酸の定義は，アミノ基とカルボキシ基の両方をもつ有機化合物である．カルボキシ基と隣接した炭素をα炭素とし，そのα炭素に結合したアミノ基がα-アミノ基であり，そのようなアミノ酸をα-アミノ酸とよぶ．

(2) グリシン以外のα-アミノ酸では，α炭素へのアミノ基やカルボキシ基の結合様式が立体的に2通りあるため，D型，L型とよばれる光学異性体が存在する．

(3) 芳香族アミノ酸（トリプトファンとチロシン）は波長280 nmの紫外線を吸収するため，これを溶液中のタンパク質濃度の目安として用いることができる．

(4) タンパク質は20種類のα-アミノ酸を構築単位とするポリマーであり，主要な生体成分として生命現象に重要な役割を果たしている．

(5) タンパク質の翻訳後修飾として，ジスルフィド結合，特定のアミノ酸へのヒドロキシ基や糖の付加がある．

(6) アミノ酸をもとに合成されるアミノ酸誘導体には，ヒスタミン，セロトニン，カテコールアミンなどの多くの生理活性物質が存在する．

(7) アミノ酸はアミノ基とカルボキシ基をもつことから両性イオンであり，pH緩衝作用をもつ．また，側鎖により決定される固有の等電点（pI）をもち，溶液のpH値がpIのとき溶解度が最も低い．

(8) タンパク質の一次構造とはアミノ酸配列のことであり，ポリペプチド鎖ともよばれる．

(9) 一次構造に依存して決定されるタンパク質の高次構造には，二次構造（αヘリックス構造やβシート構造），三次構造（ポリペプチド鎖の折りたたみ），四次構造（オリゴマー形成）がある．

(10) 多くの異なるタンパク質でみられる構造的に類似した領域をモチーフとよぶ．代表的なモチーフとして，TIMバレル，ヘリックス-ターン-ヘリックスやロイシンジッパーなどがある．

(11) タンパク質の構造の一部が進化的に保存された場合，その共通構造をドメインとよぶことがあり，ドメインは上述のモチーフの組み合わせからなることが多い．酵素タンパク質の場合，酵素活性ドメイン，基質結合ドメイン，活性調節ドメインなどの機能単位に区切る．

(12) タンパク質はその分子量や等電点の差を利用して電気泳動法やクロマトグラフィーにより単離することができ，単離したタンパク質を質量分析法により同定できる．また，細胞や臓器全体のある時点に存在するすべてのタンパク質を網羅的に比較解析することをプロテオミクスとよぶ．

タンパク質（protein）は水についで2番目に多い生体成分であり，細胞の乾燥重量の約3分の2を占める主要成分である．代謝をつかさどる酵素，細胞膜や細胞小器官の膜タンパク質，細胞内外を支える構造タンパク質，細胞から分泌されるホルモン，サイトカインや抗体など，その種類は哺乳動物では約3万におよび，様々な生命現象の発現にきわめて重要な役割を果たしている．

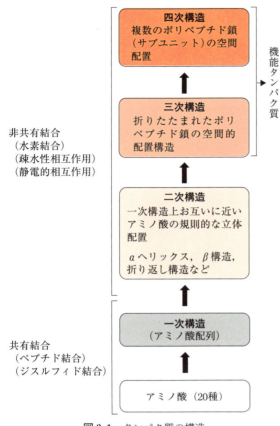

図 3.1 タンパク質の構造
アミノ酸配列（一次構造）が基本となって，コンフォメーション（二次〜四次構造）が決まる．

よりつながっている．このアミノ酸配列のことを一次構造とよび，さらにこのアミノ酸配列の性質に基づいて一次構造がねじれたり折りたたまれた高次構造（二次，三次，四次構造）をとることで，タンパク質としての機能を発現する（図 3.1）．多数のアミノ酸が長く連なったものをポリペプチド鎖ということがあるが，ポリペプチド鎖とタンパク質の間に厳密な区別はない．また，より短いアミノ酸配列やタンパク質を人為的に断片化したものをペプチドと称する．

3.1 アミノ酸

3.1.1 アミノ酸の基本構造とその命名法

α-アミノ酸のうち，グリシン以外のアミノ酸では α 炭素に結合する四つの基はすべて異なり，これらの四つの異なった基の立体的配置の違いにより D 型と L 型の光学異性体（キラル）が存在する．D 型のアミノ酸は天然では細菌の細胞壁に存在することが知られているが，ヒトにおける組織の老化ではタンパク質内の L-α-アスパラギン酸が D 型に変化することによりそのタンパク質の安定性が変化すること（ラセミ化），脳内遊離型 D-α-セリンが記憶や学習などの脳の高次機能にかかわることなどが報告されている．

アミノ酸の命名法でカルボキシ基の炭素を 1 番とした場合，アラニンは炭素数 3 で 2 番炭素にア

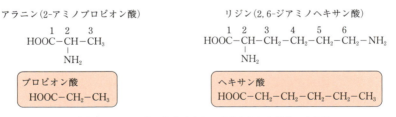

(a) カルボキシ基の炭素原子を 1 番炭素とした場合の命名法

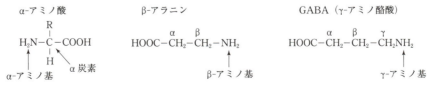

(b) カルボキシ基を結合した炭素原子を α 炭素とした場合の命名法

図 3.2 アミノ酸の命名法

ミノ基をもつ 2-アミノプロピオン酸であり，リジンは炭素数 6 で 2 番炭素と 6 番炭素にアミノ基をもつため，2,6-ジアミノヘキサン酸となる（図 3.2）．カルボキシ基と隣接した炭素を α 炭素とした命名法では，α 炭素の隣（カルボキシ基の反対側）の炭素を β 炭素，その隣を γ 炭素とよび，β 炭素にアミノ基（β-アミノ基）の結合したアミノ酸を β-アミノ酸，γ 炭素にアミノ基（γ-アミノ基）の結合したアミノ酸を γ-アミノ酸とよぶ．断りのない限り，アミノ酸といった場合，α-アミノ酸のことを示す．

3.1.2 タンパク質を構成するアミノ酸の分類

図 3.2 で示したように各アミノ酸の差異は側鎖

表3.1 タンパク質を構成する 20 種のアミノ酸

		アミノ酸	3文字表記	1文字表記	側 鎖 (R)	分子量	等電点	ハイドロパシー
中性アミノ酸	脂肪族アミノ酸	グリシン	Gly	G	—H	75.1	5.97	−0.4
		アラニン	Ala	A	—CH_3	89.1	6.00	1.8
		バリン	Val	V	—CH(CH_3)(CH_3)	117.1	5.96	4.2
		ロイシン	Leu	L	—CH_2—CH(CH_3)(CH_3)	131.2	5.98	3.8
		イソロイシン	Ile	I	—CH(CH_3)(CH_2—CH_3)	131.2	6.02	4.5
	芳香族アミノ酸	トリプトファン	Trp	W	—CH_2—(インドール)	204.2	5.89	0.9
		フェニルアラニン	Phe	F	—CH_2—C_6H_5	165.2	5.48	2.8
		チロシン	Tyr	Y	—CH_2—C_6H_4—OH	181.2	5.66	−1.3
	ヒドロキシアミノ酸	セリン	Ser	S	—CH_2—OH	105.1	5.68	−0.8
		トレオニン	Thr	T	—CH(OH)(CH_3)	119.1	6.16	−0.7
	含硫アミノ酸	システイン	Cys	C	—CH_2—SH	121.2	5.07	2.5
		メチオニン	Met	M	—CH_2—CH_2—S—CH_3	149.2	5.74	1.9
	イミノ酸	プロリン	Pro	P	(プロリン環構造)	115.1	6.30	−1.6
	酸アミド	アスパラギン	Asn	N	—CH_2—C(=O)NH_2	132.1	5.41	−3.5
		グルタミン	Gln	Q	—CH_2—CH_2—C(=O)NH_2	146.2	5.65	−3.5
酸性アミノ酸		アスパラギン酸	Asp	D	—CH_2—COO^-	133.1	2.77	−3.5
		グルタミン酸	Glu	E	—CH_2—CH_2—COO^-	147.1	3.22	−3.5
塩基性アミノ酸		アルギニン	Arg	R	—$(CH_2)_3$—NH—C(NH_2)(NH_2^+)	174.2	10.76	−4.5
		リジン	Lys	K	—$(CH_2)_4$—NH_3^+	146.2	9.74	−3.9
		ヒスチジン	His	H	—CH_2—(イミダゾール環)	155.2	7.60	−3.2

部分（Rで示す）にあり，アミノ酸は側鎖の構造や性質により分類される（表3.1）．

a．化学構造による分類

それぞれのアミノ酸が有するアミノ基とカルボキシ基の数により，酸性アミノ酸，塩基性アミノ酸および中性アミノ酸に分ける．

b．側鎖の極性の違いによる分類

アミノ酸の側鎖の性質，とくに中性付近における水との相互作用に基づいて分類すると，水分子との親和性の低い側鎖を含むことで高い疎水性を示す非極性アミノ酸（脂肪族アミノ酸，チロシンを除く芳香族アミノ酸，含硫アミノ酸，イミノ酸）と，高い親水性を示す極性アミノ酸（チロシン，ヒドロキシアミノ酸，酸アミド，酸性アミノ酸および塩基性アミノ酸）に分類される．非極性アミノ酸は水を避けて互いに集合する傾向があり，球状タンパク質が折りたたまれる際の内部や，受容体タンパク質などの細胞膜貫通領域のアミノ酸配列にみられる．

個々のアミノ酸の疎水性と親水性の値はハイドロパシーという値で表すことができる．ハイドロパシーが正で値が大きいほど疎水性が高く，負で値が小さいほど親水性であることを示している．

3.1.3 アミノ酸の性質

アミノ酸はアミノ基とカルボキシ基という2種類の解離基をもつ弱電解質であり，水溶液中で容易にイオン化して正か負に荷電する（図3.3）．中性のpHではアミノ基はプロトン化（NH_3^+）しており，カルボキシ基は共役塩基（COO^-）となっている．したがって，アミノ酸は酸（プロトン供与体）としても塩基（プロトン受容体）としてもはたらく．このように正負両方の解離基をもつ分子を両性イオンといい，適当なpHでは二つの基の電荷が打ち消し合って電気的に中性になる．このときのpHをアミノ酸の等電点（isoelectric point；pI）とよび，すべてのアミノ酸はそれぞれのpIで溶解度は最低となる．また，アミノ酸はpIより酸性の溶媒中では溶媒のH^+をアミノ基が受け取ることで溶液のpHを上昇させ，pIよりアルカリ性の溶媒中ではカルボキシ基のH^+が溶液中に脱離することで溶液のpHを低下させる緩衝作用をもつ．

a．アミノ酸の化学的反応性

プロリンを除くα-アミノ酸はニンヒドリンと反応して赤紫色を呈し，ダンシルクロライドとの反応により蛍光を発するため，これらの反応はアミノ酸の定性や定量に用いられる．また，アミノ酸のアミノ基は高い反応性をもつ．ホルマリン固定の際，アミノ酸のアミノ基はホルムアルデヒドのアルデヒド基と反応し，メチレン架橋を形成することで組織の固定にはたらく．一方，高血糖が長期間持続するとヘモグロビンにグルコースが結合した糖化ヘモグロビン（HbA1c）が生じるが，この結合は，ヘモグロビンのアミノ酸残基のアミノ基とグルコースのアルデヒド基がシッフ塩基を形成することにより起こる．この反応によりタンパク質と糖から形成されたシッフ塩基はアルジミンとよばれ可逆的であるが，さらにアマドリ転移によりケトアミンとなると結合は安定型となり，AGEs（advanced glycation end products）前駆体となる．

b．光学的性質

芳香族アミノ酸であるトリプトファンとチロシンは280 nm付近に，またもう一つの芳香族アミノ酸であるフェニルアラニンは260 nmに極大吸収があるため，とくに280 nmの吸光度を測定することにより，タンパク質濃度の目安とすることができる（図3.4）．一方，コラーゲンなどはこれらのアミノ酸含有量が低いため，ペプチド結合のもつ極大吸収（230 nm）を用いる方がよい．

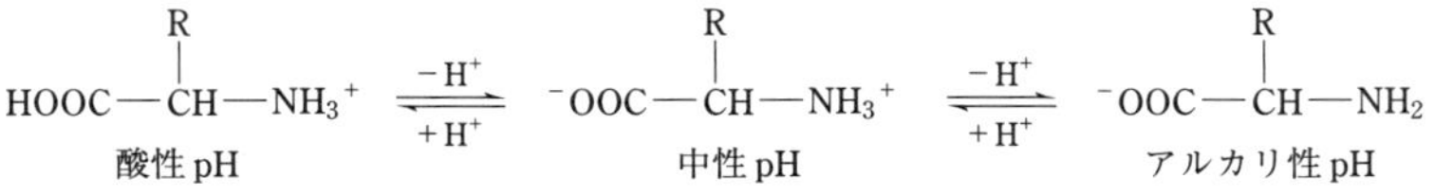

$$HOOC-\underset{\underset{酸性pH}{}}{\overset{R}{\underset{|}{CH}}}-NH_3^+ \underset{+H^+}{\overset{-H^+}{\rightleftarrows}} {}^-OOC-\underset{\underset{中性pH}{}}{\overset{R}{\underset{|}{CH}}}-NH_3^+ \underset{+H^+}{\overset{-H^+}{\rightleftarrows}} {}^-OOC-\underset{\underset{アルカリ性pH}{}}{\overset{R}{\underset{|}{CH}}}-NH_2$$

図3.3 アミノ酸は水溶液中では，そのpHにより解離状態が変化する

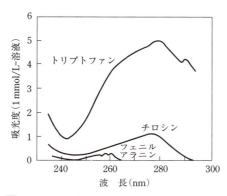

図3.4 トリプトファン，チロシン，フェニルアラニンの紫外線吸収スペクトル

3.1.4 アミノ酸誘導体

アミノ酸誘導体には，モノアミン神経伝達物質（セロトニン，ヒスタミン，ノルアドレナリン，アドレナリン，ドーパミンなど），タウリンに加えてグルタチオン，骨格筋の代謝にかかわるカルノシンやアンセリンなどがある．モノアミン神経伝達物質のうち，カテコール基をもつノルアドレナリン，アドレナリン，ドーパミンをカテコールアミンとよび，フェニルアラニンやチロシンから合成される（表3.2）．グルタチオンはγ-グルタミン酸-システイン-グリシンのトリペプチドで，ほとんどのプロテアーゼに抵抗を示すが，γ-GTP（21章参照）がその分解酵素として知られている．

3.2 タンパク質

3.2.1 タンパク質の分類

タンパク質は，水への溶解性，等電点や全体の形状の違い，あるいは機能や局在により様々に分類される．球状タンパク質には酵素タンパク質やヘモグロビンなど多くのタンパク質が存在し，コイル状になったポリペプチド鎖が密に折りたたまれた形状をしており，比較的溶けやすいものが多い．繊維状タンパク質にはコラーゲン，絹糸成分であるフィブロインや細胞骨格を構成する中間径フィラメントなどがあり，一般的に溶けにくい．さらに，タンパク質はその機能に基づいて，酵素タンパク質，調節タンパク質，貯蔵タンパク質，構造タンパク質，感染防御タンパク質，輸送タンパク質や収縮・運動タンパク質などに分類される．

3.2.2 タンパク質の構造

α-アミノ酸のα-アミノ基と別のアミノ酸のα炭素に結合しているカルボキシ基との間における脱水縮合の結果形成される共有結合をペプチド結合といい（図3.6），2個，3個，数個のアミノ酸からなるペプチドをそれぞれジペプチド，トリペプチド，オリゴペプチドとよぶ．一方，ペプチド結

表3.2 アミノ酸誘導体

生理活性物質	前駆アミノ酸と生合成	生理作用
ヒスタミン	ヒスチジンの脱炭酸	毛細血管拡張，平滑筋収縮，胃酸分泌
セロトニン	トリプトファンのヒドロキシ化・脱炭酸	腸管運動促進，神経伝達，毛細血管収縮
メラトニン	セロトニンのアセチル化など	概日リズムの制御
ドーパミン	チロシンのヒドロキシ化・脱炭酸	神経伝達物質（パーキンソン病と関連）
ノルアドレナリン	ドーパミンのヒドロキシ化	神経伝達物質（交感神経）
アドレナリン	ノルアドレナリンのメチル化	神経伝達物質（副腎髄質ホルモン）
タウリン	システインの酸化	抱合胆汁酸（タウロコール酸），神経伝達物質
チロキシン	チロシンの縮合とヨウ素化	甲状腺ホルモン，トリヨードチロニンの前駆体
ナイアシン	トリプトファンの酸化など	ビタミンB群，補酵素
S-アデノシルメチオニン	メチオニンのATP反応	メチル基転移反応におけるメチル基供与体
カルニチン	リジンのメチル化	脂肪酸のβ酸化（カルニチンシャトル）
クレアチン	アルギニンとグリシンの反応	代謝産物（クレアチニン）が腎機能評価に利用
オルニチン	アルギニンの分解	尿素回路の構成体
カルノシン	β-アラニンとヒスチジンの反応	骨格筋や神経組織に高濃度に存在
テアニン	グルタミン酸から生成	神経伝達物質と相互作用の可能性

■ タンパク質の糖化と AGEs ■

グルコースとタンパク質の結合は，可逆的なシッフ塩基（アルジミン）から不可逆的なアマドリ転移によりケトアミン（アマドリ化合物）となると安定型となり，AGEs 前駆体となる．この AGEs が血管コラーゲンに沈着すると硝子様変性を招き，慢性糖尿病の合併症の原因となる．

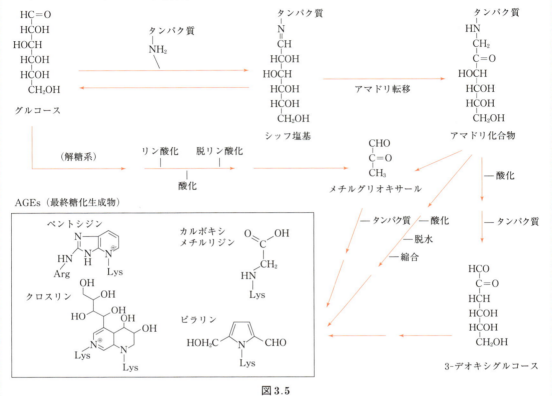

図 3.5

合は，6 N 塩酸中で 110°C，24 時間加温することでアミノ酸へ完全に加水分解されるが，これはタンパク質のアミノ酸組成などを調べるために重要な操作である．

多数のアミノ酸がペプチド結合でつながると一本のポリペプチド鎖ができる．ポリペプチド鎖中のアミノ酸一つを指してアミノ酸残基とよぶ．できあがったペプチド鎖の両端では，1 番目のアミノ酸のアミノ基と最後のアミノ酸のカルボキシ基は，ペプチド結合に関与していない．アミノ基が残る側をアミノ末端（N 末端），カルボキシ基が残る側をカルボキシ末端（C 末端）といい，アミノ酸配列の表記は N 末端から C 末端へ順に番号を付け，N 末端が左にくるように表記する（図 3.7）．リボソームにおいて mRNA が翻訳される際はメチオニンから翻訳が開始されるため，翻訳された直後のポリペプチドの N 末端のアミノ酸はメチオニンになる．

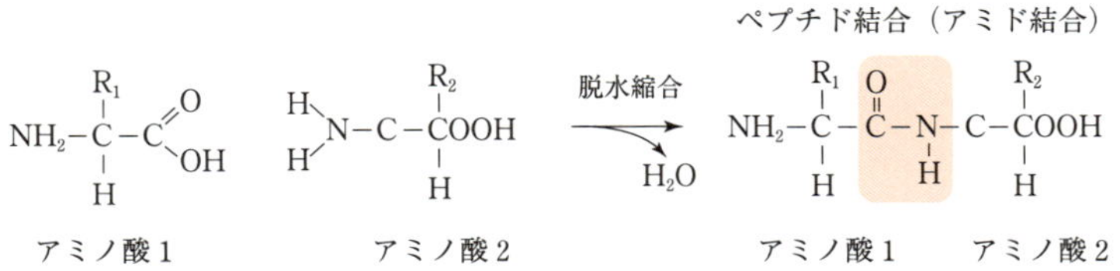

図 3.6 ペプチド結合の形成

```
N末端    Gln — Met — Ser — Tyr — Gly — Tyr — Asp — Glu — Lys — Ser — Ala — Gly — Val — Ser — Val
        Pro — Gly — Pro — Met — Gly — Pro — Ser — Gly — Pro — Arg — Gly — Leu — Hyp — Gly — Pro
        Hyp — Gly — Ala — Hyp — Gly — Pro — Gln — Gly — Phe — Gln — Gly — Pro — Hyp — Gly — Glu
        Hyp — Gly — Glu — Hyp — Gly — Ala — Ser — Gly — Pro — Met — Gly — Pro — Arg — Gly — Pro
        Hyp — Gly — Pro — Hyp — Gly — Lys — Asn — Gly — Asp — Asp — Gly — Glu — Ala — Gly — Lys
        Pro — Gly — Arg — Hyp — Gly — Gln — Arg — Gly — Pro — Hyp — Gly — Pro — Gln — Gly — Ala
        Arg — Gly — Leu — Hyp — Gly — Thr — Ala — Gly — Leu — Hyp — Gly — Met — Hyl — Gly — His
        Arg — Gly — Phe — Ser — Gly — Leu — Asp — Gly — Ala — Lys — Gly — Asn — Thr — Gly — Pro
        Arg — Gly — Pro — Lys — Gly — Glu — Hyp — Gly — Ser — Hyp — Gly — Glx — Asx — Gly — Ala
        Hyp — Gly — Gln — Met —
```

図 3.7　ラット皮膚の I 型プロコラーゲン α1 鎖の N 末端から数えて 152～290 番目までの一次構造
グリシンが 3 残基ごとに繰り返し，ヒドロキシプロリン（Hyp）の出現頻度が高いことが，コラーゲンの性質と深くかかわっている．

生体内では多種多様な低分子のポリペプチドが存在し，その中には重要な生理活性をもつものが多い．前述したように，タンパク質の構造は一次構造，二次構造，三次構造および四次構造に分けられ，一次構造とはアミノ酸配列のことであり，二次，三次，四次構造はそのアミノ酸配列の特性をもとに形成される立体構造である（図 3.9 および図 3.1 参照）．タンパク質の特異的な性質や生理活性は，こうした立体構造をとることでその機能を発現することが多い．したがって，何らかの処理でタンパク質の立体構造が破壊されると，そのタンパク質の生理機能が失われることになる．

a．一次構造

一次構造では，それぞれの生物がもつ遺伝情報とそれに対応するコドンにより，前述した 20 種類の α-アミノ酸の配列が決定される．ポリペプチド鎖中で向かい合ったシステイン（Cys）残基同士が酸化反応を起こすことでジスルフィド結合（—S—S—，disulfide bond）を形成し，シスチン（Cyt）とよばれるアミノ酸となる．このジスルフィド結合の位置を一次構造とする場合もあるが，機能的には後述する三次構造に含まれる．シスチンのジスルフィド結合も 6 N 塩酸中で加水分解され，アミノ酸組成分析上ではハーフシスチン（1/2 Cyt）として現れる．

■ アミノ酸誘導体（タウリン）の合成 ■

タウリンはアミノ酸ではなく含硫アミンとよばれ，図 3.8 に示す経路により合成される．タウリンはコール酸と抱合してタウロコール酸となり，胆汁の主要な成分として脂肪の乳化（消化・吸収）にはたらく．ネコ科動物ではこの合成経路の活性が弱く，食餌から摂取しなければならない必須栄養素である．

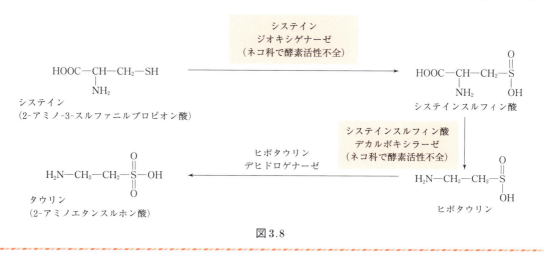

図 3.8

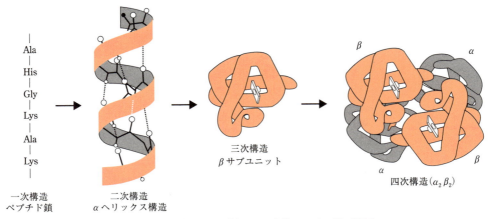

図 3.9 ヘモグロビンを例とした球状タンパク質の階層

b. 二次構造

主鎖（α炭素のつながり）の折れ曲がり構造をタンパク質の二次構造といい，代表的な二次構造として α ヘリックス（α helix）と β シート（β sheet）がある．α ヘリックスは右巻きのらせん構造で，3.6 残基で 1 回転し，そのピッチ（1 回転で軸方向に進む距離）は 0.54 nm である．タンパク質中にみられる α ヘリックスは 10 残基程度から構成されるものが多く，ヘリックスを構成するアミノ酸側鎖（R）はらせん回転軸から外側に突き出した形になっている（図 3.10）．

一方，β シートはペプチド鎖が完全に伸びた形から少し縮んだ状態（プリーツシート）を示し，ペプチド鎖の隣り合う鎖の間において，ある主鎖のペプチド結合内の N—H と向かい合ったペプチド結合の C＝O の部分に水素結合ができることが特徴である．β シートには，向かい合った 2 本のペプチド鎖（これを β ストランドとよぶ）が同じ方向を並ぶ平行 β シートと，逆方向に並ぶ逆平行 β シートの二種類がある（図 3.11）．ペプチド鎖がどのような二次構造をとるかはその部分のアミノ酸配列に依存するが，α ヘリックスも β シートも構造を維持する力は水素結合であり，この結合はすべてのアミノ酸の水素原子と別のアミノ酸のカルボキシ基の酸素原子の間に形成される．

α ヘリックスや β シートなど，通常の二次構造

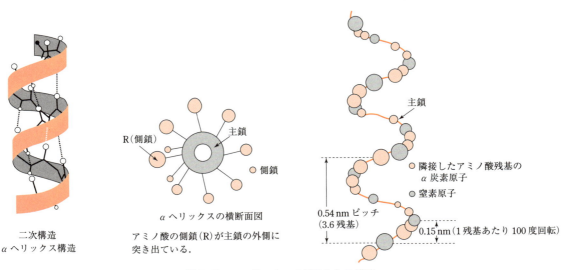

図 3.10 α ヘリックスの折りたたみ構造
左図の破線は水素結合を示す．

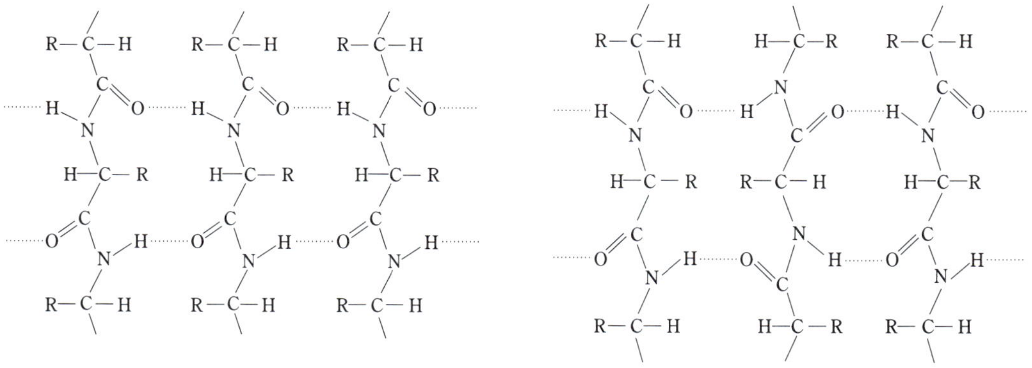

(a) 平行βシート構造 　　　　　　　　　　(b) 逆平行βシート構造

図 3.11 βシート構造
破線は水素結合を示す.

の間をつなぐ構造としてループとターンがある．ループは親水性のアミノ酸残基からなっており，通常，タンパク質表面にみられる．主鎖の折り返しが急激に変化していく部位はターンとよばれる．

c. 三次構造

二次構造をもつポリペプチドがコンパクトに折りたたまれることによって生じる高次構造を三次構造とよぶ．三次構造の重要な点は，一次構造上では離れているアミノ酸残基が近づくことにより側鎖同士の相互作用が可能になることである．基本的には側鎖同士の水素結合，疎水性相互作用（疎水性側鎖がポリペプチドの内部へ凝集しようとする力），ファンデルワールス力（非極性側鎖間ではたらく凝集力）などの弱い結合により構造を保っており，共有結合であるジスルフィド結合が形成されることでより安定化する．ポリペプチド鎖の正しい折りたたみには，分子シャペロンとよばれる普遍的に存在するタンパク質が関与する．分子シャペロンの多くは熱ショックタンパク質（heat shock protein; Hsp）であり，様々な分子が存在する．このタンパク質は温度上昇など生体内でタンパク質の変性を引き起こす変化に対応して合成され，変性タンパク質に結合して正しい三次構造に戻ることを助けている．その中で Hsp47 はコラーゲン特異的な分子シャペロンであり，コラーゲンの特徴である三重らせん構造の形成に必須である．完成したコラーゲン分子はゴルジ体に運ばれるが，Hsp47 が存在しないと正確な三重らせんができずにプロテアソームで分解される．

(1) 超二次構造（モチーフ）: αヘリックス，βシートやターン，ループなどの特徴的な組み合わせをいう．トリオースリン酸イソメラーゼは，外側の八つのαヘリックスと内側にある八つの平行βシートおよびそれをつなぐループから形成される（図 3.12）．この構造のモチーフはαβバレルまたは TIM バレルとよばれ，タンパク質の折りたたみでは非常によくみられるものである．その他の重要なモチーフとしては，転写因子の DNA 結合領域にみられる，ヘリックス-ターン-ヘリックス（例：Oct），ジンクフィンガー（例：Sp1, GATA），ロイシンジッパー（例：

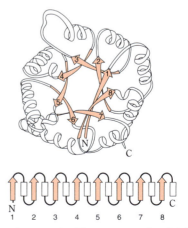

図 3.12 トリオースリン酸イソメラーゼの高次構造を簡潔に示すため，αヘリックスは四角で，βシートは矢印（1〜8）で示し，それをつなぐループを曲線で描いている

AP-1 ファミリー）やヘリックス-ループ-ヘリックス（例：MyoD ファミリー）などがある．

(2) ドメイン： ドメインはモチーフの組み合わせからなる機能単位であり，大きさとしてはアミノ酸 30 残基程度から，大きいものではコラーゲンヘリックスの 300 残基を超えるものがあり，コラーゲンにみられる Gly—X—Y が繰り返されている領域をコラーゲン様ドメインとよぶ．ドメイン構造は大きく 4 クラスに分けられる．オール α クラスはそのほとんどが α ヘリックスとループからなり，オール β クラスでは β シートと β ストランドよりなる．ほかに，α ヘリックスと β ストランドの混じった α/β クラス，α ヘリックスと β シートからなる $\alpha+\beta$ クラスがある．

d．四次構造

四次構造とは，複数のサブユニットをもつタンパク質における各サブユニットの配置や構成のことを指し，おのおののサブユニットは別々のポリペプチド鎖である．サブユニットの集合体をオリゴマーといい，単一のポリペプチド鎖からなるタンパク質は単量体（モノマー）とよぶ．サブユニットの数により，二量体（ダイマー），三量体（トリマー），四量体（テトラマー）や多量体（ポリマー）となる．オリゴマータンパク質の表記法としては，ギリシャ文字でサブユニットの種類を示し，下付文字でそれぞれのサブユニットの数を表すため，たとえば四量体で構成されるヘモグロビンは $\alpha_2\beta_2$ と表記される（図 3.9 参照）．

四次構造は，ふつう疎水性相互作用やファンデルワールス力などの弱い非共有結合で安定化されており柔軟な構造をとる．その例としてヘモグロビンの酸素との結合がある．ヘモグロビンに 1 分子の酸素が結合すると，酸素と結合していないほかのヘムがより酸素と結合しやすい状態になり，またヘムから酸素が離れるとほかのヘムも酸素を遊離しやすい状態になり，全体として四次構造を変化させる（3.2.4 項参照）．

3.2.3 繊維状タンパク質

繊維状タンパク質は，コラーゲン，ケラチンおよびフィブロインが代表例としてあげられる．コラーゲンおよび毛や爪に存在するケラチンは α ヘリックスをとっているため α-ケラチンとよばれるが，鳥の羽毛に存在するケラチンは β シート構造を多く含む β-ケラチンである．また，フィブロインではそのほとんどが β シートからなっている．

コラーゲンは二胚葉動物である刺胞動物（クラゲ，イソギンチャクやサンゴ）においてすでに複数の分子の存在が知られており，膠原繊維の主成分としては脊椎動物ではもっとも多く存在する（体タンパク質の約 30％を占める）タンパク質である．コラーゲンは単一のタンパク質ではなく，2015 年までに 29 種類のコラーゲン分子種（コラーゲン型はローマ数字で表記する）が発見され

表 3.3 おもなコラーゲンの分類と特性

グループ	構成する分子種(分布)	関連する疾患
繊維形成	I 型（骨，腱） II 型（軟骨）	古典型エーラス-ダンロス症候群および骨形成不全の原因遺伝子 II 型コラゲノパシー（早発性変形性関節症）の原因遺伝子
FACIT	IX 型（軟骨） XII 型（皮膚，腱，骨）	多発性骨端異形成症の原因遺伝子 特になし
シート形成	IV 型（基底膜） VIII 型（血管内皮） X 型（肥大軟骨）	アルポート症候群の原因遺伝子（COL4A3，COL4A4，COL4A5） グッドパスチャー症候群の自己抗原（COL4A3） PPCD (posterior polymorphous corneal dystrophy) 角膜変性症の原因遺伝子 シュミット型骨端軟骨形成不全症の原因遺伝子
皮膚関連	VII 型 XVII 型	アンカリングフィブリル；表皮水疱症の原因遺伝子 BP 180/類天疱瘡抗原
血管新生	XVIII 型	関連する疾患は不明である．この分子の断片は血管新生を抑制する機能をもつエンドスタチンとして知られている

ている．その分子構造の特性により，繊維形成性，FACIT（fibril-associated collagens with interrupted triple helices），シート形成などに分類される（表 3.3）．コラーゲンは生理的な条件下では不溶性を示し，強靭な繊維構造により骨，歯象牙質，軟骨，腱，皮膚や血管壁などの結合組織の主成分となる．

コラーゲンのアミノ酸組成の特徴としては，グリシンが3分の1を占めており，またヒドロキシプロリン（Hyp）が多く含まれることでコラーゲンの熱安定性に寄与している．Hypはプロリンがポリペプチド鎖へ組み込まれたあとの翻訳後修飾の一つであるヒドロキシ化反応により生成するが，そのヒドロキシ基の酸素原子は分子状酸素に由来する．この反応にはビタミンCが補酵素として必須であるため，ビタミンCの不足はコラーゲンの安定性を低下させる．ビタミンC欠乏症を壊血病とよぶが，この病態では毛細血管周囲のコラーゲンが変性するため微細な内出血を起こし，さらに創傷治癒の遅延もみられる．ビタミンCはウロン酸経路によりグルコースからいくつかの反応を経てL-グロノラクトンオキシダーゼという酵素により合成されるが，この酵素を霊長類とモルモットは欠損している．また，一部のリジンも同様にヒドロキシ化されヒドロキシリジンとなり，このヒドロキシ基はO-グリコシド結合に関与する．

翻訳後修飾を受けたプレプロコラーゲンは，三本鎖を形成しプロコラーゲンとして細胞外に分泌され，N末端とC末端が特異的な酵素で切断されたのちにコラーゲン分子となり繊維化される．もっともポピュラーなI型コラーゲンを例にとると，太さ 1.5 nm（1.5×10^{-6} mm），長さ 300 nm の細長い棒状の外観である．ある程度の太さに集まったコラーゲン分子を電子顕微鏡で観察すると，1周期が 67 nm の縞模様が観察できる．この縞模様のパターンは，アミノ酸側鎖の電荷と電子顕微鏡で観察する際に用いる重金属の種類に依存している．

3.2.4 球状タンパク質

球状タンパク質は，ほぼ球形をしたコンパクトな分子形態をとり，繊維状タンパク質とは多くの点で異なっている．多くの繊維状タンパク質が力学的な役割や構造的な役割を担っているのに対し，球状タンパク質は生理学的機能の担い手であることが多い．ここでは，代表的な球状タンパク質として，O_2結合タンパク質であるミオグロビンとO_2輸送タンパク質であるヘモグロビンを例に説明する．

ミオグロビンは1本のポリペプチド鎖と1分子のヘムとよばれる補欠分子族からなる．一方ヘモグロビンは，4本のポリペプチド鎖と4分子のヘムから構成されている．いずれの場合も，ポリペプチド鎖はグロビンとよばれるタンパク質ファミリーに属しており，ヘム分子は2価の鉄原子とプロトポルフィリンからなる錯体である（図 3.13）．

a. ミオグロビンの構造

ミオグロビンは，骨格筋や心筋に高濃度に存在する．これらの筋肉の色はほとんどミオグロビン由来である．とくに水生哺乳動物は体内に多量の酸素を保有することが必要なため，筋肉中のミオグロビン含量が高い．ミオグロビンはヒトでは154個のアミノ酸からなるポリペプチドで，分子量は 17 800 の比較的小さなタンパク質である．三次元構造を形成したミオグロビンの内部のほとんどに疎水性アミノ酸が配置されることで，中心部の疎水性相互作用により安定化されている．ミオグロビンのポリペプチド鎖の大部分は8本のα

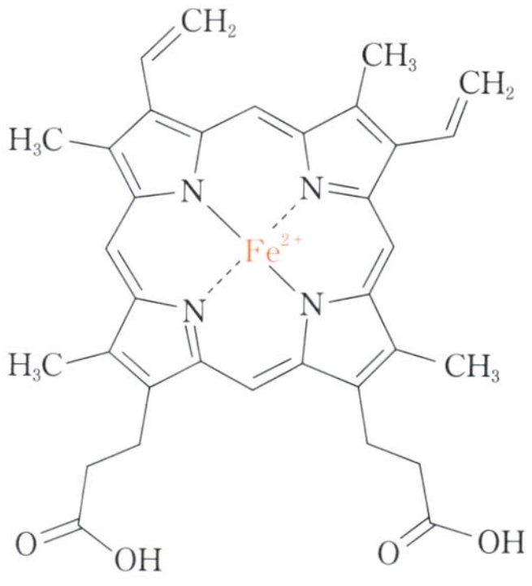

図 3.13 ミオグロビンとヘモグロビンの双方に存在するヘム（鉄（Fe^{2+}）プロトポルフィリンIX）の構造

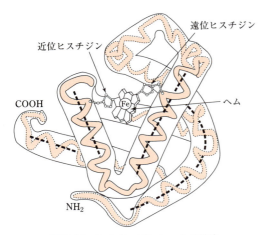

図3.14 ミオグロビンとヘムの結合

ヘリックス（ヘリックスA〜H）により構成され，これらが短いランダムコイルでつながり，4.5×3.5×2.5 nm の球状タンパク質を形成している．ミオグロビンのヘムは64番目のヒスチジン（近位ヒスチジン）と93番目のヒスチジン（遠位ヒスチジン）で挟まれた状態で配置される（図3.14）．

b．ヘモグロビンの構造

呼吸器から末梢組織への O_2 の輸送のためにヘモグロビンによるガス運搬システムが必要となる．哺乳動物のヘモグロビンは $α_2β_2$ の四量体であるが，それぞれのサブユニットが1分子のヘムをもつのでヘモグロビン1分子としては酸素分子4個と結合できる（図3.9参照）．ミオグロビンとヘモグロビンのアミノ酸配列の相同性は低いが，両者の三次元構造はほとんど同じであり，ヘムや O_2 との立体配置も非常によく似ている．すなわち，ミオグロビンが8本の $α$ ヘリックスからなるのに対し，ヘモグロビンの $α$ サブユニットは7本の $α$ ヘリックスから，$β$ サブユニットは8本の $α$ ヘリックスから構成されている．

c．ヘモグロビンとミオグロビンの酸素結合の制御の違い

ミオグロビンの酸素飽和度を酸素分圧（pO_2）に対してプロットすると，直角双曲線となる（図3.15）．古くなった肉が赤紅色から茶褐色に変色するのは，Fe^{2+} が Fe^{3+} に変わりミオグロビンがメトミオグロビンに変化したためである．ミオグロビンは酸素を蓄えるだけでなく，水に溶けにくい O_2 の毛細血管から組織への拡散を速め，筋肉組織が必要とする O_2 の有効濃度の到達に寄与している．

ヘモグロビンの酸素結合曲線は，ミオグロビンのような双曲線形ではなくシグモイド曲線を示す．たとえば，ヘモグロビンは動脈血の O_2 分圧ではほとんど飽和するが，静脈血の酸素分圧では75%程度しか飽和しない．この酸素飽和度の差が，ヘモグロビンの肺から組織への O_2 を運ぶために有効となる．それは，ヘモグロビンがアロステリックタンパク質（allo- は"他の"，steric は"立体障害"を意味するので，allosteric とはタンパク質上の作用部位とは別の場所でタンパク質の高次構造を変化させることを指す）であるためで，この場合 O_2 がエフェクター分子となる．ヘモグロビン中のヘムの一つに O_2 が結合すると四量体全体の立体構造が変化し，残りのヘムも O_2 と結合しやすくなる（これは弛緩（R状態）オキシヘモグロビンとよばれる）．一方，O_2 分圧の低い毛細血管では，HCO_3^- の生成に伴い放出される H^+ がヘモグロビンに取り込まれることにより，立体構造が緊張（T状態）となり，その結果，ヘモグロビンから O_2 が解離する（デオキシヘモグロビン）．さらに，H^+ がヘモグロビンに取り込まれると CO_2 からの HCO_3^- 生成が促進される．T状態のヘモグロビンの方がR状態のものより CO_2 に結合しやすいため，CO_2 濃度の高い毛細血管ではT状態の方が安定となり，CO_2 輸送が亢

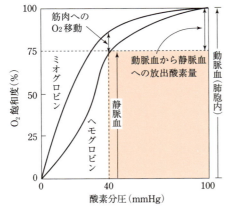

図3.15 ミオグロビンとヘモグロビンの酸素飽和度

進する．したがって，O_2 分圧の高い肺ではヘモグロビンは R 状態となって多くの O_2 と結合でき，O_2 の少ない末梢組織では O_2 を放出し CO_2 を結合することができる．

3.2.5 タンパク質の性質および変性
a．タンパク質の性質

細胞外マトリックス（コラーゲンなど）や細胞骨格（ケラチンなど）などを構成するタンパク質以外のタンパク質は，水や低濃度の塩類溶液に溶けやすい．タンパク質はアミノ酸由来の両性電解質の性質を有し，構成アミノ酸の総和としての固有の等電点をもつ．この性質は，電気泳動やイオン交換クロマトグラフィーによるタンパク質の分画に利用される．また，タンパク質溶液に硫酸アンモニウムなどの高濃度の塩類を加えると沈殿を生じる（塩析）．水溶液中のタンパク質は疎水性アミノ酸と水分子との相互作用を受けているが，これは塩濃度を上げると水分子のいくつかは塩イオンに奪われ，タンパク質と相互作用をしている水分子の量が減少する結果，タンパク質分子が疎水性の相互作用によって凝集するためである．さらに，有機溶媒（アルコール，アセトン），酸類（トリクロロ酢酸，過塩素酸，スルホサリチル酸）や重金属（Hg^+, Cu^{2+}）などの添加により沈殿するので，分画のほか除タンパク操作や尿中タンパク質の定性，肝機能にかかわる血清膠質反応（チモール混濁試験，クンケル混濁試験）などに利用される．

タンパク質濃度の測定には，すでに述べたように 280 nm における吸光度を計測するほか，呈色反応としてブラッドフォード法，簡便な比色定量反応としてビウレット反応やローリー法が広く用いられている．ブラッドフォード法はもっとも簡便な方法で，タンパク質染色用色素であるクーマシーブリリアントブルー（CBB）がタンパク質と結合すると最大吸収波長が 465 nm から 595 nm にシフトすること（メタクロマジー）を利用した方法である．ビウレット反応では，トリペプチド以上のペプチドがアルカリ性溶液中で Cu^{2+} に配位し赤紫色から青紫色に変化するため，ペプチド結合を多く含むタンパク質ほど強く呈色する．ローリー法はビウレット反応に芳香族アミノ酸（トリプトファンとチロシン）およびシステインの還元性を組み合わせた方法である．

b．タンパク質の変性

タンパク質のペプチド結合が切断されることなく（一次構造は変化せず），高次構造を維持する非共有結合の切断や α ヘリックスなど二次構造の崩壊，オリゴマーのサブユニットへの解離がみられることを変性（denaturation）という．タンパク質は変性により，溶解度，粘性，吸収スペクトルやアミノ酸残基の側鎖の反応性に変化が起こり，酵素活性やホルモン作用などの機能が著しく低下するか完全に失われる．変性には化学的な原因（極端な pH，有機溶媒，尿素，界面活性剤）や物理的な原因（加熱，凍結，振動，紫外線，超音波，磁力）などがある．これらの変性には不可逆的な原因も存在するが，ある条件下では可逆的な変性もある．たとえば尿素による変性では，透析により尿素を除去することで変性タンパク質の高次構造や機能を回復できることがあり，この性質を利用して分離可能なタンパク質がある．

3.2.6 タンパク質の精製

構造や機能を明らかにするためには，対象となるタンパク質を可能な限り単一に精製する必要がある．タンパク質精製の目的は，細胞や組織から一つの特定のタンパク質を変性させることなく，ほかの共存タンパク質から単離することである．タンパク質の変性は温度に依存することが多いので，ほとんどの精製操作は低温下（4°C あるいは氷上）で行われる．

タンパク質精製の初期段階では，適切な緩衝液中で細胞や組織を破砕し懸濁する．次に構成要素を大別する目的で硫酸アンモニウムによる塩析，アセトンやエタノールによる有機溶媒沈殿や等電点沈殿を適用する．これらの方法により，目的タンパク質は数倍に濃縮される．

a．電気泳動法

電気泳動法は，適当な pH の緩衝液を含んだ支

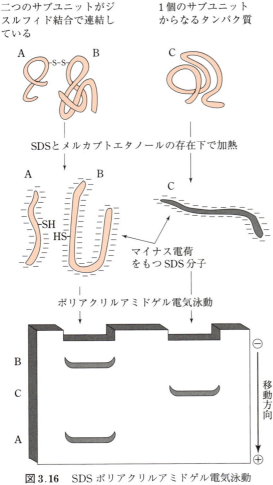

図 3.16 SDSポリアクリルアミドゲル電気泳動（SDS-PAGE）の原理

め、タンパク質間の電荷の差とは無関係に、試料中のタンパク質は分子量の違いにより分離される。SDSで変性させたタンパク質溶液をポリアクリルアミドゲルの上端の試料ウェルに添加し電流をかけると、小さなタンパク質が最も遠くまで移動し、分子量の大きいタンパク質はゆっくり移動する。泳動後、適当な色素（前述のCBBなど）で染色すればタンパク質は帯状のバンドとして検出できる。また、既知の分子量の標準タンパク質と同一条件で同時に泳動すれば、未知のタンパク質の分子量を推定できる。

（2）等電点電気泳動法（isoelectric focusing；IEF）：　タンパク質は、構成するアミノ酸の側鎖の電荷の総和により決定される独自の等電点（pI）をもつ。アクリルアミドゲルを作製する際に両性担体（アンフォライト）を混合して電流を流すと、陽極側が酸性、陰極側がアルカリ性のpH勾配が形成され、タンパク質は自身のもつ等電点まで移動すると電荷がゼロとなり移動を停止する。この時点でゲルを固定・染色すると、等電点により分離されたタンパク質が確認できる。

タンパク質混合物をさらに細かく分離するには、二次元ポリアクリルアミドゲル電気泳動法（2D-PAGE）が用いられる。IEFの終了したゲルをSDS処理したあと、SDS-PAGEゲル上に横向きにセットして電流を流すと、IEFゲルからタンパク質がSDS-PAGEゲル内に移動し、分子量に従い分離される（図3.17）。

支持体にタンパク質混合液をおき、支持体に直流電流をかけるとタンパク質はそれぞれの分子量や電荷に従って移動する性質を利用する。生化学の分野でよく用いられる電気泳動法は、SDS-PAGEと等電点電気泳動法である。

（1）SDS-PAGE：　タンパク質の分析に広く用いられる（図3.16）。タンパク質の混合物に2-メルカプトエタノールやジチオスレイトール（DTT）などの還元剤を添加すると、ジスルフィド結合が還元・切断される。そこに強力な陰イオン性界面活性剤であるSDSを添加するとタンパク質の非共有結合性相互作用が消失するので、タンパク質は高次構造を完全に失った状態となる。SDSは分子全体に強いマイナス荷電を与えるた

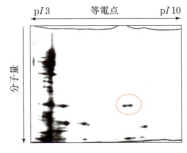

図 3.17　二次元電気泳動
丸で囲んだ二つのスポットはSDS-PAGEのみでは分離、識別できない。

b. クロマトグラフィー

(1) **イオン交換クロマトグラフィー**： タンパク質の電荷の違いを利用した分画法である．主に酸性タンパク質（陰性荷電）の分離に用いられる陰イオン交換クロマトグラフィーや，塩基性タンパク質（陽性荷電）の分離に用いられる陽イオン交換クロマトグラフィーがある．前者では支持体に官能基としてプラスに荷電したジエチルアミノエチル基（DEAE）が結合したセルロースビーズ（球径 10 μm～）を用い，後者では支持体にマイナスに荷電したカルボキシメチル（CM）基を結合させたビーズを用いるので，それぞれ DEAE クロマトグラフィー，CM クロマトグラフィーと略すこともある．これらのセルロースビーズを，細長いガラス管やプラスチック管（カラム）などに詰めて用いる（カラムクロマトグラフィー）．

陰イオン交換では，まずすべてのタンパク質を官能基と結合させる（図 3.18 上）．次に，徐々に NaCl 濃度を上昇させた緩衝液をカラムへ添加していくと，DEAE 基に結合していた酸性タンパク質が Cl^- と競合することにより，その結合の弱い順にはずれていく（図 3.18 下）．この遊離したタンパク質をカラム下部に設置しているフラクションコレクターで分取すれば，タンパク質を分画できる．陽イオン交換では，NaCl 中の Na^+ が同様に CM 基に対して競合的にはたらくことで，やはり弱い結合の塩基性タンパク質から徐々に解離していく．この際，等電点がほぼ中性のタンパク質（γ-グロブリンなど）は官能基に結合せずカラムを素通りしてしまうが，この「素通り」の性質を用いて目的のタンパク質から共存する不純物を除くこともある．

(2) **ゲル濾過クロマトグラフィー**： 分子量の違いを利用する分画法である．ポリアクリルアミドゲルやアガロースゲルなどの網目構造をもつ高親水性高分子多孔質担体中を通過する際，分子量の大きいタンパク質は担体粒子間の外側をすり抜け速く通過する（分子排除）が，小さいタンパク質は粒子の中に入りながら遅れて通り抜ける．これを分子ふるい効果といい，タンパク質混合物を分子量により分画する際に用いられる．

(3) **アフィニティークロマトグラフィー**： 精製しようとするタンパク質とほかの分子（リガンドとよぶ）との特異的高親和性非共有結合を利用して分離する方法であり，タンパク質のもつ生物学的機能や化学構造に基づく特異的な選択性を利

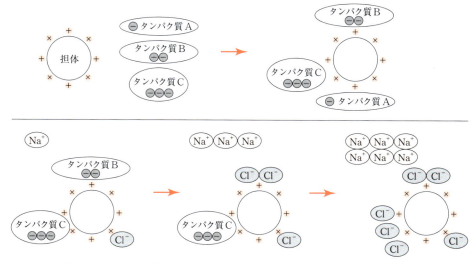

図 3.18　イオン交換クロマトグラフィーの原理（陰イオン交換を例として）
担体には DEAE 基が結合しており，陰性に荷電した酸性タンパク質が結合する．結合したタンパク質は溶出液中の Cl^- と競合しその電荷（結合力）の弱いものから解離する．陽イオン交換の際には，Cl^- の代わりに Na^+ が塩基性タンパク質と競合する．

用しているので精製度がきわめて高く，一度の操作で純度の高いタンパク質を精製することが可能である．通常は，セルロースビーズなどにリガンドを共有結合的に固定化したカラムを作製する．ここにタンパク質混合物を流すと，リガンドと反応するタンパク質のみが結合し，リガンドと無関係なタンパク質は素通りする．カラムを緩衝液で洗浄したのちに，リガンドと結合した目的タンパク質を解離させる．

c．プロテオミクス（プロテオーム解析）

プロテオミクスとは生命活動のある瞬間に存在するタンパク質の全体像を把握し，次の瞬間における全体像と比較することを指す．ヒトなどのゲノムプロジェクトの結果，生体には約 3 万種類のタンパク質が存在することが示唆されているが，これらのタンパク質が同時期に同じ細胞に存在するわけではなく，発生の一時期やある細胞に特異的な発現を示すタンパク質も含まれている．プロテオミクスではまず二次元電気泳動によりある時期のある組織・細胞より抽出したタンパク質を分離し，別の試料と比較することで増減や出現・消失するタンパク質を検索する．たとえば，薬物投与前後の肝臓を試料として二次元電気泳動像を比較し，薬物によりその産生に影響を示すタンパク質をゲルから切り出して，質量分析により同定することが可能である．

質量分析法（mass spectrometry；MS）とは，イオン化させた試料を装置内で飛行させると質量電荷比に応じて分離されることを利用して，タンパク質を同定することである．質量分析ではプロトンの質量（1 ダルトン）の違いも判別できるため，リン酸化などの翻訳後修飾も同定できる．質量分析の手法は大きくイオン化法と分析部に分かれ，イオン化法には MALDI（マトリックス支援レーザー脱離イオン化；matrix assisted laser desorption ionization）法や ESI（エレクトロスプレーイオン化；electro-spray ionization）法などが，分析法には飛行時間型（time-of-flight；TOF），四重極型（quadrupole；Q）やイオントラップ型（ion trap；IT）などがあり，それぞれに特徴がある．通常，イオン化法と分析部の略称をつなげて，MALDI-TOF-MS などとよぶ． ［新井克彦］

自習問題

【3.1】 含硫アミノ酸の構造式を示し，ジスルフィド結合について説明しなさい．

【3.2】 次の生理活性アミン（アミノ酸誘導体）の前駆体となるアミノ酸を示しなさい．
①タウリン，②ヒスタミン，③ドーパミン，④セロトニン

【3.3】 アミノ酸の両性電解質の性質をもとに等電点について説明しなさい．

【3.4】 繊維状タンパク質の構造上の特徴について例をあげて説明しなさい．

【3.5】 球状タンパク質の構造上の特徴について例をあげて説明しなさい．

【3.6】 タンパク質の次の①～④の性質を利用した分離法について説明しなさい．
①電荷，②分子の大きさ，③分子の質量，④親和性

4 脂質の構造と生体膜

ポイント

(1) 脂質とは水にほとんど溶けず，長鎖脂肪酸あるいは炭化水素鎖をもつ，生物体内に存在，あるいは生物に由来する生体物質である．

(2) 生体内に存在する脂肪酸の大部分は，炭素数が16～20の長鎖脂肪酸であるが，反すう動物の第一胃および単胃草食動物の盲腸や大腸での発酵によって炭素数2～4の短鎖脂肪酸（揮発性脂肪酸）が生じ，エネルギー源として利用される．

(3) 生体内の脂肪酸の大部分はグリセロールのヒドロキシ基とエステル結合し，三つの脂肪酸を結合したトリアシルグリセロール（中性脂肪）として存在し，エネルギー貯蔵に重要な役割を果たす．

(4) リン脂質，スフィンゴ脂質およびコレステロールは，分子内に疎水性の尾部（炭化水素鎖）と親水性の頭部（リン酸基，ヒドロキシ基，糖質など）をもつ両親媒性であり，生体膜構造の脂質二重層の形成に重要な役割をもつ主要な構成因子である．

(5) 生理的活性をもつエイコサノイドや，ステロイド，ビタミンDなどはそれぞれ，不飽和脂肪酸のアラキドン酸やコレステロールから代謝されて産生される．

(6) 膜タンパク質の中には膜内在性タンパク質と膜表在性タンパク質が存在し，膜内在性タンパク質は連続した疎水性アミノ酸領域をもつ．

(7) 生体膜は脂質二重層を基本構造とし，そこに膜タンパク質が配置し，全体として流動モザイクモデルで説明できる．

(8) 生体膜の内葉・外葉で脂質組成は非対称であり，この脂質の移動はATPのエネルギーを必要とする酵素フリッパーゼの作用で行われている．

(9) 生体膜は，物質の選択的な輸送，外界からのシグナルの伝達，エンドサイトーシスやエキソサイトーシスを利用した物質の内外とのやりとり，そして細胞内では酵素のはたらきを効率的に進めるための区画化に役立っており，多様な機能を担っている．

(10) 生体膜には膜輸送タンパク質が存在し，選択的透過により内外の物質の輸送を行っており，電気化学的勾配に従って移動する受動輸送（単純拡散，促進拡散）と，エネルギーを使って勾配に逆らって移動する能動輸送が存在する．

4.1 脂質の構造

　脂質はタンパク質や核酸に比べて多様な構造をもち，疎水性で水にほとんど溶けず，クロロホルム，メタノール，アセトン，ベンゼンなどの有機溶媒に溶ける性質をもつ．特定の化学的，構造的性質ではなく溶解度によって定義される．生化学的定義では，脂質は長鎖脂肪酸あるいは炭化水素鎖をもつ，生物体内に存在，あるいは生物に由来する生体物質である．

　脂質は構造上，おもに以下の三つに分類することができる．

　①単純脂質：アシルグリセロール，ろう（ワッ

クス），セラミド

②複合脂質：リン脂質，糖脂質，リポタンパク質，スルホ脂質

③融合脂質：脂肪酸，テルペノイド，ステロイド，カロテノイド

ここでは便宜上，脂肪酸，貯蔵脂質，構造脂質，生理活性脂質の四つの項目に分けてそれぞれを説明する．

4.1.1 脂肪酸

脂肪酸は種々の長さの炭化水素鎖からなるモノカルボン酸で，高等植物や動物でもっとも多く存在するものは炭素数 16 および 18 の脂肪酸であり，パルミチン酸，オレイン酸，リノール酸，ステアリン酸がある（表 4.1）．動植物脂肪酸の半分以上は不飽和で二重結合をもち，二重結合を二つ以上もつものは多価不飽和脂肪酸とよばれる．それに対して，全く二重結合をもたない脂肪酸は飽和脂肪酸とよばれる．構成する炭素数はカルボキシ末端から数えられ，たとえば一価不飽和脂肪酸のオレイン酸（$18:1^{\Delta 9}$）の表記では，炭素数 18 で，カルボキシ基の炭素（C）を 1 番目として数えて 9 番目の C に，つまり C9 と C10 の間に二重結合が存在することを表す．

また不飽和脂肪酸は，脂肪酸分子のカルボキシ基末端とは反対側のメチル末端（ω）からみて最初の二重結合の位置によって分類される．たとえば，リノール酸と α-リノレン酸はそれぞれ $18:2$ ω-6（$18:2^{\Delta 9,12}$ とも表記）および $18:3$ ω-3（$18:3^{\Delta 9,12,15}$ とも表記）と表せる（表 4.1）．このとき，ω の右の数は ω 位の炭素から最初の二重結合の位置を意味しており，その後方の二重結合は必ず 3 炭素離れて存在する．二重結合は自由度の少ない構造なので，シス形とトランス形の 2 種類の異性体が存在するが，生体内に存在するものはほとんどがシス形をとる．そのため，不飽和脂肪酸は飽和脂肪酸より充塡性が悪く，不飽和度が高い（二重結合が多い）ほど融点が低くなる（表 4.1）．この理由のため脂肪酸の不飽和度が増すと脂質の流動性が増強されることになり，生体膜を構成する脂肪酸中に含まれる二重結合の数は生体膜の流動性の重要な因子となる（後述）．動物の場合，二重結合を一つもつ不飽和脂肪酸は生体内で合成することができる（非必須脂肪酸）が，二つもつリノール酸（ω-6）と α-リノレン酸（ω-3）は酵素が存在しないため生体内では合成することができ

表 4.1 生体内のおもな脂肪酸

	名　称	炭素数：二重結合数	不飽和脂肪酸の分類	構　造　式	融点(℃)
飽和脂肪酸	酢　酸	2:0		CH_3COOH	16.7
	プロピオン酸	3:0		CH_3CH_2COOH	−21.5
	酪　酸	4:0		$CH_3CH_2CH_2COOH$	−7.9
	ラウリン酸	12:0		CH₃〜〜〜COOH	44.2
	ミリスチン酸	14:0		CH₃〜〜〜COOH	53.9
	パルミチン酸	16:0		CH₃〜〜〜COOH	63.1
	ステアリン酸	18:0		CH₃〜〜〜COOH	69.6
不飽和脂肪酸	パルミトオレイン酸	$16:1^{\Delta 9}$		CH₃〜〜=〜COOH	−0.5
	オレイン酸	$18:1^{\Delta 9}$		CH₃〜〜=〜COOH	12
	リノール酸	$18:2^{\Delta 9,12}$	ω-6	CH₃〜〜=〜=〜COOH	−5
	α-リノレン酸	$18:3^{\Delta 9,12,15}$	ω-3	CH₃〜=〜=〜=〜COOH	−11
	γ-リノレン酸	$18:3^{\Delta 6,9,12}$	ω-6	CH₃〜〜=〜=〜=〜COOH	−11
	アラキドン酸	$20:4^{\Delta 5,8,11,14}$	ω-6	CH₃〜〜=〜=〜=〜=〜COOH	−49.5
	エイコサペンタエン酸	$20:5^{\Delta 5,8,11,14,17}$	ω-3	CH₃〜=〜=〜=〜=〜=〜COOH	−54
	ドコサヘキサエン酸	$22:6^{\Delta 4,7,10,13,16,19}$	ω-3	CH₃=〜=〜=〜=〜=〜=〜COOH	−44

注：炭素数が 12 以上のものについては，$(-CH_2-)_n$ を 〜〜 ，二重結合の位置を /=\ で示した．

ず，食餌から摂取しなければならない必須脂肪酸となる．多価不飽和脂肪酸であるアラキドン酸やドコサヘキサエン酸などは，必須脂肪酸を延長および不飽和化することにより生体内で合成することができる．

　炭素数が 2（酢酸），3（プロピオン酸），4（酪酸）の短鎖脂肪酸は，草食動物の消化管発酵でグルコースなどから生成される主要な脂肪酸であり（表 4.1），反すう動物（第一胃発酵）および単胃草食動物（盲腸，大腸での発酵）での主要なエネルギー源となる．これらは長鎖脂肪酸に比べ沸点が低いので，獣医学領域では揮発性脂肪酸（volatile fatty acid；VFA）とよばれる．

　脂肪酸はエネルギー貯蔵には非常に効率のよい物質であり，同じ重量のグリコーゲンよりも非常に多くのエネルギーを供給できる．生体内では，大部分はグリセロールなどとエステルを形成しエネルギー源として中性脂質の形で，あるいは複合脂質として存在する．エネルギー源として使用される際には，脂肪組織から遊離脂肪酸（free fatty acid；FFA）として各組織にまで血液中を輸送されるが，その際は血漿タンパク質のアルブミンに結合する．

4.1.2　貯蔵脂質

　生体内の脂肪酸の大部分はグリセロールとエステル結合して，トリアシルグリセロール（トリグリセリドともよばれる）として存在する（図 4.1）．ほとんどのトリアシルグリセロールは様々な長さの脂肪酸を含んでおり，それらは不飽和脂肪酸や飽和脂肪酸であったり，また両者が混じっていたりする．トリアシルグリセロールはその状態により脂肪あるいは油脂とよばれ，脂肪は室温で固形であり油脂は液状を呈する．これは，トリアシルグリセロールに含まれる脂肪酸の不飽和度に依存するもので，前述のように，脂肪酸の不飽和度が高い（二重結合が多い）ほど融点が低くなることに一致する．またトリアシルグリセロールは電荷をもっていないので，中性脂質ともよばれ水に不溶性である．細胞内では，ほかの水溶性画

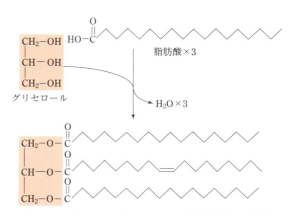

図 4.1　トリアシルグリセロール（中性脂肪）の構造
グリセロールの三つのヒドロキシ基に脂肪酸のカルボキシ基がエステル結合しトリアシルグリセロールとなる．

分とは隔離され，大部分は脂肪滴の中に存在している．脂肪滴はほとんどの細胞に存在するが，とくに脂肪の貯蔵に特化した細胞である脂肪細胞では，脂肪滴が細胞質の大部分を占め，生体全体のエネルギー貯蔵に重要な役割を担う．

　ワックス（ろう）は非極性脂質の混合物である．長鎖脂肪酸と長鎖アルコールがエステル結合したもので，トリアシルグリセロールと同様に水に不溶でしっかりした硬さがある．植物においては葉や茎や果実，動物においては皮膚や体毛，水鳥においては羽毛をおおって，防水など保護的なはたらきをしている．

4.1.3　構造脂質

　生体膜の主成分であるリン脂質，スフィンゴ脂質，コレステロールは分子内に疎水性の部分（脂肪酸などの炭化水素鎖）と親水性の部分（リン酸基，ヒドロキシ基，糖基など）をもっており，分子自身は両親媒性の性質をもつ（図 4.2, 4.3）．あとで詳細に述べるが，脂質がもつ両親媒性の性質が生体膜の脂質二重層を形成するときの重要な因子となる．生体膜を構成するこれらの脂質は，結合する脂肪酸や炭化水素鎖の種類，親水性基の種類，そしてその組み合わせにより数千種類も存在することが明らかにされている．こういった膜構造脂質は，分子構造上から基本的には以下の 3 種類に分類できる．

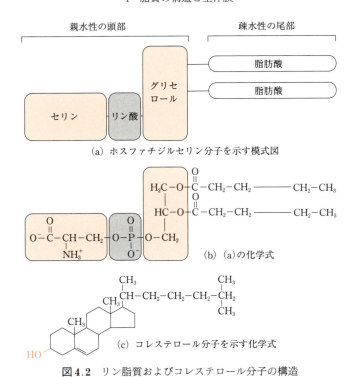

図4.2 リン脂質およびコレステロール分子の構造

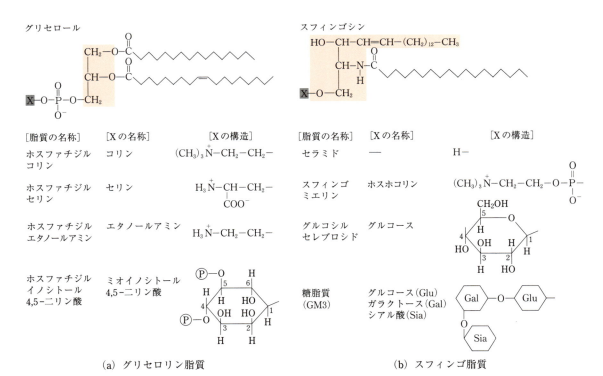

図4.3 グリセロリン脂質 (a) とスフィンゴ脂質 (b) の構造

(a) グリセロールの1位 (C1) と2位 (C2) の炭素には脂肪酸がエステル結合し,3位の炭素 (C3) にリン酸基が結合する (ホスファチジン酸). さらにこのリン酸基に種々の親水基 (X) が結合してグリセロリン脂質が構成される. (b) C_{18} のアミノアルコール誘導体 (色の部分) のスフィンゴシンのNに脂肪酸アシル基がついたものをセラミドという. セラミドの1位の位置 (X) にホスホコリン,グルコースやオリゴ糖が結合したものをスフィンゴ脂質という.

a. グリセロリン脂質

グリセロリン脂質は，グリセロールの2か所のヒドロキシ基（1位C1と2位C2）に脂肪酸が，残りのヒドロキシ基（3位C3）にリン酸がエステル結合した化合物であるホスファチジン酸（PA）が基本となり，3位のリン酸基にさらにいろいろな親水性分子が結合したものである（図4.3(a)）．おもな例をあげると，親水性基がコリンの場合はホスファチジルコリン（PC，レシチンともよぶ），セリンの場合はホスファチジルセリン（PS），エタノールアミンの場合はホスファチジルエタノールアミン（PE），イノシトールの場合はホスファチジルイノシトール（PI）となる．またほとんどの場合，結合する脂肪酸のうちC2位には不飽和脂肪酸が結合する．これらのグリセロリン脂質は生体膜のもっとも主要な構造脂質である．

ホスホリパーゼA_2はC2につく脂肪酸アシル基を分解し，リゾリン脂質を生じる．ハチ毒やヘビ毒にはホスホリパーゼA_2が多量に含まれており，強い界面活性剤となるリゾリン脂質は細胞膜を溶かし細胞を破壊する．あとで述べるが，生理活性脂質であるエイコサノイドの主要な前駆体はアラキドン酸であり，この脂肪酸は細胞膜の中にホスファチジルイノシトールの形で，またはほかのリン脂質のC2位にエステルの形で蓄えられており，ホスホリパーゼA_2の作用で遊離する．

b. スフィンゴ脂質

スフィンゴ脂質分子は長鎖アミノアルコールを含んでおり，動物ではこのアルコールはスフィンゴシンである（図4.3(b)）．スフィンゴシンのNに脂肪酸アシル基がついたものをセラミドという．図4.3(b)のXの部分とホスホコリンまたはホスホエタノールアミンのリン酸基とがエステル結合したものはスフィンゴミエリンとよばれ，神経細胞のミエリン鞘に多く見出される．ほかにも，Xの部分にグルコースなどの糖残基が1個だけ結合したものをセレブロシドもしくはスフィンゴ糖脂質とよぶ．さらにガングリオシド（糖脂質）は複雑なスフィンゴ糖脂質で，少なくとも1個のシアル酸残基を含むオリゴ糖がついたセラミドで

あり，60種類以上知られているが脳組織に非常に多く存在する．セレブロシドとともに，リン脂質とは異なりリン酸基がないのでイオン性ではない．

c. コレステロール

コレステロールは動物にもっとも多いステロイドで，3個の六員環と1個の五員環をもち，C3にOHがあるのでステロールに分類される（図4.2, 4.4）．極性の性質をもつOH基があるのでわずかに両親媒性を示し，四つの環が結合しているのでほかの膜脂質より硬い性質をもつ．細胞膜の主要な構成成分であり，分子数では脂質全体の30〜40％を占め，膜の硬さ，物質の透過性などをつかさどっている．貯蔵型のコレステロールは長鎖脂肪酸とエステル結合し，コレステリルエステルとなって脂肪滴やリポタンパク質内に存在する．

4.1.4 生理活性脂質

哺乳動物では，いろいろな生理機能を有するステロイドホルモンがあり，これはコレステロールが前駆体となる（図4.4）．性腺ホルモンであるエストロゲン，プロゲステロン，テストステロンや副腎皮質ホルモンであるコルチゾール，アルドステロンなどのステロイドホルモンは，すべてコレステロールから代謝・誘導される．また骨代謝調

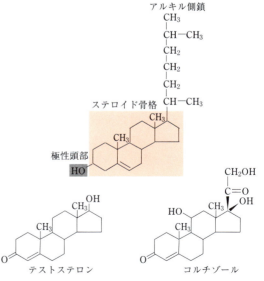

図4.4 コレステロールの構造とコレステロール由来のステロイドの例

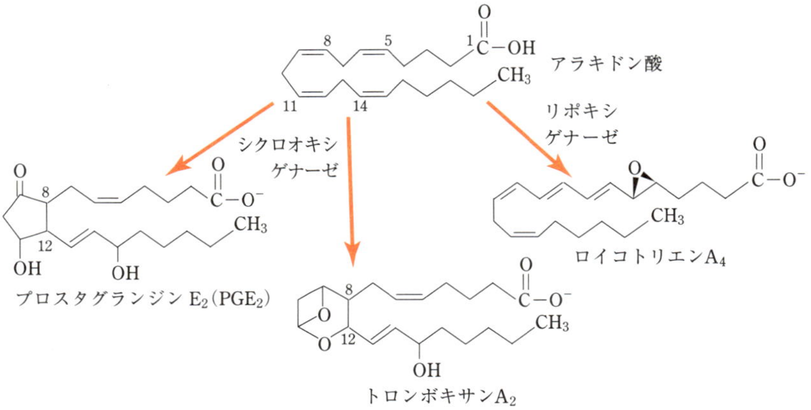

図4.5 アラキドン酸といくつかのエイコサノイド

節に重要なビタミンD_3もコレステロールから誘導され，とくに皮膚や腎臓，胎盤などで産生される．さらに，食餌脂肪の消化に重要な胆汁酸も肝臓でコレステロールから合成される．

ほかに生理機能を有する脂質には，エイコサノイドであるプロスタグランジン，トロンボキサン，ロイコトリエンなどが存在し（図4.5），局所ホルモン（オータコイド）として炎症や組織損傷，血液凝固，血管収縮などを引き起こし，その生理機能は多岐にわたる．これらはすべて，多価不飽和脂肪酸であるアラキドン酸から産生される．前述のように，アラキドン酸はおもに細胞膜リン脂質のC2位に存在し，ホスポリパーゼA_2の作用により切り出され，シクロオキシゲナーゼ，リポキシゲナーゼなどの作用によりエイコサノイドが産生される．

4.2 生体膜の構造と性質

生体膜の構造は，脂質二重層を形成する点では共通性はみられるが，原核細胞と真核細胞とではかなりの相違点がみられる．また真核細胞においても，動物細胞と植物細胞で異なっている．ここでは，おもに動物細胞の生体膜の構造と性質について解説する．

4.2.1 生体膜の構造
a．脂質二重層
細胞膜（形質膜）を代表とする生体膜を構成する脂質分子は両親媒性であり，構成脂質分子のうちもっとも多いリン脂質は，疎水性の炭化水素部分と親水性の解離基またはヒドロキシ基をもつ部分からなる（図4.2, 4.3参照）．水性の環境下では，両親媒性である脂質分子は疎水性の尾部を内側に包み込み，親水性の頭部が水相に面するように集合する．ここで，脂質分子は分子種によりその形状に差があり，集合体となったときの構造の決定因子となる（図4.6）．分子の極性基部分の断面積と疎水性部分の断面積の比較から，界面活性剤や，脂肪酸鎖が1本であるリゾリン脂質，石け

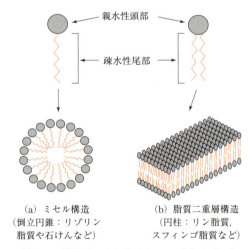

図4.6 脂質がつくり出すミセル (a) および脂質二重層の構造 (b)

水性環境では，両親媒性の脂質は疎水性の尾部を内側に，親水性の頭部を外側に向けて集合する．倒立円錐台形のリゾリン脂質などはミセル構造をとり (a)，円柱形のリン脂質などは脂質二重層構造となる (b)．

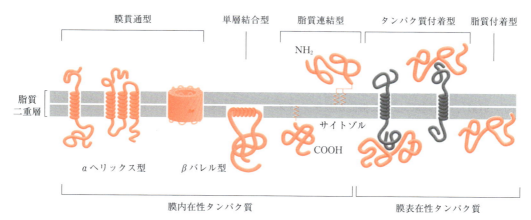

図4.7 膜タンパク質の局在様式
膜内在性タンパク質は疎水性領域(多くの場合,αヘリックスやβバレル構造をとる)をもつ,あるいは長鎖脂肪酸(波線で表示)の修飾を受け,脂質二重層の脂質と会合した状態で局在する.膜表在性タンパク質は膜内在性タンパク質あるいは脂質に結合する.

[Essential 細胞生物学,原書第3版より改変]

んなどは倒立円錐台形に分類され,尾部を内側に向けて球状のミセルをつくる配列をとる(図4.6(a)).一方,生体膜の主成分であるリン脂質分子は円柱状であり,集合した際には脂質二重層になる配列構造をとる(図4.6(b)).この場合2分子が互いに向かい合ったシートを形成し,親水性の頭部が疎水性の尾部をはさんだサンドイッチ型の配列をとる.細胞膜をはじめ,小胞体やミトコンドリアなどの細胞小器官を形成する生体膜は脂質二重層の形で存在する.このとき,脂質二重層のうち細胞質側に向く層を内葉,細胞外または内腔側に向く層を外葉という.

b. 膜タンパク質

生体膜を構成する分子には,脂質以外に莫大な数および種類のタンパク質も存在し,その局在のしかたは様々である(図4.7).局在のしかたから,膜内在性または膜表在性タンパク質に分けられる.膜内在性タンパク質は,表面の一部に疎水性アミノ酸が続く疎水性領域をもち,通常αヘリックス構造あるいはβバレル構造をとる場合が多い(図4.7).その疎水性領域がタンパク質の中央部にあるときは膜貫通型あるいは単層結合型となり,一端にあるときは係留型の膜タンパク質となる.その他にも,長鎖脂肪酸による修飾を受けリン脂質と会合し膜の内側から結合するもの,

また細胞膜の表面はグリコシルホスファチジルイノシトール(GPI)に共有結合し,細胞膜脂質二

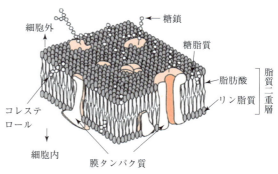

(a) 生体膜の流動モザイクモデル

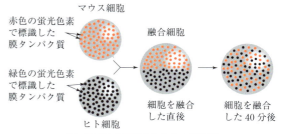

(b) モデルを実証するための実験例

図4.8 生体膜の流動モザイクモデル(a)とモデルを実証するための実験例(b)
(a) 流動モザイクモデルでは脂質二重層の油膜の中にタンパク質が存在し,タンパク質は漂うように活発に動くと考えられている.(b) それぞれ異なった色の蛍光色素で標識した膜タンパク質は,細胞融合したあと,それぞれが移動し互いに混ざり合う.

[(b)はEssential 細胞生物学,原書第3版より改変]

■ まだよくわかっていない脂質の機能 ■

流動モザイクモデルでは脂質はタンパク質という氷山を浮かべる海のように描かれ，膜構造の基盤以外の役割はあまり想定されていなかったようにみえる（図4.9(a)）．生体膜の様々な機能が膜タンパク質によって担われていることは疑いのない事実だが，ではなぜ数千種類もの多様な膜脂質があるのだろうか．

多方面にわたる解析の結果，多くの種類の脂質の中でもある特定の脂質については細胞機能が明らかにされている．たとえばホスファチジルイノシトールの一種であるホスファチジルイノシトール4,5-二リン酸（PI(4,5)P$_2$）はホスホリパーゼCによる加水分解を受け，イノシトール1,4,5-三リン酸（IP$_3$）とジアシルグリセロール（DAG）が産生される．IP$_3$は小胞体からCa^{2+}を放出させて細胞内Ca^{2+}濃度の上昇に寄与し，DAGはプロテインキナーゼC（PKC）を活性化する．ホスファチジルセリンはDAGとともに細胞膜でのPKCの活性化に寄与する（14章参照）．しかしながら，ほかの多くの種類の脂質はそのはたらきに加えて，なぜそこに局在し，その種類の脂質がその場に存在しないといけないのかという意義もよくわかっていないのが現状である．

近年，少しずつではあるが生体膜に存在する脂質のはたらきの一部が解明されつつある．細胞膜に数千種類も存在する脂質は細胞膜中で全く均一に存在するわけではなく，ある程度の偏りをもって局在することがわかってきた（図4.9(b)）．細胞膜の外葉に多く存在するGM1をはじめとする糖脂質やスフィンゴミエリン（SM）は，ラフトとよばれるある種のミクロドメインを形成することがわかっている．このミクロドメインには，GM1やSMのほかにコレステロールも多く存在し，グリコシルホスファ

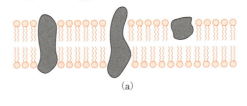

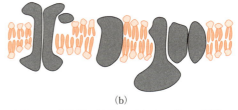

図4.9 生体膜の流動モザイクモデルの変遷
従来の流動モザイクモデル(a)では脂質は膜タンパク質の溶媒としてしか描かれていなかったが，現在(b)では脂質分子は様々な形で描かれ，結合する脂肪酸の長さも長短様々であるし，局在するタンパク質の数もはるかに多い．

チジルイノシトールにアンカーされたタンパク質（GPI-アンカータンパク質）やある特定のタンパク質もこのラフトに親和性をもって存在する．また，ラフトの内葉側には長鎖脂肪酸で修飾を受けた低分子量GTP結合タンパク質も存在する可能性が示唆されており，細胞内への情報伝達，細胞接着，エンドサイトーシスやエキソサイトーシスなどの膜輸送にも関与すると考えられている．

脂質本来の機能がまだよくわからない現状の背景には，タンパク質や核酸の解析技術が発達する一方で，脂質機能を解析する技術がまだまだ発展途上にあることが理由の一つとしてあげられる．今後，脂質解析の技術が発展し，それぞれの脂質の本当の機能的意義が明らかにされるとともに，生理的あるいは病理的な役割も解明されることが期待される．

重層のリン脂質にアンカーされるもの（GPIアンカータンパク質）が存在する．膜表在性タンパク質は，膜内在性タンパク質あるいは脂質と非共有結合的に結合するものがある（図4.7）．

c．流動モザイクモデル

脂質二重層を形成する膜は流動的な状態にある．脂質二重層は本来流れやすい性質があり，そこに存在する脂質分子やタンパク質も回転運動と側方拡散運動をしていると考えられている（図4.8(a)）．これは流動モザイクモデルとよばれ，種々の実験で実証されている．たとえば，赤と緑の異なった色の蛍光色素でラベルした細胞膜タンパク質を発現する細胞を用意し，この2種類の細胞をセンダイウイルスにより融合させたとき，それぞれ赤色と緑色の色素でラベルされたタンパク質は互いに混じり合い，40分ほどすると融合され

た細胞はほぼ均一の色になることがわかっている（図4.8(b)）．また蛍光退色回復法（fluorescence recovery after photobleaching；FRAP）において，緑色蛍光タンパク質（green fluorescent protein；GFP）との融合細胞膜タンパク質を細胞に発現させ，その一部分を強いレーザー光で退色させても，その退色された領域はやがてもとの蛍光レベルにまで回復する．この現象も流動モザイクモデルでうまく説明できる．

d．脂質分子は脂質二重層の両層間を移行する

流動モザイクモデルでは，脂質二重層の中の脂質分子は回転運動と側方拡散運動を行っていると考えられている．脂質の側方拡散の速度は非常に速く，毎秒$2\,\mu m$の速度で運動していると試算されている．脂質二重層内の脂質はまた，内葉と外葉間での移動も行っており，これをフリップ・フロップとよぶ．リン脂質がフリップ・フロップするためには，極性頭部が疎水性の膜中央部を横切る必要があり，大きなエネルギーを必要とするため，側方拡散に比べ自然に起こる頻度は非常に低く，1回起こるのに何日もかかる．

細胞膜の構成脂質で多いのはコレステロール，リン脂質であり，リン脂質の中でもホスファチジルコリン（PC），ホスファチジルエタノールアミン（PE），ホスファチジルセリン（PS）などが大部分を占める．細胞膜でのそれらの構成脂質の比率は，細胞膜脂質二重層の内葉と外葉で異なっている（表4.2）．たとえば赤血球の外葉にはPC，スフィンゴミエリン（SM）が多く，内葉にはPE，PS，ホスファチジルイノシトール（PI）が多い．自然に起こる脂質のフリップ・フロップの頻度は非常に低いにもかかわらず，このように脂質によって生体膜の両層で非対称がみられるのは，生体膜に存在する酵素であるフリッパーゼの作用によって，内葉から外葉または外葉から内葉へ積極的に脂質の移動が行われているからである．なお，この反応にはATPのエネルギーが必要である．

e．生体膜の構造に関与する機構

生体膜の構造の維持には細胞骨格が重要なはたらきをしており，とくに細胞膜では裏打ちタンパク質（膜骨格）が重要な役割を担う（図4.10）．これらは主に赤血球の細胞膜を用いた研究で明らかになったが，膜内在性タンパク質と細胞内側の膜表在性タンパク質からなる膜の裏打ちの三次元網目構造（膜骨格）が存在し，このタンパク質ネットワークによって細胞の形が決められる．また，細胞膜に存在する多くの内在性タンパク質の細胞外側や膜の外葉の脂質には多くの糖鎖が結合し，細胞膜の外側表面は糖鎖の殻（糖衣）でおおわれている（図4.10）．これらの糖鎖には，細胞接着や自己認識において重要な役割を果たすものがある．基本的な血液型抗原は自己認識機能の一例である．また細胞は，コラーゲンなどの構造タンパク質や複雑な糖鎖を合成・分泌し，ゼラチン状の物質の細胞外マトリックスを形成する．これらの構造物は細胞自身を取り囲み，前述の裏打ちタンパク質とともに細胞膜の機械的な強化に役立っている．

4.2.2 生体膜の機能

細胞膜をはじめとする生体膜には，単に自細胞と他細胞，あるいは細胞内では細胞小器官同士の間を隔てる物理的な障壁の役割をするほかに，物質の選択的透過，他から自への情報の伝達，細胞内での酵素の作用の効率化などのはたらきがある．また，生体膜はその連続性を保ちながら，分泌（エキソサイトーシス），物質の取り込みや食機能（エンドサイトーシス）を行い，生体膜内外での物質の交換を行う．ここでは生体膜の物質の透過について解説する．

a．生体膜の透過性と膜輸送タンパク質

生体膜は種々の分子を種々の方法によって行き

表4.2　赤血球細胞膜の外葉と内葉では脂質組成が異なる（非対称性分布）

	PC	SM	PE	PS	PI
外葉（%）	74	88	21	9	21
内葉（%）	26	12	79	91	79

PC，SMは細胞膜の外葉で多く，PE，PS，PIは内葉で多い．

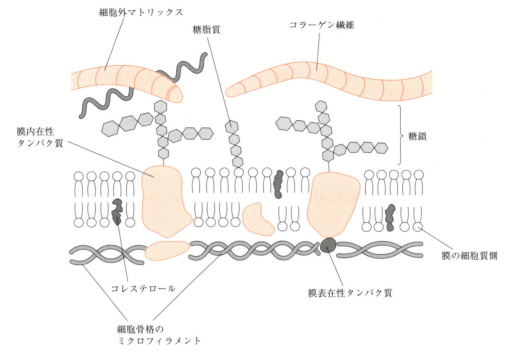

図 4.10　生体膜構造の模式図
動物細胞の生体膜の内側は，裏打ちタンパク質（膜骨格）の三次元網目構造が張り巡らされており，外側は脂質やタンパク質に結合する糖鎖や細胞外マトリックスが存在し，生体膜脂質二重層の補強に役立っている．

来させているが，その輸送形式は受動輸送（単純拡散，促進拡散）と能動輸送に分けられる（図4.11）．

どんな分子でも時間をかければ脂質二重層（脂質のみで形成され，タンパク質を含まない）を通って濃度勾配の低いほうへ拡散できる（単純拡散）．しかし，その速度には分子により差があり，おもな要因は分子の大きさと脂溶性の差である．一般的には分子が小さいほど透過速度は速い．また脂質二重層の外側は親水性であり水と接触しているが，膜の中央部分は疎水性である．したがって，水溶性の分子が脂質二重層を透過するには疎水性の領域に侵入することが必要になってくる．そのとき自由エネルギーの増大を乗り越えるという障壁があるために，水溶性物質は通過が困難となる．さらに，小さい分子でも電荷をもつ分子（イオンなど）は脂質二重層をもっと通りにくい．一方，脂溶性物質（すなわち疎水性または非極性物質）は脂質二重層に溶け込みやすく，すばやく膜を透過することができる．

ところが，実際の細胞を形成する細胞膜は，タンパク質を含まない脂質二重層を通りにくい分子，たとえばイオン，糖，アミノ酸，ヌクレオチド，その他多くの細胞代謝産物を容易に透過させることができる．これは，細胞膜にはある特定の水溶性物質を特異的に通過させる機能をもつタンパク質分子が存在しているからである．これらを膜輸送タンパク質とよび，細胞膜の脂質中に様々な形で存在する．それぞれの膜輸送タンパク質

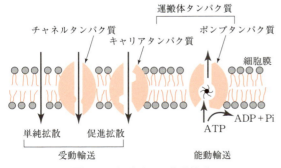

図 4.11　細胞膜での物質輸送
［実験医学バイオサイエンス 8，生体膜のバイオダイナミクスより改変］

は，たいてい特定の分子だけを運ぶことができる．

b．膜輸送タンパク質（運搬体とイオンチャネル）

膜輸送タンパク質は，運搬体とイオンチャネルの2つに大別される（図4.11）．運搬体タンパク質（transporter, carrier）は特定の分子を結合してから，一連の構造変化を伴ってその際に溶質を透過させる．これに対し，チャネルタンパク質は脂質二重層を貫通する親水性の小孔を形成し，この小孔が開いている間に特定の溶質を透過させる．

（1）受動輸送（促進拡散）：すべてのチャネルタンパク質と多くの運搬体タンパク質は，溶質の輸送を受動的にのみ行う．この過程を受動輸送あるいは促進拡散とよぶ．運ばれる分子が電荷をもっていない場合は，膜の両側でのその分子の濃度差（濃度勾配）で輸送の方向が決まる．しかし溶質が電荷をもつ場合は，濃度勾配と膜内外での電位勾配（膜電位差）の両方が輸送方向に影響する．電荷をもつ溶質についてはこの濃度勾配と電位勾配を合わせたものが駆動力となり，これを電気化学的勾配（electrochemical gradient）という．実際，細胞膜の内外には電気化学的勾配が必ず存在し，外側に比べて内側の方が負になっている．この勾配は陽イオンの細胞内への流入を促進するが，陰イオンの流入には阻害的に作用する．

（2）能動輸送：受動輸送に対し，特定の溶質を電気化学的勾配に逆らって輸送を行うことは能動輸送（active transport）とよばれ，常に運搬体タンパク質によって行われる．能動輸送は濃度勾配に逆行して行われるため，必ずほかの負の自由エネルギー変化を伴う反応と共役する必要がある．これをエネルギー共役（energey coupling）という．能動輸送は，このエネルギー共役の形式によって一次性能動輸送と二次性能動輸送の二つに大別される．前者には膜タンパク質のATPaseであるH^+ポンプ，Na^+/K^+ポンプ，Ca^{2+}ポンプなどのイオンポンプが含まれ，ATPの加水分解によって放出されるエネルギーを利用してイオンを輸送する．ほかに，バクテリオロドプシンのように光のエネルギーによるもの，電子伝達系のように酸化のエネルギーによるものもある．これに対し二次性能動輸送は，Na^+依存性グルコース輸送体，Na^+/Ca^{2+}交換機構，Na^+-H^+交換機構のように，一次性能動輸送によって形成された溶質の濃度勾配のエネルギーを利用して行われるものである．

c．運搬体タンパク質の機能

運搬体の中には単一の溶質を膜の一方から他方へ輸送する系があり，これをユニポートとよぶ（図4.12）．またこれとは別に共役輸送系とよばれる反応系があり，これは一つの溶質の輸送に伴って別の溶質の輸送が同時に，または引き続いて起こるもので，二つの物質の輸送方向が同じ場合をシンポート，逆の場合をアンチポートとよぶ．前述のATPの加水分解エネルギーや，光のエネルギー（バクテリオロドプシン）または酸化のエネルギー（電子伝達系）などの別のエネルギー産生反応と共役して能動輸送（一次性能動輸送）する運搬体はすべてポンプとよんでいるが，同じポンプでも細胞内のCa^{2+}の汲み出しを行うCa^{2+}ポンプはユニポート，細胞内のNa^+を細胞外に，細胞外のK^+を細胞内に輸送するNa^+/K^+ポンプはアンチポートである．また，二つの物質を輸送する運搬体の中には，たとえば物質Aが膜内外の電気化学的勾配に従って輸送されるとき，ほかの物質Bを同時に共役する形で輸送するものがある．このとき物質Aに関しては受動輸送であり，物質Bに関しては膜内外の電気化学的勾配に

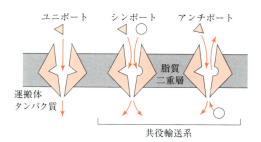

図4.12 細胞膜での物質輸送の輸送形式
ユニポート，シンポート，アンチポートの輸送形式を模式図で示した．

■ イオンチャネルの高いイオン選択性 ■

細胞膜に存在するタンパク質（イオンチャネル）は，どのようにして無機イオンを選択して透過させているのであろうか．イオンチャネルは，自らが形成する親水性のポア内を通過させることにより輸送する．その無機イオンの選択性としては，K^+チャネルでは，同じ一価のアルカリ陽イオンであるNa^+の10^4倍の透過性を有する．あるイオンを選択的に透過させるもっとも単純な機構は，イオンの大きさによって識別することである．構造解析からポアの最狭部の大きさが明らかにされ，K^+チャネルは約0.33 nmであり，これ以上のものは透過させることはできないことがわかっている．

また通常，無機イオンは水溶液中では水和した状態で存在している．イオンチャネルの形成するポアを通過する場合，無機イオンに結合する水分子は解離し，イオンだけが通過することがわかっている（図4.13(a)）．ところが，水和していない裸のイオン半径はNa^+（0.095 nm）の方がK^+（0.133 nm）よりも小さい．にもかかわらず，K^+チャネルはNa^+よりもK^+の方がはるかに透過性が高くなる．このようにイオンチャネルには特定のサイズ以上のものを切り捨てるだけでなく，それ以下のものも排除する機構が存在することになる．この機構は最適合（close-fit）説とよばれ，水和イオン複合体からイオンだけを解離させ，イオンをとりまいていた水分子の殻に相当する構造をチャネルのポアの一部のアミノ酸が提供すれば，イオンは特異的に選択できるという説である（図4.13(b)）．つまり，水和しているイオン内の水分子は自らのもつ酸素分子を介して無機イオンに結合し，4〜7個の水分子がイオンの周りに配位している．K^+チャネルはやや選択的に水和K^+をポア内付近に集め，そこで水和水がはぎとら

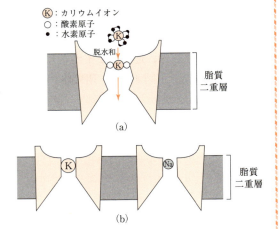

図4.13　K^+チャネルのイオン選択性フィルターの模式図（close-fit説）

(a) イオン分子は水環境では水分子内の酸素分子が結合し水和している．K^+が透過する際には水分子がはがれ，イオン選択性フィルターを形づくるアミノ酸の主鎖の酸素分子が水の酸素分子の代わりに結合する．(b) Na^+の場合にはその直径がK^+に比べ小さすぎてイオン選択性フィルターの酸素分子に結合することができず，K^+チャネルを透過することができない．

れる（脱水和，図4.13(a)）．そしてこの脱水和と同時に，K^+チャネルの選択的フィルターを形成しているアミノ酸の主鎖の酸素分子が，水和水の酸素分子の代わりに配位することになる．このとき，配位する主鎖の酸素分子がどれだけ動けるかによって，受け入れるイオンサイズの範囲が決まる．K^+の場合，K^+チャネルの選択性フィルターの形成する配位サイズにぴったりと収まるが，Na^+は小さすぎて安定な配位ができない（図4.13(b)）．よってK^+チャネルのポア内はK^+に高い親和性を示し，選択的に透過させることになるのである．

逆行することになるので，能動輸送である．この能動輸送はあらかじめ物質Aの膜内外の濃度勾配（一次性能動輸送による）が存在することが必須となるので，二次性能動輸送となる．

多くの動物細胞は，細胞内より糖濃度の高い細胞外液からグルコースを取り込む（7章参照）．この運搬を行う運搬体は促進拡散グルコース輸送体（GLUT）とよばれ，ユニポートの形で行われる

受動輸送となり，ATPの加水分解などを伴うエネルギーを必要としない．一方，腸や腎臓の細胞では，糖濃度が低い腸管内腔や尿管からグルコースを取り込まなくてはならず，グルコースは能動輸送されることになる．このグルコース能動輸送はNa^+依存性グルコース輸送体（SGLT）により行われ，腸管内腔または尿管のNa^+量に左右される．つまり細胞表面のNa^+濃度が高ければ促

進され，低ければ抑制される．これはグルコースが Na^+ とのシンポートにより細胞内に輸送されるからである（二次性能動輸送）．

d．イオンチャネルタンパク質の機能

イオンチャネルはその中央部に小孔（ポア）をもっている．イオンチャネルと細胞膜に形成された単なる穴は，どちらも濃度勾配に従ってイオン濃度の高い方から低い方へとイオンを通過させるが，次の二つの点で決定的に異なっている．一つは，イオンチャネルにはイオン選択性があり，ある特定のイオンしか通さないことである．もう一つは，チャネルは常に開口状態にあるわけではなく，短時間だけ開いてすぐに閉じるゲート機能を備えていることである．

様々なイオンチャネルの遺伝子が単離され，タンパク質の構造が決定されている．その構造は各イオンチャネル間で似ており，共通していくつかの膜貫通領域をもち，そしてイオンを選択するフィルターを備えた構造をもつ．多くのイオンチャネルの場合，複数のアミノ酸残基がイオン選択性に関与することがわかっている．　［藤田秋一］

自 習 問 題

【4.1】 トリアシルグリセロールの特性について，エネルギー貯蔵に有効な理由を説明しなさい．

【4.2】 生体膜の主成分であるリン脂質の性質について，脂質二重層を形成するのに有効な理由を説明しなさい．

【4.3】 流動モザイクモデルについて，細胞膜タンパク質が側方拡散していることを実験例を示して説明しなさい．

【4.4】 生体膜がもつ生理的機能を説明しなさい．

【4.5】 受動輸送と能動輸送の違いを説明しなさい．

【4.6】 腸管内のグルコースは腸管上皮細胞を介して腸管管腔側から血管側に輸送・吸収されるが，そのときに利用される輸送体とその機構について説明しなさい（7章参照）．

5 糖質の構造

ポイント

(1) 糖質は多数のヒドロキシ基をもつ一般式 $C_m(H_2O)_n$ で表される化合物であり，単糖，オリゴ糖，多糖に分類される．
(2) 単糖はヒドロキシ基以外にアルデヒド基をもつアルドースと，ケトン基をもつケトースに分類され，一般式は $C_nH_{2n}O_n (n \geq 3)$ で表される．また含まれる炭素原子の数により，三炭糖，四炭糖，五炭糖などとよばれる．
(3) 単糖は1個以上の不斉炭素原子をもつので，D型とL型の2種類の鏡像異性体が存在するが，天然に存在する単糖のほとんどはD型である．
(4) アルドースおよびケトースは溶液中でそれぞれ分子内ヘミアセタールおよび分子内ヘミケタールを形成して環状構造をとり，α-およびβ-アノマーを生じる．
(5) 単糖は O-グリコシド結合によりオリゴ糖（スクロース，ラクトースなど）や多糖を形成する．
(6) 多糖には植物や動物のグルコース貯蔵物質であるデンプンやグリコーゲン，植物の構造多糖であるセルロース，昆虫や甲殻類の外骨格の構造多糖であるキチンなどのホモ多糖と，アミノ糖の誘導体を含む二糖の繰返し単位からなるグリコサミノグリカンなどのヘテロ多糖がある．
(7) 複合糖質とは糖質を含む生体分子の総称であり，これには動植物に広く見出される糖タンパク質，糖脂質およびプロテオグリカン，ならびに細菌に見出されるペプチドグリカンおよびリポ多糖がある．糖タンパク質やプロテオグリカンにおいて，糖鎖はタンパク質に O-グリコシド結合あるいは N-グリコシド結合で共有結合している．
(8) 哺乳動物の細胞膜において，糖脂質や糖タンパク質の糖鎖は，例外なく膜の細胞外に面した側に存在しており，血液型に関与する抗体やレクチンの認識部位，あるいはある種の細菌の外毒素やウイルス受容体などになっている．

糖質（saccharide）は，グルコース，ラクトース，グリコーゲンなどのように分子内に多数のヒドロキシ基（—OH）をもち，一般式 $C_m(H_2O)_n$ で表される化合物である．この一般式からわかるように，炭素と水の化合物であるため炭水化物（carbohydrate）ともよばれる．しかしながら，DNAのデオキシリボース（$C_5H_{10}O_4$）や窒素，硫黄を含む糖質は，一般式 $C_m(H_2O)_n$ にあてはまらない．糖質のうち，加水分解によりそれ以上小さな分子にならないものを単糖といい，2〜10個程度の単糖が脱水縮合したものをオリゴ糖，多数の単糖が脱水縮合したものを多糖という．

5.1 単糖の構造

単糖（monosaccharide）は，ヒドロキシ基以外にアルデヒド基（—CHO）をもつアルドース（aldose）とケトン基（>C=O）をもつケトース（ketose）に分類され，一般式は $C_nH_{2n}O_n (n \geq 3)$ で表される．$n=3$ のもっとも小さいアルドース

はグリセルアルデヒド（glyceraldehyde）であり，もっとも小さいケトースはジヒドロキシアセトン（dihydroxyacetone）である．これらは三炭糖（トリオース）であり，それらのリン酸誘導体が解糖系においてグリセルアルデヒド 3-リン酸およびジヒドロキシアセトンリン酸として見出される（7 章参照）．

炭素原子に共有結合する原子または原子団が四つとも異なるとき，この炭素原子を不斉炭素またはキラル炭素という．四つの原子または原子団は 2 種の空間配置をとりうるので 2 種の化合物ができ，これらは互いに重ね合わせることができない．両者は右手と左手の関係，すなわち一方は他方の鏡像である．互いに鏡像をなす化合物を鏡像異性体（エナンチオマー；enantiomer）という（図 5.1）．

グリセルアルデヒドは 1 つの不斉炭素原子をもつので，2 つの立体異性体，すなわち D-グリセルアルデヒドと L-グリセルアルデヒドが存在し，両者は互いに鏡像異性体である．接頭語の D と L は不斉炭素に結合する四つの原子または原子団の絶対配置を表し，図 5.2 のようにフィッシャーの投影式でアルデヒド基を上に書いたとき，C2 位の不斉炭素の OH 基が右に位置するものが D 型で

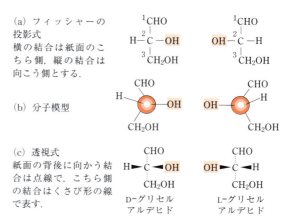

図 5.2　グリセルアルデヒドの投影式と透視式

ある．グリセルアルデヒドは立体異性体の標準物質であり，アミノ酸の絶対配置にも適用されている．天然に存在する単糖のほとんどは D 型であり，タンパク質に存在するアミノ酸は L 型である．D は dextro-（右側の）に由来し，L は levo-（左側の）に由来する．ジヒドロキシアセトンは不斉炭素をもたないので，鏡像異性体は存在しない．

単糖には，炭素を 4，5，6 および 7 個もつものがあり，それぞれ四炭糖（テトロース），五炭糖（ペントース），六炭糖（ヘキソース）および七炭糖（ヘプトース）とよばれる．これらの単糖は二つ以上の不斉炭素原子をもつので，D と L という記号はアルデヒド基またはケトン基からいちばん遠い不斉炭素原子の絶対配置を表している（図 5.3）．

一般に，n 個の不斉中心をもつ分子には 2^n 個の立体異性体がある．アルドヘキソースは四つの不斉中心をもつので 2^4 個（16 個）の立体異性体が存在し，そのうち 8 個が D 系列であり，ほかの

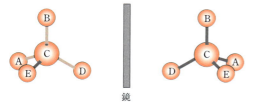

図 5.1　鏡像異性体

図 5.3　代表的なアルドヘキソースとケトヘキソース
アルデヒド基またはケトン基を色の網かけで表し，これらからもっとも遠い不斉中心の配置を黒の網かけで表した．

8個がL系列である．ケトヘキソースは三つの不斉中心をもつので2^3個（8個）の立体異性体が存在し，そのうち4個がD系列であり，ほかの4個がL系列である．1個の不斉中心で配置に違いのあるものをエピマー（epimer）とよび，D-グルコース（D-glucose）とD-マンノース（D-mannose），あるいはD-グルコースとD-ガラクトース（D-galactose）は互いにエピマーであるが，D-マンノースとD-ガラクトースはエピマーではない（図5.3）．

5.2 単糖の光学活性

鏡像異性体は性質がほとんど同一であり，沸点・融点，種々の溶媒に対する溶解度などはまったく同じである．しかし両者には光学活性の点で重要な差がある．鏡像異性体の一方が旋光計の偏光面を時計方向に回転させるとき，右旋性であるという．もう一方の鏡像異性体は，偏光面を同じ角度逆向きに回転させ，左旋性となる．右旋性は（＋），左旋性は（－）の記号で表す．フィッシャーはアルデヒド基を上に書いたときOH基が右にくる投影式が右旋性グリセルアルデヒドの構造式だと仮定し，D(+)-グリセルアルデヒドとよんだが，これはX線回折法で正しいことがわかっている．

上述したように，四炭糖，五炭糖，六炭糖において，DとLという記号はアルデヒド基またはケトン基からいちばん遠い不斉炭素原子の絶対配置を表しており，その糖が右旋性であるか左旋性であるかには関係ない．事実，D-フルクトース（D-fructose）は左旋性であり，D(−)-フルクトースと書かれ，レブロース（左旋糖；levulose）ともよばれる．D-グルコースは右旋性であり，D(+)-グルコースと書かれ，デキストロース（右旋糖；dextrose）ともよばれる．

5.3 糖の環状構造

アルデヒドはアルコールと反応してヘミアセタールを形成し，ケトンはアルコールと反応してヘミケタールを形成することが知られている．溶液中では，グルコースのC1位のアルデヒドはC5位のOH基と反応して分子内ヘミアセタールを形成して環状構造をとる．一方，フルクトースのC2位のケトン基はC5位のOH基と反応して分子内ヘミケタールを形成して環状構造をとる（図5.4）．ハースはこれらの単糖の環状構造にピラノース（六員環），フラノース（五員環）の名を与え，グルコースはグルコピラノース，フルクトー

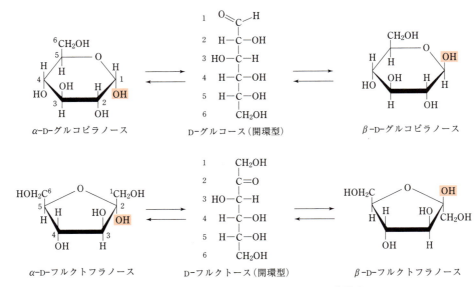

図5.4　D-グルコースとD-フルクトースの環状構造

スはフルクトフラノースとよばれる．

開環型のグルコースのカルボニル基の炭素原子（C1）は，環状型では新しい不斉中心になる．したがって，D-グルコースは環化し，α-D-グルコピラノースとβ-D-グルコピラノースの2種類の環状構造をとることができる．C1の炭素をアノマー炭素原子とよび，α型とβ型はアノマー（anomer）である．また，これらはエピマーでもある．記号αはC1に結合したOH基の位置が環の水平面より下であることを意味し，βはOH基が環の水平面より上であることを意味する．開環型のフルクトースのケトン基（カルボニル基）の炭素原子（C2）は，環状型では新しい不斉中心になり，α-D-フルクトースとβ-D-フルクトースが生成する．水の中ではα-D-グルコースとβ-D-グルコースは開環型の中間構造をとりながら相互変換し，平衡混合物を形成する．α-アノマーが約3分の1，β-アノマーが約3分の2を占め，開環型は1%未満である．同様に，フルクトースもα-アノマーとβ-アノマーが開環型の中間構造をとりながら相互変換する．この開環型に存在するアルデヒド基およびケトン基が，アルドースおよびケトースの還元性に寄与する（図5.4）．また，RNAやDNAの構成成分であるD-リボース（D-ribose）と2-デオキシ-D-リボース（2-deoxy-D-ribose）はフラノース環を形成する（図5.5）．

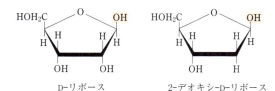

図5.5　D-リボースと2-デオキシ-D-リボースの構造
いずれのペントースのアノマー炭素原子も，RNAおよびDNA中にみられるβ型の配置で示されている．

5.4　グリコシド結合

グリコシド結合（glycosidic bond）とは，糖分子と糖分子，タンパク質のアミノ酸残基，あるいは核酸の塩基などとを結ぶ共有結合であり，O-グリコシド結合とN-グリコシド結合がある．グリコシド結合は酸性では容易に加水分解されるが，アルカリ性ではかなり安定である．O-グリコシド結合は，糖分子のアノマー炭素原子がほかの糖分子のOH基と反応して形成され，オリゴ糖や多糖の生成に関与する．また糖タンパク質において，アミノ酸残基セリン，トレオニンあるいはヒドロキシリシンの側鎖のOH基と糖のアノマー性OH基との間にも，O-グリコシド結合が形成される（7章および5.7節参照）．一方，N-グリコシド結合は糖質のアノマー炭素原子がアミンの窒素原子と結合して形成される．核酸の塩基とリボースあるいはデオキシリボースとの間のN-グリコシド結合は，すべてβ型である．また，糖タンパク質においてアミノ酸残基アスパラギンの側鎖のNH_2基と糖のアノマー性OH基との間にも，N-グリコシド結合が形成される（7章および5.7節参照）．

5.5　オリゴ糖

2～10個くらいの単糖がO-グリコシド結合で連結したものがオリゴ糖（oligosaccharide）であり，分子量は300～3000程度である．単糖の数により二糖，三糖などとよばれる．代表的な二糖には，スクロース（ショ糖；sucrose），ラクトース（乳糖；lactose）およびマルトース（麦芽糖；maltose）がある（図5.6）．

家庭用甘味料の砂糖としてなじみの深いスクロースは，1-α-D-グルコピラノシル-2-β-D-フルクトフラノシドであり，D-グルコースとD-フルクトースが還元基同士で結合しているので還元糖ではない．スクラーゼにより加水分解される．

乳に含まれるラクトースは，D-グルコースの4位にD-ガラクトースがβ-グリコシド結合（β-1,4結合）したものであり，D-グルコース残基は開環型をとりうるので還元糖である．哺乳動物ではラクターゼ，細菌ではβ-ガラクトシダーゼにより加水分解される．

マルトースとイソマルトース（isomaltose）

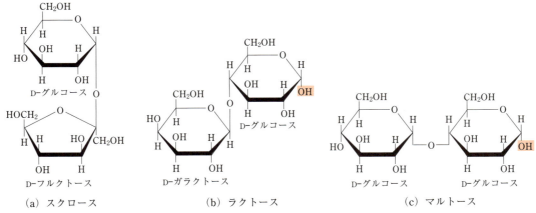

(a) スクロース　　　(b) ラクトース　　　(c) マルトース

図 5.6　代表的な二糖（スクロース，ラクトースおよびマルトース）の構造
ラクトースとマルトースの還元末端のアノマー炭素原子は α 型の配置で示されている．

は，2 分子の D-グルコースがそれぞれ α-1,4 および α-1,6 グリコシド結合したものであり，還元末端を有するので還元糖である．マルトースはデンプンをアミラーゼで加水分解することにより得られ，マルターゼにより加水分解されてグルコースになる．同様にイソマルトースはイソマルターゼによってグルコースになる（図 7.1 参照）．

5.6　多　　糖

5.6.1　ホモ多糖

ホモ多糖（homopolysaccharide）は 1 種類の単糖から構成されている多糖であり，構成単糖の種類によりグルカン，フルクタン，ガラクタン，マンナンなどと総称される（表 5.1）．デンプン（starch）は植物のグルコース貯蔵物質であり，2 種類の形態で存在する．一つはアミロース（amylose）という直鎖状の構造をもつもので，通常デンプンの 20〜25％ を占め，もう一つはアミロペクチン（amylopectin）という枝分かれ構造をもつもので，通常デンプンの 70〜80％ を占める．アミロースは D-グルコース残基が α-1,4 グリコシド結合で連結した直鎖状ポリマーであり，非還元末端と還元末端をそれぞれ 1 個もつ（図 5.7(a)）．また，ヨウ素と反応して青色を呈する（ヨウ素-デンプン反応）が，これはアミロースがグルコース 6 残基で 1 回転するらせん構造をとり（図 5.7(b)），ヨウ素分子がこのらせんの内側に入り込むためである．アミロペクチンは，α-1,4 グリコシド結合した鎖の中に，グルコース残基約 25 個に対して 1 個の割合で α-1,6 グリコシド結合した枝分かれ構造があり（図 5.8(a)），ヨウ素との結合は弱く赤紫色を呈する．α-アミラーゼはエンドグリコシダーゼであり，デンプンからマルトース，イソマルトースおよびマルトトリオースを生成する作用がある．一方，β-アミラーゼはエキソグリコシダーゼでデンプンを非還元末端から加水分解し，マルトースを生成する作用がある．

表 5.1　ホモ多糖の総称

ホモ多糖	構成単糖	代　表　例
グルカン	グルコース	デンプン，グリコーゲン，デキストラン，セルロース
フルクタン	フルクトース	イヌリン（キクイモ，ユリ根などに存在）
ガラクタン	ガラクトース	寒天アガロース
マンナン	マンノース	植物マンナン（ゾウゲヤシの実などに存在）
キチン	N-アセチルグルコサミン	（昆虫や甲殻類の外骨格に存在）
キシラン	キシロース	（植物細胞壁に存在）

5.6 多糖

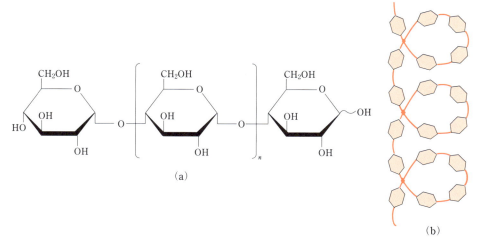

図 5.7 アミロースの構造

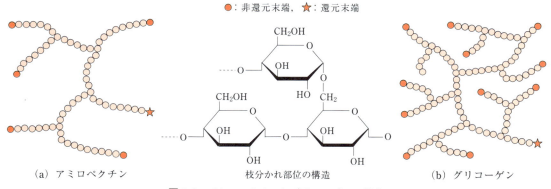

(a) アミロペクチン　　枝分かれ部位の構造　　(b) グリコーゲン

図 5.8 アミロペクチンとグリコーゲンの構造
α-1,6 グリコシド結合による枝分かれの頻度はアミロペクチンよりグリコーゲンの方が高い.

グリコーゲン（glycogen）は動物のグルコース貯蔵物質であり，主として肝臓（組織重量の 5〜6％ を占める）および筋肉（組織重量の 0.5〜1％）に存在する．アミロペクチンに似ているが枝分かれ頻度は高く，約 10 個の α-1,4 グリコシド結合に対して 1 個の割合で α-1,6 グリコシド結合が存在する（図 5.8(b)）．ヨウ素との結合は弱く，赤褐色を呈する．生体内ではグリコーゲンホスホリラーゼで加リン酸分解され，グルコース 1-リン酸を生ずる（7.6 節参照）．アミロペクチンやグリコーゲンに，アミラーゼあるいはホスホリラーゼを十分反応させたあとに残るデキストリンを限界デキストリンとよぶ．これは，こういった多糖が有する枝分かれ構造の分岐点付近では，これらの酵素で加水分解できないことによる．

セルロース（cellulose）は植物の構造多糖であり，D-グルコース残基が β-1,4 グリコシド結合で連結した直鎖状ポリマーである（図 5.9(a)）．哺乳動物は，この β-1,4 結合を加水分解するセルラーゼをもたないためセルロースを消化できない．ウシやウマのような草食動物あるいはシロアリのような昆虫の消化管には細菌や原虫が住んでおり，これらの微生物がセルラーゼを産生してセルロースを加水分解し，二糖のセロビオースを生成する．セロビオースは，セロビアーゼ（β-グルコシダーゼ）により加水分解されグルコースを生成する（図 7.2 参照）．

キチン（chitin）は，昆虫や甲殻類の外骨格の構造多糖であり，N-アセチル-D-グルコサミン残基が β-1,4 グリコシド結合で連結した直鎖状ポリ

図5.9 構造多糖セルロースおよびキチンの構造

マーである（図5.9(b)）．キチンは人工皮膚，包帯，手術用縫合糸などとして利用されている．キトサン（chitosan）はキチンを濃アルカリで処理することにより脱アセチル化して得られる人工産物であり，創傷治癒効果が認められている．

5.6.2 ヘテロ多糖

アミノ糖を含む一群の酸性多糖をグリコサミノグリカン（glycosaminoglycan）またはムコ多糖（mucopolysaccharide）といい，ヘパリン，ヘパラン硫酸，ヒアルロン酸，デルマタン硫酸，コンドロイチン硫酸，ケラタン硫酸などがある．これらのヘテロ多糖（heteropolysaccharide）は，アミノ糖（N-アセチルグルコサミンやN-アセチルガラクトサミン）とウロン酸（グルクロン酸やイズロン酸など）あるいはガラクトースからなる二糖の繰返し構造をもち，多くの場合硫酸化されている（図5.10）．5.7節で述べるように，グリコサミノグリカンは通常，タンパク質と共有結合したプロテオグリカンとして細胞外マトリックス（extracellular matrix）あるいは細胞表層に存在する．ヒアルロン酸は硫酸基をもたず，またタンパク質と共有結合していない点でほかのグリコサミノグリカンと異なる．ヘパリンはヒスタミンな

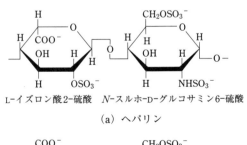
L-イズロン酸2-硫酸　N-スルホ-D-グルコサミン6-硫酸
(a) ヘパリン

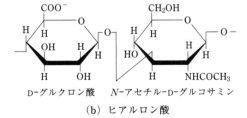
D-グルクロン酸　N-アセチル-D-グルコサミン
(b) ヒアルロン酸

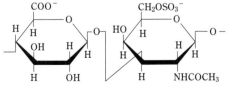
D-グルクロン酸　N-アセチル-D-ガラクトサミン6-硫酸
(c) コンドロイチン6-硫酸

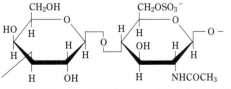
D-ガラクトース　N-アセチル-D-グルコサミン6-硫酸
(d) ケラタン硫酸

図5.10 主要なグリコサミノグリカンの二糖繰返し単位の構造

どと結合してマスト細胞の顆粒中に貯蔵されている．コンニャクに含まれているコンニャクマンナンは，D-マンノースとD-グルコース（3：2の割合）がβ-1,4グリコシド結合したグルコマンナンで，ヘテロ多糖である．

5.7 複合糖質

複合糖質（complex carbohydrate）とは糖質を含む生体分子の総称であり，動植物に広く見出される糖タンパク質（glycoprotein），糖脂質（glycolipid）およびプロテオグリカン（proteoglycan），ならびに細菌に見出されるペプチドグリカン（peptidoglycan）およびリポ多糖（lipopolysaccharide）を含む．

糖タンパク質は，細胞膜タンパク質や分泌タンパク質として存在する．5.4節で述べたように，糖タンパク質における糖鎖は，セリン，トレオニンあるいはヒドロキシリシン残基にO-グリコシド結合するか，またはアスパラギン残基にN-グリコシド結合している．これらのアミノ酸残基に直接結合している糖は，N-アセチルグルコサミン（N-acetylglucosamine）かN-アセチルガラクトサミン（N-acetylgalactosamine）であることが多い（図5.11）．N-グリコシド結合の場合，Asn—X—Ser または Asn—X—Thr（Xはどんなアミノ酸でもよい）というアミノ酸配列が糖付加のシグナルとなっている．

動物の主要な糖脂質はスフィンゴ糖脂質である．スフィンゴ糖脂質は，スフィンゴシンに脂肪酸が結合したセラミドに糖鎖が結合したものである（4章参照）．糖タンパク質および糖脂質の糖鎖にみられる一般的な構成単糖の構造式を図5.12に示す．N-アセチルノイラミン酸（N-acetylneuraminic acid）およびN-グリコリルノイラミン酸（N-glycolylneuraminic acid）は酸性糖であり，シアル酸（sialic acid）ともよばれる．シアル酸を少なくとも一つもつオリゴ糖がセラミドに結合した糖脂質をガングリオシドという．この糖脂

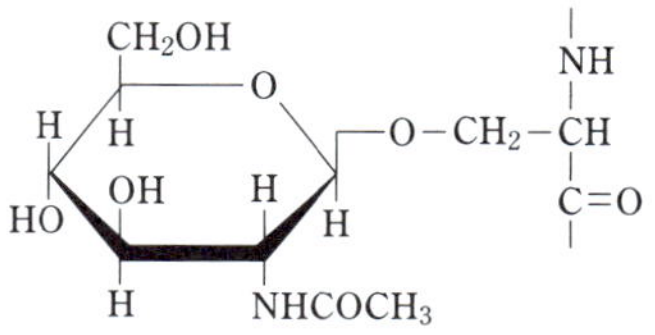

（a）セリン残基側鎖との間のO-結合型：セリン残基に結合しているN-アセチルグルコサミン

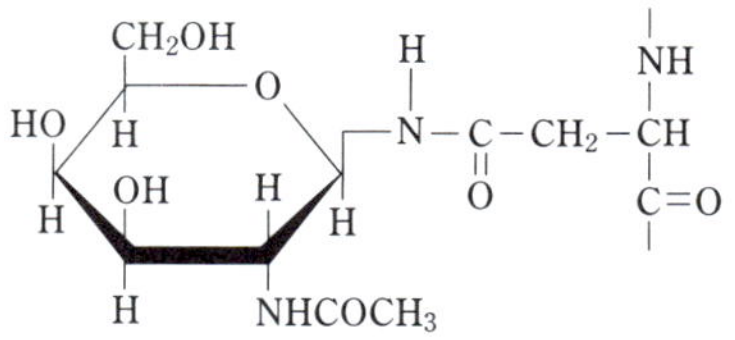

（b）アスパラギン残基側鎖との間のN-結合型：アスパラギン残基に結合しているN-アセチルガラクトサミン

図5.11 糖質とアミノ酸側鎖との結合を示す構造式

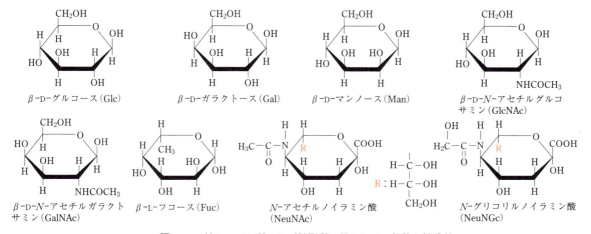

図5.12 糖タンパク質および糖脂質に見られる一般的な糖残基

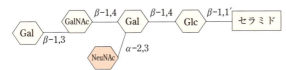

図 5.13 ガングリオシド GM 1 の構造

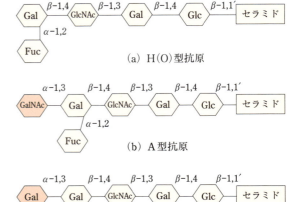

(a) H(O)型抗原

(b) A 型抗原

(c) B 型抗原

図 5.15 ヒトの ABO 式血液型糖脂質抗原の構造

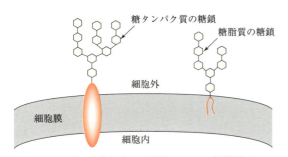

図 5.14 哺乳動物細胞の形質膜における糖脂質や糖タンパク質の存在様式

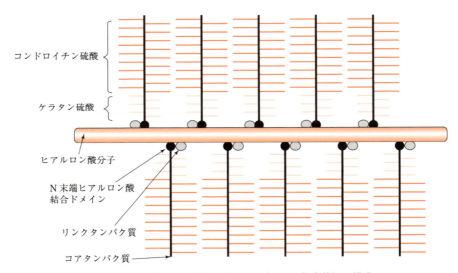

図 5.16 アグリカン（軟骨プロテオグリカン集合体）の構造

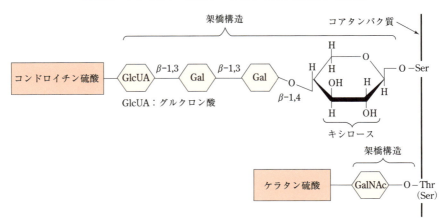

図 5.17 プロテオグリカン中のコアタンパク質とグリコサミノグリカン鎖の結合

質は脳から発見され，ガングリオン（神経節）にちなんで名付けられた．脳以外の臓器にも存在し，GM1 とよばれるガングリオシド（図5.13）は，腸管上皮細胞においてコレラ毒素（*Vibrio cholerae* が産生する外毒素で激しい下痢症状を起こす）の受容体としてはたらく．

哺乳動物の細胞膜において，糖脂質や膜タンパク質の糖鎖は例外なく膜の細胞外に面した側に存在しており（図5.14），血液型抗原（図5.15）になったり，各種レクチン（糖結合性タンパク質；lectin）により認識されたりする．また，インフルエンザウイルスは，細胞表面に存在するシアル酸

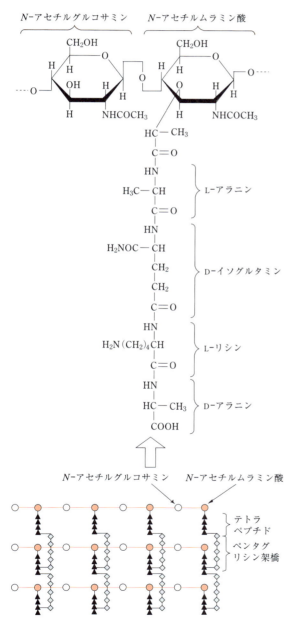

図 5.18 細菌細胞壁に存在するペプチドグリカンの構造

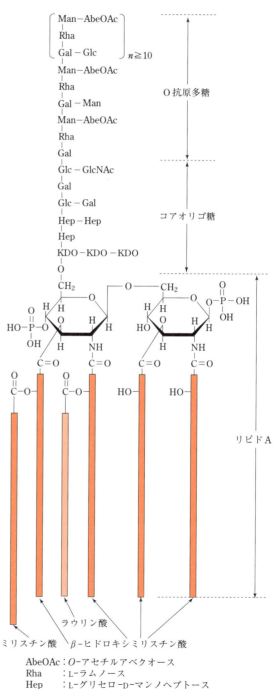

図 5.19 サルモネラ菌の外膜のリポ多糖の構造

残基に結合して細胞内に侵入する．

　グリコサミノグリカン（図5.10参照）がタンパク質と共有結合したものは，プロテオグリカンとよばれる．プロテオグリカンは糖含量がきわめて高いことから，一般の糖タンパク質とは区別され，分泌タンパク質あるいは膜タンパク質として存在する．分泌型のプロテオグリカンは細胞外マトリックスに存在し，種々の組織に潤滑性・弾力性・伸張性・粘稠性などを付与する．代表的なプロテオグリカンは軟骨組織に存在するアグリカン（aggrecan）であり，ヒアルロン酸を軸とした巨大なプロテオグリカン集合体である（図5.16）．図にはコアタンパク質（分子量 2.5×10^5）とそれに結合したグリコサミノグリカンからなるアグリカンモノマー（分子量 2×10^6）が10個しか示されていないが，実際には100個以上のモノマーがヒアルロン酸分子に結合してアグリカンが形成されるので，その分子量は 2×10^8 を超える．

　コアタンパク質はN末端側に存在するヒアルロン酸結合ドメインを介してヒアルロン酸に結合し，コアタンパク質とヒアルロン酸の両方に結合するリンクタンパク質がこの結合を促進する．各コアタンパク質中のグリコサミノグリカンであるコンドロイチン硫酸とケラタン硫酸は，セリンあるいはトレオニン残基に結合した架橋構造を介して結合されている（図5.17）．

　細菌細胞壁に存在するペプチドグリカンは，N-アセチルグルコサミンと N-アセチルムラミン酸（N-acetylmuramic acid）からなる二糖の繰返し配列が小ペプチドで架橋された網目状巨大分子であり（図5.18），細胞質膜外面を全体的に包み込む袋状の構造体である．ペプチドグリカンは，N-アセチルグルコサミンに β-1,4結合した N-アセチルムラミン酸のカルボキシ基にL-アラニン-D-イソグルタミン-L-リシン-D-アラニンからなるテトラペプチドが結合したものに，さらにペンタグリシン鎖がD-アラニンのカルボキシ基とL-リシンの ε-アミノ基を架橋した構造をしている．抗生物質ペニシリンは，細菌によるペプチドグリカンの生合成を阻害して溶菌に導く．

　リポ多糖（図5.19）はリポポリサッカリド（LPS）ともいい，グラム陰性細菌表層のペプチドグリカンを取り囲んで存在する外膜の構成成分である．リピドAにおいて β-1,6結合した二つのグルコサミンの2，3位に，四つの β-ヒドロキシミリスチン酸がアミド結合およびエステル結合し，さらにラウリン酸およびミリスチン酸が β-ヒドロキシ基にエステル結合している．LPSは内毒素（エンドトキシン）の本体であり，下痢，血圧の低下，腸粘膜の小出血などを伴うエンドトキシンショックを引き起こす．　　　［渡辺清隆］

自習問題

【5.1】 タンパク質や核酸はペプチド結合やホスホジエステル結合により通常直鎖構造をとるが，糖鎖には様々な分枝構造がみられる．糖の結合にみられる多様性はいったい何に起因するのか述べなさい．

【5.2】 タンパク質合成にはアミノアシルtRNAを基質とするペプチジルトランスフェラーゼが関与し，核酸合成には各種リボヌクレオシド三リン酸（NTP）やデオキシリボヌクレオシド三リン酸（dNTP）を基質とするRNAポリメラーゼやDNAポリメラーゼが関与する．糖鎖合成に用いられる基質およびこれに関与する酵素について調べなさい（7章参照）．

【5.3】 グリコーゲンは高頻度の枝分かれ構造をもっているが，これにはどのような生理的意義があるか述べなさい（7章参照）．

【5.4】 インフルエンザウイルスの表面には血球凝集素（ヘマグルチニン）とノイラミニダーゼという酵素が存在するが，これらのタンパク質はウイルスが宿主細胞に感染し増殖する際にどのようにはたらくかを調べなさい（ウイルス学でも必須）．

【5.5】 多糖のイヌリンは糸球体濾過量を測定するのに最適な物質であるが，その理由は何か．また，イヌリンを使った糸球体濾過量の測定方法を調べなさい（生理学，内科学でも必須）．

【5.6】 組織切片中における多糖の検出に用いられる過ヨウ素酸シッフ染色（PAS 染色）の原理を調べなさい（組織学でも必須）．

【5.7】 細菌はグラム染色法によりグラム陽性菌とグラム陰性菌に分類できるが，これは両者のどのような構造的違いに起因するのか．また，リゾチームに対する感受性の違いについて調べなさい（細菌学でも必須）．

6 代謝の概観と酵素

ポイント

(1) 生体構成物は常に分解（異化）と合成（同化）反応を受けており（まとめて代謝という），そのバランスで維持されている．

(2) 異化によって外界から摂取した食餌栄養成分や体内成分が分解され，低分子化合物とエネルギー（ATP）が生成する．これらは生体成分の再合成やほかの生命活動に利用される．

(3) 生物界を通してもっとも基本となる異化代謝は，解糖経路によるグルコースからピルビン酸への分解であり，好気的条件ではさらにクエン酸回路と酸化的リン酸化による ATP 合成である．脂肪酸やアミノ酸の炭素骨格もこれらの経路に合流する．

(4) 同化代謝の多くは，異化代謝と別の経路で行われる．

(5) 代謝は多くの化学反応の組み合わせによって進行する．一般に化学反応に伴いエネルギーの出入りが起こるが，反応はトータルの自由エネルギーの低い方に向かう．

(6) 複雑な代謝が生体内でスムーズに進むのは，酵素の触媒作用による．酵素と反応物（基質）との間には 1 対 1 の対応関係があり（基質特異性），結合して複合体を形成することによって反応開始のエネルギー障壁（活性化エネルギー）を下げ，反応速度を上げる．

(7) ほとんどの酵素はタンパク質からできているが，タンパク質以外の因子（補酵素など）を必要とする場合もある．

(8) 酵素活性は，酵素タンパク質がリン酸化されたり（共有結合性調節），基質以外の因子が結合したり（アロステリック調節）して調節される．

(9) 同じ反応を触媒する分子型の異なる複数の酵素が存在する場合がある．これをアイソザイムという．

6.1 代謝の概観

6.1.1 分解（異化）と生合成（同化）

動物の生体は栄養物質（糖質・脂質・タンパク質）を分解（異化）し，生命活動に必要な物質やエネルギーを得る．さらに，生体に必要な高分子化合物（栄養物質と基本的には同じ糖質・脂質・タンパク質）を生合成（同化）している．これらの過程を代謝という．異化の結果生じ，排泄された水，二酸化炭素，尿素などの窒素化合物は，独立栄養生物（植物）に取り込まれることで太陽光エネルギーを使って高分子の栄養物質が生合成され（図 6.1），循環している．

外界から食餌として摂取した栄養物質は消化管において，糖質はグルコースなどの単糖に，脂質は脂肪酸に，そしてタンパク質はアミノ酸に分解されたあと，血液を介して全身に運ばれる．これらの血中成分は細胞膜の輸送体によって細胞内に取り込まれ，異化反応を受けて一部はさらに分解される一方で，異化の逆反応といくつかの特別な反応で同化が行われている（図 11.1 参照）．

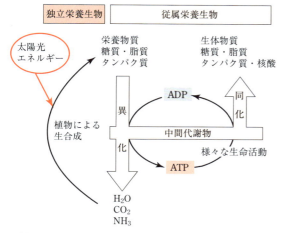

図 6.1 従属栄養生物の異化と同化の関係を示す概略
動物は植物（独立栄養生物）のつくり出す栄養物質を取り込み，異化代謝してエネルギー（ATP）を得る．ATPは様々な生命活動に使われるが，そのうちの一つが同化に使われる．同化は異化によって生じた中間代謝物を出発物質として，その生物にとって必要な生体分子を生合成する．

6.1.2 代謝分解（異化反応；catabolism）

グルコースなどの糖代謝には，解糖経路とクエン酸回路という二つの代謝系路が存在する（図 6.2）．グルコースは血液から細胞に取り込まれ，はじめに6番目の炭素にリン酸基が付加されグルコース 6-リン酸となる．その後嫌気的反応が続き，最終的には炭素数3個のピルビン酸（C_3）になる．ここまでの反応は酸素の関与しない反応（嫌気的代謝）であり，解糖経路とよばれる．次にアセチル CoA（C_2）となり，ミトコンドリア内でオキサロ酢酸（C_4）と結合してクエン酸（C_6）となり，いくつかの代謝物を経て（この過程で2個の CO_2 を放出）オキサロ酢酸に戻る．これをクエン酸回路という．また，クエン酸は三つのカルボキシ基をもつ（tri-carboxylic acid）ので，TCA サイクルともいう．糖質のこの二つの経路は代謝の中心であり，脂質もタンパク質もいずれはクエン酸回路に入り分解される（図 6.2）．

クエン酸回路はピルビン酸1分子から NADH を4分子，$FADH_2$ を1分子産生し，多くの ATP を生成できる．しかし，血液中から酸素が運ばれてこないと電子伝達系の電子とプロトンを受け取ることができず，ミトコンドリアの反応は進ま

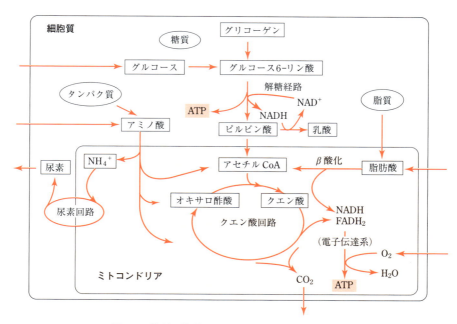

図 6.2 糖質・脂質・タンパク質の異化代謝の概要
血中グルコースまたは細胞内グリコーゲンは，解糖経路によりピルビン酸となり，その後ミトコンドリアに入り，クエン酸回路で水と二酸化炭素にまで完全酸化される．脂質の主成分である脂肪酸は β 酸化を受けアセチル CoA を生じ，クエン酸回路に入る．タンパク質は構成成分であるアミノ酸に分解され，脱アミノ化されて炭水化物に変わり，解糖経路やクエン酸回路に入っていく．このように，それぞれの異化代謝はクエン酸回路で集約され，その後，糖新生の場合には逆反応を軸にしながら生合成されていく．

くなり，細胞は嫌気的反応である解糖経路のみでわずかなATPを得ることになる．その場合はピルビン酸を乳酸に置き換えるとともに，NAD^+の再生産をすることによって解糖経路を進める（図6.2）．解糖経路でのエネルギー生産量はわずかであるが，酸素供給が間に合わない瞬発的な筋肉運動にATPを供給する重要な役割を担っている．

脂質は脂肪酸が切り離されたあと，炭素が2個ずつ切断され，β位の炭素が酸化されていく（β酸化）反応を経て多量のNADHと$FADH_2$を生成し，アセチルCoAとなりクエン酸回路に入る．たとえば，パルミチン酸（炭素16個の脂肪酸）が完全にβ酸化されると，8個のアセチルCoA，7個のNADHと$FADH_2$が生産される．グルコースの場合と比べると，脂質は多量のエネルギーを生産できることがわかる．さらに脂質は，細胞内では油滴となって凝集し，体積を小さく保つことができるので，冬眠中のクマ，渡り鳥，砂漠のラクダなどのエネルギー貯蔵として最適な性質をもっている．

糖質や脂質の代謝が低下したとき（飢餓時など）には，生体（とくに骨格筋）を構成しているタンパク質を分解してエネルギーを得る．タンパク質から切り離されたアミノ酸は，アミノ基がとられ（脱アミノ反応），炭水化物となって糖代謝の経路に入る．アミノ基はアンモニアとなるが，毒性が強いので，肝臓の尿素回路で解毒（無毒の尿素に合成）され排泄される．

6.1.3 生合成（同化反応；anabolism）

糖質・脂質・タンパク質は代謝分解（異化反応）されたのち，分解産物の一部を材料として身体に必要な糖質・脂質・タンパク質が生合成される（同化反応）．生合成反応で多くのエネルギーが必要な反応は別の経路で進行するが，糖新生の一部は異化反応の逆反応で行われる．同化の概略を図6.3に示したが，生合成に重要な化合物はグリセ

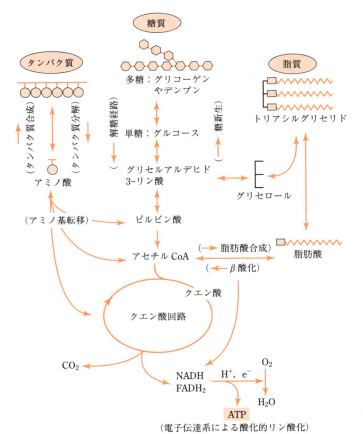

図6.3 代謝の概観（異化と同化）
同化は解糖系で生じた中間代謝物を出発材料として，異化の逆反応と特別の経路（脂質やタンパク質は全く異なる反応）が組み合わされて行われる（図6.2と比較しながら理解しなさい）．

ルアルデヒド3-リン酸，ピルビン酸，アセチルCoAの三つであり，どれも解糖経路で生じる代謝中間体である．このことからも代謝の中心は糖の異化反応であることがわかる．またこれらの中間代謝物以後の異化反応は，ほとんどが一方向に傾いた反応で，最終的に水と二酸化炭素まで酸化されていく．一方でタンパク質や脂質の生合成は，それぞれの分解反応とは全く異なる反応で行われる．

6.2 化学反応とエネルギー

生物は栄養物質からエネルギーを得て生命活動を行っている．つまり，細胞内での数多くの化学反応が常温・常圧で進行し，かつエネルギーが巧みに利用されている．この機構を理解するために，ここでは生体における化学反応とエネルギーの基礎的事項について解説する．

6.2.1 熱力学の法則に基づく生体の反応

熱力学の法則（第一法則：エネルギーは保存される，第二法則：エントロピーは増大する）によると，ある生体内反応で利用できるエネルギー（ΔG）は，保持している全エネルギー（ΔH）のうち，反応の過程で増加するエントロピー（ΔS）×絶対温度（T）の値を差し引いたエネルギーとなる．すなわち以下のような式で表される．

$$\Delta G = \Delta H - \Delta S \times T$$

たとえば蒸気機関車を走らせるときは，与えられた熱エネルギーで水分子が蒸発し，その蒸気圧によってタービンを回して前進する．この過程では熱エネルギーがすべて利用されるのではなく，熱や蒸気の一部は空気中に放散してしまう（熱エネルギーや蒸気となった水分子は，機関車の釜の中に整然と留まることなく自然に空気中に放散して，乱雑さ，つまりエントロピーが増す）．エントロピー（ΔS）×絶対温度（T）はこの損失するエネルギーを意味する．

生物の代謝反応は，栄養物質を分解し，個々の反応から自由エネルギーを得て，ATPの合成に利用することを目的としている．生体内において

も熱力学第二法則に則る，つまりエントロピーが増大するため，ATP合成に必要なエネルギー以上の自由エネルギーを放出する代謝分解反応が必要である．

6.2.2 化学反応の予測

化学反応は，平衡定数（K_{eq}）によってその進行方向が予測できる．

$$A + B \rightleftarrows C + D$$

上記の反応で，$K_{eq} = [C]\cdot[D]/[A]\cdot[B]$で表される．このとき，[A]は成分Aの濃度を示している．すなわち，上記の反応が平衡状態に達したときの濃度比をK_{eq}は示している．たとえばK_{eq}値が2のとき，Cの濃度×Dの濃度がAの濃度×Bの濃度の2倍になるまで，反応は右に進むと予測できる．それでは，K_{eq}はどのように決まるのだろうか．それは，

$$\Delta G^{\circ\prime} = -RT \ln K_{eq}$$

で決まる．ここで，$\Delta G^{\circ\prime}$は標準状態における自由エネルギー変化，Rは気体定数，Tは絶対温度である．

化学反応時の自由エネルギー変化の模式図を図6.4に示した．生成物CとDのもっている自由エネルギーが，はじめの物質AとBのもっている自由エネルギーよりも多くなる場合は，K_{eq}は1よりも小さくなり，すべて（A, B, C, D）が等モル存在している時点から反応は左に進む．逆に，生成物C*とD*のもっている自由エネルギーが，

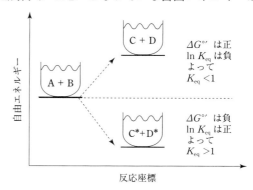

図6.4 化学反応における自由エネルギー変化
自由エネルギー変化は$\Delta G^{\circ\prime} = -RT \ln K_{eq}$の式で決定される．平衡定数$K_{eq}$の自然対数が負（$K_{eq}$が1より小さい）のとき，自由エネルギーは増加（正）する．

AとBのもっている自由エネルギーよりも少なくなる場合は，K_{eq} は1よりも大きくなり，反応は右に進む．

たとえば，ATPの加水分解のときの自由エネルギー変化は

$$\text{ATP} + \text{H}_2\text{O} \rightleftharpoons \text{ADP} + \text{Pi}$$
$$(\varDelta G^{\circ\prime} = -30.5 \text{ kJ/mol})$$

である．この反応は大きな自由エネルギーの減少を伴い，平衡点は右に傾いている（K_{eq} が1より大きい）ので，ADP生成の方向に進む．逆に，

$$\text{グルコース} + \text{Pi} \rightleftharpoons \text{グルコース 6-リン酸} + \text{H}_2\text{O}$$
$$(\varDelta G^{\circ\prime} = 13.8 \text{ kJ/mol})$$

の反応は左に進みやすい．いずれにしても，自由エネルギーの増減および値で，K_{eq} 値すなわち平衡点（反応の終点）が決まり，それに向かって反応は進行する．

6.2.3 自由エネルギーの放出

上記のATP分解反応で，なぜ多くの自由エネルギーを放出できるのだろうか．その答えはリン酸のエントロピーが増大したことにある．図6.5で示したように，遊離したPi(H_3PO_4)は細胞の水溶液の中では図6.6のような構造をとり，1か所にあった二重結合のπ電子はほかの三つの結合にも平等に分布する．Piはπ電子の自由度が増し，エントロピーが増加したことにより自由エネルギーが低下した（熱力学の法則の式を参照）非常に安定な構造（共鳴安定化構造）となり，この反応は多量の自由エネルギー（ATPとの大きな差）を放出する（図6.7）．

このように，生成物の安定化により大きな自由エネルギー差を生じる反応は，解糖経路においてATPを合成できる（共役している）反応にみられる．図6.8で示したように，ホスホエノールピルビン酸からピルビン酸を生じる反応では，生成

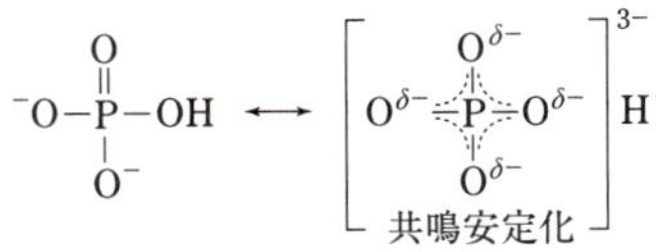

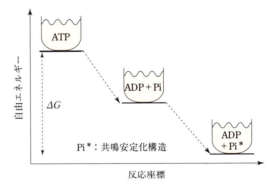

図6.6 ATPから遊離した無機リン酸の構造
リン原子と酸素原子で共有しているπ電子（二重結合をつくっている）はほかのすべての酸素とも共有され，安定な構造をとる（共鳴安定化）．

図6.7 共鳴安定化による自由エネルギー放出
Piは共鳴構造によりエントロピーが増加した安定構造をとり，さらに自由エネルギーが放出される．

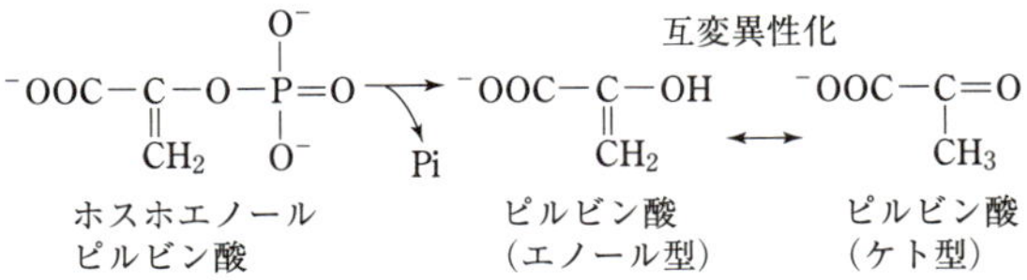

図6.8 ホスホエノールピルビン酸からのリン酸基の遊離反応
生成されたピルビン酸は互変異性化して混成体となり，安定化する．そのため，大きな自由エネルギー（61.9 kJ/mol）が放出（$\varDelta G^{\circ\prime}$ は負）される．

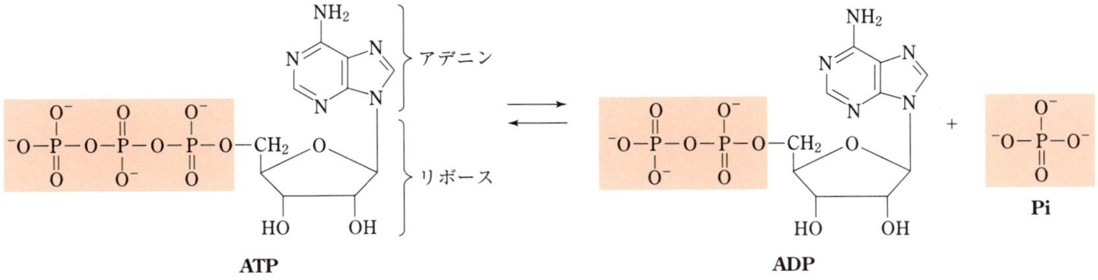

図6.5 ATP（アデノシン三リン酸）とADP（アデノシン二リン酸），Pi（無機リン酸）の変化

したピルビン酸がそのままエノール型で存在するものと，互変異性化してケト型になるものとの混合物となる．そのためにエントロピーが増大し，生成物の含有する自由エネルギーが減少する．このときの $\Delta G''$ は $-61.9\,\mathrm{kJ/mol}$ となって大きな自由エネルギーを放出し，ATP 合成に必要な自由エネルギーの値（$-30.5\,\mathrm{kJ/mol}$）をはるかに上まわるので，直接 ATP を合成できる．

■6.3 酵　　素

栄養物質からエネルギーを獲得するため，また必要な物質を生合成するために，生体内では様々な化学反応が必要である．生体は，自然界では起こりそうにない反応を常温・常気圧でいとも簡単に行っている．この反応を可能にしているのが酵素（enzyme）というタンパク質を主体とした生体内触媒である．それゆえ，酵素は生命活動を支えているもっとも基本的な物質といえる．

6.3.1 酵素の生体内での機能

細菌の体表面にある糖タンパク質（ペプチドグリカン）を分解することによって，殺菌作用を有するリゾチーム［EC 3.2.1.17］（酵素は国際生化学分子生物学連合の酵素委員会によって分類され，EC 番号が付けられている）を例としてとり

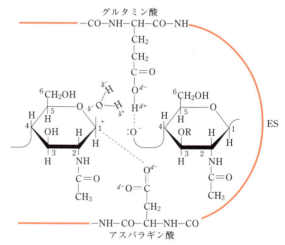

図 6.9 酵素リゾチームによる糖鎖の加水分解
リゾチームにあるアミノ末端から 35 番目のグルタミン酸と 52 番目のアスパラギン酸の二つのアミノ酸が重要なはたらきをする．
(a) 酵素が基質を認識し，上記二つのアミノ酸がグリコシド結合に近づく（E+S）．
(b) 図のような反応中間体（酵素基質複合体：ES）を形成する．
(c) 加水分解反応が起こり，酵素は反応生成物（分解物）から離れていく（E+P）．
E：enzyme（酵素），S：substrate（基質），
P：products（反応生成物）

あげ（図6.9），酵素反応について説明する．酵素リゾチームは，基質（substrate）であるペプチドグリカンの糖鎖（N-アセチルムラミン酸とN-アセチルグルコサミンのβ-1,4結合）を認識し（酵素によって作用する基質は厳密に決まっており，これを基質特異性という），リゾチームのN末端から35番目のアミノ酸であるグルタミン酸と，52番目のアスパラギン酸によって糖鎖結合部位を挟みこむ（E＋S：図6.9(a)）．

リゾチームがはたらく低いpHではこれらアミノ酸の側鎖に図のような電気的偏りが生じ，グルコシド結合の共有電子にも偏りが生じる．その結果，酵素と基質が弱く結合し（ES：図6.9(b)），そこに水分子が近づき，OH基と水素原子に分かれて図のように結合する．そして，グルコシド結合を切断（加水分解反応）された生成物（product）と酵素（変化なし）に分かれる（E＋P：図6.9(c)）．反応中間体ESをつくるのが酵素反応の特徴であり，反応が容易に起こりうる構造をとる．この酵素基質複合体構造がエネルギー障壁（活性化エネルギーともいう）を下げ（図6.10のES），反応を進みやすくする．これが酵素機能の本体である．

酵素液AとBを用いて，反応時間と生成物量の関係を表すと図6.11のようになる．酵素の触媒能力は反応速度（初速度，図の酵素液Aの原点の傾き），すなわち1分間に生成される反応生成物量（μmole）で表す（酵素活性値）．酵素液Bの酵素活性値を1単位（ユニット）と定義すると，酵素液Aは2単位の酵素活性があることになる．

また，AとBに同じ能力の酵素が存在する場合には，酵素液Aには2倍の酵素タンパク質が含まれていることになる（図6.11，6.12）．

次に，酵素活性値と基質濃度の関係を図6.13

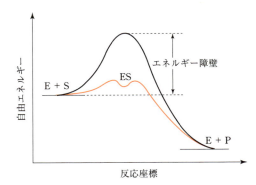

図6.10 酵素反応における自由エネルギー変化と障壁
一般の化学反応では高いエネルギー障壁が存在し，多量のエネルギーが加わらないと反応が進まない．酵素反応では，色で示した経路のように酵素基質複合体が形成され，反応を起こりやすい構造に変えることで，障壁を低くしている．具体的にはリゾチームの反応機構を参照．

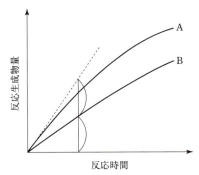

図6.11 酵素反応時間と生成物量の関係
酵素活性値は初速度で表される（図の点線の勾配）．Aの酵素液ではBの酵素液の2倍の活性値がある．

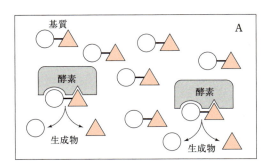
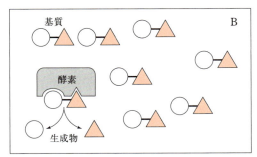

図6.12 酵素と基質の量的関係
酵素と基質は酵素基質複合体を形成するので，1対1の量的関係にある．図6.11で示したように，A酵素液の酵素活性がB酵素液の2倍のときは，2倍の酵素量（ユニット）を含んでいることを表す．

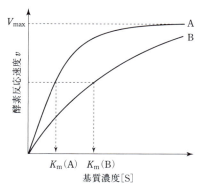

図6.13 基質濃度と酵素反応速度の関係
この曲線は $v = V_{max}/(1+K_m/[S])$ と表され，これをミカエリス-メンテンの式という．十分な量の基質がある場合の酵素活性値が最大反応速度（V_{max}），その半分の速度を得る基質濃度が K_m 値である．酵素Aは酵素Bと同じ V_{max} で K_m が2分の1となる．

に示した．通常の化学反応では反応速度は反応物濃度に比例して増加するが，酵素反応の場合には基質濃度が高くなると頭打ちとなる．基質が十分存在するときの酵素活性値を V_{max}（最大反応速度，V は velocity の意味）という．その半分の値を得る基質濃度を K_m（ミカエリス定数；Michaelis constant）値とする．図をみると，V_{max} が同じ場合でも，酵素Aの方が酵素Bより低い基質濃度でも大きな酵素活性を有しており，K_m が低い値となる．

一般に，酵素と基質が複合体をつくる段階が反応速度を決める重要な因子である．すなわち，同じ反応を触媒する酵素でも K_m 値の比較によって，低い基質濃度のときの能力の差を比較することができる．ふつう細胞内では十分に基質が存在することは珍しく，わずかな基質を反応に参加させる酵素の能力（K_m 値）を比較することが重要な意味をもっている．

6.3.2 アイソザイムとその目的

乳酸脱水素酵素（lactate dehydrogenase；LDH）の分子模型について，図6.14に示した．LDHは心臓に多いH型（heart）と骨格筋に多いM型（muscle）の2種類のサブユニットが四つ組み合わされた四量体構造をしており，すべての組み合わせ，すなわち5種類（I型からV型）存

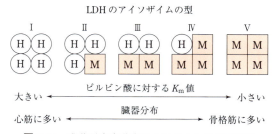

図6.14 乳酸脱水素酵素アイソザイムの分子模型
LDHは2種類のサブユニットが四つ組み合わさって構成されている．サブユニットの構成によりピルビン酸に対する K_m 値が異なり，目的に応じた臓器分布をしている．

在する．このように，同じ反応を触媒して異なる分子型をした酵素をアイソザイム（isozyme）という．I型やII型のアイソザイムは心筋や脳組織に多く存在し，IV型やV型アイソザイムは骨格筋に多く存在している．

5種類のアイソザイムが存在する重要な意義は，K_m 値が異なることによる．ピルビン酸に対する K_m 値はHサブユニットで大きく，Mサブユニットで小さい．

IV型やV型は，素早くピルビン酸と複合体を形成し乳酸を生成する酵素で，逆にI型やII型では乳酸の生成速度は緩やかである．これは，存在する臓器のはたらきに見事に合致する．すなわち，骨格筋では酸素供給が間に合わない場合にも，解糖系の嫌気的代謝でATPを産生する必要があり，ピルビン酸から乳酸にして代謝反応を進める必要がある．さらに，この反応は脱水素反応（乳酸から水素イオンと電子を奪いピルビン酸を生じ，NAD^+ はそれらを受け取る役割，すなわち補酵素としてはたらく）の逆反応（乳酸を生じる）で，NADHから NAD^+ を生成する．NAD^+ は解糖系のほかの反応で必要な補酵素であり，乳酸への反応は NAD^+ を再生産し，解糖系の反応を推進する役割ももっている（図7.5参照）．

一方，心筋や脳組織では，持続的な運動やエネルギー消費活動を行っているので，瞬時のエネルギー生成の必要がなく，常に酸素を利用した効率的なATP生産（完全好気的代謝）を行っている．そのために，低濃度のピルビン酸をすぐには乳酸に変換しないLDH（I型やII型）がはたらいてい

ヒトのアルコール代謝と中毒

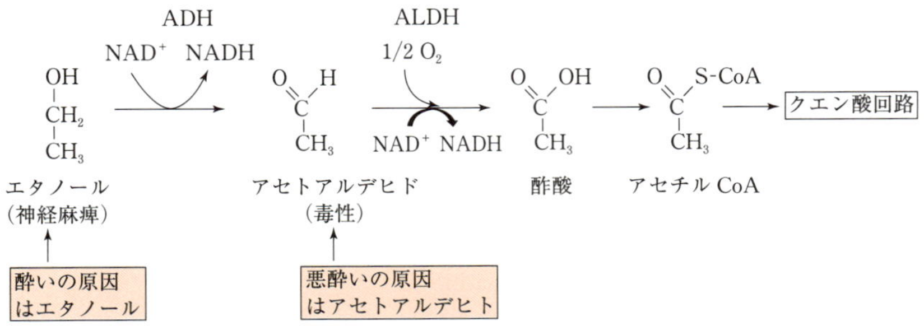

図6.15 ヒトのアルコール代謝

お酒に強い人と弱い人がいる．その原因は次のように説明される．

ヒトがお酒を飲んだときのアルコール（エタノール）代謝を図6.15に示した．これらの代謝酵素の中でもアセトアルデヒドデヒドロゲナーゼ（ALDH）は，気分が悪くなり，吐き気を感じる原因物質であるアセトアルデヒドを酢酸に変える解毒酵素であり，悪酔いを防ぐために重要である．

ALDHは517個のアミノ酸からなるサブユニット4個で構成されており，サブユニットには487番目がグアニン（G）のGサブユニットとアデニン（A）に変異しているAサブユニットの2種類がある．よって，合計5種類のALDHアイソザイムが存在する（図6.16）．

ALDHアイソザイムの存在割合は人種によって異なっており，日本人の場合は約半分がGサブユニットのホモである．このタイプの酵素活性値を100％とすると，10〜5％存在するヘテロの活性値は10〜5％，そして5％存在するAホモの活性値は0％である．そのため，Aサブユニットのホモの人は，お酒を飲むと全身に湿疹が現れ急性のアルコール中毒におちいりやすく，生命の危険を伴う．

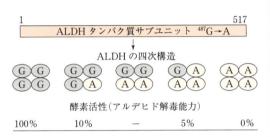

図6.16 ヒトALDHのサブユニット構造と酵素活性値

またヘテロの人はアルデヒドが残留しやすく，様々な副作用が生じる．中でも大腸がんのリスクが高いことが知られている（Gホモの1.6倍）．最後にGホモの人は問題なくいくらでも飲めるかというとそう簡単ではなく，悪酔いしないのでつい飲みすぎる場合が多く，アルコール中毒になりやすい．わが国のアルコール依存症のほとんど（90％）はこのタイプである．

さらに，ADH（アルコールデヒドロゲナーゼ）の遺伝子にも個人差があることがわかってきており，GホモでもADH活性の弱い人はアルコールが長時間体内に残留し，神経麻痺を起こす場合が多くなる．お酒を飲む年になったら，自分の遺伝子型を知っておくのも必要かもしれない．

る．また，乳酸は酸性物質で組織傷害を引き起こす力が強いため，筋肉内に蓄積すると痛み（筋肉痛）を感じ，筋変性を引き起こす．骨格筋細胞は再生能力が盛んであり，むしろその傷害のために新しいより強い筋肉組織が再生する．

しかし，心筋や神経細胞では再生能力がなく，乳酸の蓄積は致命的となるため，上記のようなLDHの臓器特異的存在が合目的性をもっている．臓器組織が傷害を受けると，細胞内の酵素が血中に漏れ出す（血中逸脱酵素）．臓器特異的に存在している酵素，たとえばLDH I型アイソザイムが血液中に多く検出（血清の電気泳動法によって各アイソザイム5種類を分離できる）され（正常な人の血液中はII型が主成分であるが，I型が主成分となる），かつクレアチンキナーゼの心筋特異的アイソザイム（骨格筋型と脳型に分かれ，心筋は中間のタイプ）も検出されると，心筋梗塞の可能性があると診断できる（21章参照）．

6.3.3 酵素反応の調節

生体内では，環境要因に対応するために代謝反応を速めたり遅らせたり調節する必要がある．この代謝調節を担っているのも酵素であり，酵素は状況を判断して巧みに生体内反応を制御し，恒常性を保ちつつ必要に応じた生体の対応を可能にしている．代謝の概観で示したように，解糖経路はある酵素の生成物が次の酵素の基質となる連続した酵素反応である．こうした反応系では最初の反応が全体を調節している場合が多く，骨格筋の解糖経路ではグリコーゲンホスホリラーゼが重要な調節酵素である（7章コラム参照）．図6.17に，骨格筋細胞でこの酵素を調節しているアドレナリンとAMPによる調節機序を示した（図7.21も参照）．

生体が緊急事態におちいるとすばやい筋肉運動が必要となり，中枢神経支配により副腎髄質からアドレナリンが放出される．骨格筋細胞の受容体に作用し，cAMPを介したカスケード反応によりグリコーゲンホスホリラーゼbキナーゼが活性化され，グリコーゲンホスホリラーゼbの14番目のセリン残基がリン酸化を受け（二つのサブユニットで構成され，両方がリン酸化），活性をもったグリコーゲンホスホリラーゼaに変換される．この酵素の活性化によりグリコーゲンが分解され，多くのグルコース1-リン酸が放出されて解糖経路でATP生産に使われる．緊急事態が過ぎるとアドレナリンの放出は停止し，グリコーゲンホスホリラーゼbホスファターゼによりホスホリラーゼaはリン酸基が除去され，ただちにホスホリラーゼbに戻ってしまう（リン酸基が結合して活性化するこのような機構を共有結合性調節；covalent modification という）．この時点の筋肉細胞内では，ATPは激しい筋運動で消費され枯渇した状態である．そこで，新たな調節機構がはたらく．それは，ATP分解で生じたAMPがホスホリラーゼbに結合して活性型に変えること

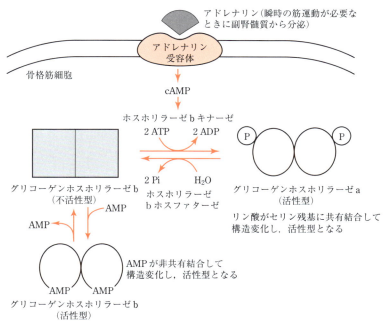

図 6.17 骨格筋のグリコーゲンホスホリラーゼの二つの調節
この酵素は，ホルモンによるリン酸化（共有結合性調節）と，AMPが酵素のアロステリック部位に非共有結合すること（アロステリック調節）の二つの調節を受けている．ストレス時に副腎髄質からアドレナリンが分泌され，骨格筋の収縮のためにATP生産を促す．それはcAMPを介したカスケード反応によりホスホリラーゼbキナーゼを活性化し，本酵素をリン酸化する．安静時にはホスホリラーゼホスファターゼにより脱リン酸化されて不活性型に戻る．一方，AMPの結合は非酵素的に生じる結合で，やはり活性型のグリコーゲンホスホリラーゼbにする．ATPが合成されAMPの濃度が減少すると解離して不活性型に戻る．

である．その結果，引き続き糖代謝によりATPは生産される．ATPが高濃度に達すると，AMPとの結合を阻害してホスホリラーゼbは不活性型とされるので，糖代謝は安静時に戻る．このように，酵素に非共有結合して活性型構造に変化させ，酵素の調節を行うことをアロステリック（allosteric：異なる形の意味）調節という．

6.3.4　補酵素の実際（ビタミン）

生体に必須の微量成分ビタミンは，重要な補酵素や補欠分子をつくるもとの物質である場合が多い．ここでは，クエン酸回路の最初の反応であり，解糖経路の最終産物ピルビン酸からアセチルCoAをつくる反応を触媒するピルビン酸デヒドロゲナーゼについて紹介する．

この酵素は，図6.18に示したように3種類の酵素の複合体（E1：ピルビン酸デヒドロゲナーゼ，E2：ジヒドロリポイルトランスアセチラーゼ，E3：ジヒドロリポイルデヒドロゲナーゼ）であり，ピルビン酸はE1によって脱炭酸され，残りのヒドロキシエチル基は補欠分子TPP（6.4.1項参照）と結合する．その後，電子が2個とられてアセチル基となり，E2の補欠分子であるリポ酸に転移され，かつリポ酸のチオール基が還元される．次に，アセチル基は補酵素CoAと結合し遊離する（アセチルCoAの産生）．残った電子と水素イオンはE3の補欠分子であるFADを還元し，さらに補酵素のNAD$^+$に移されNADHが生産される．

この反応で必要とされる補酵素と補欠分子を図6.18の下表に示した．表にあげた構成成分は，栄養成分として摂取しなければならない微量物質，いわゆるビタミンである．たとえば白米のみで野菜類をとらない食生活を送っていたり，アルコールを多量に習慣的に摂取していると，チアミン欠乏症となり脚気などの脳および運動疾患などの神経症状を引き起こす．神経細胞は血中グルコースを栄養源として，解糖経路とクエン酸回路での完全酸化によって効率よいエネルギー（ATP）生産を行っている（完全好気的代謝）．チアミンの欠乏

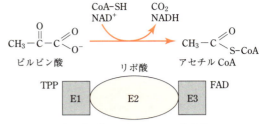

図6.18　ピルビン酸デヒドロゲナーゼ反応の酵素複合体と補酵素・補欠分子

本酵素は三つの酵素の複合体で構成されている．E1はピルビン酸を脱炭酸し，TPPを介してアセチル基を結合させる．E2はE1からアセチル基を受け取りCoAと結合させる．E3は生じた水素イオンと電子をFADでトラップし，その後NAD$^+$に渡してNADHを生産する．

によって，ピルビン酸デヒドロゲナーゼがはたらかなくなると，クエン酸回路が機能しなくなり，神経細胞は致命的障害を被ることになる．

6.4　水溶性ビタミンとその機能

ビタミンは生体内で十分産生できず，食餌など生体外から摂取しなければならない必須成分である．水溶性ビタミンにはビタミンB群（B_1，B_2，B_3，B_6，B_{12}），ビタミンC，葉酸，ビオチン，パントテン酸の9種類がある．ちなみに，脂溶性ビタミンには4種類（ビタミンA，D，K，E）がある．

6.4.1　ビタミンB_1（チアミン）

チアミンがリン酸化されたチアミン二リン酸（thiamin pyrophosphate；TPP，図6.19）は，ピルビン酸デヒドロゲナーゼ（およびα-ケトグルタル酸デヒドロゲナーゼなど）の酸化的脱炭酸反応を触媒する酵素の補酵素として必須の成分である（6.3.4項参照）．チアミンの欠乏は神経と心筋細胞に障害を与え，たとえば慢性末梢神経炎（脚気）などの神経障害や心不全などを引き起こ

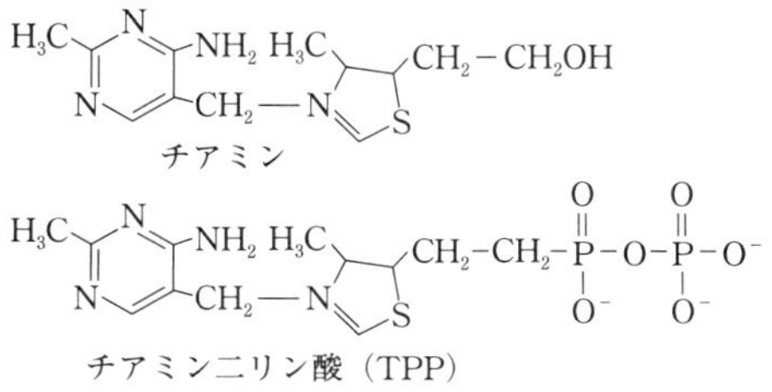

6.4 水溶性ビタミンとその機能

図 6.19 チアミンと TPP
TPP は酸化的脱炭酸反応酵素の補酵素である.

す．その原因としては，ピルビン酸デヒドロゲナーゼの機能が低下し，クエン酸回路へのアセチル CoA 供給が滞ることで，完全好気的代謝細胞である神経や心筋細胞が ATP（エネルギー）不足におちいるためと考えられる．

6.4.2 ビタミン B_2（リボフラビン）

リボフラビンはフラビンモノヌクレオチド（FMN）やフラビンアデニンジヌクレオチド（FAD, 図 6.20）の活性部位を担っている．FMN も FAD も生体内酸化還元反応の電子運搬体として機能している．リボフラビン欠乏は特別な疾患の原因とはならないが，ほかのビタミン欠乏症に併発する．リボフラビンの供給源は牛乳および乳製品である．

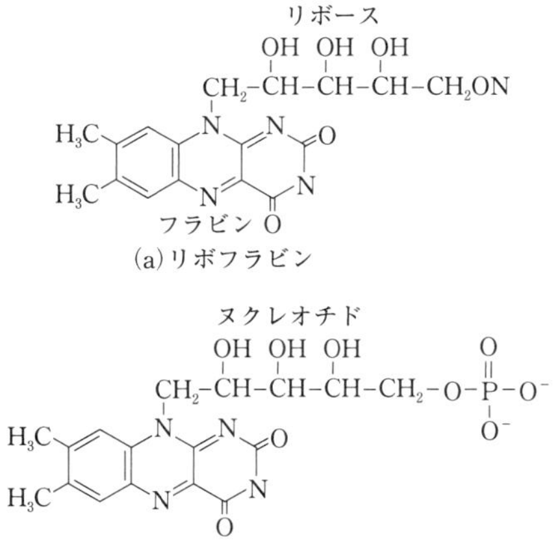

図 6.20 リボフラビンと FMN
リボフラビンはリボースとフラビンから構成されている．リボースがリン酸化されてヌクレオチドとなり，FMN が形成される．また FMN にヌクレオチドであるアデニンが結合し，FAD となる．

6.4.3 ビタミン B_3（ナイアシン）

ナイアシンはニコチン酸とニコチンアミドの総

図 6.21 ナイアシンと NAD
ナイアシンはニコチン酸とニコチンアミドの総称．ニコチンアミドと二つのヌクレオチドで構成され NAD となる．

称で（図 6.21），ビタミン B_3 とよばれている．生体内ではトリプトファンから合成されるが，十分な量はまかなえない．食品中ではトリプトファン 60 mg がナイアシン 1 mg に相当する．ナイアシンは NAD（ニコチンアミドアデニンジヌクレオチド）を構成する成分であり，酸化還元酵素の補酵素として重要なはたらき（電子受容・供与体）をしている．さらに，NAD は ADP-リボースの供給源であり，タンパク質の ADP-リボシル化にはたらく．ナイアシンの欠乏症としてペラグラ（pellagra）があり，これは三つの D（dermatitis；皮膚炎，diarrhea；下痢，dementia；認知症）の症状を示し，治療されないと致死的である．

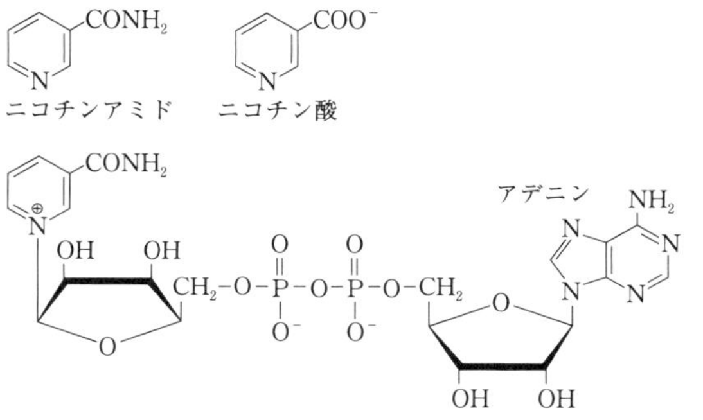

6.4.4 ビタミン B_6

ビタミン B_6 はピリドキシン（pyridoxine），ピリドキサール（pyridoxal），ピリドキサミン（pyridoxamine）の総称で（図 6.22），すべてピリドキサールリン酸（pyridoxal phosphate）の前駆体である．ピリドキサールリン酸は，アミノ酸のアミノ基転位反応や脱アミノ反応を担う酵素の補酵素である．大部分は筋肉中でグリコーゲンホスホリラーゼと結合しており，飢餓時にグリコーゲンが枯渇すると遊離して，アミノ酸代謝にはたらく．また，ステロイドホルモン-受容体複合体を形成して DNA と結合し，ホルモンの作用後にそれを DNA から遊離させて作用を終結させるはたらきを担っている．ビタミン B_6 の欠乏症はまれ

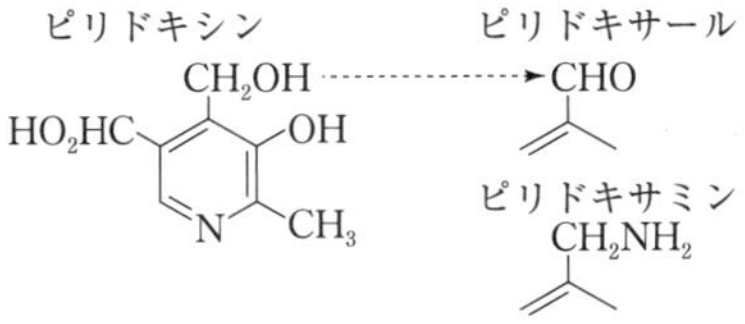

図 6.22 ビタミン B_6
ビタミン B_6 はピリジン誘導体で，ピリドキシン，ピリドキサール，ピリドキサミンの総称である．

であり，過剰摂取は知覚神経障害を引き起こす．

6.4.5 ビタミン B_{12}（コバラミン）

ビタミン B_{12} は，ホモシステインをメチル化してメチオニンを合成する反応を担うホモシステインメチルトランスフェラーゼの補酵素として，また脂肪酸合成における奇数炭素鎖のメチルマロニル CoA を異性化してスクシニル CoA を合成するメチルマロニル CoA ムターゼの補酵素としてはたらく．この補酵素が欠乏すると異常な脂肪酸が蓄積し，生体膜に取り込まれることで神経症状を示す．ビタミン B_{12} は微生物にしか合成されず，動物食由来である．普通食での不足はまれであるが，菜食主義者で欠乏するおそれがある．また，胃から分泌される糖タンパク質（内因子）と結合した状態でのみ腸管から吸収されるので，胃壁細胞障害や胃摘出による内因子の不足により吸収障害が生じる．欠乏症状は悪性貧血や神経障害である（図6.23）．

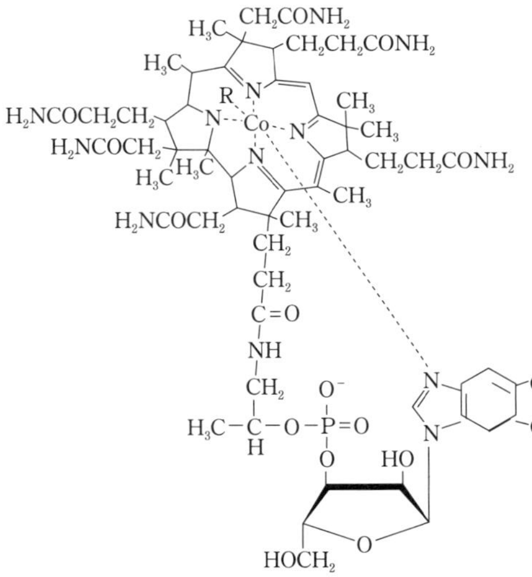

6.4.6 ビタミン C（アスコルビン酸）

ビタミン C（アスコルビン酸）は，霊長類，モルモット，コウモリ，スズメ目の鳥，魚類，無脊椎動物にとってはビタミンであるが，その他の動物ではウロン酸経路により合成される（図6.24）．アスコルビン酸はヒドロキシラーゼの補酵素である．たとえば，副腎髄質や中枢神経系においてチロシンからカテコールアミンを合成する際に関与する，ドーパミン β-ヒドロキシラーゼ（銅が必要）の補酵素である．また，アスコルビン酸を必要とする鉄含有プロリンヒドロキシラーゼはプロリンからヒドロキシプロリンを合成する酵素で，これはヒドロキシプロリンを多く含んだコラーゲンの合成に重要である．よって，アスコルビン酸が欠乏すると組織間コラーゲンが不足し，血管損傷を生じて出血性の病気（壊血病）の原因となる．

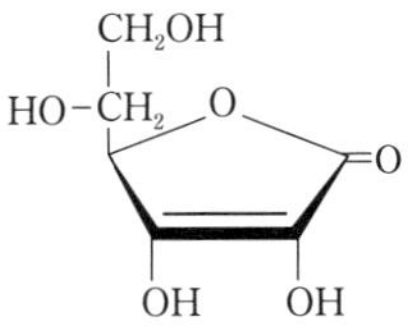

図 6.24 アスコルビン酸
ウロン酸経路を有している動物では，グルコースから合成される．

6.4.7 葉 酸

葉酸の活性型はテトラヒドロ葉酸（THF，図6.25）で，一炭素転位反応にかかわっている．たとえば，アミノ酸などのドナーからメチル基を受け取り，デオキシウリジン一リン酸（cUMP）へ

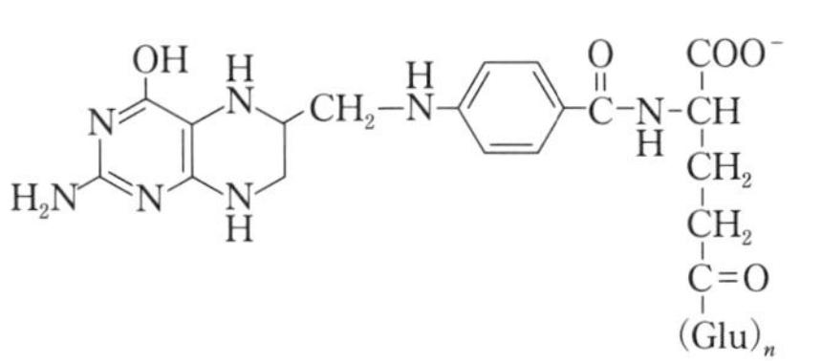

図 6.23 ビタミン B_{12}（コバラミン）
中央にコバルトが位置し，R 部位に CN— が結合したものがシアノコバラミンである．また置換基によってほかに 5'-デオキシアデノシルコバラミンやメチルコバラミンがあり，これらが補酵素としてはたらいている．

図 6.25 テトラヒドロ葉酸（THF）
葉酸はヒドロキシ化されて活性化体として作用する．

転位しチミジン一リン酸（TMP）を生成する反応に関与している．TMP は DNA 合成にとって重要な反応を推進するもので，細胞分裂の盛んな組織に必要とされる．よって，その類似誘導体はこれらの酵素反応の阻害剤として作用し，抗がん剤や抗菌剤，抗マラリア薬として利用されている．また，受胎前に補充すると神経管欠損症の発症を減ずるといわれている．

6.4.8 ビオチン

ビオチンはカルボキシ化（二酸化炭素の転位）反応の補酵素である．たとえば，ビオチンはピルビン酸カルボキシラーゼと結合して（図6.26），二酸化炭素とも結合（活性化）し，ピルビン酸に転位してオキサロ酢酸を生成させる手助けをしている．その後，合成されたオキサロ酢酸は糖新生系に供給される．ビオチンは多くの食物に含まれ，さらに腸内細菌によって合成供給されるので欠乏することはない．ただ，アビジンを含んでいる生卵を多量に摂取するとアビジン-ビオチン複合体を形成し腸管からの吸収が困難となるため，欠乏する場合もある．

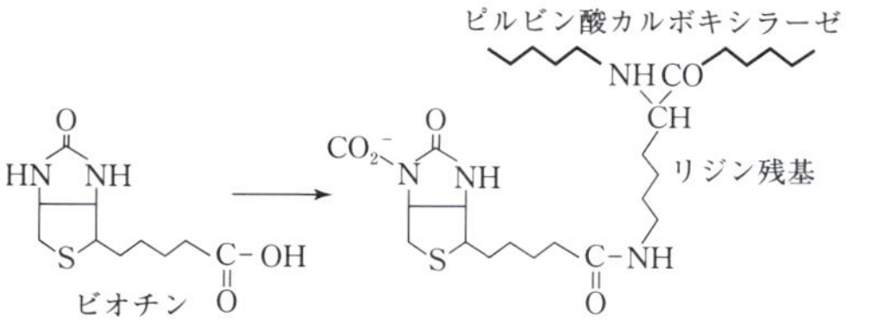

6.4.9 パントテン酸

パントテン酸は，補酵素 A（coenzyme A；CoA，図 6.27）や脂肪酸合成酵素のアシル基運搬タンパク質の構成成分である．CoA はクエン酸回路のアセチル CoA やスクシニル CoA，β 酸化のアシル CoA，脂肪酸合成のマロニル CoA，コレステロール合成における HMG-CoA などを形成（活性化）し，それぞれの反応を推進する役割を果たす．パントテン酸は多くの食材に含まれ欠乏はみられない．

［横田 博］

図 6.26　ビオチン
ビオチンは CO_2 を基質に転位する反応を担う酵素（カルボキシラーゼ）の補酵素として作用する．

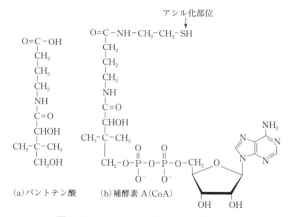

図 6.27　パントテン酸（a）と CoA（b）
パントテン酸にシステアミンと ADP が結合し CoA となる．

自習問題

【6.1】 急激な運動をすると筋肉内に乳酸がたまり，こりの原因になる．乳酸蓄積の理由を二つあげ，筋肉マッサージでこりが回復する理由を考察しなさい．

【6.2】 渡り鳥の飛翔筋にはミトコンドリアと脂肪滴が多く含まれている．その理由を述べなさい．

【6.3】 分子が共鳴構造をとるとなぜ安定化するのかを述べなさい．

【6.4】 生体内では基質濃度が低く，酵素の K_m 値が重要な意味をもつ．その理由を述べなさい．

【6.5】 グリコーゲンホスホリラーゼがホルモンによる調節とアロステリック調節を受けている利点を述べなさい．

7 糖質の代謝

ポイント

(1) 食餌中のデンプンやグリコーゲンから，消化酵素である α-アミラーゼ（唾液型，膵臓型）により加水分解されて生ずるマルトースやイソマルトースなどのオリゴ糖あるいはラクトースやスクロースは，小腸微絨毛に存在するマルターゼ，イソマルターゼ，ラクターゼ，スクラーゼにより単糖に分解され吸収される．

(2) 草食動物では消化および吸収できないセルロースやヘミセルロースは，共生微生物により構成単糖に分解されたのち，嫌気発酵により揮発性脂肪酸（酢酸，酪酸，プロピオン酸）となり吸収される．

(3) 解糖とはグルコースがピルビン酸を経由して乳酸あるいはエタノールに嫌気的に代謝される過程であり，基質レベルのリン酸化によりATPを生成する原始的なエネルギー変換機構である．

(4) 糖新生とは乳酸，アミノ酸，グリセロール，プロピオン酸などの非糖質原料から解糖の逆行によりグルコースを合成することであるが，解糖系の三つの不可逆反応部位ではそこを迂回する糖新生系特有の酵素がある．

(5) 解糖と糖新生は，生体内のエネルギー状態に応じて逆向きに調節されており，とくに解糖系の重要な鍵酵素ホスホフルクトキナーゼ1および糖新生系の鍵酵素フルクトースビスホスファターゼ1が，AMPおよびフルクトース 2,6-ビスリン酸によりアロステリックに制御される．

(6) ペントースリン酸経路では，還元的生合成に使われるNADPHおよびRNAやDNAの合成に使われるリボース 5-リン酸が供給される．

(7) グリコーゲンの合成と分解はそれぞれ異なった経路で行われ，またグルカゴンやアドレナリンあるいはインスリンなどのホルモンにより引き起こされるグリコーゲンシンターゼおよびホスホリラーゼの可逆的リン酸化により協調的に制御されている．

■ 7.1 食餌糖質の消化吸収

動物の食餌中の糖質は主として，以下の3種類である．

①穀物や塊茎・塊根などに含まれているデンプン，筋肉や肝臓に含まれているグリコーゲン，あるいは植物細胞壁の成分であるセルロース，ヘミセルロースなどの多糖

②サトウキビ，サトウダイコンあるいは花蜜に含まれているスクロース（ショ糖）や，乳に含まれているラクトース（乳糖）などの二糖

③果実や蜂蜜に含まれるグルコース（ブドウ糖）やフルクトース（果糖）などの単糖

多糖と二糖は多糖分解酵素やグリコシダーゼの作用で単糖に加水分解されたのち吸収されるか，あるいは草食動物では第一胃や大腸（盲腸と結腸）に生息する微生物により発酵され揮発性脂肪酸（VFA）となって吸収される．

デンプンやグリコーゲンは，唾液あるいは膵液

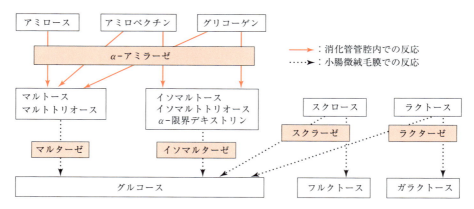

図7.1 多糖および二糖の単糖への分解

に含まれているエンドグリコシダーゼである α-アミラーゼ（α-amylase：α-1,4 グリコシド結合の切断）および脱分枝酵素（α-1,6 グリコシド結合の切断）により消化管管腔内で加水分解される（植物起源の β-アミラーゼはエキソグリコシダーゼであり，非還元末端からマルトース単位を遊離する）．その結果生ずるマルトースやマルトトリオースはマルターゼ（maltase：α-グルコシダーゼとも）により，またイソマルトースやイソマルトトリオースあるいは α-限界デキストリンは脱分枝鎖酵素であるイソマルターゼ（オリゴ-1,6-グルコシダーゼ）により，加水分解されグルコースを生成する（図7.1）．マルターゼやイソマルターゼは二糖類のスクロースやラクトースを分解するスクラーゼやラクターゼと同様に小腸微絨毛に存在し，とくにイソマルターゼはスクラーゼと複合体を形成して存在している．食餌中に存在するスクロースやラクトースは，それぞれスクラーゼ（スクロース α-グルコシダーゼ）とラクターゼ（コラム参照）で加水分解され，構成単糖のグル

コース，フルクトースあるいはガラクトースとなり吸収される（図7.1）．

セルロース，ヘミセルロースなどの多糖は草食動物の主要な栄養源である．しかしながら，動物はこれらを分解する酵素をもたないので，直接利用することはできない．ウシ，ヒツジ，ヤギ，シカ，ラクダ，キリンなどの反すう（芻）動物（複胃動物）では，第一胃（ルーメン）に生息する共生微生物（細菌・原生動物）のセルラーゼ，セロビアーゼ（β-D-グルコシダーゼ），キシラナーゼ，キシロビアーゼなどの酵素により，セルロースやキシラン（ヘミセルロースの一種）を分解してグルコースやキシロースを生成する．さらにこれらの構成単糖を利用して発酵を行い，VFA である酢酸，プロピオン酸および酪酸を生成する（図7.2）．ウマ，ウサギ，ラット，モルモットなどの単胃動物においては，繊維質（多糖）を分解できる共生微生物（細菌・原生動物）の生息部位は盲腸または結腸（ウマ）である．

反すう動物では，デンプン，セルロース，ヘミ

■ 離乳と乳糖不耐症 ■

乳児期の主要な糖質栄養分であるラクトース（乳糖）は，小腸粘膜上皮細胞の刷子縁に局在するラクターゼによりグルコースとガラクトースに分解され吸収される．この酵素は基質誘導性があり，離乳によりミルクを摂取しなくなると活性が出生時の約5〜10％にまで低下する．そのような状況でラクトースを摂取すると，ラクトースは小腸に蓄積し腸内細菌により利用されるようになる．その結果，水素ガス，メタンガス，有機酸を生成し，鼓腸や下痢などの消化障害を引き起こす．これを乳糖不耐症といい，ヒトでもほかの哺乳動物でもみられる．成人して牛乳を飲まなくなると多くの人は乳糖不耐症になるが，成人しても牛乳を飲み続ける習慣のある北ヨーロッパの人々では乳糖不耐症になる割合は非常に低い．

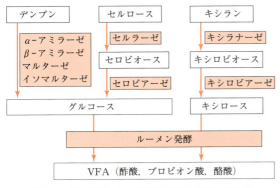

図7.2　第一胃内での多糖の分解とVFAの産生

表7.1　促進拡散型グルコース輸送体（GLUT）

名　称	おもな存在部位
GLUT1	ほとんどの組織
GLUT2	肝臓，小腸，膵島 β 細胞
GLUT3	脳，神経
GLUT4	筋肉，脂肪細胞（インスリンは細胞質から細胞膜上へGLUT4を迅速に移動する）
GLUT5 (フルクトース輸送体)	小腸
GLUT6（偽遺伝子）	なし
GLUT7	肝細胞小胞体

セルロースは第一胃で構成単糖に分解され，さらにルーメン発酵により変換されたVFAは第一胃壁から吸収される（一般的な生成比率は酢酸60～70％，プロピオン酸15～20％，酪酸10～15％であり，酢酸と酪酸の一部は上皮細胞でケトン体に代謝されて血中に移行する）．したがって，反すう動物では小腸からのグルコース吸収はほとんどない．これに対して反すうを行わない単胃動物では，食物中のデンプンはグルコースに分解され小腸から吸収されるが，セルロースやヘミセルロースは小腸では分解されず，よく発達した盲腸および結腸で分解，発酵されVFAとして吸収される．

食物中に遊離の形で存在する単糖，あるいは以

上述べたように多糖および二糖が分解されて生じる単糖は，小腸に存在する特異的な輸送体により吸収される．グルコースは小腸上皮細胞の頂端側の膜に存在する Na^+ 依存性グルコース輸送体（SGLT）による二次性能動輸送で細胞内に流入する（図7.3および4章参照）．ガラクトースも同じSGLTにより輸送されるが，フルクトースはグルコース輸送体5（GLUT5）による促進拡散で細胞内に輸送される（表7.1）．細胞内に取り込まれた単糖は，側底側の膜に存在するグルコース輸送体2（GLUT2）により細胞外に出て門脈血中に移行する（図7.3）．

7.2　解　　糖

生命現象を分子レベルで解明する生化学はワインづくりの「謎解き」からはじまったといっても過言ではない．ぶどうの絞り汁を放置しておくと二酸化炭素が発生し，アルコールが生じる（アルコール発酵）ことは古くから知られていた．カニャール・ド・ラ・トゥール，キュッツィングおよびシュワンは1837年にそれぞれ独立に，絞り汁の中に微生物（酵母）を発見し，アルコール発酵を引き起こすものは生物であることを明らかにした．シュワンはこれを糖菌（サッカロミセス）と命名したが，当時は受け入れられず，後に「発酵説」と「原形質説」の間の「リービッヒ－パスツール論争」を招くことになる．

その対立は，エドゥアルト・ブフナーが1897年

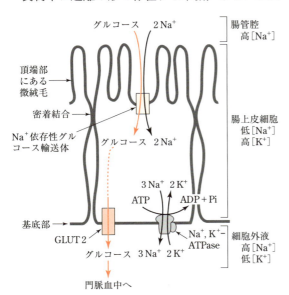

図7.3　小腸上皮細胞におけるグルコースの吸収

に酵母から無細胞抽出液(cell-free extract)を調製し，これがアルコール発酵を起こしたことで解決の糸口に至る．彼は発酵作用を示す成分を単一のタンパク質と考えチマーゼと命名したが，アルコール発酵は単一の酵素によって触媒される一つの反応ではなく，12種類の酵素による複雑な一連の反応であることがあとになってわかった（解糖の解明）．ブフナーは「発酵は生きた酵母が生成する発酵素によるものであり，この現象には必ずしも生きた細胞を必要としない」ことをはじめて実証し，1907年「発酵の生化学的研究」に対してノーベル化学賞が授与された．

解糖とは，グルコースがピルビン酸を経由して乳酸（乳酸発酵）あるいはエタノール（アルコール発酵，コラム参照）に嫌気的に代謝されることである．解糖は生命活動に必要なATPを「基質レベルのリン酸化」によって生成する原始的な代謝系であり，ほとんどの生物に存在する．好気的生物では，ピルビン酸は乳酸やエタノールに代謝されないで，クエン酸回路および電子伝達系により完全に酸化されて二酸化炭素と水になり，「酸化的リン酸化」によって大量のATPが生成される（図7.4）．好気的生物でも，活発に収縮する筋肉では酸素供給が不十分となり，ピルビン酸は乳酸に変えられる．また，ミトコンドリア（クエン酸回路と電子伝達系はミトコンドリアに局在する）をもたない赤血球でも，ピルビン酸は乳酸に代謝される．

解糖の流れを図7.5に示す．解糖系の諸酵素はサイトゾルに存在する．グルコース輸送体（表7.1）により細胞内に取り込まれたグルコースは解糖系の初発酵素であるヘキソキナーゼ（グルコキナーゼ）により，グルコース6-リン酸となる（グルコース6-リン酸生成はグルコースの細胞外への遊離を阻止する）．後述するように，この物質は解糖経路のみならずペントースリン酸経路やグリコーゲン合成経路にも流入することができる．ヘキソキナーゼの基質特異性は低く，グルコース，マンノース，フルクトース，グルコサミンなどの六炭糖（ヘキソース）が基質となる．肝臓に特異的に存在するグルコキナーゼはグルコースに対する基質特異性は高いが，ミカエリス定数 K_m (5 mM) がヘキソキナーゼ (0.01〜0.1 mM) より高いため，食後の血糖値が高く，肝細胞内に大量

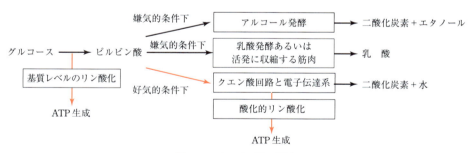

図7.4　ピルビン酸の運命

■ビールのつくり方■

　ビールの原材料である大麦を発芽させ，適当なところで加熱し乾燥することにより麦芽（モルト；malt）ができる．発芽により大量のアミラーゼが産生されるので，麦芽を水と混ぜ合わせ粉砕し，適切な温度を加えることにより，大麦のデンプンはアミラーゼによって分解され麦芽汁（ウォルト；wort）ができる．麦芽汁には大量の麦芽糖（麦芽からつくられる糖）が含まれており，一度飲んだら忘れられない甘さがある．次に，麦芽汁を煮沸処理し，酵母とホップを加える．麦芽汁に含まれる糖は酵母により分解され，アルコール発酵が進行する．ビールの泡は，発酵の過程でピルビン酸デカルボキシラーゼ反応により生成した二酸化炭素によるものである．ホップはビールの質を高め，独特の苦味を与える．

のグルコースが取り込まれたときにのみはたらくと考えられる（K_m が低いほど基質親和性は高いが，グルコキナーゼは例外である）．

解糖においては，基質レベルのリン酸化によりATPが2か所で生成される．基質レベルのリン酸化とは，基質に直接高エネルギー結合が導入されて高エネルギー化合物を生成し，それからATP合成が行われることであり，酸化的リン酸化に対応する用語である．この高エネルギー化合物とは，加水分解したとき大きな自由エネルギー

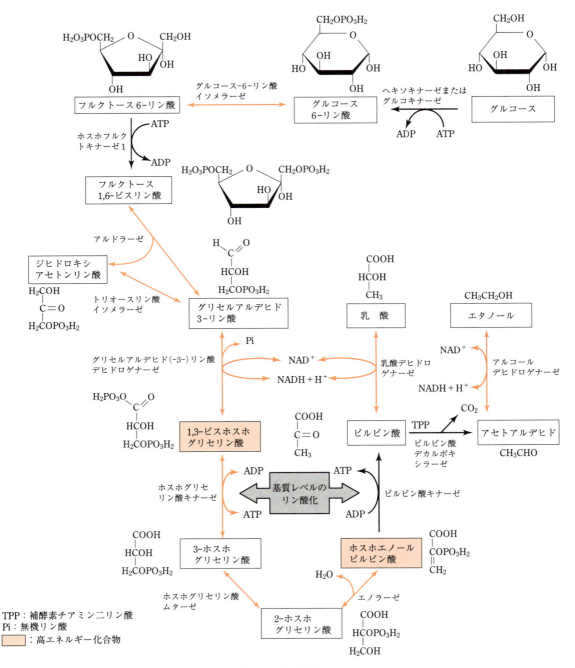

図7.5　解糖経路
色で示した反応は可逆的であるが，黒の反応はほぼ不可逆的なので，糖新生でここを逆行する際は，全く別の酵素がはたらく（図7.10 参照）．

7.2 解　糖

表 7.2　高エネルギー化合物の加水分解の際の自由エネルギー変化

化 合 物	$\Delta G^{\circ\prime}$(pH 7.0) (kcal/mol)
ホスホエノールピルビン酸	−14.8
cAMP	−12.0
1,3-ビスホスホグリセリン酸	−11.8
クレアチンリン酸	−10.3
スクシニル CoA	−8.0
アセチル CoA	−7.5
ATP（ADPとリン酸への分解）	−7.3
ATP（AMPとピロリン酸への分解）	−10.0
UDP-グルコース（UDPとグルコースへの分解）	−8.0

減少を起こすものをいう（表7.2）. 解糖系の中間体では1,3-ビスホスホグリセリン酸（1,3-BPG）とホスホエノールピルビン酸が高エネルギー化合物であり, それぞれホスホグリセリン酸キナーゼとピルビン酸キナーゼの反応によりATPを生成する.

1分子のグルコース（C_6）が2分子のグリセルアルデヒド3-リン酸（C_3）に変換されるまでの過程で, ヘキソキナーゼおよびホスホフルクトキナーゼ1反応によりそれぞれ1分子のATPが消費される. そして, 1分子のグリセルアルデヒド3-リン酸（C_3）が乳酸あるいはエタノールに変換されるまでの過程で2分子のATPが合成される. したがって, 嫌気的条件下で解糖により1分子のグルコース（C_6）が代謝されると, 正味2分子のATPが産生されることになる.

　グルコース＋2 ADP＋2 H_3PO_4 ──→
　　2 乳酸（または 2 エタノール＋2 CO_2）
　　＋2 ATP＋2 H_2O

グリセルアルデヒド（-3-）リン酸デヒドロゲナーゼ反応で生ずる還元型（補酵素）NADH は, 動物の筋肉や赤血球あるいは乳酸菌では乳酸デヒドロゲナーゼにより, またアルコール発酵を行う酵母ではアルコールデヒドロゲナーゼにより NAD^+ に再酸化される. 還元型 NADH が再酸化されないと補酵素である NAD^+ が枯渇し, 解糖はグリセルアルデヒド3-リン酸より先へは進めない. 好気的条件下ではピルビン酸は乳酸あるいはアルコールに代謝されないで, アセチル CoA に変換されクエン酸回路に流入する. ではこの場合, NAD^+ の再生産はどのように行われるのであろうか. NADH はミトコンドリアの内膜を通過できないので呼吸鎖に直接電子を渡し, 自身は酸化され NAD^+ になることはできない. そこで8章で述べるように, グリセロール3-リン酸シャトルあるいはリンゴ酸-アスパラギン酸シャトルにより NADH の電子をミトコンドリアに輸送し, NAD^+ をサイトゾルに再生産するのである.

二糖であるスクロースやラクトースが動物の消化管内で分解されると, グルコースのほかにフル

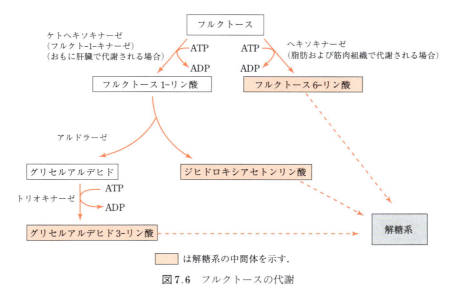

図 7.6　フルクトースの代謝

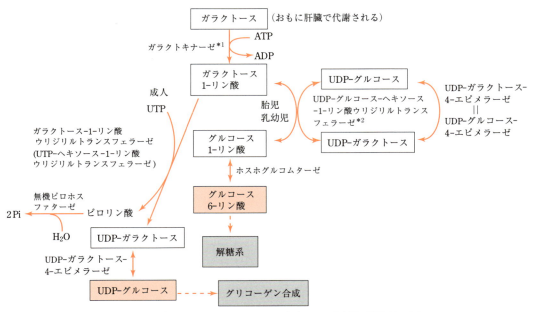

図7.7　ガラクトースの代謝

*1 欠損症ではガラクトース血症となり，ガラクチトールが産生されて白内障が引き起こされる．
*2 欠損症ではガラクトース血症となり，ガラクトース1-リン酸が蓄積し，その細胞毒性により溶血性貧血，肝腫，尿細管機能障害，知能障害などが引き起こされる．
上記二つの欠損症はヒトでみられるが，動物では不明である．

クトースやガラクトースが生成する．これらのグルコース以外の単糖は体内に吸収されたのち，図7.6および7.7に示した経路により解糖系に流入するか，あるいはグリコーゲン合成に利用される．図7.7のUDP-グルコース（図7.8）やUDP-ガラクトースは糖ヌクレオチドであり，オリゴ糖や多糖の生合成の基質となる（図7.19参照）．また，UDP-グルコースから生成されるUDP-グルクロン酸は解毒反応におけるグルクロン酸抱合のために利用される．

赤血球において，解糖系の枝分かれ反応で非常に重要な物質が生成される．それはヘモグロビンに対して負のアロステリックエフェクターとして作用する，2,3-ビスホスホグリセリン酸（2,3-BPG）である（図7.9）．2,3-BPGは解糖系の1,3-BPG

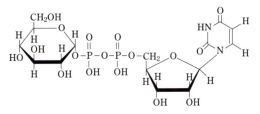

図7.8　UDP-グルコースの構造

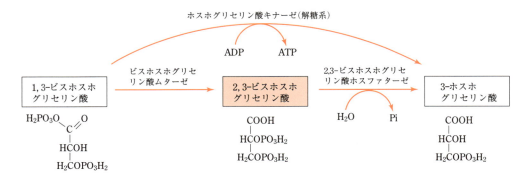

図7.9　2,3-ビスホスホグリセリン酸の生成

からビスホスホグリセリン酸ムターゼにより生成される．2,3-BPG はデオキシヘモグロビンにのみ結合し（1 分子のデオキシヘモグロビンに 1 分子の 2,3-BPG が結合），ヘモグロビンの酸素親和性を低下させる作用がある．2,3-BPG は，2,3-BPG ホスファターゼにより 3-ホスホグリセリン酸になり解糖系に戻ることが可能である．この過程では，解糖系で重要なホスホグリセリン酸キナーゼによる ATP 合成が起こらないことに注目すべきである．

7.3 糖新生

糖新生とは，糖質以外の物質から事実上解糖経路の逆行によりグルコースを生成することである．たとえば，筋収縮あるいは赤血球代謝で産生される乳酸は，血液を介して肝臓に取り込まれてグルコースに再生され，血糖として供給される（11 章参照）．また，絶食などにより食物摂取が断たれたときには，筋肉タンパク質の分解により生ずるアミノ酸からグルコース合成が行われる．糖新生の基質はオキサロ酢酸であるが，解糖の最終産物である乳酸やピルビン酸がおもな供給源である．また，クエン酸回路（TCA 回路）の成分である α-ケトグルタル酸，スクシニル CoA およびフマル酸を生じるアミノ酸（糖原性アミノ酸とよばれる），そのほかにもグリセロール（グリセリン）やプロピオン酸などが糖新生材料として用いられる（図 7.11，7.12 参照）．一方でアセチル CoA（C_2）については，クエン酸回路においてアセチル基の

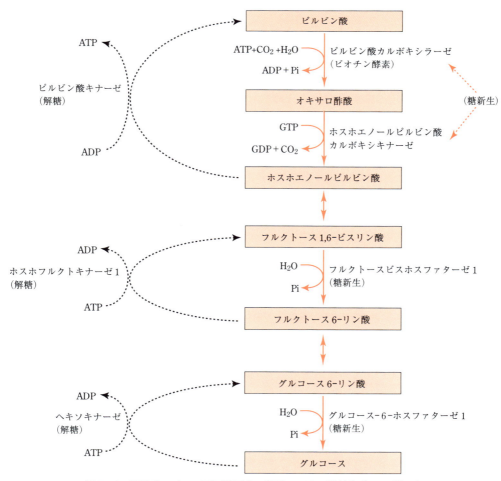

図 7.10　解糖系の三つの不可逆反応の段階における糖新生系での別経路

二つの炭素の当量分はCO_2として遊離してしまうため，糖新生材料とはならない（8章参照）．さらに動物において脂肪酸はβ酸化によりアセチルCoAに変換され，クエン酸回路で代謝されるため，グルコース合成には利用できない．

糖新生の起こる臓器は肝臓と腎臓（皮質）である．しかしながら，臓器の大きさからして肝臓が主要な糖新生臓器であるということができる．骨格筋や脳では糖新生はほとんど起こらず，もっぱらグルコースを利用するのみである．

糖新生は解糖経路の完全な逆行ではない．図7.5で示した解糖系の可逆反応部位では糖新生は逆行できるものの，解糖系の三つの不可逆反応（すなわちヘキソキナーゼ，ホスホフルクトキナーゼ1およびピルビン酸キナーゼ）の段階では，糖新生は図7.10に示した別経路を通る．フルクトース1,6-ビスリン酸からフルクトース6-リン酸を生成する酵素はフルクトースビスホスファターゼ1とよばれるが，これはフルクトース2,6-ビスリン酸からフルクトース6-リン酸を生成するフルクトースビスホスファターゼ2（図7.13参照）と区別するためである．ピルビン酸からホスホエノールピルビン酸を生成する過程でATPとGTPをそれぞれ1分子ずつ消費し，ホスホグリセリン酸キナーゼ反応で1分子のATPを消費する．したがって，2分子の乳酸から1分子のグルコースを生成する反応は，次式のように表すことができる．

2乳酸＋4 ATP＋2 GTP＋6 H_2O ⟶
　グルコース＋4 ADP＋2 GDP＋6 H_3PO_4

脂肪組織においてトリアシルグリセロール（トリグリセリド）の分解（9章参照）によって生ずるグリセロールは血液を介して肝臓に取り込まれ，図7.11の反応によりジヒドロキシアセトンリン酸になり，糖新生系に流入してグルコースに変換される．脂肪細胞にはグリセロールキナーゼが存在しないため，自身の細胞で産生するグリセロールを処理できないのである．

反すう動物の第一胃においてルーメン発酵により産生される三つの主要なVFAである酢酸，プロピオン酸および酪酸のうち，プロピオン酸だけが図7.12に示す経路によりオキサロ酢酸に変換され，糖新生によりグルコース合成に利用される．この経路は反すう動物の血糖を供給する上で非常に重要である．酢酸と酪酸はアセチルCoAに代謝されるので，グルコースには変換されない．

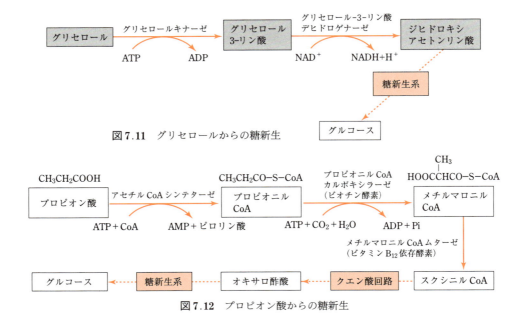

図7.11　グリセロールからの糖新生

図7.12　プロピオン酸からの糖新生

7.4 解糖と糖新生の制御

解糖系の調節酵素としてヘキソキナーゼ，ピルビン酸キナーゼがあげられるが，もっとも重要な調節酵素はホスホフルクトキナーゼ1（PFK1）である．アロステリック酵素であるPFK1は，高濃度のATP（負のエフェクター）により阻害される．この場合，ATPは触媒部位とは異なる特異的な調節部位に結合する．細胞内のエネルギーレベル，すなわちATPレベルが高いときには解糖を抑制して，ATP生成が抑制されることになる．逆に細胞内のエネルギーレベルが低いときには，正のエフェクターであるAMPのレベルが上昇し，PFK1を活性化させ解糖を促進する．

解糖系の中間体であるフルクトース6-リン酸（F-6-P）からホスホフルクトキナーゼ2（PFK2）というPFK1とは異なる酵素により生成されるフルクトース2,6-ビスリン酸（F-2,6-BP）が，PFK1およびフルクトースビスホスファターゼ1（FBPアーゼ1）をアロステリックに調節する（図7.13）．F-2,6-BPは，1 μMという非常に低い濃度でPFK1に対するATPの阻害効果を減少させ，PFK1を活性化して解糖を促進することが可能である．これに対して，FBPアーゼ1はF-2,6-BPにより阻害されるので，糖新生の抑制が起こる．F-2,6-BPがフルクトースビスホスファターゼ2（FBPアーゼ2）により分解されてその濃度が低下すると，PFK1は阻害されFBPアーゼ1は活性化されるので，結果的に解糖が抑制されて糖新生が促進されることになる．驚くべきことに，F-2,6-BPの合成と分解に関与するPFK2とFBPアーゼ2は同じ1本のポリペプチド鎖にそれらの触媒ドメインが別々に存在する二機能酵素であり，この酵素がPFK2活性を発現するかFBPアーゼ2活性を発現するかはホルモンの影響を受けている（図7.14）．膵島α細胞から分泌されるグルカゴンは，細胞内シグナル伝達（14章参照）によりサイクリックAMP（cAMP）依存性プロテインキナーゼ（プロテインキナーゼA；PKA）を活性化し，ついでPKAが二機能酵素をリン酸化してPFK2が不活性化され，FBPアーゼ2が活性化される．空腹時など血中グルコース濃度の低下が起こるとき，グルカゴンが分泌されると肝臓におけるF-2,6-BP濃度は低下し，解糖を抑制する一方，糖新生が促進される（血糖の供給）．

これに対して，食後など血糖値が高いときには未だ解明されていない機構（おそらくインスリンを介したホスホプロテインホスファターゼの活性化）により，二機能酵素が脱リン酸化されてPFK2が活性化され，FBPアーゼ2が不活性化される．これにより，肝細胞内のF-2,6-BP濃度

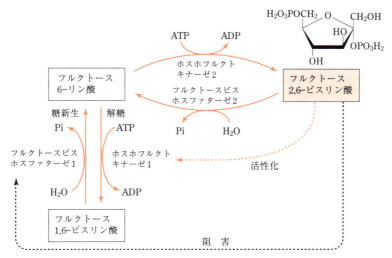

図7.13 フルクトース2,6-ビスリン酸の生成と解糖および糖新生の制御

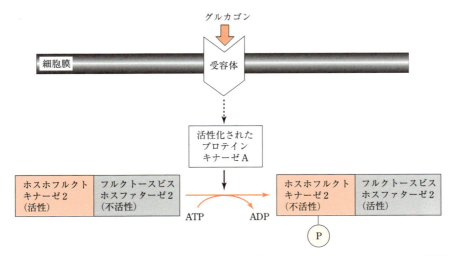

図7.14 グルカゴンによるホスホフルクトキナーゼ2およびフルクトースビスホスファターゼ2活性の制御

は上昇し，その結果として解糖が促進され糖新生が抑制される．

肝臓における解糖は，PFK1以外にピルビン酸キナーゼ（PK）によっても制御されている．PKはATPによってアロステリックに阻害されるだけでなく，グルカゴンによって活性化されるPKAによるリン酸化を受けて不活性化される．したがって，グルカゴンは肝臓に作用してPFK1とPKの両酵素を不活性化することにより，解糖を抑制するのである．

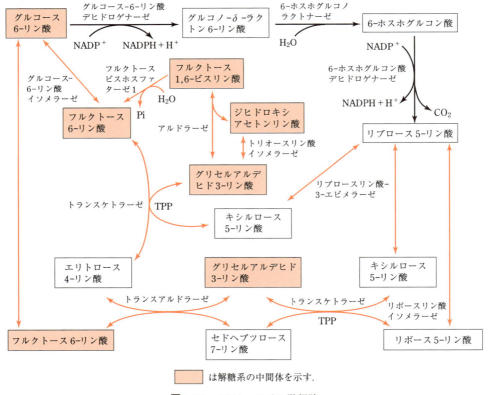

図7.15 ペントースリン酸経路

7.5 ペントースリン酸経路

解糖の初期反応で生じるグルコース 6-リン酸は，ペントースリン酸経路(回路とも，図 7.15)でも代謝される．本経路の酵素はすべてサイトゾルに局在し，グルコース 6-リン酸は酸化され 1 分子の CO_2，2 分子の NADPH と 1 分子のリブロース 5-リン酸が生じる．肝臓ではグルコースから生じる CO_2 のおよそ 30% が本経路に由来する．この酸化が起こらないときでも，糖リン酸エステルが相互変換することにより，炭素数 3, 4, 5, 6, 7 の糖リン酸エステルが形成されることも注目してほしい．

ペントースリン酸経路において，3 分子のグルコース 6-リン酸が 2 分子のフルクトース 6-リン酸と 1 分子のグリセルアルデヒド 3-リン酸に変換される．さらに，2 分子のグリセルアルデヒド 3-リン酸は 1 分子のフルクトース 6-リン酸に変換される．したがって，6 分子のグルコース 6-リン酸が 5 分子のフルクトース 6-リン酸に変換されることになる．フルクトース 6-リン酸の異性化によりグルコース 6-リン酸が再生されるので，次の反応式が成り立つ．

$$6 \text{ グルコース 6-リン酸} + 12 \text{ NADP}^+ + 7 \text{ H}_2\text{O}$$
$$\longrightarrow 5 \text{ グルコース 6-リン酸} + 6 \text{ CO}_2 +$$
$$12 \text{ NADPH} + 12 \text{ H}^+ + \text{H}_3\text{PO}_4$$

ペントースリン酸経路の生理的意義は，①脂肪酸合成，コレステロール合成，ステロイドホルモン合成などに必要な還元剤 NADPH の供給と，②核酸合成のためのリボース 5-リン酸の供給である．ペントースリン酸経路の活性は骨格筋や心筋では非常に低いが，肝臓，脂肪組織，授乳期の乳腺，精巣，副腎皮質では非常に高い．また，赤血球においても抗酸化酵素グルタチオンペルオキシダーゼ反応で生ずる酸化型グルタチオンを還元するためにはたらくグルタチオンレダクターゼに，必要な NADPH を供給する本経路の意義は大きい（図 7.16）．

7.6 グリコーゲン代謝

グリコーゲンはグルコースの貯蔵体であり，主として肝臓（組織重量の 5〜6%）と筋肉（組織重量の 0.5〜1%）に存在する．これらの臓器におけるグリコーゲンの利用のしかたは大きく異なってお

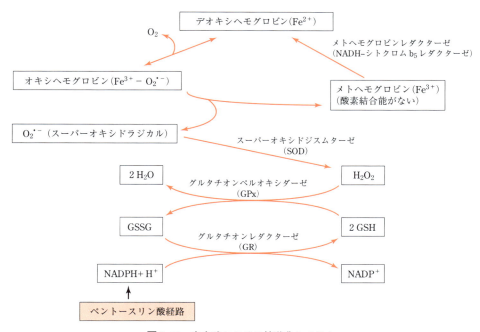

図 7.16 赤血球における抗酸化システム

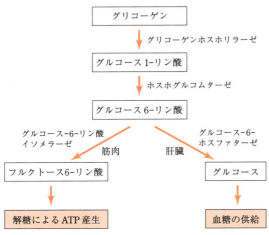

図7.17 筋肉と肝臓におけるグリコーゲン利用の違い

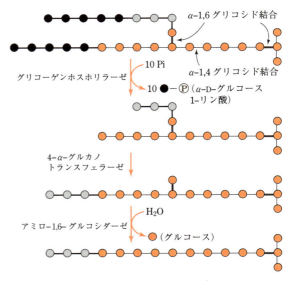

図7.18 グリコーゲンの分解

り，肝臓グリコーゲンは主として血糖の供給のために利用されるが，筋肉グリコーゲンは筋肉が収縮するときに解糖によるエネルギー（ATP）産生のために利用される（図7.17）．筋肉には肝臓と異なり，グルコース6-リン酸を脱リン酸化するグルコース-6-ホスファターゼが存在しないため，筋肉のグリコーゲン分解産物がグルコースとして血液中に流入することはない（コラム参照）．

7.6.1 グリコーゲンの分解

分枝構造をもつグリコーゲン分解には，グリコーゲンホスホリラーゼ（単にホスホリラーゼともいう），4-α-グルカノトランスフェラーゼ，アミロ-1,6-グルコシダーゼの三つの酵素が関与する（図7.18）．ホスホリラーゼはグリコーゲン鎖の非還元末端から α-1,4 グリコシド結合を無機リン酸存在下に分解し（これを加リン酸分解という），グルコース1-リン酸を生じる．この分解は α-1,6 グリコシド結合による枝分かれの4個手前で止まる．ついで，4-α-グルカノトランスフェラーゼがグルコース3残基を主鎖の非還元末端に転移して，α-1,4 グリコシド結合でつなぐ．分岐部の α-1,6 グリコシド結合した1個のグルコース残基は，アミロ-1,6-グルコシダーゼにより加水分解されグルコースが生じる．分岐が消失すると，再びホスホリラーゼが作用する．ホスホリラーゼの作用で生じるグルコース1-リン酸はホスホグルコムターゼによりグルコース6-リン酸に変えられ，解糖系で代謝されるか，さらに脱リン酸化され血中に放出される（図7.17）．

7.6.2 グリコーゲンの合成

グリコーゲン合成の材料は，食後に上昇する血糖，すなわち血漿グルコースである（図7.19）．血

糖原病

糖原病（glycogenosis）はグリコーゲン蓄積症（glycogen storage disease）ともよばれ，グリコーゲンおよび糖代謝に関与する酵素の遺伝的欠損および異常により，肝臓，腎臓，筋肉などに正常あるいは異常な構造のグリコーゲンが蓄積する病気で，現在 I 型から VIII 型まで八つに分類されている．I 型のフォンギールケ病は1929年に糖原病としてはじめて見出されたもので，肝臓と腎臓におけるグルコース-6-ホスファターゼの欠損によるもの（Ia 型）とグルコース6-リン酸輸送体の異常によるもの（Ib 型）があり，重度の低血糖を引き起こす．筋肉のホスホリラーゼが欠損した V 型のマッカードル病では，筋肉の痛みを伴うけいれんのため激しい運動ができない．

7.6 グリコーゲン代謝

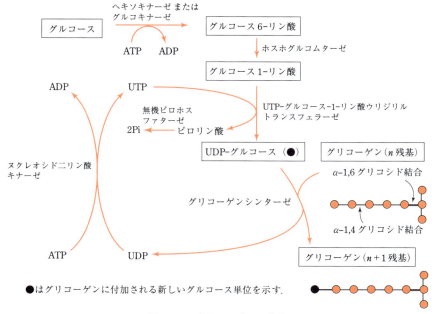

●はグリコーゲンに付加される新しいグルコース単位を示す.

図7.19 グリコーゲンの合成

液から肝臓や筋肉の細胞に取り込まれたグルコースはグルコキナーゼまたはヘキソキナーゼの作用によりグルコース6-リン酸になり、ついでホスホグルコムターゼによりグルコース1-リン酸に変換される。グルコース1-リン酸はUTP-グルコース-1-リン酸ウリジリルトランスフェラーゼの作用でウリジン二リン酸グルコース、すなわちUDP-グルコース（図7.8参照）に変換されることによりグリコーゲンシンターゼ（グリコーゲン合成酵素）の基質となり、プライマーとしての既存のグリコーゲン分子の非還元末端にグルコース残基が1個ずつα-1,4結合で付加されていく。グリコーゲンシンターゼはα-1,4結合の生成のみを触媒するので、グリコーゲン分子に存在するα-1,6結合の分枝は別の酵素により形成される。α-1,4結合で直鎖状に連結されたグルコース残基が非還元末端から11個以上の長さになると、1,4-α-グルカン分枝酵素が非還元末端から7残基ほどをひと塊として切断し、内側のグルコース残基にα-1,6結合で連結する（図7.20）。グリコーゲンは枝分かれにより溶解度を増し、合わせてホスホリラーゼやグリコーゲンシンターゼの作用点となる非還元末端の数が増すので、グリコーゲンの分解

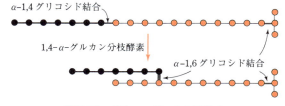

図7.20 グリコーゲンの分枝形成

や合成の速度が上昇することになる.

既存のグリコーゲンをプライマーに用いないで、新規にグリコーゲンを合成する場合には、グリコゲニンという37 kDaの同じサブユニット2個からなるタンパク質がプライマーとして用いられる。各サブユニットはα-1,4結合でつらなった約8個のグルコース残基からなるオリゴ糖を含み、その還元末端はサブユニットのある特定のチロシン残基にO-グリコシド結合している。グリコゲニンはUDP-グルコースを基質として、自己触媒により自己グリコシル化を行う。そして、グリコゲニンに結合するグリコーゲンシンターゼが鎖の伸長を引き継ぐのである.

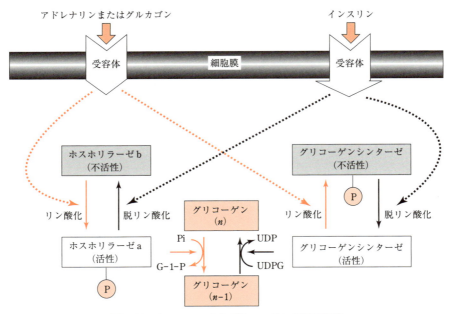

図7.21 ホルモンによるグリコーゲン代謝の調節
アドレナリンまたはグルカゴンによりグリコーゲンの分解が促進され，合成が抑制される．これに対して，インスリンによりグリコーゲンの合成が促進され，分解が抑制される．G-1-P：グルコース1-リン酸，UDPG：UDP-グルコース．

■7.7 グリコーゲン代謝の制御

グリコーゲンの合成を調節する酵素はグリコーゲンシンターゼであり，分解を調節する酵素はグリコーゲンホスホリラーゼである．これらの酵素は，ある種のホルモンが肝臓や筋肉の受容体に結合することにより引き起こされるリン酸化および脱リン酸化により活性が制御されている（図7.21）．食後の血糖値が高い状態のときに膵島β細胞から分泌されるインスリンはグリコーゲン合成を促し，空腹時に膵島α細胞から分泌されるグルカゴンや運動時に副腎髄質から分泌されるアドレナリンなどはグリコーゲン分解を促進するようにはたらく．これらのホルモンが肝臓や筋肉の細胞膜に存在する受容体（図7.22）に作用すると細胞内にシグナル伝達という一連の反応が起こり（14章参照），最終的にはグリコーゲンシン

■解糖のはじまりとコリ回路■

解糖系はエムデン-マイヤーホフ経路ともよばれ，グルコースの嫌気的分解機構はほとんどの生物に存在する．細胞への酸素供給が十分なときに解糖速度は著しく低下する（パスツール効果）が，これは無酸素下ではホスホフルクトキナーゼがATPによって阻害され，ADPによって促進されるためである．

解糖のはじまりは酵母と筋肉で異なる．酵母ではマイヤーホフが見出したヘキソキナーゼにより，ATPのγ位のリン酸がグルコースに転移され，グルコース6-リン酸が生成される．一方，動物の筋肉をはじめとする組織ではグリコーゲンの加リン酸分解でグルコース1-リン酸が生成する．

この反応を触媒するホスホリラーゼは，アメリカのカール・コリとガーティ・コリ夫妻が発見した．彼らは，グルコース1-リン酸とグルコース6-リン酸が互いに変化させるホスホグルコムターゼも発見している．彼らの綿密な研究によって，筋肉でグリコーゲンから生成された乳酸は血液によって運ばれ，グルコースに生成されることが明らかになった（コリ回路，10章参照）．コリ夫妻の糖代謝研究に対して，1947年ノーベル生理学・医学賞が贈られた．

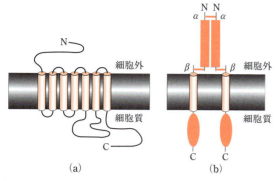

図7.22 グルカゴンおよびアドレナリン β 受容体ならびにインスリン受容体の模式図

それぞれの膜内在性タンパク質の膜貫通 α ヘリックスは橙色の筒で示されている．(a) グルカゴン受容体やアドレナリン β 受容体などの G タンパク質共役型受容体は細胞膜を 7 回貫通している．(b) インスリン受容体は細胞外部に存在し，インスリン結合部位（色で示した四角）をもつ α サブユニットと細胞膜を 1 回貫通し細胞質側にチロシンキナーゼドメイン（色で示した楕円）をもつ β サブユニットが S—S 結合 (—) しており，さらに α サブユニット同士も S—S 結合して $\alpha_2\beta_2$ の構造をしている．

ターゼとグリコーゲンホスホリラーゼがリン酸化あるいは脱リン酸化を受け，グリコーゲン代謝が調節される．具体的には，リン酸化によりホスホリラーゼは活性化されグリコーゲン分解が促進し，グリコーゲンシンターゼは不活性化されグリコーゲン合成が抑制される．これに対して，脱リン酸化によりグリコーゲンシンターゼは活性化されグリコーゲン合成が促進し，ホスホリラーゼは不活化されグリコーゲン分解が抑制される．つまり，グリコーゲンの分解時には合成が抑制され，合成時には分解が抑制されるように，グリコーゲン代謝は協調的に制御されているのである（コラム参照）．

［折野宏一］

自習問題

【7.1】 反すう動物では食餌中の糖質のほとんどは第一胃内の微生物により発酵に利用され，グルコースはほとんど小腸から吸収されない．反すう動物ではどのようにして血糖が供給されているか述べなさい．

【7.2】 アミロペクチン（あるいはグリコーゲン）を α-アミラーゼおよび β-アミラーゼで分解したときにできる α-限界デキストリンおよび β-限界デキストリンの違いについて述べなさい．

【7.3】 妊娠中に母親から胎児へ胎盤を介して酸素を効率よく輸送するために，胎児赤血球のヘモグロビンの酸素親和性は母親のヘモグロビンより高く維持されている．これには解糖系の枝分かれ反応で生ずる 2,3-ビスホスホグリセリン酸 (2,3-BPG，図 7.9 参照) が関与する．胎児型ヘモグロビンをもつヒトや反すう動物，および胎児型ヘモグロビンをもたないウマ，イヌ，ブタなどの動物において，2,3-BPG がどのように胎児と母親のヘモグロビンの酸素親和性の違いに寄与しているかを調べなさい（生理学でも必須）．

【7.4】 動物の好気的組織では，解糖で産生されるピルビン酸は乳酸に代謝されないでアセチル CoA に変換されクエン酸回路に流入するので，解糖系のグリセルアルデヒド (-3-) リン酸デヒドロゲナーゼ反応で生ずる NADH は乳酸デヒドロゲナーゼにより NAD^+ に再酸化されることはない．この場合の NADH の NAD^+ への再酸化機構を調べなさい．

【7.5】 動物は脂肪酸を糖新生材料として利用できないが，植物では種子の発芽において貯蔵脂肪を利用して脂肪酸から糖新生をすることができる．その機構を調べなさい．

【7.6】 還元剤として NADPH を必要とする生体内の合成反応にはどのようなものがあるかを調べなさい．

【7.7】 糖尿病の症状ならびに原因，およびこの病気のときの代謝異常について調べなさい（生理学，内科学でも必須）．

8 クエン酸回路と酸化的リン酸化

ポイント

(1) エネルギー（ATP）の好気的な生産は，クエン酸回路および酸化的リン酸化というミトコンドリア内で起こる生化学的過程に依存する．
(2) クエン酸回路は，糖質，脂質，タンパク質に共通の最終的な酸化経路であると同時に，様々な生合成経路（たとえば糖新生経路）へ基質を供給する経路でもある（すなわち，同化過程と異化過程の両方で機能する）．
(3) クエン酸回路は，八つの酵素反応で構成され，グルコースや脂肪酸から生成されるアセチルCoAが，オキサロ酢酸と縮合する反応にはじまる．このサイクルが1周する過程で，アセチルCoAは酸化されてCO_2となり，還元型補酵素（$NADH+H^+$，$FADH_2$）を産生する．
(4) 還元型補酵素は，一対の電子と一対のプロトン（$2e^-+2H^+$）からなる還元当量をもっている．還元当量をO_2により酸化し，その際発生する自由エネルギーを利用してATPを合成する過程を酸化的リン酸化とよぶ．
(5) 電子伝達系は，還元当量がO_2に渡され，水（H_2O）を生成する一連の反応であり，ミトコンドリア内膜に埋め込まれた四つの複合体酵素と二つの可動性電子伝達体（ユビキノンとシトクロムc）で構成される．この複合酵素系における電子伝達に伴って，ミトコンドリア内膜にプロトンの電気化学的濃度勾配が形成される．
(6) プロトンの電気化学的濃度勾配はATPを生成する原動力となり，ATP合成酵素を介してマトリックス側にプロトンが流れる際に，ATPが合成される．

8.1 クエン酸回路と酸化的リン酸化経路の概要

生体を維持するためのあらゆる活動（生合成，能動輸送，筋収縮，リン酸化による情報伝達など）には，高エネルギーリン酸化合物であるATPが主に使われる．ATPの一部は，糖質の嫌気的分解，すなわち解糖（7章参照）によって産生されるが，大部分はミトコンドリア内で行われる好気的な代謝過程によってもたらされる．

本章では，好気的なATP生産を担うクエン酸回路と酸化的リン酸化経路についてまとめる（図8.1）．またクエン酸回路が，糖質，脂質，タンパク質に共通の最終的な酸化経路であると同時に，これらの物質間の相互転換を担う経路であることも概説する．

8.2 クエン酸回路

8.2.1 クエン酸回路の役割

クエン酸回路（citric acid cycle）は，ミトコンドリア内に存在する代謝経路であり，TCA回路，クレブス回路ともよばれる．糖質，脂質，タンパク質に共通の最終酸化経路であると同時に，様々な生合成経路へ基質を供給する経路でもある．すなわち，同化過程と異化過程の両方で機能する経路である．

8.2 クエン酸回路

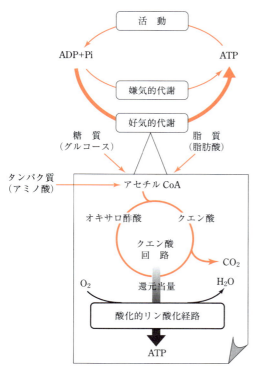

図8.1 クエン酸回路と酸化的リン酸化経路の位置づけ
活動に利用されるATPの一部は，嫌気的エネルギー代謝（解糖）で産生されるが，大部分は好気的エネルギー代謝により産生される．好気的エネルギー代謝系を構成するクエン酸回路と酸化的リン酸化経路は，いずれもミトコンドリア内で起こる生化学的過程であり，歯車のかみ合わせのように連動して機能する．クエン酸回路では，糖質，脂質，タンパク質より供給されるアセチルCoAが酸化されてCO_2が発生し，酸化的リン酸化経路に還元当量（NADH，$FADH_2$）が供給される．還元当量が電子伝達系で酸化され，大量のATPが合成される．

クエン酸回路の役割は，以下のとおりである．
①アセチルCoAのアセチル基を酸化し，2分子のCO_2に変換する．
②還元型補酵素（NADH＋H^+と$FADH_2$）を酸化的リン酸化過程に供給する（水素の捕捉）．
③糖新生経路，尿素回路，アミノ酸代謝など多くの代謝経路に基質を供給する（代謝の交差路となる）．

8.2.2 ピルビン酸からのアセチルCoA生成

クエン酸回路で酸化されるアセチルCoAは，脂肪酸のβ酸化（9章参照）やアミノ酸の分解によって生成するが，解糖系の最終産物であるピルビン酸からも次のような酸化的脱炭酸反応によって生成する．

$$CH_3CO\mathrm{-}COOH + NAD^+ + CoA\mathrm{-}SH$$
（ピルビン酸）
$$\longrightarrow CH_3CO\mathrm{-}S\mathrm{-}CoA + NADH + CO_2$$
（アセチルCoA）

この反応は一見単純にみえるが，実際には3種類の酵素からなるピルビン酸デヒドロゲナーゼ複合体と5種類の補酵素，すなわちNAD^+，補酵素A（CoA-SH），チアミンピロリン酸，リポ酸，FADが関与している（6.3.4項参照）．この反応は自由エネルギー変化が大きく，事実上不可逆反応である．したがって，アセチルCoAは糖新生の基質になることはできない（アセチルCoA中の2個の炭素は，クエン酸回路で同数のCO_2として失われる）．

8.2.3 クエン酸回路の成り立ち

クエン酸回路は，八つの酵素反応で構成される（図8.2）．回路全体の反応をまとめると，次のようになる．

$$CH_3CO\mathrm{-}S\mathrm{-}CoA + 3\,NAD^+ + FAD + GDP$$
$$+ Pi + 2\,H_2O \longrightarrow 2\,CO_2 + CoA\mathrm{-}SH$$
$$+ 3\,NADH + 3\,H^+ + FADH_2 + GTP$$

クエン酸回路では直接ATPは合成されず，ここで生成した還元型補酵素が酸化的リン酸化反応を受けることによって，はじめてATPに変えられる．

クエン酸回路の反応は，次のとおりである．
①クエン酸シンターゼにより，アセチルCoAがオキサロ酢酸と縮合し，クエン酸を生成する．クエン酸回路の最初の反応である．この反応は不可逆的であり，律速段階である．
②アコニターゼにより，クエン酸が脱水・加水を受け，イソクエン酸になる．
③イソクエン酸デヒドロゲナーゼにより，イソクエン酸が酸化的脱炭酸を受け，α-ケトグルタル酸（2-オキソグルタル酸）とCO_2を生成する．この反応は補酵素NAD^+を必要とし，NADH＋H^+を産生する．

注意：単に NADH と記する場合もあるが、一対の電子と一対のプロトン（$2e^- + 2H^+$）を還元当量とするので、$NADH+H^+$、あるいは $NADH_2^+$ とする方が適切であろう。

④ α-ケトグルタル酸デヒドロゲナーゼにより、α-ケトグルタル酸が酸化的脱炭酸を受け、スクシニル CoA と CO_2 を生成する。この反応も③と同様に補酵素 NAD^+ を必要とし、$NADH+H^+$ を産生する。この反応は不可逆的であり、律速段階である。

⑤スクシニル CoA シンテターゼにより、スクシニル CoA から CoA-SH が取り除かれ、コハク酸となる。この反応は GTP の合成を伴い、クエン酸回路唯一の基質レベルのリン酸化を行う過程である。なお GTP は、ATP と同等の高エネルギーリン酸化合物であり、ヌクレオシド二リン酸キナーゼにより ATP に変換される。

補足：基質レベルのリン酸化とは、基質のリン酸基転移反応によって ADP から ATP を合成するもので（7.2 節参照）、以下に述べる酸化的リン酸化と区別される。

⑥コハク酸デヒドロゲナーゼにより、コハク酸が酸化（脱水素）され、フマル酸となる。このと

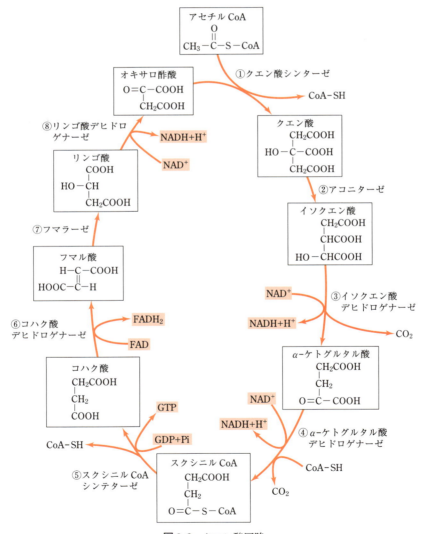

図 8.2　クエン酸回路
アセチル CoA がオキサロ酢酸と縮合する反応に始まり、1 周する間に CO_2 2 分子が放出される。また、3 分子の NAD^+ と 1 分子の FAD が還元され、電子伝達系に供給される。基質レベルのリン酸化も起こり、1 分子の GTP が合成される。

き補酵素 FAD が還元され FADH$_2$ が生成される．この酵素は，ミトコンドリア内膜のコハク酸-ユビキノンレダクターゼ複合体（後述する電子伝達系の複合体 II）の一部として組み込まれている．

⑦フマラーゼにより，フマル酸が加水分解され，リンゴ酸に変換される．

⑧リンゴ酸デヒドロゲナーゼにより，リンゴ酸が酸化（脱水素）され，オキサロ酢酸が再生される．この最後の段階でも NAD$^+$ が還元され，NADH＋H$^+$ が産生される．クエン酸回路全体では，③，④の反応と合わせて，3 セットの NADH＋H$^+$ が産生されることとなる．

これら八つの反応は，2 分子の CO$_2$ が発生する過程（反応①〜④）と，次のアセチル CoA と縮合するためのオキサロ酢酸を再生する過程（反応⑤〜⑧）の 2 段階で起こると考えることができる．

8.2.4 クエン酸回路の調節

クエン酸回路は，細胞のエネルギー要求性や生合成の需要を満たすために，あるいは ATP や代謝中間体の無益な過剰産生を避けるために，精密な速度調節を受けている．その方法は，①利用可能な基質（とくにアセチル CoA）量の調節，②酵素に対するアロステリックな調節に分けられる．アロステリックな因子としては，調節される酵素の直接の産物である場合と，NADH や ATP を含めたより下流の生成物があげられる．図 8.3 に

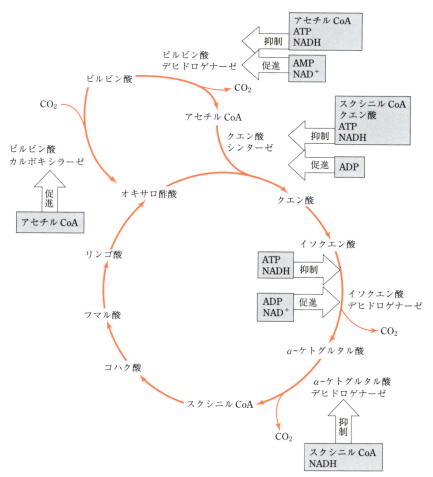

図 8.3 クエン酸回路の調節
調節を受ける酵素，およびそれを促進する因子と阻害する因子を図示した．

クエン酸回路の調節因子をまとめた．

a．利用可能な基質量の調節（ピルビン酸からアセチル CoA への変換速度の調節）

クエン酸回路にアセチル CoA を供給する速度を調節することは，この回路全体の速度調節となる．アセチル CoA は，ピルビン酸デヒドロゲナーゼの作用によりピルビン酸から生成される．この酵素は，アセチル CoA，ATP，NADH によって抑制を受ける（図 8.3）．このことは，十分な基質がクエン酸回路に供給され，ATP が充足しているときには，新たな基質の酸化を回避する意義をもつ．一方，AMP によって活性化されることは，逆の意義を思い浮かべればよい．

アセチル CoA がピルビン酸カルボキシラーゼ（ピルビン酸からオキサロ酢酸を合成する）を活性化することは注目すべきである（図 8.3）．アセチル CoA の過剰は，縮合基質としてのオキサロ酢酸不足を意味するので，自動的にその補給ができる機構として位置づけられる．なお，反応に不必要なオキサロ酢酸は，糖新生の基質として用いられる．このことも，基質を温存する機序として合理的である．

b．酵素に対するアロステリックな調節

クエン酸回路の酵素のうち，クエン酸シンターゼ，イソクエン酸デヒドロゲナーゼ，α-ケトグルタル酸デヒドロゲナーゼが調節のターゲットとなる．図 8.3 に示すように，クエン酸回路の仕事（すなわち ATP を産生すること）がうまく進んでいる状況（ATP や NADH がシグナルとなる）では抑制をかけ，不十分なとき（ADP や NAD^+ がシグナルとなる）には促進するという調節である．

また，クエン酸シンターゼに対して，直接の反応生成物（クエン酸）のほかに，スクシニル CoA がフィードバック調節をかけることも興味深い．スクシニル CoA の存在は，不可逆的な脱炭酸反応が終了し，還元当量が産生された証として，この回路に抑制をかける意義をもつのであろう．

8.3 酸化的リン酸化

酸化的リン酸化（oxidative phosphorylation）は，糖質，脂質，タンパク質の酸化により得られた還元当量（$2e^- + 2H^+$）を O_2 により酸化し，その際発生する自由エネルギーを利用して ATP を合成する過程である．図 8.4 に概念図を示したが，栄養素からの ATP 合成は，①栄養素の酸化分解（異化反応）で取り出されるエネルギーが，還元型補酵素（還元当量）の形で捕捉される，②還元当量を再酸化し，得られたエネルギーを ATP の合成に利用する，という二つの過程で構成される．

酸化的リン酸化過程は②に相当し，還元当量の受け渡しから論じることになるので，栄養素の酸化とは無関係のような錯覚に陥るが，あくまでも栄養素から ATP を合成する過程の一部である．

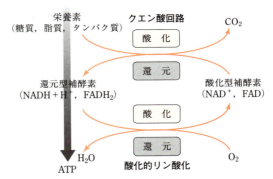

図 8.4　酸化的リン酸化経路の位置づけ
酸化的リン酸化は，栄養素の酸化とは無関係のような錯覚に陥る可能性があるが，この図に示すように，あくまでも栄養素から ATP を合成する過程の一部であることを理解することが大切である．

8.3.1　電子伝達系の構成と役割

電子伝達系は，受け取った還元当量を O_2 によって酸化し，水（H_2O）を生成する一連の反応であり，ミトコンドリア内膜に埋め込まれた四つの複合体酵素と二つの可動性電子伝達体（ユビキノンとシトクロム c）で構成される（図 8.5，8.6）．複合体 I と II は，それぞれ $NADH+H^+$ とコハク酸からユビキノンへの電子伝達を触媒し，

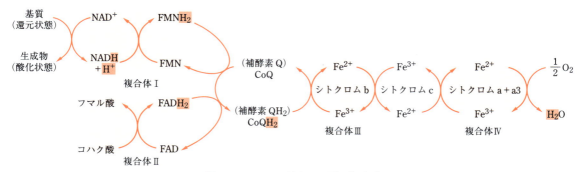

図 8.5 ミトコンドリアの電子伝達系

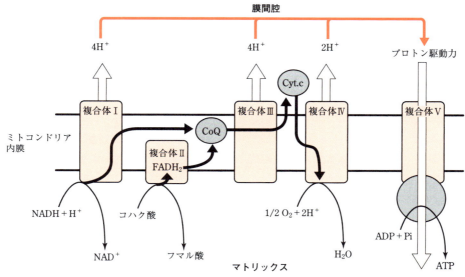

図 8.6 酸化的リン酸化経路の成り立ち

複合体ⅠとⅡは，それぞれ NADH とコハク酸から電子をユビキノン（CoQ）に受け渡す．複合体Ⅲはユビキノンからシトクロム c（Cyt.c）へ，複合体Ⅳはシトクロム c から O_2 へ電子を受け渡す．この電子の流れを，黒い太矢印で示した．電子伝達系でつくられたプロトンの濃度勾配（プロトン駆動力）が，ATP 合成に利用される．

複合体Ⅲはユビキノンからシトクロム c へ，複合体Ⅳはシトクロム c から O_2 へ電子を伝達する．この複合酵素系における電子伝達に伴って，ミトコンドリア内膜にプロトンの電気化学的濃度勾配が形成される．

a．複合体Ⅰ（NADH デヒドロゲナーゼ，
　　　　　NADH-ユビキノンレダクターゼ）

複合体Ⅰは，NADH＋H^+ の一対の電子と一対のプロトン（$2e^- + 2H^+$）を，ユビキノン（補酵素 Q；CoQ）に伝達する．この過程で，4 個のプロトンがマトリックス側から膜間腔側にくみ出される．なお，NADH はクエン酸回路からの供給のほかに，脂肪酸の β 酸化からもたらされるもの，

解糖経路で細胞質に発生しリンゴ酸-アスパラギン酸シャトルで運ばれるものがある．

b．複合体Ⅱ（コハク酸デヒドロゲナーゼ，
　　　　　コハク酸-ユビキノンレダクターゼ）

複合体Ⅱは，コハク酸の一対の電子と一対のプロトン（$2e^- + 2H^+$）を，$FADH_2$ を介してユビキノンに伝達する．この複合体は，クエン酸回路を形成する酵素の一つである．

クエン酸回路では $FADH_2$ が産生されると学んだが，ここでは電子供与体がコハク酸であることを疑問に思うかもしれない．この疑問は，コハク酸デヒドロゲナーゼが複合体Ⅱであることで解消されるであろう．つまり，クエン酸回路だけを

描くときは図8.2のようにFADH$_2$を産生する形になるが，実際はFADH$_2$の産生は複合体Ⅱの中で起こる反応であるということである．

細胞質で発生したNADHがグリセロール3-リン酸シャトルで運ばれる場合は，FADH$_2$を介して電子伝達系に入るが，複合体Ⅱではなくグリセロール-3-リン酸デヒドロゲナーゼを経由する．また，脂肪酸のβ酸化で発生するFADH$_2$も複合体Ⅱではなく，アシルCoAデヒドロゲナーゼを経由してユビキノンに渡される（9.4節参照）．

c．複合体Ⅲ（ユビキノン-シトクロムcオキシドレダクターゼ，シトクロムbc複合体）

複合体Ⅲは，還元型ユビキノン（ユビキノール；CoQH$_2$）からシトクロムcへの電子伝達と，マトリックスから膜間腔へのプロトンのくみ出しを共役させている．

ユビキノンが電子2個の伝達体であるのに対し，シトクロム類は1個の電子を伝達するので，その受け渡しは2段階の反応で行われる．第1段階では，CoQH$_2$が酸化される間に2個のプロトンが膜間腔にくみ出され，2個の電子のうち1個が複合体Ⅲのシトクロムc1を経て，シトクロムcに伝達される．もう1個の電子は，シトクロムb内を移動してCoQに伝達され，一電子還元する（セミキノンラジカルCoQ$^{・-}$の生成）．第2段階では，次のCoQH$_2$が同じように酸化され，2個のプロトンのくみ出し，1個の電子のシトクロムcへの伝達，および1個の電子のCoQ$^{・-}$への受け渡し（CoQH$_2$の生成）が行われる．このサイクルは2個のCoQH$_2$がかかわるため複雑にみえるが，実質的には2段階の反応で酸化されるCoQH$_2$は1分子であり，結果として4個のプロトンのくみ出しと，2個のシトクロムcへの電子伝達が完了する．

d．複合体Ⅳ（シトクロムcオキシターゼ）

複合体Ⅳは，シトクロムcからの電子を酸素分子（O$_2$）に伝達し，水（H$_2$O）に生成させる．この過程で，2個のプロトンがマトリックス側から膜間腔側にくみ出される．

このように，O$_2$は電子伝達系の最終段階で利用され，H$_2$Oになる．つまり，呼吸で排出されるCO$_2$の酸素原子（O）は，グルコースなど基質由来であり，O$_2$由来ではない．

8.3.2 ATP合成

電子伝達系で還元型補酵素が酸化される際に，マトリックス側から膜間腔側にプロトンが輸送され，ミトコンドリア内膜を隔てて濃度勾配が形成される．この濃度差（化学的ポテンシャル）と荷電分布の差（電気的ポテンシャル）に基づくプロトン駆動力（電気化学的エネルギー）を利用して，ADPをリン酸化しATPを生産する過程により，酸化的リン酸化は完了する（図8.6）．ATPの合成は，ATPシンターゼ活性をもつ特異的なチャネル（複合体V）によって行われる．複合体Vは，プロトンの膜貫通型チャネルであるF$_0$部分とATP合成部位であるF$_1$部分の二つの大きな構成成分からできており，F$_1$F$_0$-ATPaseともよばれる．

1分子のATP合成に必要なプロトンの数については，4とする考えが広く受け入れられている．NADH 1分子で合計10個のプロトンがくみ出されるので，この数値で計算すると2.5個のATPが合成されることになる．一方，複合体Ⅱに流入するコハク酸（FADH$_2$）の場合は，6個のプロトンがくみ出され，1.5個のATPが合成される計算になる．

8.3.3 電子伝達系とATP合成の共役

電子伝達系が機能しなければ，プロトンの濃度勾配が形成されないので，ATP合成が起こらないことは容易に想像できる．実際に，電子伝達系の阻害剤であるシアン化合物，一酸化炭素，アンチマイシンなどが存在すると，酸素は消費されないし，ATPの合成も起こらない．一方，ATP合成が阻害された場合，たとえばオリゴマイシンのようなATPシンターゼに結合する抗生物質を用いると，電子伝達が起こらなくなる．つまり，電子伝達系とATP合成は，密接に"共役"してい

通常，電子伝達系と ATP 合成は密に共役しているが，これら二つの生化学的過程が共役しない場合もある．褐色脂肪組織のミトコンドリア内膜には，脱共役タンパク質（uncoupling protein；UCP）とよばれる特殊なプロトンチャネルが存在している．このタンパク質は，ATP 合成と連動させることなくプロトンの濃度勾配を解消するはたらきがあり，結果として電気化学的エネルギーは熱へと変換されることになる．

8.4 クエン酸回路の同化過程における機能

クエン酸回路の複数の中間体は，様々な生合成経路の基質となる．したがって，クエン酸回路は異化過程と同化過程の両方で機能しうる代謝経路であるといえる．図 8.7 に，この回路の中間体がほかの物質に変換される概要をまとめた．オキサロ酢酸は，糖新生とアミノ酸合成の両方の前駆体

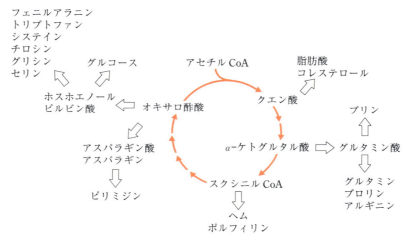

図 8.7　同化過程におけるクエン酸回路の役割
クエン酸回路の中間体は，多くの生合成経路に前駆体を供給する役割を果たす．

■褐色脂肪組織の熱産生機能と脱共役タンパク質■

哺乳動物には，一般に脂肪組織とよばれる白色脂肪とは形態的にも機能的にも異なる，もう一つの脂肪組織，褐色脂肪が存在する．この組織の主たる役割は，熱を産生することである．母親の胎内から突然外部環境へ出される新生子や寒冷環境で成育する動物，あるいは覚醒しようとする冬眠動物は，通常の活動で副産物としてもたらされる熱よりも，はるかに大量の熱を必要とする．この要求に応えるために骨格筋のふるえが起こるが，ふるえ熱産生は体表面からの熱の散逸も多く効果的ではない．

一方，褐色脂肪の非ふるえ熱産生は効率がよく，体温の維持には不可欠である．食物のもつエネルギーはクエン酸回路で酸化され，還元型補酵素を媒介して，効率よく ATP へと変換される．褐色脂肪が活発に熱産生を行えるのは，この組織のミトコンドリア内膜にある脱共役タンパク質（UCP）がATP 合成の効率を下げ，基質の酸化と酸素消費を強く刺激するからである．この営みは，体温維持のためだけでなく，過剰に摂取したエネルギーを解消するためにも利用される．すなわち，体温の恒常性のみならず，体重の恒常性にも寄与する分子であるということである．実際に多くの肥満モデル動物で，UCP の機能低下が見出されている．

従来，ヒトには褐色脂肪が新生児期を除いてほとんど存在しないとされてきたが，近年の研究から成人にも機能的な褐色脂肪が存在することが明らかとなってきた．肥満の予防・治療のターゲットとして注目を集め，活発な研究が展開されている．

となる．α-ケトグルタル酸もアミノ酸合成の重要な基質であり，ヘムなどのポルフィリン類の合成にはスクシニル CoA が利用される．また，脂肪酸やコレステロールの合成には，クエン酸が用いられる．

［志水泰武］

自習問題

【8.1】 クエン酸回路には，二つの重要な役割がある．それらをまとめなさい．

【8.2】 基質レベルのリン酸化と酸化的リン酸化の違いをまとめなさい．

【8.3】 1分子のグルコースが完全に酸化分解されたときの ATP 産生数を，反応過程をたどりながら確認しなさい．

【8.4】 体外から獲得した酸素が消費される反応と，二酸化炭素が発生する場所は異なる．これを確認しなさい．

【8.5】 酸化的リン酸化反応と ATP 合成の共役はどのようなものか，その脱共役とはどのようなものか，まとめて説明しなさい．

【8.6】 クエン酸回路の調節をまとめなさい．

9 脂質の代謝

ポイント

(1) 食餌性脂質の消化吸収は，胆汁酸塩による乳化，膵リパーゼによる加水分解（モノアシルグリセロールと遊離脂肪酸への分解），ミセルの形成，小腸上皮細胞への吸収という過程で行われる．

(2) 吸収されたモノアシルグリセロールと遊離脂肪酸は，上皮細胞内でトリアシルグリセロール（トリグリセリド）に再エステル化され，コレステロール，リン脂質，およびアポリポタンパク質とともにキロミクロンに組み込まれる．

(3) 脂肪酸の合成は，おもに糖質（グルコース）から供給されるアセチルCoAを出発材料とし，炭素数を二つ増加させていく反応の繰り返しである．多段階の反応であるが，脂肪酸合成酵素（FAS）がすべての反応を触媒する（FASは，一つのポリペプチド鎖の中に七つの触媒作用をもつ多機能酵素である）．

(4) 食餌由来の脂肪酸，および新たに合成された脂肪酸は，アシルCoA（活性化脂肪酸）となってから，トリアシルグリセロールに組み込まれる．

(5) 肝臓で新たに合成されたトリアシルグリセロールは，超低密度リポタンパク質（VLDL）に組み込まれる．キロミクロンもVLDLも水に不溶性のトリアシルグリセロールを運搬するための形であり，リポタンパク質と総称される．

(6) キロミクロンやVLDL中のトリアシルグリセロールは，リポタンパク質リパーゼによって脂肪酸とグリセロールに分解される．生成した脂肪酸は，筋組織でエネルギー基質として利用されるか，脂肪組織でトリアシルグリセロールに再合成され貯蔵される．

(7) 脂肪酸は，β酸化というミトコンドリア内で起こる過程で分解される．脂肪酸のカルボキシ末端から炭素数2個の断片が次々に除かれ，アセチルCoAが生成する反応である．

(8) β酸化により生成したアセチルCoAの一部は，肝臓でアセト酢酸，β-ヒドロキシ酪酸などのケトン体に変換されて心筋や骨格筋，脳組織でのアセチルCoAとなり，エネルギー源として利用される．

(9) コレステロールは，細胞膜をはじめとする生体膜の重要な構成成分であり，ステロイドホルモンやビタミンDの前駆体となる．体内で使われるコレステロールは，食餌と肝臓におけるアセチルCoAからの新規合成によって供給される．

本章では，脂質が消化管で消化吸収される過程から，合成，輸送，貯蔵，および分解，利用という流れに沿って脂質代謝をまとめる．項目としてとり上げた，脂肪酸の合成，トリアシルグリセロールの合成，リポタンパク質によるトリアシルグリセロールの輸送，トリアシルグリセロールの脂肪細胞への貯蔵，トリアシルグリセロールの分解，脂肪酸の分解およびケトン体の生成が，どのような位置関係にあるのかを図9.1に示した．

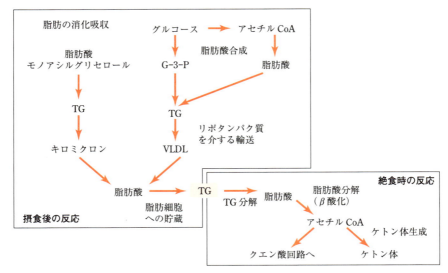

図 9.1 摂食後と絶食時の脂質代謝
脂質が消化管で消化吸収される過程から，合成，輸送，貯蔵，および分解，利用という流れをまとめた．
TG：トリアシルグリセロール，G-3-P：グリセロール 3-リン酸．

■ 9.1 食餌性脂質の消化と吸収

食餌に含まれる主要な脂質は，トリアシルグリセロール（トリグリセリド，中性脂肪）である．トリアシルグリセロールの消化吸収は，乳化，加水分解，ミセル形成，小腸上皮細胞への吸収という過程で行われる．乳化とは，胃における加温，撹拌で小さくなった脂肪滴の再融合を防ぎ，安定した懸濁液（エマルジョン）をつくることであり，界面活性作用をもった胆汁酸塩およびリン脂質によって行われる．乳化された脂質は，膵リパーゼによって加水分解される（図 9.2）．水溶性の環境ではたらく膵リパーゼは，乳化された脂肪滴の表面をおおう胆汁酸を超えてトリアシルグリセロールに直接作用することができないため，コリパーゼとよばれるペプチドの補助を必要とする（コリパーゼの機能は，膵リパーゼがトリアシルグリセロールにアクセスする通路をつくることである）．加水分解により生成したモノアシルグリセロールと遊離脂肪酸は，胆汁酸とともに可溶性のミセルを形成し，小腸上皮細胞へ吸収される（図 9.2）．

吸収されたモノアシルグリセロールと脂肪酸は，上皮細胞内で再びトリアシルグリセロールに

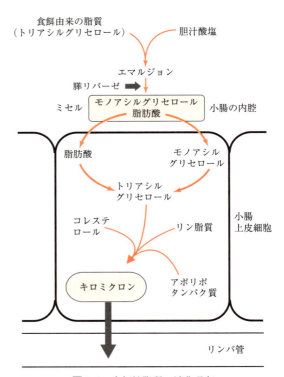

図 9.2 食餌性脂質の消化吸収
トリアシルグリセロールの消化吸収は，乳化，加水分解，ミセル形成，小腸上皮細胞への吸収という過程で行われる．膵リパーゼによる加水分解により生成したモノアシルグリセロールと遊離脂肪酸は，小腸上皮細胞へ吸収され，再びトリアシルグリセロールに再エステル化される．トリアシルグリセロールは，コレステロール，リン脂質，およびアポリポタンパク質とともにキロミクロンに組み込まれ，リンパ管を通って血液へと移行する．

再エステル化され，コレステロール，リン脂質，およびアポリポタンパク質とともにキロミクロンに組み込まれる（図9.2）．キロミクロンは毛細血管を通過するには大きすぎるため，グルコースやアミノ酸のように肝門脈から輸送されるのではなく，リンパ管を通って血液へと移行する．

9.2 脂肪酸の合成

9.2.1 基質としてのアセチルCoAの供給

過剰に摂取した糖質（グルコース）はグリコーゲンとして貯蔵されるが（7章参照），貯蔵できる量には限界があるので，大部分は肝臓で脂肪酸に変換される．脂質が関与するほとんどの過程で，アセチルCoAが基質または生成物となるが，脂肪酸合成もアセチルCoAが出発材料となる．

グルコースは解糖経路でピルビン酸に変換されたのち，ミトコンドリアに入り，アセチルCoAとなる．アセチルCoAはオキサロ酢酸と縮合してクエン酸となるが，クエン酸濃度が十分高いときは，クエン酸は細胞質内に移動しアセチルCoAとオキサロ酢酸に開裂する（図9.3）．このようにクエン酸回路を経由して，脂肪酸合成の場である細胞質内に基質（アセチルCoA）を供給しているのは，ピルビン酸からアセチルCoAに変換するピルビン酸デヒドロゲナーゼが細胞質になく，アセチルCoAがミトコンドリア膜を通過できないことによる．

このような一見遠回りな基質供給様式をとることは，決して無意味なことではない．ミトコンドリア内でクエン酸が十分に蓄積するのは，イソクエン酸デヒドロゲナーゼがATPおよびNADHにより抑制されたときである．すなわち，クエン酸回路を経由してアセチルCoAを脂肪酸合成経路に供給することによって，エネルギー（ATP）が充足されているときにのみ，過剰な基質を脂肪に変換し，貯蔵するという合理性をもたせることができるのである．

9.2.2 脂肪酸の合成反応

アセチルCoAを基質として，炭素数を二つずつ伸張していく反応が脂肪酸の生合成経路である．アセチルCoAからパルミチン酸が合成される反応は次のように表される．

8 アセチルCoA + 14 NADPH + 14 H$^+$
    + 7 ATP ⟶ パルミチン酸 + 14 NADP$^+$
    + 7 ADP + 7 Pi + 8 CoA-SH + 6 H$_2$O

脂肪酸合成には，アセチルCoAとそれより炭素数が一つ多いマロニルCoAが必要である．マロニルCoAは，アセチルCoAカルボキシラーゼによってアセチルCoAがカルボキシ化されることで生成する．グルカゴンは，cAMP依存性プロテインキナーゼを介してアセチルCoAカルボキシラーゼをリン酸化し，その活性を抑制することで脂肪酸合成を阻害する作用を発揮する．一方インスリンは，この酵素の脱リン酸化を促進し，脂肪酸合成を高める．

アセチルCoAとマロニルCoAを材料としてパルミチン酸を合成する反応は，7回繰り返される一連の酵素反応である．この反応のすべてが，脂肪酸合成酵素（FAS）によって行われる．FASは，一つのポリペプチド鎖の中に七つの触媒作用と炭素鎖を伸張していくときの足場となるアシル

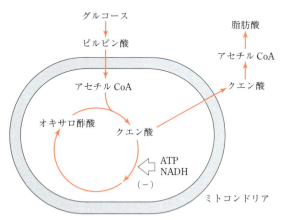

図9.3 グルコースからの脂肪酸合成経路
グルコースはピルビン酸に変換された後，ミトコンドリアに入り，アセチルCoAとなる．アセチルCoAはオキサロ酢酸と縮合してクエン酸となるが，クエン酸濃度が十分高いときは，クエン酸は細胞質内に移動しアセチルCoAとオキサロ酢酸に開裂する．ATPおよびNADHによる抑制の対象は，イソクエン酸デヒドロゲナーゼである．

キャリアタンパク質（ACP）を含有する多機能酵素である（図 9.4）．二量体で一方の N 末端と，他方の C 末端が会合するような配置をとる．

脂肪酸合成反応は，次のとおりである（図 9.5）．

① ACP アセチルトランスフェラーゼにより，アセチル CoA からアセチル基が ACP に転移される．

② ACP マロニルトランスフェラーゼにより，マロニル CoA からマロニル基が ACP に転移される．

③ 3-オキソアシル ACP シンターゼの反応は 2 段階で進む．第 1 段階でアセチル ACP のアセチル基をいったんシステイン残基に移し，第 2 段階でこのアセチル基をマロニル ACP 結合させ，脱炭酸を経てアセトアセチル ACP をつくる．

④ 3-オキソアシル ACP レダクターゼにより還元され，3-ヒドロキシブチリル ACP が生じる．このとき NADPH が利用される．

⑤ 3-ヒドロキシアシル ACP デヒドロゲナーゼにより脱水され，2-トランス-ブテノイル ACP が

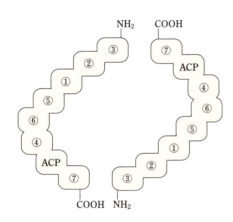

図 9.4 脂肪酸合成酵素
脂肪酸合成酵素（FAS）は，七つの触媒作用を含有する多機能酵素である．二量体で一方の N 末端と，他方の C 末端が会合するような配置をとる．
① ACP アセチルトランスフェラーゼ，② ACP マロニルトランスフェラーゼ，③ 3-オキソアシル ACP シンターゼ，④ 3-オキソアシル ACP レダクターゼ，⑤ 3-ヒドロキシアシル ACP デヒドロゲナーゼ，⑥ エノイル ACP レダクターゼ，⑦ パルミトイル ACP ヒドロラーゼ．

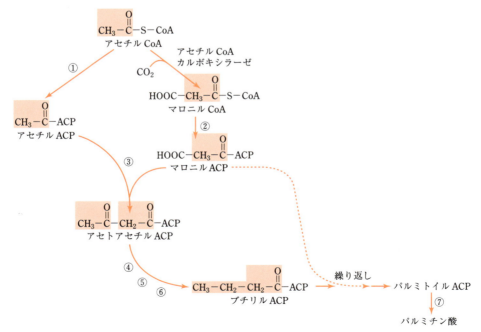

図 9.5 脂肪酸の合成反応
1 サイクル回るごとに，炭素数が二つずつ伸張していく．酵素の番号は図 9.4 参照．

生じる．

⑥エノイル ACP レダクターゼにより再び還元され，ブチリル ACP が生じる．このときにも，NADPH が利用される．

この六つの反応を 1 サイクルとして，炭素数を二つずつ伸張していく反応が 7 回繰り返され，炭素数 16 のパルミチン酸が ACP に結合したパルミトイル ACP がつくられる．なお，2 回目以降のサイクルでは，①の転移反応にアセチル基ではなく，炭素数が二つずつ増えたものが使われる（たとえば，2 サイクル目はブチリル基の転移となる）．

⑦最後の段階で，パルミトイル ACP ヒドロラーゼにより加水分解が起こり，パルミチン酸が遊離する．

上述のように脂肪酸合成反応では，水素供与体の還元型補酵素として NADH ではなく NADPH が使われる．NADH を生成する反応は，解糖系やクエン酸回路，脂肪酸の β 酸化など多いが，NADPH 生成反応はペントースリン酸経路などに限られている（7 章参照）．

パルミチン酸以上の長鎖脂肪酸の合成，つまりさらに炭素数が伸張する反応は，ミトコンドリアあるいはミクロソームにある別の酵素系によって行われる．ミトコンドリアでの伸張は，アセチル CoA が付加されて二つずつ炭素数が増加していく様式で行われ，マロニル CoA を基質として用いる FAS の反応よりは，あとで述べる β 酸化の逆反応に近い．一方，ミクロソームでの伸張はマロニル CoA を用い，FAS の反応に似ている．ただし，ACP ではなく CoA をキャリアとしている点で，両者は異なっている．

脂肪酸を不飽和化する酵素は，ミクロソームに存在する．アラキドン酸は，プロスタグランジンやトロンボキサン，ロイコトリエンなど多様な生物活性をもつエイコサノイドの前駆体となるので，とくに重要である．この多価不飽和脂肪酸は，リノール酸を不飽和化することで産生されるが，動物の細胞はリノール酸を合成する酵素を欠くため，これを食餌から摂取する必要がある（必須脂肪酸，4 章参照）．

9.3 トリアシルグリセロールの合成・輸送・分解

9.3.1 トリアシルグリセロールの合成

食餌由来の脂肪酸，および新たに合成された脂肪酸は，アシル CoA（活性化脂肪酸）となってからトリアシルグリセロールに組み込まれる．トリアシルグリセロールは，グリセロールに 3 分子の脂肪酸が結合した分子構造をもつ．はじめに 2 分子のアシル CoA がグリセロール 3-リン酸に結合し，ホスファチジン酸が生成する．このホスファチジン酸から，脱リン酸化反応によってジアシルグリセロールができ，さらにもう 1 分子のアシル CoA が結合してトリアシルグリセロールとなる．グリセロール 3-リン酸の供給源は，解糖系と遊離のグリセロールである．

ただし，リポタンパク質によって運ばれ，脂肪細胞内でトリアシルグリセロールが再構成される場合は，解糖経路のみがグリセロール 3-リン酸の供給源となる．これは，脂肪細胞にグリセロールをリン酸化するグリセロールキナーゼが存在しないためである．

9.3.2 リポタンパク質によるトリアシルグリセロールの輸送と脂肪細胞への貯蔵

すでに述べたように，食餌として摂取されたトリアシルグリセロールは，消化管でモノアシルグリセロールと脂肪酸に分解されたのちに吸収され，小腸上皮細胞内で再びトリアシルグリセロールに再エステル化される．このトリアシルグリセロールは，コレステロール，リン脂質とともにキロミクロンに組み込まれる．一方，肝臓で新たに合成されたトリアシルグリセロールは，超低密度リポタンパク質（VLDL）に組み込まれることとなる．キロミクロンも VLDL も水溶液中で不溶性のトリアシルグリセロールを運搬するための形であり，リポタンパク質（lipoprotein）と総称される．表面を両親媒性のリン脂質やコレステロールがおおい，内部にトリアシルグリセロールが位

表9.1 おもな血漿リポタンパク質

形状	名称	直径(nm)と比重	存在比(%)			
			中性脂肪	コレステロール	リン脂質	タンパク質（主要アポリポタンパク質）
	キロミクロン	90〜1 000 <0.95	90	3	5	2 (アポ A-I, アポ B-48, アポ C-I, アポ C-II, アポ C-III, アポ E)
	VLDL	30〜80 0.95〜1.006	60	17	15	8 (アポ B-100, アポ C-I, アポ C-II, アポ C-III, アポ E)
	LDL	20〜25 1.019〜1.063	10	45	20	25（アポ B-100 が大部分）
	HDL	10〜20 1.063〜1.210	5	20	25	50（アポ A-I, アポ A-II）

○中性脂肪・コレステロール，━リン脂質一重膜，●アポリポタンパク質

置する構造を有する（表9.1）．

リポタンパク質を構成するタンパク質部分は，アポリポタンパク質（あるいはアポタンパク質）とよばれる．キロミクロン中のアポリポタンパク質の一つであるアポ B-48 は小腸で，VLDL 中の B-100 は肝臓で，それぞれ合成される．また，アポ C-II は毛細血管中のリポタンパク質リパーゼを活性化し，脂肪酸を組織に供給するために必要であり，キロミクロンにも VLDL にも存在する．

キロミクロンや VLDL 中のトリアシルグリセロールは，リポタンパク質リパーゼによって脂肪酸とグリセロールに分解される．リポタンパク質リパーゼは，脂肪細胞や心筋，骨格筋で合成・分泌され，血管内皮細胞表面に付着している酵素で

■体脂肪の果たす様々な役割■

脂肪細胞の異常な蓄積（肥満）は，糖尿病や高血圧症の誘因となり，回避すべき状況である．しかし，いくつかの動物種においては，生存するための戦略として積極的に脂肪を蓄積する場合がある．たとえば砂漠に適応したラクダは，背中のこぶの中に大量の脂肪を蓄えている．水を自由に摂取することが困難な環境で生育するために，ラクダは尿や糞に排泄される水を極端に制限し，水の体外への漏出を防いでいる．少々の体温上昇では汗をかかないという性質も，水の保持に寄与する．一方，脂肪を完全に酸化分解すると，大量の ATP が獲得できると同時に水が発生する．すなわち，ラクダのこぶに蓄えられた脂肪は，エネルギーと水の重要なストックとなるのである（決して水が入っているわけではないが，結果として水筒として機能していることになる）．

なお，尿を制限することで老廃物（尿素）の処理が滞る可能性があるが，ラクダは尿素を唾液に排出し，ルーメン内の微生物の"エサ"とすることで，アミノ酸（菌体タンパク質）として再回収する合理的なシステムをもっている（ウシをはじめとした反すう動物に共通の機構）．このような脂肪組織の役割は，冬眠動物にも共通点を見出せる．リスやハムスターは冬眠中に中途覚醒をして，蓄えたエサを摂取するが，クマはほとんど冬眠中に摂食することはないといわれている．この間のエネルギーと水の要求を満たすのも体脂肪の役割であり，実際に冬眠に入る前の動物は通常の数倍のエサを食べ，過剰な体脂肪を蓄積する．

海洋に適応したクジラやアザラシなどの哺乳動物もまた，皮下に大量の脂肪を保持している．これらの動物の場合は，厚い皮下脂肪が断熱材として体温維持をするとともに，浮力を増すのにも寄与している．実際にヒトでは，大きな水槽の中に身体を沈めたときの浮力から，体内の脂肪量を推測する場合がある．

あり，リポタンパク質を構成するアポタンパク質の一つ（アポC-II）と結合すると活性化する．生成した脂肪酸は，筋組織でエネルギー基質として利用されるか，脂肪組織でトリアシルグリセロールに再合成され貯蔵される．ただし，脂肪細胞におけるトリアシルグリセロールの合成に必要なグリセロール3-リン酸は，グリセロールを利用するのではなく，解糖系の中間代謝物であるジヒドロキシアセトンリン酸から供給される．リポタンパク質リパーゼの作用で生成したグリセロールは肝臓に運ばれ，トリアシルグリセロール，リン脂質，グルコースの合成に利用される．

9.3.3 トリアシルグリセロールの分解

細胞内に貯蔵されているトリアシルグリセロールの分解は，絶食，激しい運動，ストレス応答時に認められる．アドレナリンやノルアドレナリンによって脂肪細胞内のcAMP濃度が上昇すると，ホルモン感受性トリアシルグリセロールリパーゼが活性化（プロテインキナーゼAを介するリン酸化）し，トリアシルグリセロールを加水分解する．生成した脂肪酸とグリセロールは血中に放出される．脂肪酸は，アルブミンと結合して運搬される．ある種の細胞（神経細胞や赤血球）は脂肪酸を利用できないが，心筋をはじめとするほとんどの細胞は脂肪酸をエネルギー源として利用できる．一方，グリセロールは肝臓で糖新生の基質となる．

■ 9.4 脂肪酸の分解：β酸化

トリアシルグリセロールの分解により遊離した脂肪酸は，β酸化というミトコンドリア内で起こる過程で分解される．脂肪酸のカルボキシ末端から炭素数2個の断片が次々に除かれ，アセチルCoAが生成する反応であり，脂肪酸のβ位の炭素が酸化されることからβ酸化とよばれる．

β酸化がはじまる前に，脂肪酸はアシルCoAに活性化される必要がある．その反応はアシルCoAシンターゼによって行われるが，この酵素はミトコンドリア外膜にあり，脂肪酸とアシルCoAを反応させると同時にミトコンドリアの膜間腔に輸送する．アシルCoAは内膜を通過できないので，膜間腔内でカルニチンアシルトランスフェラーゼI（CPT I）によりアシルカルニチンに変換され，マトリックスへ移動する．マトリックスでCPT IIの作用によりアシルCoAが再生される．ここでは，カルニチンはアシルCoAを輸送するためのキャリアとなる（図9.6）．

肝臓は脂肪酸合成の場でもあるので，細胞質内には合成された脂肪酸が存在する場合と，肝外組織から運搬された脂肪酸が存在する場合がある．したがって，合成された脂肪酸がミトコンドリアに再流入し酸化分解されることを回避し，貯蔵部位である脂肪組織に運搬されるようにするメカニズムが必要となる．先に述べたCPT Iは，マロニルCoAによって抑制される性質をもつが，これが合成された脂肪酸と運搬された脂肪酸を区別し，適切な方向づけをすることとなる（図9.7）．すなわち，マロニルCoAは脂肪酸合成反応の中間体であるので（9.2節参照），マロニルCoAと共存する脂肪酸は新たに合成された脂肪酸という

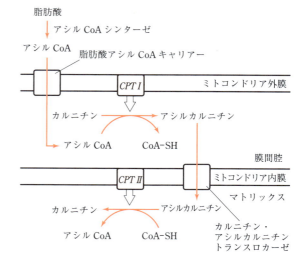

図9.6 脂肪酸のミトコンドリアマトリックスへの輸送
脂肪酸はアシルCoAに活性化された後，膜間腔内でカルニチンアシルトランスフェラーゼI（CPT I）によってアシルカルニチンに変換され，マトリックスへ移動する．マトリックスでカルニチンアシルトランスフェラーゼII（CPT II）の作用によりアシルCoAが再生される．ここでは，カルニチンはアシルCoAを輸送するためのキャリアとなる．

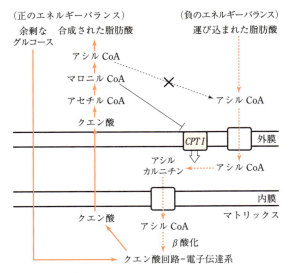

図9.7 マロニルCoAによるCPT Iの抑制
マロニルCoAは脂肪酸合成反応の中間体であり，CPT Iを抑制する作用をもつ．

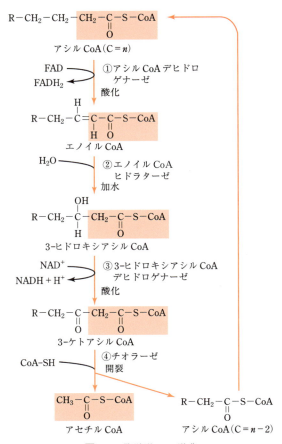

図9.8 脂肪酸のβ酸化
1サイクルの間に，1分子のアセチルCoAと炭素数が二つ少なくなったアシルCoAが生成する．この過程でそれぞれ1分子のFADH$_2$とNADH＋H$^+$がつくられ，電子伝達系に受け渡される．

ことであり，ミトコンドリアへの通路が閉ざされる（マロニルCoAによるCPT Iの抑制）ことで，トリアシルグリセロールへの変換，VLDLへの組み込みに優先的に回ることになる．一方，細胞外からもち込まれた脂肪酸はマロニルCoAを伴っていないので，CPT Iは活性をもった状態であり，ミトコンドリア内へ輸送される．

β酸化は4段階の反応からなり，ミトコンドリアマトリックスに存在する酵素群によって触媒される．1サイクルの間に，1分子のアセチルCoAと炭素数が二つ少なくなったアシルCoAが生成する．この過程でそれぞれ1分子のFADH$_2$とNADH＋H$^+$がつくられ，電子伝達系に受け渡される．

β酸化の詳細は，次のとおりである（図9.8）．

①アシルCoAデヒドロゲナーゼにより，アシルCoAがα-β間に二重結合をもつ2-トランス-エノイルCoAに変換される．この反応において，還元型補酵素FADH$_2$が生成し，電子伝達系に受け渡される．

②エノイルCoAヒドラターゼによる加水反応が起こり，2-トランス-エノイルCoAから3-ヒドロキシアシルCoAが生成する．

③3-ヒドロキシアシルCoAデヒドロゲナーゼにより3-ヒドロキシアシルCoAが酸化され，3-ケトアシルCoAとなる．この反応において，還元型補酵素NADH＋H$^+$が生成し，電子伝達系に受け渡される．

④チオラーゼにより3-ケトアシルCoAが開裂を受け，アセチルCoAと炭素数が二つ少なくなったアシルCoAが生じる．このアシルCoAは再び①の反応に入り，最終的にはすべてアセチルCoAに変換される．

生成したアセチルCoAは，ピルビン酸カルボキシラーゼを活性化し，ピルビン酸デヒドロゲナーゼを阻害する．このアロステリックな調節によって，ピルビン酸からのアセチルCoA生成が抑制され，代わりに縮合基質となるオキサロ酢酸が補給されることとなる．この調節機序は，β酸

化に基づくアセチル CoA の供給亢進に呼応して、クエン酸回路を促進するとともに、脂肪燃料が豊富なときに糖質を倹約する意義をもつ（ピルビン酸は、アセチル CoA に変換されると糖新生の基質とはなれない。8.2.2 項参照）。

植物由来の奇数個の炭素をもつ脂肪酸も、β 酸化により炭素数を二つずつ減少していくが、最終的に炭素数 3 個のプロピオニル CoA が残ることになる。このプロピオニル CoA は、スクシニル CoA に変換されてクエン酸回路に入ることになる。反すう動物は、第一胃の発酵過程で生成する VFA を主たるエネルギー源として利用するが、そのうちプロピオン酸をこの経路を介してグルコースに変換している。酢酸や酪酸はアセチル CoA となるため、グルコースに変換されることはない。

β 酸化の反応は、脂肪酸合成反応と類似しているが、逆反応ではない。両者は以下の点で異なっている。

① 脂肪酸の β 酸化がミトコンドリアで起こるのに対し、脂肪酸の生合成は細胞質で行われる。
② 脂肪酸分解の中間体は CoA に結合しているが、合成の中間体は ACP に結合している。
③ 脂肪酸分解はいくつかの独立した酵素により触媒されるが、合成は FAS という多機能酵素により行われる。
④ β 酸化には酸化還元補酵素として FAD, NAD^+ が関与するが、生合成ではペントースリン酸経路から供給される NADPH が利用される。

9.5 ケトン体の生成

β 酸化により生成したアセチル CoA のほとんどはクエン酸回路で利用されるが、一部はアセト酢酸、β-ヒドロキシ酪酸、アセトンといったケトン体に変換される（図 9.9）。

ケトン体の生成は、肝臓のミトコンドリアマトリックス内で起こる。はじめに 2 個のアセチル CoA が縮合し、アセトアセチル CoA となり、ついでこれが別のアセチル CoA と縮合し、3-ヒドロキシ-3-メチルグルタリル CoA（HMG-CoA）となる。この HMG-CoA が、アセト酢酸とアセチル CoA に開裂される。アセト酢酸は還元され β-ヒドロキシ酪酸となるが、β-ヒドロキシ酪酸が高濃度となると、非酵素的に脱炭酸反応が起こりアセト酢酸はアセトンとなる。この反応は不可逆的であるため、アセトンは心筋や骨格筋、脳組織でのエネルギーにはなりえない。

ケトン体がエネルギー基質として利用されるためには、アセチル CoA に変換される必要がある。β-ヒドロキシ酪酸は、生成の逆反応でアセト酢酸となる。アセト酢酸は、合成の逆反応を経由せずに、スクシニル CoA から CoA を転移されアセトアセチル CoA となる。さらに、アセトアセチル

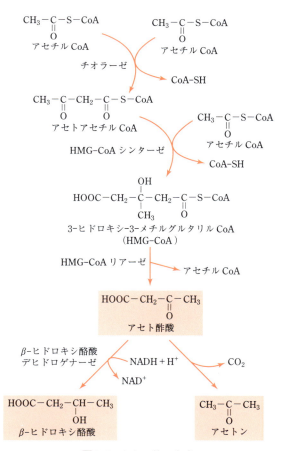

図 9.9 ケトン体の生成
ケトン体は、アセト酢酸、β-ヒドロキシ酪酸、アセトンの総称である。アセトンが生成する反応は不可逆的であるため、アセトンは心筋や骨格筋、脳組織でのエネルギーにはなりえない。

CoA がチオラーゼによって開裂し，2分子のアセチル CoA が生成する．

激しい飢餓や糖尿病で，ケトン体の生成が亢進する．これは基質となるアセチル CoA の供給増加と，クエン酸回路に流入するときの縮合基質であるオキサロ酢酸の不足に起因する．脂肪細胞では，インスリンによって脂肪分解が抑制されているが，飢餓や糖尿病ではインスリン作用が低下するため脂肪分解が亢進する．遊離した脂肪酸が肝臓に運ばれ β 酸化を受けるので，アセチル CoA の供給が増加することになる．また，インスリンの作用が低下すると，クエン酸回路の中間体は糖新生の基質として利用されるので，アセチル CoA の縮合に必要なオキサロ酢酸が確保できなくなる．そのためアセチル CoA が蓄積し，生成されるケトン体が増大する結果を生じる．つまり，激しい飢餓や糖尿病において認められるケトーシスは，インスリンの作用不足に起因すると考えてよい（コラム参照）．

9.6 コレステロールの代謝

コレステロールは，細胞膜をはじめとする生体膜の重要な構成成分であり，ステロイドホルモンやビタミン D の前駆体となる．体内で使われるコレステロールは，食餌とアセチル CoA からの新規合成によって供給される．コレステロールの生合成は，食餌によって供給される量が十分なときには抑制され，逆に不足するときは促進される．

コレステロールの合成はおもに肝臓の細胞質と小胞体で行われ，アセチル CoA を出発基質とする（図 9.10）．ケトン体の合成で述べた反応と同じように，3個のアセチル CoA が縮合し，HMG-CoA となる．HMG-CoA は HMG-CoA レダクターゼにより還元され，メバロン酸に変換される．この酵素はコレステロール合成の律速酵素であり，コレステロールによってフィードバック抑制を受ける．その調節機序により，食餌からの供給量に依存して合成量が増減することが説明できる．

■ 乳牛のケトーシス ■

極端な飢餓や糖尿病で，血中のケトン体濃度が増加する状態，すなわちケトーシスが発生することは本文で述べたとおりである．このようなケトーシスは，乳牛に頻発する代表的な代謝障害である．ケトーシスは，分娩1週間前から分娩後1か月以内に，泌乳能力の高いウシや分娩時肥満状態のウシに多発する．ウシはルーメンにおける発酵産物である短鎖脂肪酸（酢酸，プロピオン酸，酪酸）を主たるエネルギー源として利用する．肝臓がほとんどのケトン体産生をまかなう単胃動物とは対照的に，反すう動物では酪酸を消化管で β-ヒドロキシ酪酸に変換するため，もともと血中のケトン体濃度は高い傾向にある．それに対して，血糖の供給はプロピオン酸からの糖新生に依存するために，単胃動物より低い（50 mg/dL 程度）．

このような状況で，分娩直前は胎児による胃の圧迫とホルモン（卵胞ホルモン濃度の上昇）が関与して，摂食量，とりわけプロピオン酸の供給源となる乾物摂取量が大きく低下する．一方で，胎児の栄養要求は分娩まで加速度的に高まっていくこと，また分娩後は急速に乳生産が増加することから，グルコースの供給量は要求量を大きく下回ることになる（牛乳中のラクトースを合成するためにグルコースの要求が大きく増加する）．このような負のエネルギーバランスに呼応して，脂肪組織からの脂肪酸の動員が増加し，ケトン体合成の材料となるアセチル CoA が大量に供給される．つまり，分娩前後の乳牛では，アセチル CoA（ケトン体合成の材料）の増大とグルコース不足に伴うオキサロ酢酸の枯渇が同時に起こり，ケトーシスへと向かうのである．乳腺においては脂肪合成反応が高くなるが，グルコースの不足はペントースリン酸経路からの NADPH の供給低下をもたらすので，脂肪合成反応を滞らせ，その結果として余剰のアセチル CoA がケトン体へ変換されることもケトーシスの一因となる．

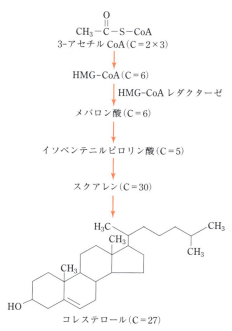

図9.10 コレステロールの合成

生成したメバロン酸は，リン酸化と脱炭酸反応を経て，炭素数5のイソペンテニルピロリン酸あるいはジメチルアリルピロリン酸となり，これらの縮合反応の繰り返しにより炭素数15のファルネシルピロリン酸が生成する．ついで2分子のファルネシルピロリン酸が縮合し，スクアレン（炭素数30）となり，20段階を超える反応を経由して最終的に炭素数27のコレステロールに変換される．

コレステロールはほかの生体分子とは異なり，小さな分子に分解することができない（環状構造を分解する代謝系がないため）．その代わりに，肝臓でコール酸やデオキシコール酸といった胆汁酸に変換され，十二指腸へ排泄される．胆汁酸は親水性と疎水性の領域をもつ両親媒性の分子であり，この構造に基づく界面活性作用が消化管で脂肪を乳化し，その消化吸収に寄与することはすでに述べたとおりである．胆汁酸のほとんどがグリシンやタウリンと抱合体を形成し，グリココール酸やタウロコール酸といった胆汁酸塩になっている．

[志水泰武]

自習問題

【9.1】 胆汁酸塩の機能を説明しなさい．

【9.2】 過剰に摂取した糖質は，どのような運命をたどるか，貯蔵まで含めて説明しなさい．

【9.3】 リポタンパク質とは何か，どのような役割を果たすか，まとめて説明しなさい．

【9.4】 カルニチンが欠乏すると，どのような悪影響が出るか述べなさい．

【9.5】 脂肪酸合成と β 酸化は逆反応ではない．その違いをまとめなさい．

【9.6】 合成された脂肪酸が，再びミトコンドリアに入り分解を受けることを防ぐメカニズムを説明しなさい．

【9.7】 ケトン体の生成過程はどのようなものか，飢餓や糖尿病で生成が高まるのはなぜか，説明しなさい．

【9.8】 HMG-CoAレダクターゼの阻害剤は，どのような病態に有効か述べなさい．

10 アミノ酸と窒素化合物の代謝

ポイント

(1) 生体高分子成分の一つで，生命活動にとってもっとも基本的な役割を担っているのはタンパク質である．
(2) 生体は食餌から得られたタンパク質をそのまま利用できないので，それを消化しアミノ酸として吸収・利用している．
(3) 吸収されたアミノ酸は，多くが体タンパク質の生合成に使われる．
(4) アミノ酸は，グルコースや脂肪酸と異なり窒素を含むので，ヌクレオチドに変換され核酸をつくる基本物質となるとともに，各種の窒素含有分子の生合成にも利用される．
(5) アミノ酸は飢餓時などのエネルギー不足のときには分解されて，炭素骨格部分はピルビン酸やアセチル CoA，クエン酸回路へと合流する．その際生じるアンモニアは毒性が強いので，すぐにグルタミン酸に渡される．その後，哺乳動物では尿素回路で尿素に合成されて解毒され排泄される．
(6) 水生動物ではアンモニアをそのままの形で排泄するが，鳥類などでは尿酸へと解毒してから排泄する．

■ 10.1 食餌タンパク質の消化と吸収

食餌に含まれるタンパク質は胃でおおまかに切断され，小腸でアミノ酸にまで分解されたあとに吸収される．その過程を図 10.1 に示した．

一般に，タンパク質は規則正しい立体構造をしており，そのままだと消化酵素が立体構造の内部にまで入り込むことができず，分解することが困難である．そこで，はじめにタンパク質は胃酸により変性され，規則正しい折りたたみ構造が崩されてランダムなゆるい構造になり，消化酵素が作用できるようになる．その後，消化酵素であるペプシン（pepsin）が作用して，短いペプチド断片となる．そもそもペプシンは，胃壁の主細胞からアミノ末端が少し長い（44 個のアミノ酸）ペプシノーゲンとして分泌される．ペプシノーゲンのこのアミノ末端 44 残基は，先にあったペプシンによって自己分解されペプシンとなる．ペプシンはタンパク質に含まれるフェニルアラニン，トリプトファン，チロシンなどの芳香族アミノ酸のアミノ基側を切断する基質特異性をもち，胃液の酸性領域（pH 2 付近）でもっともよくはたらく（酵素の至適 pH という）．

次に，十二指腸に送られたペプチド断片は，トリプシン（trypsin：リジンやアルギニンなど塩基性アミノ酸のカルボキシ側を切断）やキモトリプシン（chymotrypsin：ペプシンと同じく芳香族アミノ酸を認識するが，ペプシンとは異なりカルボキシ側を切断），エラスターゼ（非芳香族で疎水性のアミノ酸のカルボキシ側を切断）によってさらに細かいペプチドになる．同時に，膵臓から胆汁を介して小腸に分泌されるカルボキシペプチダーゼ（carboxypeptidase：ペプチドのカルボキシ末端側から一つずつアミノ酸を切り離す）やアミノペプチダーゼ（aminopeptidase：アミノ末端

から切り離す）がはたらき，遊離のアミノ酸となる（図10.2）．

トリプシンはトリプシノーゲンとして膵臓から分泌され，小腸粘膜でつくられたエンテロペプチダーゼによって，アミノ末端の六つのアミノ酸のペプチドが分離されてトリプシンとなる．キモトリプシンもキモトリプシノーゲンとして膵臓から分泌され，トリプシンによって1〜13番目までの

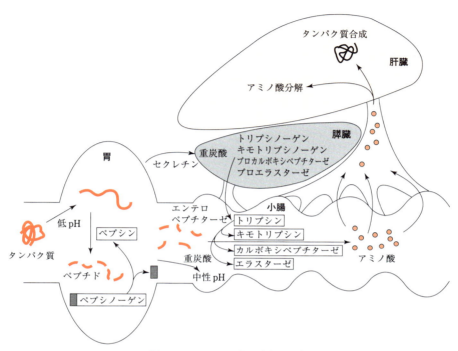

図10.1 タンパク質の消化と吸収

タンパク質の消化は，最初に胃酸で変性され，その後は様々な消化酵素によって徐々にアミノ酸にまで分解される．消化酵素は不活性の形で分泌され，自らまたはほかのタンパク質分解酵素によって一部のペプチドが切断されて活性化型となる．小腸から吸収されたアミノ酸は，門脈を通過して肝臓に運ばれ，そこでふつうは新しいタンパク質に合成される．しかし，過剰のタンパク質の摂取や飢餓状態ではアミノ酸の分解が起こる．

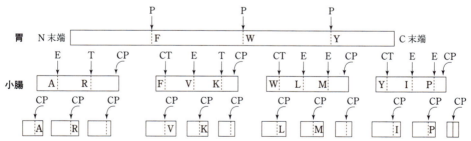

消化酵素の基質特異性

P：ペプシンは芳香族アミノ酸の
F：フェニルアラニン，
W：トリプトファン，
Y：チロシンのN側を切断

T：トリプシンは塩基性アミノ酸の
R：アルギニン，
K：リジンのC側を切断
CT：キモトリプシンは芳香族アミノ酸のC側を切断

E：エラスターゼは非芳香族アミノ酸の
A：アラニン，V：バリン，
M：メチオニン，
I：イソロイシン，
L：ロイシン，
P：プロリンのC側を切断

CP：カルボキシペプチダーゼはペプチドのカルボキシ末端のアミノ酸を一つずつ切り取る

図10.2 消化酵素によるタンパク質の分解過程

タンパク質は胃のペプシンでペプチド断片にされ，その後小腸内でおもに4種類の消化酵素により最終的にアミノ酸まで分解される．消化酵素の基質特異性はそれぞれ異なり，効率的に分解されていく．

ペプチドと，16〜146番目までのペプチド，さらに149〜245番目までのペプチドに切断分離され，これら三つのペプチドはS—S結合で結ばれて活性をもつキモトリプシンとなる．エラスターゼとカルボキシペプチダーゼは，やはり活性化したトリプシンによりペプチドが切断され活性化される．

このように，小腸内でトリプシンの活性化が起点となり，その他のタンパク質分解酵素の活性化を促す．小腸で吸収されたアミノ酸は門脈を通過して肝臓に入り，正常時には生体を構成するタンパク質の合成に用いられる．飢餓状態が続いたときや糖尿病でグルコースが利用できないときには，エネルギー不足を補うために主として生体を構成している筋肉タンパク質を分解する．また，アミノ酸を過剰に摂取したときにも，やはり分解されていく．

10.2 アミノ酸の分解と合成

a．アミノ酸分解で生じるアンモニアは有毒である

アミノ酸の分解過程でもっとも重要なことは，アミノ酸の脱アミノ化により生じたアンモニアを解毒することである．アンモニアは毒性が強く，肝臓での解毒系がはたらかないと中毒を引き起こすことがある．生物はアンモニアの解毒のために二つの代謝系を有しており，一つはアミノ基転移反応（アミノ酸からアミノ基を脱離する反応），もう一つは尿素回路（urea cycle：アミノ基を捕獲し尿素に合成して解毒する回路）である．アミノ基転移反応（transamination）と尿素回路との関連を図10.3に示した．

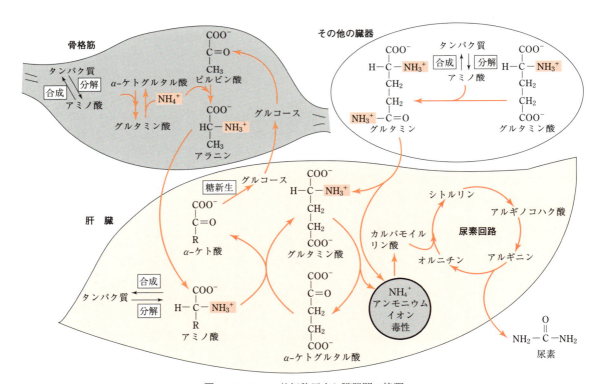

図10.3 アミノ基転移反応と臓器間の協調

アミノ酸の分解は，はじめにアミノ基をα-ケトグルタル酸に転移しケト酸になり，その後糖新生や分解経路に入る．一方，α-ケトグルタル酸はアミノ基を受け取ってグルタミン酸になり，その後アミノ基を遊離してα-ケトグルタル酸に戻る．この反応はあらゆる臓器で行われる．アミノ基（アンモニウムイオンとなり毒性をもつ）の解毒反応（尿素回路）は肝臓にしかないため，骨格筋で生じたアミノ基はグルタミン酸に渡され，さらにピルビン酸に転移して，アラニンとなって肝臓に輸送される．その他の臓器ではグルタミンとしてやはり肝臓に運ばれる．

b. α-ケトグルタル酸がアミノ基を受け取る

アミノ基転移反応で重要な役割を果たしているのは，クエン酸回路の中間生成物であるα-ケトグルタル酸である（図10.3, 10.4）．アミノ酸から外されたアミノ基は，ほとんどの場合アミノ基転位酵素（aminotransferaseまたはtransaminase）によってα-ケトグルタル酸に渡され，グルタミン酸を生じる．グルタミン酸は酸化的脱アミノ反応によりアンモニアを遊離して，α-ケトグルタル酸に戻される（図10.3, 10.4）．この反応を担うグルタミン酸デヒドロゲナーゼ（glutamate dehydrogenase）は窒素代謝の調節を担う重要な酵素であり，種々のアロステリック調節因子（GTPなど）により影響を受けている．この酵素の遺伝子変異により，血中アンモニア濃度の上昇を起こす遺伝病がよく知られている．

一方，アミノ酸の炭素骨格はケト酸（たとえば，アラニンからはピルビン酸を生じる）となり，糖新生経路を経てグルコースに再合成されるか，クエン酸回路に入って代謝される．グルタミン酸を生じたアンモニウムイオンは，尿素回路で尿素に合成され解毒される．

c. 肝臓と他臓器との協調

アンモニアの解毒反応である尿素回路は肝臓のみに存在している．そのため，ほかの臓器で生じたアンモニアは無毒の形に変えられて肝臓に運ばれる．骨格筋においてアミノ基転移反応により生じたグルタミン酸は，解糖経路の最終産物として筋肉中に多く存在するピルビン酸にアミノ基を渡す．その結果生じたアラニンは，血液中に放出され肝臓に運ばれる．すると最終産物が除去されるので，解糖がさらに進みやすくなる．

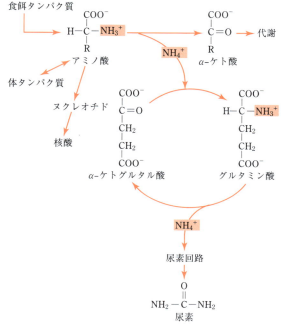

図10.4　生体内のアミノ酸代謝の概略
アミノ酸は体タンパク質や核酸の材料となるとともに，分解されてエネルギーも産生する．その際に生じる毒性をもつアンモニアを処理するために上記の経路がある．

■ 血中逸脱酵素と血清診断 ■

ある臓器組織に炎症などの障害が発生すると，細胞膜の透過性が亢進したり，細胞の破壊が生じる．その結果，酵素は細胞内に留まることができなくなり，血液中に漏れ出してしまう．これを血中逸脱酵素といい，血清診断上重要な情報を与える．本章で述べたアミノ基転移反応を担当する酵素，アラニンアミノトランスフェラーゼ（ALT，グルタミン酸-ピルビン酸トランスアミナーゼ；GPTともいう，図10.3, 10.4参照）やアスパラギン酸アミノトランスフェラーゼ（AST，グルタミン酸-オキサロ酢酸トランスアミナーゼ；GOTともいう）は多くの組織細胞内に存在するが，とくにアミノ基転移反応の盛んな肝臓に多く存在し，血中でこれらの酵素が高い値を示したときは，肝炎や薬物などによる肝障害が一番に考えられる．さらに，クレアチンキナーゼ（CK）は筋肉内でATPからクレアチンリン酸を合成し，一時的にエネルギーを貯蔵する役割を果たしている．CKが血液中で高い値を示したときには，筋肉（骨格筋や心筋）の障害が疑われるが，同時にCKアイソザイム（6章参照）の心筋型が検出されると（LDHアイソザイムはⅠ型），心筋梗塞など心疾患と考えられる．ほかに脳や腎臓などにおいても，ある臓器特異的に存在している酵素の血液中での検出は，それぞれの臓器障害の診断に役立てることができる．

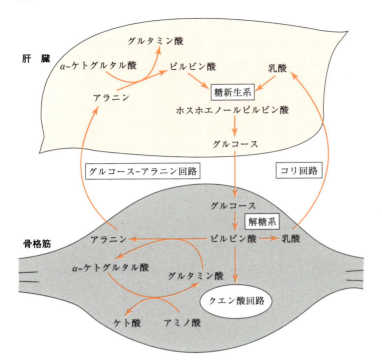

図10.5 骨格筋と肝臓の連携
骨格筋で生じたピルビン酸は，グルタミン酸からアミノ基を受け取ってアラニンになり，肝臓に運ばれる．一方，乳酸はそのまま血液中に放出されて，やはり肝臓で吸収される．肝臓ではピルビン酸からと乳酸からの糖新生経路があり，両者ともホスホエノールピルビン酸を経てグルコースに合成され（糖新生），再度骨格筋に供給されてエネルギー生産に用いられる．前者はグルコース-アラニン回路，後者はコリ回路とよばれている．

　肝臓では，アラニンは前述のアミノ基転移反応でピルビン酸に戻される．その後は糖新生でグルコースに変換されて，血液中に放出され筋肉に戻される．このアラニンによるアミノ基の運搬とグルコースの再供給システムを，グルコース-アラニン回路という（図10.5）．筋肉細胞は，嫌気的条件下ではクエン酸回路が機能しなくなる．そこで，解糖でATPを生産するために，ピルビン酸は乳酸に変換され，肝臓に運ばれてグルコースに糖新生される．その後，グルコースは筋肉に再供給される（コリ回路）．この二つの回路（図10.5）の結果，筋肉ではATPを消費して筋収縮を行うことがおもな役割となり，肝臓ではエネルギー面でそれを補佐するという臓器間の役割分担が成立する．

d. グルタミンはアンモニアを肝臓に運ぶ

　骨格筋以外の臓器においては，グルタミン酸はもう一つのアミノ基を受け取り，グルタミンとなって放出され，血液中を介して肝臓に運ばれる．よって，血中のグルタミン濃度はほかのアミノ酸と比べて非常に高い値を示す．肝臓ではアミノ基を放出してグルタミン酸に戻り，その後もう一つのアミノ基を放出するとα-ケトグルタル酸となる．これらの反応によって生じた有毒なアンモニアは，ATPを消費してカルバモイルリン酸となり，尿素回路で解毒される．

10.3 アミノ酸窒素の利用と処理

a. アンモニアの解毒にはエネルギーが必要

　尿素回路を図10.6に示した．アンモニアはATP 2分子を用いてカルバモイルリン酸に合成され，尿素回路に入りオルニチンに結合し，シトルリンとなる．次に，ATPからピロリン酸を遊離させてアスパラギン酸を結合し，アルギノコハク酸となる．アスパラギン酸はアミノ基を残してフマル酸となって切り離される．生じたアルギニンは，二つのアミノ基部分を尿素として切り離してオルニチンに戻る．

　この回路は複雑にみえるが，オルニチンの骨格（図の枠の部分）は変わらずに，その上でカルバモイルリン酸とアスパラギン酸からの二つのアミノ基を結合させて，尿素を合成する反応とみることができる．尿素回路の特徴は，エネルギーを消費する（2個のリン酸基と1個のピロリン酸基を

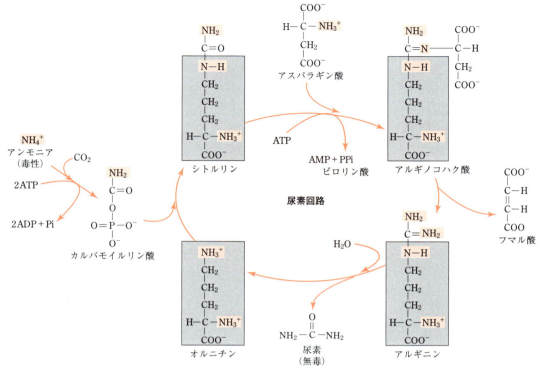

図 10.6　尿素回路（オルニチン回路）
オルニチン（枠で囲った部分）の上でカルバモイル基とアスパラギン酸の二つのアミノ基から尿素を合成している．生じたフマル酸はクエン酸回路に入る．オルニチンの構造（枠で囲った部分）は変化しない．

ATPから遊離させる．つまり，合計4個の高エネルギーリン酸基が必要）反応であることと，肝臓のみに存在することである．

b. アミノ酸は炭素骨格に応じて代謝中間体に変換される

分子量の小さいグリシン，システイン，アラニン，セリン，トリプトファン（はじめにインドール基が切断される），トレオニンはピルビン酸に，メチオニン，イソロイシン，トレオニン，バリンはスクシニルCoAに，トリプトファン，リジン，フェニルアラニン，チロシン，ロイシン，イソロイシンの最終はアセチルCoAになるが，途中の産物としてフマル酸やスクシニルCoAに変換される．分子量の大きなアルギニン，ヒスチジン，グルタミン酸，グルタミン，プロリンは α-ケトグルタル酸に変換される．アスパラギンとアスパラギン酸はオキサロ酢酸に変換される（図8.7参照）．

このように，タンパク質を構成する20種類のアミノ酸はわずか5種類の代謝中間体に変換され，クエン酸回路に入って代謝されていく．このうち，アセチルCoAやアセトアセチルCoAを生ずるロイシンなどは，肝臓でアセト酢酸などのケトン体を生成するので，ケト原性 (ketogenic) アミノ酸とよぶ．一方ピルビン酸や α-ケトグルタル酸などを生ずるアミノ酸（アラニン，グリシンなど多数）は，糖新生によってグルコースに変換できるので，糖原性 (glucogenic) アミノ酸といわれる．

c. 窒素は排泄・再利用される

アミノ酸から遊離したアミノ基（アンモニア）の解毒・排泄は，動物の生態環境によって異なっている．水生の硬骨魚類は，鰓からそのままアンモニアを水中に排泄できる．アンモニアはアンモニウムイオン（NH_4^+）の形で水に溶けやすく水中ですばやく拡散するので，水生動物は余計なエネルギー消費をして解毒する必要がない．しかし NH_4^+ は膜透過性も高く，尿中に高濃度で濃縮し

動物体内のタンパク質の占める割合はほぼ一定に保たれている．すなわち，窒素は吸収と排泄の平衡が維持されている（窒素平衡）．しかし草食動物などでは，泌乳期に多量の乳タンパク質カゼインを体外に分泌するが，それに見合う窒素量を食餌から得られない．そこで，ウシやラクダなどでは唾液や第一胃内に尿素を分泌し，消化管内微生物のはたらきによってアミノ酸などに再利用させ，それを再吸収している．

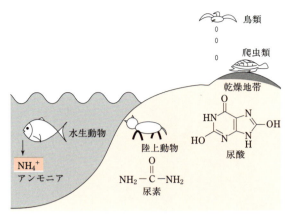

図10.7 動物による窒素の排泄型の違い
アンモニアは水に溶けやすくすばやく拡散するので，水生動物は毒性の強いアンモニアをそのまま排泄できる．陸上動物はエネルギーを消費して尿素や尿酸として排泄する．

て貯蔵しておくことが不可能であるので，多量の水とともに排泄する必要が生じる．そこで，陸上動物のほとんどは，先に述べた尿素回路でアンモニアを解毒して，尿素として尿中に濃縮し排泄する．さらに，鳥類や乾燥地帯に生息している爬虫類は，水分のロスをなくすために，半固形の尿酸に合成して糞とともに排泄している（図10.7）．

10.4 ヌクレオチド代謝

a．ヌクレオチドは分解され尿酸になる

生体内で多く存在しているもう一つの窒素化合物はヌクレオチドである．ヌクレオチドは核酸を構成する成分であり，生物学上もっとも重要な化合物の一つである．また，化学エネルギーの運搬体（ATPやGTP），補酵素（NAD，FAD，CoA），細胞内シグナル伝達物質（cAMP），生合成中間体（UDP-グルコースなど）など，多様なはたらきを担っている．ヌクレオチドは塩基とリ

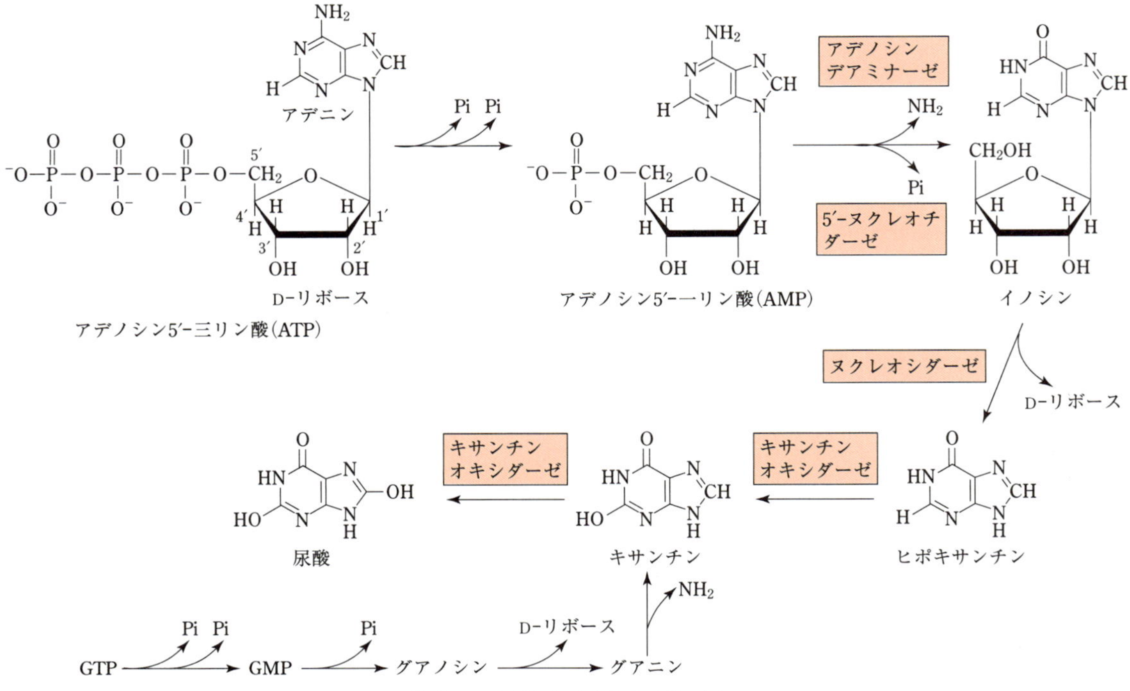

図10.8 ATPとGTPの分解反応
各反応を触媒する酵素名を四角で囲った．GTPも同様な過程を経てキサンチンに分解される．多くの動物では尿酸として排泄されるが，窒素の排泄型の多くはアミノ酸から尿素回路で合成された尿素である．

ボースとリン酸で構成され，アミノ酸と同じく窒素を含んでいる．

図10.8にプリン塩基で構成されるATPとGTPの分解の概略を示した．ATPは，リン酸基が外されたアデノシンからアミノ基がとられ（脱アミノ反応），イノシン(inosine)となる．イノシンからはリボースが外されヒポキサンチンとなり，その後は酸化されてキサンチン，そして尿酸(uric acid)となる．霊長類，鳥類，爬虫類，昆虫は尿酸を排泄するが，ほかの脊椎動物ではさらに酸化されてアラントインとして排泄される．尿酸は水溶性が低いので，過剰にプリン塩基の分解が起こると，不溶化して尿酸ナトリウムの結晶が関節などに沈着し，痛風となる．

ヒポキサンチンの類似化合物であるアロプリノールは，二つのキサンチンオキシダーゼを阻害して，キサンチンや尿酸の生成を阻害する．ヒポキサンチンやキサンチンは，尿酸に比べて水溶性が高いので容易に排泄される．そのため，アロプリノールは痛風の治療に非常に効果的である．ヒトの遺伝的プリン代謝疾患として，アデノシンデアミナーゼ(ADA，図10.8)欠損症は重篤な免疫不全症を引き起こす．この酵素の欠損により，dATPが分解されずに濃縮され，Tリンパ球内で濃縮されたdATPは，NDPからdNDPをつくるリボヌクレオチドレダクターゼの強力な阻害作用を示す．するとほかのdNTPの欠乏が生じ，Tリンパ球は機能不全に陥る．リンパ球へのADA遺伝子の組み込みなどの遺伝子治療が，早くから試みられている．

CTPやTTP，UTPはピリミジン塩基で構成されている．ピリミジン塩基はプリン塩基と異なり，アンモニアを生じ尿素回路で尿素として排泄される．

b．ヌクレオチドの生合成には二つの経路がある

プリンヌクレオチドの生合成はIMP（イノシン酸）の合成が基本となる．プリン環はグリシン，アスパラギン酸，グルタミン，テトラヒドロ葉酸誘導体，そして二酸化炭素から，炭素や窒素を供給される．一方リボースは，ペントースリン酸経路での中間生成物がリン酸化されたホスホリボシル1-ピロリン酸(phosphoribosyl pyrophosphate；PRPP)に由来する．IMPからATPとGTPが合成される．

ピリミジンヌクレオチドの生合成はUMP（ウリジル酸）の合成が基本となる．ピリミジン環の骨格は，カルバモイルリン酸とアスパラギン酸に由来する．PRPPからのリボースとでUMPが合成され，その後UTP，CTP，TTPに変換される．

上記の生合成は新規の合成（de novo合成）経路ではあるが，塩基がつくられたあとにリボースと結合するのではなく，あらかじめリボースに結合した中間体がいくつもの段階を経て塩基部分がつくられていく経路で，異化代謝とは異なっている．一方，もう一つの生合成経路として，異化代謝で生じた塩基の再利用経路（サルベージ経路）がある．たとえば，ヌクレオチドの分解で生じた遊離のアデニンは，PRPPと反応してAMPに合成される．ピリミジン塩基でも，同様の経路が微生物で確認されており，高等動物でも存在が予測されている．

［横田 博］

自習問題

【10.1】 胃酸のはたらきには殺菌などのほかに食餌タンパク質の変性がある．その理由を述べなさい．

【10.2】 消化酵素は不活性の前駆体として分泌される．その理由を述べなさい．

【10.3】 骨格筋ではアミノ基はピルビン酸に転移されアラニンとして肝臓に運ばれる．ピルビン酸が用いられる利点を述べなさい．

【10.4】 尿素回路は骨格筋にはなく肝臓のみに存在している．その理由を述べなさい．

【10.5】 痛風に治療薬としてキサンチンオキシダーゼ阻害剤が有効な理由を述べなさい．

11　代謝の臓器特異性とその相関

ポイント

(1) 各臓器は特有の代謝パターンをもっており，全身の代謝においておのおのの役割を分担し，環境や状況に応じて代謝パターンを変動させている．神経系やホルモンなどにより環境情報やほかの組織の情報が相互に伝達され，全身機能が統合されている．

(2) 消化管は食餌から得られる栄養素を消化・吸収するとともに，消化管ホルモンなどにより食餌情報を全身に向けて発信する．

(3) 肝臓は炭水化物などの消化産物を取り込み，グリコーゲンや中性脂肪，コレステロールに変換する．絶食時に血糖値が低下すると，グリコーゲン分解と糖新生によりグルコースを合成して全身に供給する．血中のアンモニアなどの有害物質や老廃物の処理，血漿タンパク質の合成・分泌も行う代謝の中心臓器である．

(4) 骨格筋は，脂肪酸あるいはグルコースを利用して運動に必要なエネルギーを得ている．絶食時には構成タンパク質を分解し，アミノ酸を肝臓での糖新生の材料として供給する．

(5) 脂肪組織は余剰エネルギーを中性脂肪として貯蔵し，必要に応じて脂肪酸とグリセロールに分解して全身に供給する．様々なアディポサイトカインを分泌する．

(6) 脳のおもなエネルギー源はグルコースであるが，グルコースが長期間不足すると肝臓で生成されるケトン体を利用できるように適応する．

(7) 腎臓は血中の不要代謝物（尿素など）や有害物質（薬物や毒物の分解産物，抱合体）を尿中に排泄するとともに，尿量や電解質，酸，塩基の排泄量を調節して，体液の量や浸透圧，pHの恒常性の維持に重要な役割を果たしている．

(8) 血液は代謝基質・生成物の臓器間での移動を担うとともに，各臓器での酸化に必要な酸素を運び，その代わりに二酸化炭素を肺へ戻す．哺乳動物の赤血球はミトコンドリアをもっていないので，もっぱらグルコースの嫌気的解糖経路によりエネルギーを得ている．

(9) インスリンは食後などの高血糖時に分泌され，各組織でのグルコース利用を促進するとともに肝臓の糖新生を抑制し，血糖値を低下させる．グリコーゲンや中性脂肪としてエネルギー基質の蓄積を促進し，タンパク質や核酸の合成を高める．

(10) グルカゴンはインスリンに拮抗するホルモンであり，血糖低下時にグリコーゲンや中性脂肪の分解を促進し，アミノ酸からの糖新生を促進する．つまり，絶食時のグルコースや脂肪酸の供給にかかわる．

(11) アドレナリンやノルアドレナリンの作用もインスリン作用に拮抗し，ストレス時にエネルギーを動員して骨格筋に供給し，緊急の激しい運動を支える．

(12) インスリンの作用が不足すると糖尿病となり，グルコースの利用低下と糖新生の亢進による高血糖，体タンパク質の分解，体脂肪の分解に伴うケトン体の過剰生成などを起こす．病態の長期化は血管や神経障害などの合併症を引き起こす．

(13) 中性脂肪蓄積量の増加に伴い脂肪細胞から

レプチンが分泌され，脳に作用して食欲を抑制するとともに，交感神経系を介して全身のエネルギー消費量を増加させて体脂肪量を一定に保とうとする．レプチン作用が不足すると肥満となり，高血圧や糖尿病，動脈硬化などを引き起こしやすくなる．

11.1 概　　要

糖，脂質，タンパク質（アミノ酸）の代謝経路についてここまで学んできたが（図11.1），生体内では複数の経路が同時に，もしくは環境に応じて使い分けられながら進行している．また解糖系や電子伝達系など基本的な代謝経路はほとんどの細胞で共通しているが，各臓器には独特の代謝経路が存在しており，臓器は機能を特殊化することで役割を分担して生命活動を支えている．臓器に特有の機能を十分に発揮するため，神経系やホルモンなどにより環境情報やほかの組織の情報がそれぞれに伝えられ，全身機能が統合されている．

"One for All, All for One" とはよくチームプレイ精神の重要性を表すために使われる言葉だが，全身の臓器もこの言葉のとおり，各臓器がほかの臓器のために自己の特技を活かし，すべての臓器は一つの目的，つまり生命活動の維持のために協力してはたらくのである．そのチームプレイは見事で無駄がなく，一見複雑であるが共通の目的のために協調している．代謝の臓器連関を理解するには，個々の臓器の代謝特性と役割を整理してそれぞれの「特技」を理解した上で，摂食状況や環境に合わせて自己の機能をどのように変化させ，どんな共通目的のために協力しているのかを

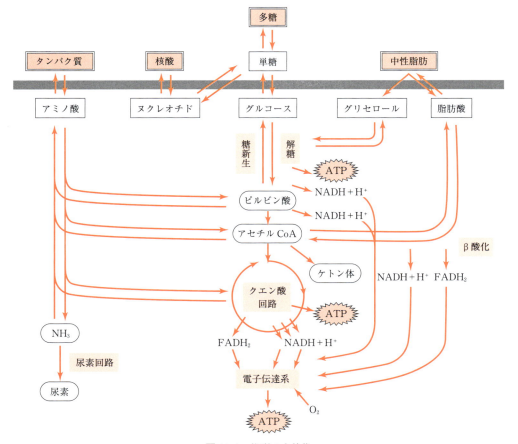

図11.1　代謝の全体像

理解することが重要である．

本章では，はじめにエネルギー基質の吸収，貯蔵，代謝などに深く関与している主要な臓器の特徴的な代謝経路を中心に述べたあとに，環境に応じてどのように対応しているか，その破綻がどのような病態を招くかについていくつかの代表例をあげて説明する．

11.2 主要臓器の代謝特性と役割

主要臓器の代謝特性と役割について個々にまとめる．それぞれの臓器に特化した機能に加えて，その臓器自身が利用できる栄養源に注目して整理する（表11.1）．

11.2.1 消化管

消化管は，生体に必要な栄養素や塩類，ビタミン，水を食餌から取り込むための消化・吸収を担う器官である．食餌成分の消化・吸収はおもに小腸で行われ，摂取した食餌成分の約90％が小腸を通過する間に吸収されるが，食餌中に含まれる糖質，タンパク質，脂質などの栄養素は，そのままの形では吸収できない．それらを吸収可能な小さい分子に，物理的にまたは酵素により化学的に分解する過程が消化であり，それらの消化産物を消化管腔から吸収する．未消化物は糞便として排泄される．

消化管は形態学的にも機能的にも動物種による差が大きく，それは食性の違いに起因している．草食動物では消化管腔内微生物による発酵消化という独特の過程がある（12章参照）．また，歯をもたない鳥類では，食餌を物理的に細分化するためにそ（嗉）嚢などの独特な消化器官をもつ．

消化は管腔内消化と膜消化の2段階に分けられる（図11.2）．管腔内消化は食餌中の多糖類やタンパク質といった高分子化合物（ポリマー）を消化液と管腔内で混ぜ，消化液中の消化酵素の作用で細分化する．一部はそのまま吸収されるが，大部分は上皮細胞微絨毛に結合している酵素による

表11.1 主要臓器とエネルギー源

臓　器	貯蔵エネルギー	おもなエネルギー源	放出される代謝物など
肝　臓	グリコーゲン	脂肪酸	グルコース，ケトン体，脂質を含むリポタンパク質
骨格筋：静止時	グリコーゲン	脂肪酸	
骨格筋：運動時		脂肪酸，グルコース	乳酸，アラニン
心　臓		脂肪酸	
脂肪組織	中性脂肪	脂肪酸，グルコース	脂肪酸，グリセロール
脳		グルコース（飢餓時にはケトン体）	

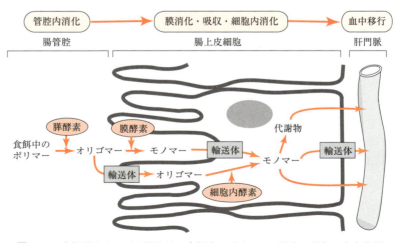

図11.2 多糖類やタンパク質などの食餌中のポリマーの消化・吸収・血中移行

膜消化で，吸収可能なサイズ（モノマー）に分解される．これらの過程でタンパク質はアミノ酸に，デンプンなどの多糖類は単糖類へと分解され，微絨毛膜に存在する輸送体によって上皮細胞内に取り込まれ，血中を通り門脈系でまっすぐ肝臓に至る．中性脂肪は膵リパーゼのはたらきでモノアシルグリセロールと脂肪酸に分解され，胆汁酸とともに可溶性のミセルを形成し，小腸上皮細胞へ吸収される．上皮細胞内で再びトリアシルグリセロールに再合成され，リポタンパク質（キロミクロン）に組み込まれたあと，リンパ管を通って血中へ移行する．

食餌を体内に摂取すると，そのあとの消化管での消化・吸収や他臓器での代謝を円滑に進める準備を促すために，消化管から全身に情報が送られる．口腔咽頭での味覚刺激（化学的刺激）や消化管壁の伸展（物理的刺激）は中枢神経系や腸管の神経繊維網を介して，もしくは消化管粘膜細胞から分泌される様々なホルモンにより消化管や他臓器に伝えられ，消化・吸収が円滑に行われる．

11.2.2 肝　臓

肝臓は，主要な代謝経路をほとんどすべてもっている重要な代謝臓器である．消化管で消化・吸収された低分子の代謝物の大部分は，門脈を介して肝臓に到達し，代謝されて蓄積，または必要に応じて血中に供給される．また，血中の有害物質や老廃物の処理も担っている．消化管における脂質の消化に必要な胆汁は肝臓が合成し，消化管内に放出している．さらに，血漿タンパク質の合成分泌も盛んである．

a．糖代謝と血糖維持

肝臓のもっとも重要な機能の一つが血糖値の維持である．食後の血糖値が高いときには細胞内にグルコースを取り込み，グリコーゲンへと変換して貯蔵する．空腹時や飢餓状態で血糖値が低下した際には，グルコースを合成し血中に放出して供給する．

まず，血糖値が高いときにはたらくグルコースの取り込みと蓄積経路について肝臓の特徴をみてみよう．グルコースの取り込みには，肝臓に特有なグルコキナーゼと細胞膜上のグルコース輸送体がかかわる．一般に，細胞内に取り込まれたグルコースはヘキソキナーゼのはたらきですみやかにグルコース6-リン酸となる．この変換により，グルコースは次の代謝ステップに進めるようになるほか，取り込まれたグルコースが再び細胞外に流出しないようになる．

肝臓には，グルコースに対する基質特異性の高い型のアイソザイムであるグルコキナーゼが存在するが，グルコキナーゼはヘキソキナーゼに比べてK_m値が高く，食後など血中グルコース濃度が高くても酵素活性を高めて対応できる．また，ヘキソキナーゼはその代謝産物であるグルコース6-リン酸により酵素活性が阻害されるのに対し，グルコキナーゼはこの阻害を受けない．これらの特徴により，肝臓は血中グルコース濃度が高くなっても効率よく細胞内にグルコースを取り込むことができる．また，肝細胞の細胞膜上に存在するグルコース輸送体（GLUT2）は最大輸送量が大きい特徴があるため，高血糖時でも律速せずにグルコースを取り込むのに適している．細胞内に取り込まれたグルコースは，グリコーゲンとして肝細胞内に蓄積される．

反対に空腹時など血糖値が低下すると，肝臓はグリコーゲンの分解により，もしくは糖新生によりグルコースを産生する．グリコーゲンが分解されるとグルコース6-リン酸が生じ，これがグルコース-6-ホスファターゼにより脱リン酸化されてグルコースとなる．産生したグルコースは血中に放出され，ほかの臓器でエネルギー源として利用される．筋肉もグリコーゲンを合成して蓄えるが，筋肉にはグルコース-6-ホスファターゼがなくグルコースを合成することができない．したがって，グルコース6-リン酸はそのまま解糖系で分解されて筋肉自身のエネルギー源として使われる．

糖新生は，筋肉由来の乳酸，筋肉を含めた他臓器由来の糖原性アミノ酸，脂肪組織由来のグリセロールなどを材料に，グルコースを合成する経路である．グルコース-6-ホスファターゼを発現する肝臓と腎皮質に限られた機能であり，空腹時の

血糖維持には肝臓における糖新生が重要である．食餌由来のグルコースがほとんどない反すう動物の成獣では，糖質は大部分がVFAとして吸収されるため，プロピオン酸やアミノ酸からの糖新生が体内グルコースの唯一の供給源である．そのため血糖値は低く維持されており，肝臓においてもグルコキナーゼは存在しない．

b．脂質代謝とケトン体合成

肝臓が取り込んだグルコースはグリコーゲン合成に用いられるほか，中性脂肪やコレステロールといった脂質の合成にも用いられる．グルコースが代謝されて生じたアセチルCoAから脂肪酸が合成され，さらに中性脂肪が合成される．これにリン脂質やコレステロール，アポリポタンパク質が加わった超低密度リポタンパク質（VLDL）の形で血中に放出され，VLDL中のトリグリセリドは脂肪組織に取り込まれて貯蔵される．つまり，食後の余剰なグルコースは肝臓でグリコーゲンとして蓄えられるほか，脂肪組織に中性脂肪として蓄えられることになる．アセチルCoAからはコレステロールも活発に合成されている．コレステロールは，肝臓で合成する胆汁酸（コール酸，デオキシコール酸など）の出発材料でもある．また，中性脂肪と同様にVLDLに取り込まれて他組織に分配され，細胞膜やステロイドホルモンの原料として利用される．

このように，肝臓はグルコースを積極的に取り込むが，これらは必要なときにほかの臓器にエネルギー源を供給するための貯蔵に用いられるもので，肝臓自身のおもなエネルギー源は脂肪酸である．脂肪酸がミトコンドリア内でβ酸化により代謝される過程で生じるアセチルCoAは，クエン酸回路と電子伝達系でさらに分解されATPが合成されるが，クエン酸回路の許容量を超えてアセチルCoAが過剰に蓄積するとケトン体の合成が進む．単胃動物では血中ケトン体の大部分は肝臓由来である．肝臓以外の臓器にはケトン体をアセチルCoAへと代謝する酵素が存在し，ケトン体をエネルギー基質として利用できるので，この経路もまたほかの臓器にエネルギー源を供給することになる．絶食時など糖が不足する状況では，脳の貴重なエネルギー源となる．

c．アミノ酸代謝と血漿タンパク質の合成分泌

消化管から吸収されたアミノ酸は直接体循環に入り，末梢組織でのタンパク質合成に利用される．肝臓ではタンパク質合成も活発であり，多様な代謝経路を支える酵素類や細胞の構成タンパク質といった肝臓自身が必要とするタンパク質に加え，アルブミンやグロブリン，フィブリノーゲンなどの血漿タンパク質を合成して分泌する役割がある．また，核酸の構成要素であるピリミジン塩基やプリン塩基を合成する場としても，肝臓はもっとも重要な臓器である．

d．代謝産物の処理と解毒

アミノ窒素の最終産物であるアンモニアは細胞に対する毒性が強いので，すみやかに尿素や尿酸に変換されてから排泄される．アンモニア解毒（尿素合成）の場は肝臓である．肝臓は尿素を合成できる唯一の臓器であるため，重篤な肝疾患時には毒性の高いアンモニアの血中濃度が上昇し，これはとくに神経系の機能を障害する．また，ビリルビンのグルクロン酸抱合，薬物や毒物の分解・抱合体形成による解毒も，大部分が肝臓で行われる．

11.2.3　骨格筋と心臓

骨格筋においては，赤筋（ミトコンドリア，ミオグロビンが豊富）と白筋（ミトコンドリア，ミオグロビンが少ない）では代謝特性が異なる．また，骨格筋はグルコースや脂肪酸，ケトン体など様々なエネルギー源を利用することができるが，静止時と運動時では必要なエネルギー量と基質の割合が大きく異なる．

静止時には，血中から供給されるリポタンパク質由来の脂肪酸をおもなエネルギー源として利用する．運動時にはすみやかにATPを合成する必要があるため，グルコースの消費量が大きくなる．血中から取り込むグルコースのほか，筋肉内に蓄えているグリコーゲンが利用される．運動をはじめると筋血管の拡張により血流量が増加し，酸素供給が増えるので，脂肪酸やグルコースの好気的代謝（クエン酸回路，酸化的リン酸化）による

ATP産生で必要なエネルギーを満たすことができる．また，筋肉には高エネルギーリン酸化合物であるクレアチンリン酸が存在するので，これから直接ATPを産生することもできる．運動が激しくなり大量のエネルギーが必要になると，酸素供給が間に合わなくなり，好気的代謝ではATPが不足するようになるので，嫌気的解糖によって得られるエネルギーへの依存が高まる．その結果生じた大量の乳酸は，血中を通って肝臓で回収されて糖新生の材料となる（コリ回路，図10.5参照）．

筋肉のもう一つのエネルギー源はミオシンやアクチンなどの筋タンパク質である．しかしエネルギー源としての効率は低く，筋タンパク質を失うことは生体にとって危険なことでもある．したがって，重篤な飢餓状態のときを除き，タンパク質のアミノ酸への分解は最低限に抑えられている．また，筋タンパク質の分解により生じる有毒なアンモニアの除去経路としてグルコース-アラニン回路があり，タンパク質の分解によって生じるアミノ酸はアミノ基転移によってアラニンに集約され，血中に放出されて肝臓に取り込まれ，糖新生の主要な基質となる．

心臓機能の停止は生命活動の停止，つまり死を意味する．したがって，心筋が乳酸蓄積による疲労や構成タンパク質の喪失により機能を低下させることは避けなければならない．そのような役割に一致して，代謝も骨格筋とは異なり，豊富なミトコンドリアをもつ完全に好気的な臓器である．また常に収縮を繰り返しているため，安息時と運動時の代謝パターンは骨格筋ほど変化しない．脂肪酸をおもなエネルギー源として用いるが，同時にグルコース，乳酸，ケトン体なども使うことができる．グリコーゲンはほとんど蓄えておらず，少量のクレアチンリン酸を蓄える程度である．よって，心臓が休むことなくはたらき続けるためには，酸素とエネルギー源のとだえることのない補給が必要である．

11.2.4 脂肪組織

脂肪組織は皮下，血管周囲，腹腔内などに形成され，体重の数％から数十％を占める大きな臓器である．大部分が中性脂肪を蓄積した脂肪細胞からなっており，余剰エネルギーの貯蔵庫として機能している．中性脂肪は同じ質量のグリコーゲンの約2.5倍のATPを産生することができ，組織中に脱水された，状態で蓄積されているので，長期的なエネルギー貯蔵物質として適している．

脂肪組織はグルコースと脂肪酸を酸化してエネルギーを得ているが，生じたエネルギーの多くは貯蔵のための中性脂肪合成に利用されている．中性脂肪合成の材料となる脂肪酸は，脂肪細胞自身で合成される部分もあるが，多くは肝臓や消化管で合成分泌された，キロミクロンやVLDLといった血中リポタンパク質中の脂質を脂肪酸として取り込んだものである．もう一つの材料であるグリセロールは，細胞内に取り込んだグルコースからグリセロール3-リン酸として合成される．したがって，中性脂肪が合成される際にはグルコースの取り込みも必要である．貯蔵した中性脂肪は，必要に応じてホルモン感受性リパーゼにより分解され，脂肪酸とグリセロールが血中に放出される．脂肪酸は血中アルブミンと結合して心臓や骨格筋，肝臓などにエネルギー源として供給される．グリセロールは肝臓に取り込まれ，糖新生に利用される．このような中性脂肪の合成と分解は，インスリンやアドレナリンなどのホルモンにより制御されている（後述）．

以上のように，脂肪組織はエネルギーを蓄え，必要に応じて他組織に供給する貯蔵庫であるが，近年，様々な生理活性ペプチド（アディポサイトカイン）を分泌して他臓器の機能を制御することが明らかになっている．

11.2.5 脳

脳ではニューロンの膜電位を維持するために，Na^+, K^+-ATPaseにより常に大量のATPを消費している．エネルギー基質の大部分を血中のグルコースに依存しており，神経活動が活発になるとニューロンの代謝が高まり，グルコースの取り込みが増加する．血液からのグルコースは脳に

とって必須であり，食餌由来のグルコースがほとんどない反すう動物においても，脳の機能維持のために最低限のグルコースを肝臓で糖新生により供給しなければならない．しかし絶食が長期にわたり，グルコース供給が不足してくると，肝臓で生成するケトン体をエネルギー源として利用するように適応する．

脳の毛細血管では内皮細胞は密着結合という様式で結合し，血液から脳内への物質の移動が限定されており，この機構は血液・脳関門とよばれている．グルコースは血管内皮細胞のグルコース輸送体によりこの細胞を通り抜けて脳内に移動し，さらにニューロンのもつグルコース輸送体によりニューロン内に取り込まれる．取り込まれたグルコースはエネルギー源として利用されるだけでなく，アミノ酸や脂質へと転換され利用される．

神経軸索をおおう髄鞘はコレステロールやリン脂質などの脂質に富み，その絶縁性から跳躍伝導によるすばやい神経インパルスの伝導に役立っている．それらの脂質は，脳自身がグルコースをもとに合成している．脳の血管にはリポタンパク質リパーゼがほとんど存在せず，また脂肪酸も血液・脳関門を通過できないため，血中の脂質は脳にはほとんど取り込まれない．

アミノ酸は，血管内皮細胞に存在する輸送体によって脳内に取り込まれる．構造タンパク質や酵素，ホルモンの合成に利用されるほか，神経伝達物質，あるいはその材料として重要である．たとえば，グルタミン酸は興奮性の，グリシンは抑制性の神経伝達物質である．チロシンからは各種カテコールアミン，トリプトファンからはセロトニン，ヒスチジンからはヒスタミンといった神経伝達物質が合成される．アミノ酸代謝により生じるアンモニアは，グルタミンが合成されてすみやかにグルタミン酸に取り込まれ，細胞毒性を防いでいる．血中アミノ酸の中でもっとも濃度が高いのはグルタミンとアラニンであるが，このグルタミンの多くは脳から放出されたものである．

11.2.6 腎 臓

腎臓は，血中の不要代謝物（尿素など）や有害物質（薬物や毒物の分解産物，抱合体）を尿中に排泄するとともに，尿量や電解質，酸，塩基の排泄量を調節して，体液の量や浸透圧，pHの恒常性の維持に重要な役割を果たしている．代謝活性がきわめて高い臓器の一つで，ATPの大部分は尿細管のNa^+, K^+-ATPaseによるNa^+の能動輸送のために消費されている．

11.2.7 血 液

すべての臓器は血流で結ばれており，代謝基質・生成物が臓器間で移動している．また各臓器での（細胞内）呼吸に必要な酸素を運び，その代わりに二酸化炭素を肺へ戻す．血液そのものの代謝という点では，もっとも重要なのは赤血球での解糖反応である．全血液の約半分の体積を占める血球細胞のうち，99％以上が赤血球である．哺乳動物の赤血球はミトコンドリアをもっていないので（鳥類にはある），必要なエネルギーはもっぱら嫌気的解糖経路に依存しており，グルコースを唯一のエネルギー源としている．

11.3 代謝の臓器相関と調節

ここまでは臓器ごとに代謝経路や役割について整理したが，それぞれが自身のためだけでなく他組織のために，特殊化した機能を発揮してエネルギー源を供給したり不要な代謝産物の処理をしていることがよくわかるだろう．すべての細胞がすべての機能を備えることは，生命にとっては「無駄」であり，役割を分担する方が都合がよいのである．また注目すべき点として，利用できるエネルギー源としての栄養素が臓器によって異なることがある．たとえばグルコースはほとんどの臓器で利用できるのに対し，ケトン体は限られた臓器でしか利用できない．さらに，臓器によっては状況（食後，空腹時，活動時など）によって利用する栄養素を柔軟に使い分けている．生体にとっては，すべての臓器，細胞がエネルギー源を過不足

なく確保できることが，生命活動の維持に必須である．脳の主要なエネルギー源であり，赤血球や腎髄質では唯一のエネルギー源であるグルコースの確保はとくに重要であり，血糖値を維持するために各臓器がそれぞれの代謝特性を発揮して相互に連動させている．

11.3.1 ホルモン・神経による調節と代謝応答

互いに離れた部位にある臓器が，それぞれの機能を統合して制御するためには，何らかの方法により情報を伝達しあう必要がある．各臓器からの情報は，これまで述べたような栄養素や代謝産物に加え，神経やホルモンにより伝達されている．ホルモンによる制御は，情報の送り手側でのホルモンの合成・分泌量と，受け手側の受容体の有無や量により調節される．多種多様なホルモンが様々な生命活動の制御にかかわっているが（13章参照），本項では代謝の臓器連関を理解する上でとくに重要なインスリン，グルカゴン，カテコールアミン，グルココルチコイドについて述べる（表11.2）．

a．インスリン

インスリンは膵臓で合成されるペプチドホルモンである．その作用をおおまかにまとめると，①細胞内へのグルコースの取り込みを促進してグリコーゲンや中性脂肪として貯蔵すること，②核酸やタンパク質の合成を促進することである．①による血糖値の低下作用がインスリンのもっとも重要な作用であり，血糖値を上昇させる作用をもつホルモンが複数あるのに対し血糖値を低下させるのはインスリンのみである．また②の作用から，インスリンは細胞増殖因子とも考えられている．

膵臓には血中にホルモンを分泌する内分泌細胞と，上部小腸へ消化酵素を分泌する外分泌細胞の両方がある．内分泌細胞が存在するランゲルハンス島には種類の異なる細胞があり，それぞれ固有のホルモンを産生している．インスリンは β 細胞により合成分泌される．血糖値が上昇すると β 細胞よりインスリンが分泌され，細胞膜上の受容体に結合して受容体の自己リン酸化を起こし，様々な細胞応答を引き起こす．

インスリンによる細胞へのグルコース取り込みの促進には，インスリン感受性のグルコース輸送体がかかわっている．すなわち，筋肉や脂肪組織にはインスリン依存性のグルコース輸送体（GLUT4）が存在し，インスリン作用により細胞質から細胞膜上に移動してすみやかにグルコースを取り込む．取り込まれたグルコースは，筋肉ではグリコーゲンとして蓄えられ，脂肪組織では中性脂肪合成に使われる．肝臓に対してのインスリンのおもなはたらきは，糖新生を抑制し，血液中

表11.2 代謝を調節するホルモンの各臓器および全身への作用

ホルモン	肝臓での代謝	脂肪組織での代謝	骨格筋での代謝	全身効果
インスリン	グルコース取り込み↑ グリコーゲン合成↑分解↓ 糖新生↓	グルコース取り込み↑	グルコース取り込み↑ グリコーゲン合成↑分解↓	血糖値↓ グリコーゲン蓄積↑
		中性脂肪合成↑分解↓		血中脂肪酸↓ 体脂肪蓄積↑
	タンパク質合成↑		タンパク質分解↓合成↑	細胞増殖・成長↑
グルカゴン	解糖↓ グリコーゲン合成↓分解↑ 糖新生↑			血糖値↑ グリコーゲン蓄積↓
		中性脂肪分解↑		血中脂肪酸↑ 体脂肪蓄積↓
（ノル）アドレナリン	グリコーゲン合成↓分解↑ 糖新生↑		グリコーゲン合成↓分解↑	血糖値↑ グリコーゲン蓄積↓
		中性脂肪分解↑		血中脂肪酸↑ 体脂肪蓄積↓

への糖の放出を抑えることで血糖値の上昇を防ぐことである．肝臓のグルコース輸送体はインスリンの影響を受けないが，インスリンは解糖の進行を亢進させたり，グリコーゲン合成酵素を活性化してグリコーゲンとしての貯蔵を促進することで間接的にグルコースの取り込みを亢進させる．これらの作用により，食後に上昇した血糖値はすみやかに低下する（図11.3）．

なお，脳に存在するグルコース輸送体はインスリン感受性をもたないため，インスリン欠乏時にも脳はグルコースを取り込み利用することができる．一方，脂質代謝においては，インスリンは肝臓でグルコースから脂肪酸と中性脂肪の合成を促進し，脂肪組織では中性脂肪の合成を促進するとともに分解を強く抑制する．また，筋肉ではアミノ酸の取り込みを促進してタンパク質合成を促進し，同時に分解を抑制する．

b．グルカゴン

グルカゴンは膵臓で合成されるペプチドホルモンであり，血糖値を上昇させる作用をもつ．血糖値が低下すると膵臓ランゲルハンス島のα細胞により分泌され，細胞膜の三量体Gタンパク質結合型受容体を介しておもに肝臓に作用する（図11.3）．グリコーゲン分解酵素を活性化してグルコース産生を促進し，同時にグリコーゲン合成系を抑制する．また，糖新生を促進し，解糖を抑制する．これらの作用により肝臓からのグルコース放出を高めるので，血糖値が上昇する．このようにグルカゴンはインスリンとは反対に，エネルギー源をすみやかに分解して全身に供給する役割を果たしている．

c．カテコールアミンとグルココルチコイド

グルカゴンと同様に血糖上昇作用を発揮する因子が，副腎髄質から分泌されるアドレナリンと交感神経終末から放出されるノルアドレナリンである．これらのカテコールアミンもグルカゴンと同様に三量体Gタンパク質結合型受容体を介して作用を発揮するが，肝臓に加えて筋肉も主要な作用部位である．すなわち，肝臓ではグリコーゲンからのグルコースの放出を促し血糖値を上げるとともに，筋肉でのグリコーゲン分解を促進し，これは筋収縮のエネルギー源となる．グルカゴンと異なり，カテコールアミンの作用は速く短い特徴がある．

アドレナリンやノルアドレナリンが脂肪組織に作用すると，脂肪細胞内に存在するホルモン感受

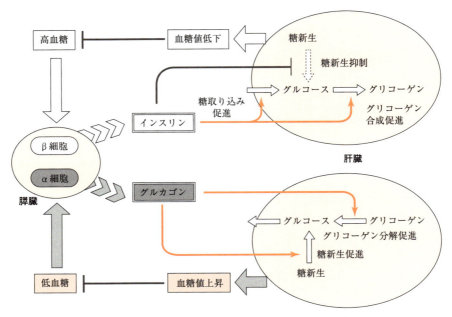

図11.3　膵分泌ホルモンの肝臓への作用と血糖調節

性リパーゼが活性化して細胞内の中性脂肪を分解し，生成した脂肪酸が血中に放出されて骨格筋や心臓に供給される．さらに，これらのカテコールアミンはインスリン分泌を抑制するとともにグルカゴン分泌を促進する作用ももつので，グルカゴンと共同してインスリン作用に対抗することとなる．

副腎皮質から分泌されるグルココルチコイドも血糖上昇作用をもつ．グルココルチコイドは脂溶性のステロイドホルモンであり，細胞（核）内受容体に作用して，おもに代謝酵素の遺伝子発現を増減させて比較的ゆっくりと効果を発揮するとされる．肝臓では，糖新生酵素の発現を誘導することで糖新生を亢進させる．また，筋肉を含む肝臓以外の臓器ではタンパク質分解を亢進させ，生成したアミノ酸は肝臓での糖新生に用いられる．さらにグルココルチコイドそのものの効果に加え，少量のグルココルチコイドが存在することによりグルカゴンやカテコールアミン作用が増強することが知られている（許容効果）．

11.3.2 食事摂取と絶食に対する代謝応答

摂食状況に応じた各臓器における代謝の変化を，食後，空腹時，絶食（飢餓）時に分けて整理する．食後は豊潤なエネルギー源を効率よく蓄えるために，空腹時や絶食時には蓄積したエネルギー源を分解して利用するとともに貴重なグルコースを脳などへ優先的に配分するために，各臓器が協調して機能する．食後の代謝変化について図 11.4 に，空腹時の代謝変化について図 11.5 にまとめる（インスリンなどのはたらきについては前項参照）．

さらに空腹状態が続き，低血糖が続くとどんな反応が起こるだろうか？ 脳や赤血球には最低限のグルコースが必要なので，その確保のために図 11.6 に示すような反応が起こる．低血糖によりインスリン分泌は抑えられており，肝臓からのグルコース放出が促進される．グリコーゲン含量は 1 日の絶食でほぼ枯渇する程度なので，絶食が長期にわたる場合には糖新生が主になる．糖新生の原料として糖原性アミノ酸が消費される．つまり，筋肉では筋タンパク質が分解され，糖原性アミノ酸は肝臓に運ばれて糖新生の原料となる（グルコース-アラニン回路）．他組織のエネルギー源を供給するために，脂肪組織では中性脂肪の分解がさらに亢進し，大量の脂肪酸が放出される．その結果，肝臓には大量の脂肪酸が流入し，β 酸化が

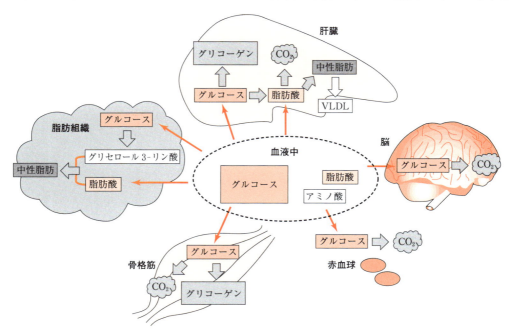

図 11.4 食後の高血糖による代謝変化

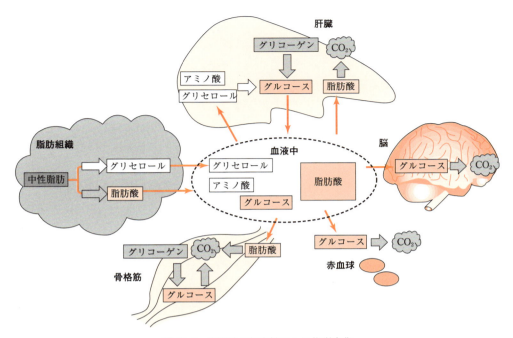

図11.5　空腹時の低血糖による代謝変化

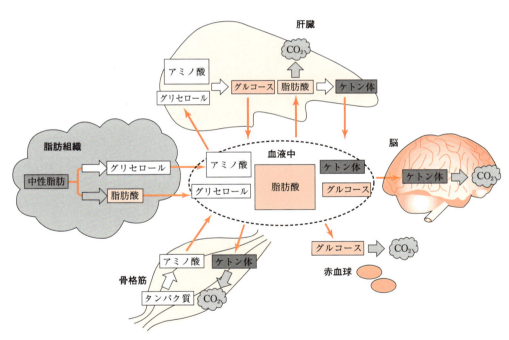

図11.6　飢餓時の代謝変化

亢進してアセチル CoA が過剰に蓄積するとケトン体が生じる．ケトン体は心筋や骨格筋でエネルギー源として使われる．さらにグルコースの欠乏状態が続くと，脳はグルコースに変わるエネルギー源としてケトン体を使うように適応し，グルコースは赤血球と腎髄質で消費される．

11.3.3　ストレス時の代謝変化と運動

動物にストレスがかかると，それから逃げるか積極的に戦って排除するか，いわゆる闘争か逃走

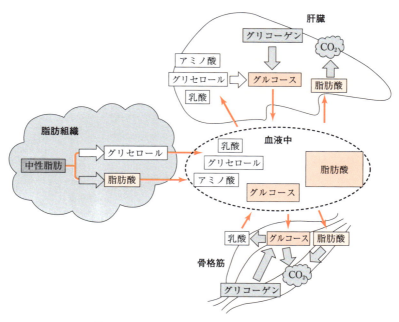

図11.7 ストレス時の激しい運動と代謝変化

か（fight or flight）の対応を迫られる．いずれにしても急速で活発な筋肉運動が必要となるので，ストレス時には筋肉にエネルギー源を供給するために各臓器が協調して機能する（図11.7）．その反応の制御には，副腎髄質から分泌されるアドレナリンが中心的な役割を果たす．

ストレスによってアドレナリンが副腎髄質から分泌されると，肝臓や骨格筋のグリコーゲンと脂肪組織の中性脂肪の分解が促進され，遊離したグルコースや脂肪酸は筋肉運動のエネルギーとして利用される．同時にアドレナリンは心臓や肺機能の亢進，血圧上昇を引き起こすが，これらの変化は酸素とエネルギーを筋肉にすみやかに供給することに好都合である．激しい運動が続くと，筋肉では嫌気的解糖によって大量の乳酸が生成し，心筋で利用されるか肝臓で糖新生の材料として用いられる（コリ回路）．

寒冷暴露は恒温動物が遭遇する別のタイプのストレスであるが，このときも交感神経・副腎髄質系が全身臓器の協調的応答を引き起こし体温維持が図られる．体温は，皮膚からの熱放散と体内での熱産生のバランスによって維持されているが，寒冷環境にさらされると，交感神経が活性化してノルアドレナリンによって皮膚の血管収縮，血流減少，立毛などが起こり，熱放散が減少する．一方の熱産生は筋肉の不随意運動（ふるえ熱産生）と褐色脂肪組織での非ふるえ熱産生によるが（8章コラム参照），このエネルギー源は筋肉や肝臓のグリコーゲンや脂肪組織中の中性脂肪である．これらの分解はアドレナリンにより促進されるが，とくに褐色脂肪組織は交感神経が密に分布しているので，神経終末から分泌されたノルアドレナリンの作用により，中性脂肪が分解されて熱産生が亢進する．

11.3.4 血糖調節と糖尿病での代謝異常

前述のとおり，血糖値を上昇させるホルモンは複数あるものの，血糖値を低下させるホルモンはインスリンのみである．したがって，インスリンの分泌や作用に障害が起これば，血糖値を一定に保つためのホメオスタシスがくずれることは容易に想像がつく．糖尿病はインスリン作用の不足によって引き起こされる病態で，慢性的な高血糖状態を特徴とする．ケトアシドーシス，体重減少などの症状を伴い，治療しなければ昏睡や死に至る．また，網膜症，腎症，末梢神経の障害などの

合併症を引き起こし，さらに心臓，下肢，脳の動脈硬化性病変が進行することが多い．

糖尿病の多くは，インスリンそのものが不足する1型とインスリンは存在するものの作用が不足する2型に分類される（14章コラム参照）．1型糖尿病では，インスリンを合成，分泌する膵臓のβ細胞が自己免疫などにより障害を受けることで血中インスリンが欠乏する．発症は若年者に多く急速に進行するが，インスリン投与が有効である．2型糖尿病は，インスリン作用の低下（インスリン抵抗性）が要因となる．インスリン抵抗性とは，全身組織のインスリン感受性が低下することによりインスリンの作用が不足する現象であり，細胞の受容体レベルまたは細胞内シグナル伝達経路のレベルでインスリン作用が障害されている．インスリンの血糖降下作用が不足して高血糖となると，インスリンはさらに分泌されるため高インスリン血症となることが多い．

高血糖は血液の浸透圧を高め利尿作用を示し，腎臓の再吸収能力を超えたグルコースが尿中に漏出して水分の喪失が起こり，口渇，多飲，多尿といった症状を招く．しかし糖尿病において問題となるのは，血糖値が高いことよりも，インスリン作用が不足することにより，血中には豊富なグルコースが存在するにもかかわらず，上述の飢餓状態と同様の生体反応が起こることである．すなわち，細胞はグルコースの代わりに中性脂肪に由来する脂肪酸やタンパク質由来のアミノ酸をエネルギー基質として用いる．一方，肝臓ではインスリンによる抑制がないため，高血糖にもかかわらず糖新生が亢進し続ける．同時に脂肪酸のβ酸化が亢進して，ケトン体合成が増加する．ケトン体は一部の臓器でエネルギーとして用いられるが，長期にわたって過剰に生成されるとケトアシドーシスを引き起こす．また，体タンパク質の分解が亢進して生じるアミノ酸は局所でエネルギーとして利用されるか，肝臓に運ばれて糖新生によりグルコースとなる．しかし，細胞が利用しきれない大量のグルコースは尿中に漏出するので，結局体タンパク質や体脂肪を分解して尿中に捨てていることになり，最終的に体重が減少してしまう．

11.3.5 エネルギー代謝異常と肥満

肥満は，食餌として摂取するエネルギーが長期間にわたって消費を上まわり，体脂肪として過剰に蓄積した状態である．過食によるエネルギー摂取の過剰に加えて，運動不足，加齢に伴う基礎代謝量の低下などによるエネルギー消費の低下も肥満の要因となる．肥満では，脂肪細胞が肥大するとともにアディポサイトカインの分泌に異常が生じており，インスリン抵抗性を引き起こす．高血糖，高血圧，高脂血症と併発した状態は，動脈硬化などが起こりやすいメタボリックシンドロームとして診断される．

食餌エネルギーの摂取（摂食行動）は，全身のエネルギーの過不足状態が血液中の成分の変化によって満腹あるいは空腹シグナルとして脳に伝わり，調節されていると考えられている．このようなシグナル成分としてグルコースや脂肪酸，インスリンなどがあるが，脂肪細胞から分泌される様々なアディポサイトカインも食欲の調節にかかわることが明らかになってきている．

そのようなアディポサイトカインの中でもレプチンの役割が大きく，作用機序も明らかになっている．レプチンは脂肪細胞で合成され血中に分泌されるペプチドで，脳の視床下部に存在する受容体に作用して食欲を抑える．レプチンの分泌量は脂肪細胞の中性脂肪蓄積量の増加に伴い増加する．したがって，食餌の摂取量が長期的に増加して体脂肪量が増加すると，レプチン量も増加して摂食を抑えるというフィードバック調節が行われることになる．一方レプチンは，エネルギー消費量も増加させる．レプチンが視床下部の受容体に作用すると，交感神経系が活性化してグリコーゲンや中性脂肪などの蓄積エネルギーが分解されて消費される．したがって，レプチンはエネルギー摂取とエネルギー消費の両方を制御することで体脂肪の過剰な蓄積を防いでいる．

脂肪組織は全身の余剰エネルギーを貯蔵する部位であるので，レプチン分泌量が脂肪組織のエネ

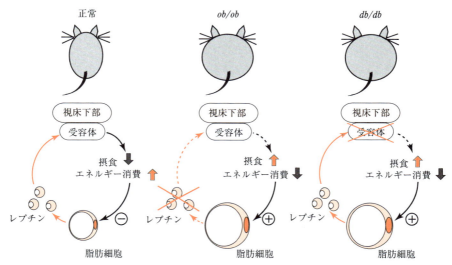

図 11.8 レプチンとレプチン受容体によるエネルギー出納調節と肥満
ob/ob マウスはレプチン産生，*db/db* マウスはレプチン受容体の異常により，それぞれ肥満する．

ルギー状態により調節されるのは非常に理にかなっている．この制御機構に障害があれば過食となり，エネルギー消費量も低下して肥満となることが予想されるが，実際にレプチンあるいはその受容体に異常があるマウスやラットは肥満となることが知られている（図 11.8）．

反対に，この制御機構が正常に機能していれば，肥満することはないようにも思える．しかし，肥満が進行して脂肪組織からのレプチン分泌量が過剰になり高レプチン血症が続くと，脳におけるレプチン作用が減弱する（レプチン抵抗性）．するとレプチンによるフィードバック調節が効かなくなり，肥満は増悪する．このフィードバック機構の破綻は，インスリン分泌の過剰がインスリン抵抗性をもたらすことによく似ている．生体は恒常性を維持するために様々なフィードバック機構を備えているが，その許容範囲を超えると統制不能となり，やがては破綻するということである．

［岡松優子］

自 習 問 題

【11.1】 肝臓はほぼすべての代謝経路をもち合わせた代謝の中心臓器である．特徴的な役割を四つあげて，それぞれについてまとめなさい．

【11.2】 肝臓，骨格筋，心臓，脂肪組織，脳がエネルギーとして用いる栄養素について，摂食状況やストレスなどの環境による変動も含めて説明しなさい．

【11.3】 糖新生の材料となる基質をあげ，それらがどの組織に由来するかを述べなさい．

【11.4】 絶食時にも血糖値が維持される仕組みについて説明しなさい．

【11.5】 インスリンやレプチンのはたらきと，それらの作用が低下したときの病態について述べなさい．

12 反すう動物の生化学的特性

ポイント

(1) 反すう動物は，第一胃内で微生物のはたらきによりセルロースを発酵分解して揮発性脂肪酸（VFA）を産生し，これを主たるエネルギーとして利用している．
(2) 反すう動物の血液中のグルコースおよび脂質濃度は，非反すう動物（イヌやネコなど）に比べて著しく低い．
(3) 反すう動物の肝臓は，解糖系律速酵素であるグルコキナーゼ活性を欠き，逆に糖新生系酵素活性は高いという特性を有する．
(4) 代謝に影響を及ぼす種々のホルモンも，反すう動物では独特の分泌パターンを示す．インスリン分泌はグルコース投与では誘起されず，プロピオン酸，酪酸などのVFA投与により著しく亢進する．

12.1 反すう動物の栄養特性

ウシをはじめとする反すう動物の際立った栄養学的特性は，その消化系-栄養補給系機能である．反すう動物は第一胃から第四胃まで四つの胃をもつ複胃動物である．その中で最大の容積を有するのが第一胃で，成牛では150Lにも達する．反すう動物は，草の主成分であるセルロースを第一胃内の微生物のはたらきにより発酵分解し，酢酸，プロピオン酸，酪酸のような揮発性脂肪酸（VFA）を生成する．VFAは第一胃壁から吸収されてエネルギー基質として利用され，反すう動物のエネルギー要求量の60～70％をまかなう．

反すう動物の生後間もない時期は，ほかの哺乳動物と同様，ミルクを消化しグルコースを小腸から吸収してエネルギーとしいる．粗飼料や濃厚飼料を摂取するようになると，第一胃が急速に発達して活発な微生物発酵を行うようになり，エネルギーの主体をグルコースからVFAへと変える．

12.1.1 第一胃の発達

第一胃粘膜は，微生物発酵により産生されたVFAを吸収する．吸収された酪酸の70～80％は，第一胃でβ-ヒドロキシ酪酸やアセト酢酸に変換され，門脈循環に放出される．成育した反すう動物の第一胃では，エネルギーのほとんどを酪酸からCO_2への酸化過程から獲得しており，酢酸，グルタミン，グルタミン酸，グルコースなどのエネルギー寄与率は低い．酪酸が第一胃粘膜を発達させるもっとも強力なVFAである．

12.1.2 下部消化管におけるグルコースの利用

哺乳中の反すう動物では，ミルク中のラクトースはラクターゼによりD-グルコースとD-ガラクトースに分解され，小腸粘膜に存在するNa^+依存性グルコース輸送体により，小腸粘膜に取り込まれる．反すう動物の糖質の代謝は，非反すう動物とは著しく異なる．離乳後，ミルクから草へ飼料が変わることにより，飼料中の糖質は第一胃微生物により発酵分解されヘキソース（六炭糖）の形では小腸にほとんど到達しなくなるので，体内

のグルコースのほとんどは肝臓の糖新生によりつくりだされたものとなる．

■ 12.2 代謝とホルモン制御

12.2.1 血液中の代謝産物濃度

　反すう動物の血糖値（血中グルコース濃度）は非反すう動物に比べ著しく低い．トリグリセリド濃度もイヌに比べ有意に低い．コレステロール濃度は乳牛で低く，肉牛で高いが，この差は給与されている飼料の違いによるものと考えられる．またHDLコレステロールが優位であり，ヒト（LDLコレステロール優位）とは異なり，イヌやネコと同様である．血液中のインスリン濃度は，血糖値が低いにもかかわらずウシでは一般にイヌに比べ高い．また，濃厚飼料が多給されている肥育期の肉牛では血中インスリン濃度が著しく高くなる傾向がみられる（表12.1）．

表12.1 乳牛，肉牛，イヌの血漿中のグルコース，トリグリセリド，コレステロールおよびインスリン濃度

	乳牛(10)	肉牛(10)	イヌ(10)
グルコース [mg/dL]	55±9	67±5	94±8*
トリグリセリド [mg/dL]	24±5	23±3	37±4*
総コレステロール [mg/dL]	76±16	104±18	149±26*
インスリン [μU/mL]	32±8	102±30*	22±4

注：1) （ ）内の数字は頭数．値は平均値±標準偏差．インスリンはimmunoreactive insulin 濃度．
　　2) 乳牛はホルスタイン雌（4～8歳），肉牛は黒毛和種とホルスタインのF1去勢雄（24か月齢），イヌは雑種雄（6～8歳）．
* 乳牛の値に比べて有意に高い（$p<0.01$）．

12.2.2 糖質の代謝

　前述のように，飼料中の糖質は第一胃内微生物による発酵によりVFAに変えられるため，反すう動物の消化管において，グルコースとしてはほとんど吸収されない．内因性のグルコースは，主として肝臓における糖新生に由来する．反すう動物においても，グルコース代謝は非反すう動物と同様にインスリンによる調節を受けているが，主たるグルコース消費器官である脂肪組織や骨格筋におけるインスリン応答は，非反すう動物に比べ著しく小さいという特徴がある．

　粗飼料含量の多い通常の飼養条件下では，反すう動物の十二指腸に出現するデンプンは非常に少量であるが，濃厚飼料を多給すると，第一胃発酵をバイパス（ルーメンバイパス）して十二指腸に達するデンプンの割合は50％を超える．しかしながら，小腸から吸収されるグルコースの2～15％が門脈血中に出現するにすぎず，飼料由来の外因性グルコースのエネルギー寄与率は決して高くない．第一胃内で産生されるVFAは，酢酸（60～70％），プロピオン酸（15～20％），酪酸（10～15％）が主体であるが，この比率は給与飼料により変動し，一般に繊維質の多い飼料給与では酢酸の比率が増加し，可溶性デンプンを多く含む濃厚飼料多給ではプロピオン酸や酪酸の比率が増す．これらVFAは第一胃から大部分が吸収され，このうちプロピオン酸は大部分が肝臓に取り込まれ主要な糖新生基質として利用される．

　反すう動物の肝臓における糖新生の前駆物質として，第一胃から吸収されたプロピオン酸，タンパク質の分解から生じたアミノ酸，筋グリコーゲン分解の結果生じた乳酸，脂肪組織由来のグリセロールなどが利用される．プロピオン酸はスクシニルCoAを経て，アミノ酸はα-ケトグルタル酸，ピルビン酸，オキサロ酢酸に変換されて，グリセロールはトリオースリン酸を経てグルコースに合成される（図12.1）．こうした反すう動物の特性は，代謝に関連する肝臓の酵素活性に反映されており，解糖系の律速酵素ではグルコースに対して高いK_m値をもつ（一度に高濃度のグルコースを代謝できる）グルコキナーゼ活性を欠き（図12.2），逆に糖新生系のグルコース-6-ホスファターゼ活性はイヌに比べ有意に高い（表12.2）．さらに乳酸脱水素酵素（LDH）のアイソザイムパターンも，ウシの肝臓ではLDH-IおよびII型が優位で，それを反映して血中でもIないしII型が優位であり，IVないしV型が優位であるイヌや

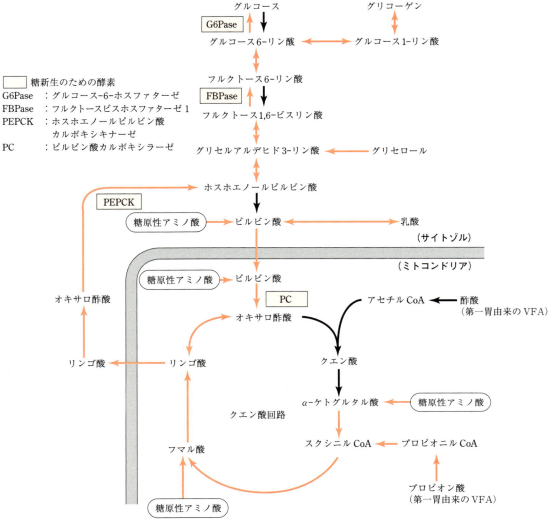

図12.1 反すう動物の肝臓における糖新生経路

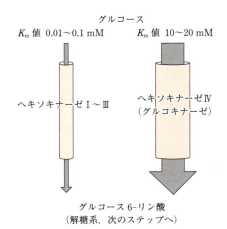

図12.2 ヘキソキナーゼのグルコースに対する K_m 値

表12.2 乳牛とイヌの肝臓の糖代謝に関連する酵素活性の比較

	乳牛 (6)	イヌ (6)
ヘキソキナーゼ	3±1	4±1
グルコキナーゼ	検出できず	13±5
ピルビン酸キナーゼ	36±4	55±6*
乳酸デヒドロゲナーゼ	596±40	1565±275*
グルコース-6-ホスファターゼ	595±88*	227±37

注：1) ( ) 内の数字は頭数．値は平均値±標準偏差．酵素活性は mU/mg protein で表示．
　　2) 乳牛はホルスタイン雌（4〜8歳），イヌは雑種雄（6〜8歳）．
＊ 相手の値に対して有意に高い（$p<0.01$）．

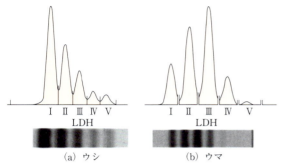

図12.3 ウシとウマの血漿中LDHアイソザイムパターン

ネコだけでなく，ⅡないしⅢ型が優位であるウマとも著しい動物種差を示す（図12.3）．エネルギー獲得の経路として，非反すう動物ではグルコースを基質とする解糖経路が主であるが，反すう動物ではVFAを主たるエネルギーとして利用しているため，サイトゾルの解糖系の酵素活性が低く，糖新生系酵素活性が高くなっており，非反すう動物と著しく異なる代謝機構を有している．

12.2.3 タンパク質の代謝

飼料中のタンパク質は第一胃内で微生物体タンパク質に変わり，最終的には小腸からアミノ酸として吸収され，肝臓に入る．肝臓では，血漿タンパク質やその他のタンパク質が合成され，血液により各組織に運ばれ，組織タンパク質の供給源となる．組織のタンパク質は肝臓に運ばれて，そこで尿素に変換され，腎臓から排出される．第一胃で吸収されたアンモニアも肝臓で尿素となり排出されるが，一部は唾液として第一胃に戻り，菌体タンパク質の合成に利用される点が，非反すう動物にはみられない反すう動物の特徴である．

消化管から吸収されたアミノ酸は合成素材としてタンパク質に合成される一方，組織のタンパク質の分解により生じたアミノ酸も合成素材として再利用される．これら両者はアミノ酸プールとして組織に蓄えられる．アミノ酸が脱アミノ化されたあとの炭素骨格は，解糖系やクエン酸回路に入って最終的にはCO_2や水に分解される．アミノ酸は，ピルビン酸やオキサロ酢酸を介してグルコースに変換されるもの（糖原生アミノ酸）と，ロイシンのようにアセト酢酸からアセチルCoAに変化しケトン体生成に向かうもの（ケト原生アミノ酸）に分けられる．

12.2.4 脂質の代謝

小腸粘膜から吸収された脂肪酸はトリグリセリド（TG）に再合成されたのち，キロミクロンを形成し，リンパ管を経て静脈に入る．遊離脂肪酸（FFA）は血漿脂質の5％以下と非常に少ないが，利用性の高い脂質であり，血中ではアルブミンと複合体を形成している．反すう動物ではFFAの代謝回転速度は非常に速いため，血中濃度は非反すう動物に比べ著しく低い．また，反すう動物の血漿脂質の特徴として，TGが低いこと，HDLコレステロールの比率が高いことがあげられる（表12.3）．

反すう動物でも肝臓は，脂質代謝に関して胆汁酸の産生，脂肪酸の合成・酸化，リポタンパク質の合成，ケトン体の生成など重要な機能を営んでいる．脂肪酸の合成には第一胃から吸収された酢酸が主として利用される．ピルビン酸，乳酸も脂肪酸合成の前駆物質となるが，乳酸からの脂肪酸合成率は酢酸からの場合の20％以下とされ，グ

表12.3 乳牛とマウスの血漿中の脂質濃度と肝臓の脂質代謝に関連する酵素活性の比較

		乳牛 (6)	ICRマウス (10)
血漿	遊離脂肪酸 [mEq/L]	0.12±0.04	0.52±0.13*
	トリグリセリド [mg/dL]	24±5	108±20*
	総コレステロール [mg/dL]	76±16	94±9
	HDLコレステロール [mg/dL]	51±12	35±9
肝臓	リンゴ酸酵素	0.5±0.3	17±5*
	ATPクエン酸リアーゼ	1.2±0.6	3.3±1.0*
	脂肪酸合成酵素	1.1±0.5	4.8±1.2*

注：1）（　）内の数字は頭数．値は平均値±標準偏差．酵素活性はmU/mg proteinで表示．
　　2）乳牛はホルスタイン雌（4〜8歳），ICRマウスは雌（8週齢）．
* 乳牛の値に対して有意に高い（$p<0.01$）．

ルコースの脂肪酸合成への寄与率は非反すう動物に比べきわめて低い．また，反すう動物の肝臓をはじめとする脂肪酸合成を行う組織において，脂肪酸合成に重要な役割をもつ種々の酵素（NADP-リンゴ酸合成酵素，ATPクエン酸リアーゼ，脂肪酸合成酵素）活性は非反すう動物と比べ著しく低い（表12.3）．これは，反すう動物の肝臓では糖新生の重要な基質であるオキサロ酢酸を積極的に糖新生に向かわせるために，グルコースからの脂肪酸合成系を極力抑えるという適応機構であると考えられる．一方非反すう動物と同様に，低栄養，飢餓の条件下では，血漿FFAレベルの上昇，肝臓におけるFFA取り込み増大，TG合成の促進が起こり，肝臓に蓄積したTGによってケトン体合成も促進され，ケトーシスの原因となる（9章コラム参照）．

12.2.5 ホルモン分泌制御の特性

a．成長ホルモン（growth hormone；GH）

反すう動物の血漿GH濃度は栄養状態に影響を受ける．種々のアミノ酸，とくにアスパラギン酸の静脈内投与は反すう動物（ヒツジ）のGH分泌を顕著に増大させ，逆に血中脂肪酸濃度の増加はGH分泌を抑制する．また，GHには顕著な増乳効果が認められる．

b．プロラクチン（prolactin；PRL）

分娩や泌乳刺激により血中PRL濃度は増大するが，PRL濃度と泌乳量の間に有意な相関関係はない．PRLは乳汁成分の生成には不可欠であるが，GHとは異なり泌乳量を増加させる決定的な因子ではない．

c．インスリン

反すう動物においても，インスリンは代謝調節に重要なはたらきを果たしており，糖質，脂質，タンパク質すべてについて強い同化作用を示す．反すう動物においても，摂食後に血中インスリン濃度は増加し，とくに濃厚飼料が多給されている肥育期の肉牛でその傾向は顕著で，乳牛に比べ著しく高い血中インスリン濃度を示す（表12.1参照）．ただし反すう動物では，摂食後にグルコース濃度の増加は認められないので，インスリン分泌を刺激するのは，非反すう動物とは異なりグルコースではない．反すう動物の静脈内にVFAを投与すると，インスリン分泌が著しく亢進することがわかっている．第一胃で産生される主要なVFAのうちでインスリン分泌刺激効果がもっとも強いのが酪酸で，プロピオン酸がこれに次ぐが，酢酸ではこの効果は微弱である．VFAのインスリン分泌刺激効果は，反すう動物だけにみられる現象である．

d．グルカゴン

グルカゴンの主要な生理作用の一つは，肝臓のグリコーゲンを分解し血中にグルコースを放出して血糖値を維持することであるので，低血糖によりグルカゴン濃度は上昇する．反すう動物（ヒツジ）でもインスリン投与で低血糖を誘発するとグルカゴン濃度は上昇するが，ヒトに比べると低血糖に対するグルカゴン分泌反応は弱い．非反すう動物ではFFA濃度の上昇はグルカゴン分泌を抑制するが，反すう動物では逆にグルカゴン分泌を増加させる．また，VFAの静脈内投与はグルカゴン分泌を急速に増加させるが，これはインスリン分泌の増加に対する拮抗的な現象と考えられる．

12.3　反すう動物の代謝障害

反すう動物の生体の恒常性は，第一胃の微生物叢と密接に関連している．第一胃におけるVFAの産生，窒素化合物の分解・再合成，不飽和脂肪酸の飽和化など反すう動物特有の代謝機構が，生体の維持，泌乳，産肉のもととなっている．生産性向上のために反すう動物本来の栄養生理機構を無視した濃厚飼料多給などの飼養法により，様々な代謝性疾患が発生している．

a．濃厚飼料多給が及ぼす第一胃への影響

発酵性の高い穀物飼料など，いわゆる濃厚飼料の多給は反すう動物の生産性を向上させるが，一方で第一胃機能を正常に保つためには粗飼料の給与が欠かせない．粗飼料の割合が高ければ，第一

胃のpHは7前後に保たれ，このときに産生されるVFAの70％は酢酸が占める．しかし粗飼料含有量が20％を下回ると，酢酸の割合が減少して，酪酸とプロピオン酸の割合が上昇する．pHが5以下では乳酸産生量が増大する．

b．乳牛のおもな代謝疾病

乳牛では，泌乳前後におけるエネルギーと乳汁生産の不均衡が顕著になる分娩前後に，ほとんどの代謝疾病が起こる．泌乳後期から乾乳期にかけてはエネルギーの過剰摂取により乳牛は肥満傾向にあり，分娩前後に種々の代謝疾病や繁殖障害が起こる．これらを総称して周産期病とよんでいる．ケトーシス，脂肪肝症，産後起立不能症，胎盤停滞，難産などがこれにあたり，分娩前後の肥満（過体重）が発症原因となるために肥満症候群ととらえられている．脂肪肝症の発症機序としては，体脂肪の過剰動員と肝機能低下や栄養不足によるリポタンパク質の産生・分泌阻害が考えられる．

c．肉牛のおもな代謝疾病

発酵性の高い糖質の多給は第一胃内での乳酸産生を促進し，急性アシドーシスを起こす．これに伴い，pHの低下，第一胃運動の抑制，唾液分泌の低下と連動して，第一胃粘膜上皮細胞の代謝を傷害し，角化不全を招く．この状態では第一胃粘膜の抵抗性が低下するので，飼料中の異物などにより粘膜の損傷，潰瘍形成が起こりやすく，第一胃炎に至ることもある．可消化性の糖質に富む穀類やかす類が多給されているフィードロット牛では，内容物の発酵ガスが第一胃，第二胃に異常に蓄積する鼓脹症を起こすことがある． ［新井敏郎］

自習問題

【12.1】 反すう動物の栄養代謝の特性は何か述べなさい．

【12.2】 反すう動物の肝臓の糖質代謝特性を非反すう動物と比較しなさい．

【12.3】 反すう動物のインスリン分泌メカニズムの特徴を述べなさい．

【12.4】 濃厚飼料多給により誘発される反すう動物の代謝疾病は何か述べなさい．

13 ホルモンの基本生化学

ポイント

(1) ホルモンはある器官で産生され、循環系により輸送されてほかの組織に作用し、生体の恒常性維持のためにはたらく多様性をもつ化学物質である。

(2) ホルモンはコレステロール、チロシン、ペプチドやタンパク質など、前駆体分子から生合成される。また、その溶解性によって水溶性ホルモンと脂溶性ホルモンに分けられる。

(3) 水溶性ホルモンは多様な化学構造を示し、タンパク質、ペプチド、カテコールアミンなどを含む。水溶性ホルモンは標的細胞の細胞膜に存在する受容体に結合し、様々なセカンドメッセンジャーを介して作用する。

(4) ペプチド性のホルモンの多くは、より大きな前駆体として合成されたのち、プロテアーゼによる切断などの修飾を受けて成熟型ホルモンとなる。

(5) 脂溶性ホルモンには、ステロイド類やヨードチロシンなどが含まれる。ほとんどの脂溶性ホルモンは血中の運搬体（担体）タンパク質と結合し、水溶性ホルモンに比べて血中半減期が長い。

(6) 脂溶性ホルモンは標的細胞の核または細胞質に存在する受容体と結合し、その複合体が核内において特定の遺伝子の発現に影響を及ぼす。

(7) 副腎において、コレステロールから主要な三つのステロイドホルモンであるミネラルコルチコイド、グルココルチコイド、アンドロゲンが生合成される。

(8) 視床下部より分泌されるホルモンが下位の下垂体に作用し、下垂体ホルモンの産生を促進または抑制し、さらに下垂体ホルモンが標的となる内分泌腺に作用して特定のホルモンの産生を促すというように、ホルモンの作用は階層性を示す。

13.1 ホルモンの定義

哺乳動物をはじめとする多細胞生物は、常に変化している環境に適応しながら生存している。適応をしていくためには、絶えず細胞間のコミュニケーションを行うメカニズムが不可欠であり、その細胞間のコミュニケーションを可能にしているのが、神経系と内分泌系である。

古典的な定義では、ホルモン（hormone）は甲状腺、副腎、下垂体などの特定の器官で産生され、循環系により輸送されてほかの組織に作用し、生

ホルモンの命名

ホルモンは、1902年に消化管ホルモンの一つであるセクレチン（secretin）を発見したベイリスとスターリングによって命名された。セクレチンは十二指腸粘膜中のS細胞から分泌される27個のアミノ酸残基からなる直鎖状のポリペプチドで、十二指腸潰瘍の治療に用いられている。なお、ホルモンの語源はギリシャ語のhormaein（刺激する）に由来しているといわれている。

表 13.1 ホルモンの一般的特性

特性	水溶性ホルモン	脂溶性ホルモン
溶解性	親水性	疎水性
運搬体タンパク質	なし	あり
血中半減期	短い（数分）	長い（数時間～数日）
受容体	細胞膜	細胞内
メディエーター	cAMP, cGMP, Ca^{2+} など	ホルモン-受容体複合体

体の恒常性維持のためにはたらく多様性をもつ化学物質である．しかし，循環系に入ることなく隣接する細胞に作用（パラクリン（paracrine）作用）することができるし，ホルモン産生細胞自身にも作用（オートクリン（autocrine）作用）する．このように，ホルモンは生体内外の情報に応じて動物組織の内分泌細胞によって生産・分泌され，外来性のシグナルとして標的細胞の活性を調節する物質である．したがって，ホルモンは機能発現，恒常性維持など生物の正常な生活を維持する重要な役割をもつ．また，一つ以上のホルモンがある特定の細胞にはたらく，あるいは特定のホルモンが一つの細胞または一つ以上の異なる細胞に作用する，という点で非常に複雑である．

ホルモンは表 13.1 に示すように，その溶解性よって水溶性ホルモンと脂溶性ホルモンに分けられる．ホルモンの作用は，標的臓器の細胞に存在する受容体（receptor）を介して発揮される．一般に細胞外液中のホルモン濃度は非常に低く，アトモルからナノモル濃度（10^{-15}～10^{-9} mol/L）の範囲で存在する．したがって，受容体による個々のホルモンの識別は非常に厳密である．ホルモンは，このような特異的な受容体に結合することによって生物活性を示す．ホルモンと受容体との相互作用が生理的に適切であることが重要であり，両者の結合が特異的であるとともに，その結合が飽和され，さらに予想される生物的応答の濃度範囲内で起こらなければならない．

受容体は少なくとも二つの機能ドメインをもつ．一つ目の認識ドメインはホルモンに結合し，二つ目のドメインがホルモン認識をその細胞内の機能に共役させる様々なシグナルを発生する（14章参照）．たとえば，ペプチドホルモンやカテコールアミンは細胞膜上の受容体に結合することによって多くの細胞内酵素活性を変化させる．一方，ステロイドやレチノイドホルモンは細胞内の受容体に結合し，形成されたリガンド-受容体複合体が直接核内に移行して特定の遺伝子に作用し，その転写に影響を及ぼす．またこれら二つのドメイン以外にも，ほかのアダプタータンパク質との相互作用に関係しているドメインや，受容体の細胞内輸送に影響を与える一つ以上のほかのタンパク質への結合に関係するドメインをもつものがある．なお，血中にはホルモンには結合するが共役シグナルを起こさない運搬体（担体）タンパク質があり，受容体とは区別される．また，受容体はタンパク質であり複数のサブユニットから構成されるものが多い（14章参照）．

13.2 水溶性ホルモン

13.2.1 水溶性ホルモンの種類と性質・特徴

水溶性ホルモンは多様な化学構造を示し，タンパク質，ペプチド，カテコールアミンなどが含まれ，その受容体は標的細胞表面の細胞膜に存在している．水溶性ホルモンが受容体に結合すると，セカンドメッセンジャー（second messenger）とよばれる仲介分子を生成して細胞内代謝に関与する．セカンドメッセンジャーには，cAMP，cGMP，Ca^{2+}，ホスファチジルイノシトールなどが知られている．

cAMP をセカンドメッセンジャーとするホルモンには，カテコールアミン，副腎皮質刺激ホルモン（ACTH），カルシトニン，絨毛性性腺刺激ホルモン（CG），卵胞刺激ホルモン（FSH），黄体形成ホルモン（LH），グルカゴン，ソマトスタチン，

甲状腺刺激ホルモン（TSH），副甲状腺ホルモン（PTH），メラニン細胞刺激ホルモン（MSH）が含まれる．cGMPをセカンドメッセンジャーとするホルモンとしては，心房性ナトリウム利尿ペプチド（ANP）が知られている．Ca^{2+}またはホスファチジルイノシトールをセカンドメッセンジャーとするホルモンには，アセチルコリン，アンギオテンシンⅡ，バソプレッシン，コレシストキニン，ガストリン，オキシトシン，ゴナドトロピン放出ホルモン，甲状腺刺激ホルモン放出ホルモン（TRH）が含まれる．受容体に内蔵されたキナーゼまたはホスファターゼを活性化するホルモンには，アディポネクチン，エリスロポエチン，成長ホルモン（GH），線維芽細胞増殖因子（FGF），神経成長因子（NGF），血小板由来増殖因子，インスリン，レプチン，プロラクチンが含まれる．

13.2.2 水溶性ホルモンの合成と修飾

水溶性ホルモンのうち，ドーパミン，アドレナリン，ノルアドレナリンなどのカテコールアミンは，副腎髄質のクロマフィン細胞においてアミノ酸のチロシン（tyrosine）から生合成される．図13.1に，チロシンからL-ドーパ（dopa），ドーパミン（dopamine），ノルアドレナリン（noradrenaline）を経て，アドレナリン（adrenaline）へ至るカテコールアミンの生合成経路を示した．この生合成経路における律速酵素は，最初のチロシンヒドロキシラーゼである．また，可溶性酵素であるドーパデカルボキシラーゼがL-ドーパをドーパミンに転換し，ドーパミンのノルアドレナリンへの変換は副腎髄質の分泌顆粒に存在するドーパミンβ-ヒドロキシラーゼにより触媒されると考えられている．ノルアドレナリンのアドレナリンへの変換は，可溶性のフェニルエタノールアミン-N-メチルトランスフェラーゼ（PNMT）により触媒される．なお，このPNMTの生合成が脂溶性ホルモンの一種であるグルココルチコイドによって誘導されることが知られている．

また，睡眠やサーカディアンリズムを調節していると考えられているメラトニン（melatonin）も，神経内分泌器官である松果体において，アミノ酸のトリプトファンから5-ヒドロキシトリプトファン，セロトニン，N-アセチルセロトニンを経て合成される（図13.2）．

タンパク質やペプチドの水溶性ホルモンの代表的なものについて，その名称および分泌器官を表13.2にまとめた．

視床下部より分泌されるペプチドホルモンのおもなものは，TRH，黄体形成ホルモン放出ホルモン（LHRH），ソマトスタチン，副腎皮質刺激ホル

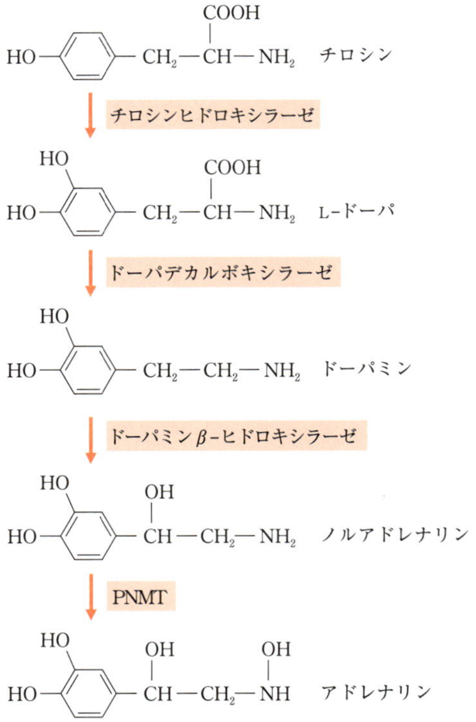

図13.1 カテコールアミンの生合成

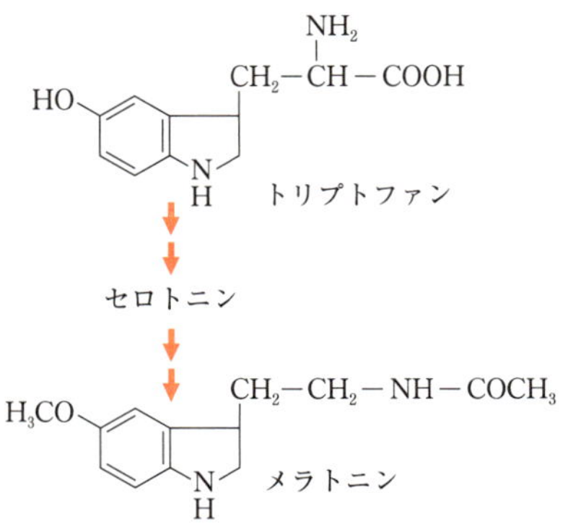

図13.2 メラトニンの生合成

13.2 水溶性ホルモン

表 13.2 おもなペプチドの水溶性ホルモンと分泌器官

分泌器官		ホルモン
視床下部		甲状腺刺激ホルモン放出ホルモン(TRH), 黄体形成ホルモン放出ホルモン(LHRH), 副腎皮質刺激ホルモン放出因子(CRF), 成長ホルモン放出因子(GRF), ソマトスタチン
脳下垂体	前葉	成長ホルモン(GH), プロラクチン(PRL), 甲状腺刺激ホルモン(TSH), 黄体形成ホルモン(LH), 卵胞刺激ホルモン(FSH), 副腎皮質刺激ホルモン(ACTH), β-リポトロピン(LPH)
	中葉	メラニン細胞刺激ホルモン(MSH)
	後葉	オキシトシン, バソプレッシン
甲状腺		カルシトニン
副甲状腺		副甲状腺ホルモン(PTH)
膵臓		インスリン, グルカゴン, ソマトスタチン
胎盤		絨毛性性腺刺激ホルモン(CG)

モン放出因子(CRF), 成長ホルモン放出因子(GRF)などである.

また, 脳下垂体より分泌されるホルモンのうち, オキシトシン, バソプレッシンは後葉より, MSHは中葉より, GH, プロラクチン(PRL), TSH, LH, FSH, ACTH, β-リポトロピン(LPH)は前葉より, それぞれおもに分泌される. さらに, カルシトニンは甲状腺より, PTHは副甲状腺より, インスリン, グルカゴン, ソマトスタチンは膵臓より, CGは胎盤より, それぞれ分泌されるペプチドホルモンである.

これら以外にも, 神経系や消化管から分泌されるサブスタンスP, 十二指腸より分泌されるコレシストキニン, 心臓の心房から分泌されるANP, 胃から分泌されるガストリンなどのホルモンが含まれ, そのほとんどがアミノ酸残基数50個以下のポリペプチドなので化学合成されている. なお, 脳などの神経系と消化管の内分泌系に共通して存在する生理活性ペプチドを, 脳腸ペプチドとよぶ.

ペプチド・タンパク質の水溶性ホルモン自体が多様であり, TRHはトリペプチド, ACTHは39個のアミノ酸, PTHは84個のアミノ酸, GHは191個のアミノ酸からなる一本鎖ポリペプチドである. また, インスリンは21個のアミノ酸からなるA鎖と30個のアミノ酸からなるB鎖とのヘテロ二量体である. さらに, FSH, LH, TSH, CGはすべてに共通するα鎖とそれぞれ異なるβ鎖のヘテロ二量体である. インスリン, PTH, アンギオテンシンIIなどはより大きな前駆体分子として合成され, そののちプロテアーゼによる切断(プ

■ インスリン前駆体 ■

インスリンは膵臓のランゲルハンス島のβ細胞より分泌されるペプチドホルモンで, より大きな前駆体からつくられる. β細胞の膜結合性リボソームによりプレプロインスリン(分子量約11 500)として生合成され, 小胞体内腔でN末端のシグナル配列が除去されてプロインスリン(分子量約9 000)となる. このプロインスリンが分子内で3か所のジスルフィド結合を形成するとともに, プロテアーゼによる切断を受けて, A鎖とB鎖の2本のペプチドからなるインスリンを生成する(図13.3).

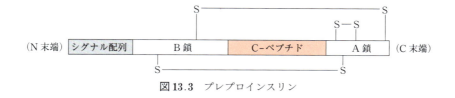

図 13.3 プレプロインスリン

ロセシング）などの修飾を受ける（コラム参照）．

13.2.3　水溶性ホルモンの分泌と生理機能

カテコールアミンは副腎髄質のクロマフィン細胞から分泌される．アドレナリンは副腎髄質のカテコールアミンの80％を占め，副腎髄質のアドレナリン細胞とアドレナリン作動性ニューロンで合成され，血糖値上昇，心拍出量増加，末梢血管の抵抗減少などの作用をもつ．ノルアドレナリンは心拍出量減少，末梢血管の抵抗増加，血圧上昇などの作用をもち，母性行動に必須であり，気分の調節，不安，ストレス応答，痛覚に関与する．カテコールアミンは血液・脳関門を通過できないため，脳内の必要な場所で合成されなければならない．しかし，カテコールアミンの前駆体であるL-ドーパは脳血液関門を容易に通過できるため，パーキンソン病などの中枢神経疾患の治療に用いられる．

メラトニンは神経内分泌器官である松果体から分泌され，睡眠やサーカディアンリズムを調節していると考えられている．

視床下部より分泌される視床下部ホルモンは下位の脳下垂体に作用し，下垂体ホルモンの産生を促進または抑制する（13.4節参照）．さらに，下垂体から分泌されるホルモン，たとえばLHは精巣に作用し，ライディッヒ細胞におけるテストステロンの分泌と生合成を刺激する．また，LHは卵巣に作用し，卵胞を黄体化してプロゲステロンの産生分泌を維持する．

カルシトニンは哺乳動物では甲状腺の傍濾胞細胞（C細胞）から分泌されるが，鳥類，両生類，魚類では鰓後体とよばれる器官で産生される．カルシトニンは骨，腎臓，および中枢にも作用し，血中Ca^{2+}濃度を低下させる．

副甲状腺から分泌されるPTHは，腎臓に作用しCa^{2+}の吸収を刺激してカルシウムの血中濃度を上昇させる．脂溶性ホルモンではあるが活性型ビタミンD_3も，Ca代謝の恒常性に寄与している．また，腫瘍細胞はPTH関連ペプチド（PTHrP）を分泌し，高Ca血症を引き起こすことが知られている．

膵臓の膵島（ランゲルハンス島）にはα細胞，β細胞，δ(D)細胞とよばれる3種類の細胞があり，それぞれグルカゴン，インスリン，ソマトスタチンを分泌する．グルカゴンは肝臓などに作用してcAMPを介してグリコーゲン分解を促進し，血糖値を上昇させる．一方，インスリンは筋，脂肪組織，肝臓などに作用してグリコーゲンや脂肪，タンパク質の合成を促進し，血糖値を下げる．また，ソマトスタチンはグルカゴンやインスリンの分泌を抑制する．

13.3　脂溶性ホルモン

13.3.1　脂溶性ホルモンの種類と性質・特徴

脂溶性ホルモンには，ステロイド類やヨードチロシンなどが含まれる．また，脂溶性ビタミンであるビタミンAおよびDから合成されるレチノイン酸と活性型ビタミンD_3（1,25-ジヒドロキシコレカルシフェロール，カルシトリオール；$1,25(OH)_2$-D_3）も，このグループに含まれる（図13.4）．これらのホルモンは分泌後，血中の運搬体タンパク質と結合し，水溶性ホルモンに比べてその血中半減期が長い．また脂溶性であるがゆえに，細胞膜を容易に通過することができ，標的細胞の核または細胞質に存在する受容体と結合し，その複合体が核内において特定の遺伝子の発現制御に関与する．

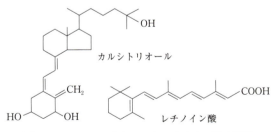

図13.4　カルシトリオールとレチノイン酸の構造

13.3.2　脂溶性ホルモンの合成と修飾

脂溶性ホルモンのうち，グルココルチコイド，ミネラルコルチコイド，エストロゲン，プロゲステロンはコレステロールに由来する．また，テストステロンはエストラジオールやジヒドロテスト

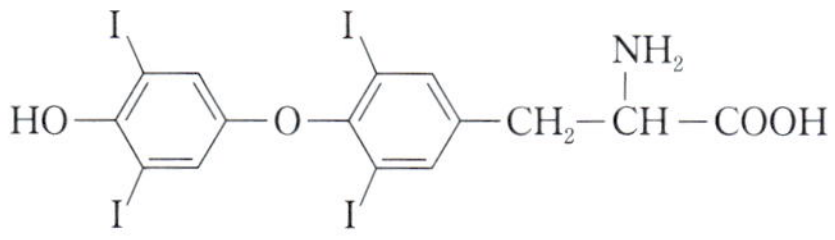

13.3 脂溶性ホルモン

図 13.5 チロキシン（T$_4$）の構造

ステロンの合成における中間体である．チロキシン（T$_4$，図 13.5）やトリヨードチロニン（T$_3$）などの甲状腺ホルモンは，甲状腺の濾胞細胞内でアミノ酸のチロシンから前駆体分子のチログロブリン（thyroglobulin）の一部として生合成され，濾胞内腔のコロイドに貯蔵される．チログロブリンはヨウ素化された巨大な糖タンパク質で 660 000 の分子量をもち，0.2〜1％ のヨウ素を含む．末梢において，T$_4$ はより活性の強い T$_3$ に転換される．ジヒドロテストステロンや T$_3$ は，末梢においてはじめて前駆体分子から活性型に転換される（14 章コラム参照）．

副腎においてもコレステロールから多様なステロイドホルモンが合成される．コレステロールの大部分は血漿に由来するが，一部は副腎でアセチル CoA からメバロン酸およびスクアレンを経て生合成される．副腎のコレステロールのほとんどは，脂肪酸エステルとして細胞質の脂肪滴中に貯蔵されている．副腎が ACTH により刺激されると，エステラーゼが活性化され，脂肪酸エステルを加水分解して遊離コレステロールを生成する．生成した遊離コレステロールはミトコンドリアへ運ばれ，シトクロム P450 側鎖切断酵素（P450$_{scc}$）により炭素数 21 個のステロイドであるプレグネノロンに転換される（図 13.6）．このとき，ミトコンドリア内膜に局在する P450$_{scc}$ へのコレステロールの受け渡しに，ACTH 依存性の向ステロイド性急性調節タンパク質（steroidogenic acute

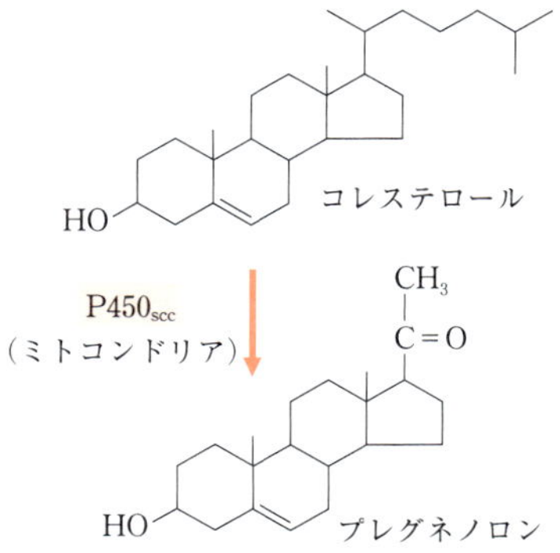

図 13.6 コレステロールからプレグネノロンへの変換

regulatory protein；StAR）が関与する．ステロイドホルモンは，副腎のミトコンドリアまたは小胞体のいずれかでプレグネノロンより合成される．副腎ステロイドの主要な三つのステロイドホルモンであるミネラルコルチコイド（mineralcorticoid），グルココルチコイド（glucocorticoid），アンドロゲン（androgen）への合成経路を図 13.7, 13.8, 13.9 に示す．なお，黄体ホルモンのプロゲステロンは副腎ステロイド合成の中間体でもある．副腎におけるステロイド合成は細胞特異的であり，たとえば 18-ヒドロキシラーゼと 18-ヒドロキシステロイドデヒドロゲナーゼは，副腎皮質の外側領域の球状帯の細胞にのみ存在する．

図 13.7 に示すように，ミネラルコルチコイドについてはプレグネノロンからプロゲステロン，11-デオキシコルチコステロン，コルチコステロンを経て最終的にアルドステロンが合成される．17-ヒドロキシラーゼと 21-ヒドロキシラーゼは小胞体の酵素で，11β-ヒドロキシラーゼはミトコンドリアの酵素（P450$_{11\beta}$）である．グルココルチコイドについては，プレグネノロンまたはプロゲステロンの 17 位のヒドロキシ化のあと，21 位と 11β

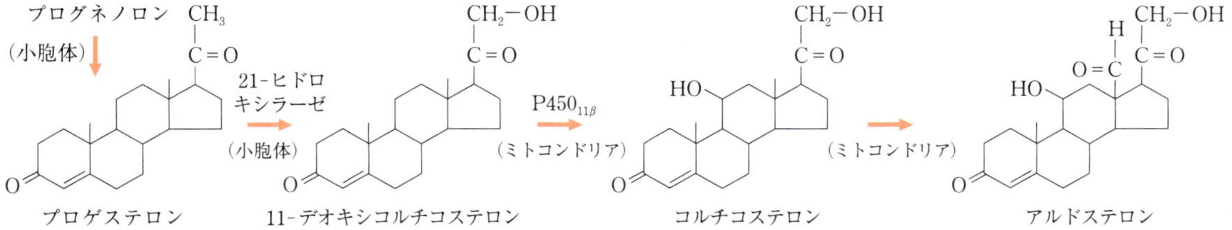

図 13.7 ミネラルコルチコイドの生合成

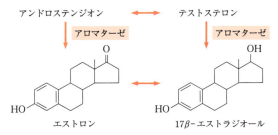

図 13.8 グルココルチコイドの生合成

位のヒドロキシ化によりコルチゾールが合成される（図 13.8）．P450$_{c17}$ は 17α-ヒドロキシ化活性と 17,20-リアーゼ活性をもつ二機能酵素である．

アンドロゲンについては，プレグネノロンからプロゲステロンまたはデヒドロエピアンドロステロン（DHEA）を経てアンドロステンジオンが合成される（図 13.9）．さらに，精巣にてアンドロステンジオンはテストステロンに変換される（図 13.10）．テストステロンは末梢組織の 5α-レダクターゼによって還元され，より強力なアンドロゲン活性をもつジヒドロテストステロン（DHT）に変換される（図 13.11）．一方，卵巣ではエストロゲンが生合成され，黄体ではプロゲステロンが最終生成物として産生され分泌される．アンドロゲ

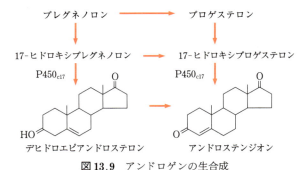

図 13.9 アンドロゲンの生合成

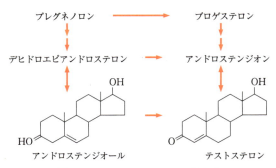

図 13.10 テストステロンの生合成

図 13.11 ジヒドロテストステロンの生合成

図 13.12 エストロゲンの生合成

ンであるアンドロステンジオンまたはテストステロンはアロマターゼ（P450$_{arom}$ ともよばれる）によって，それぞれエストロゲンであるエストロンおよび 17β-エストラジオールに変換される（図 13.12）．

1,25(OH)$_2$-D$_3$ は，皮膚でコレステロール誘導体の 7-デヒドロコレステロールが紫外線によって光分解（photolysis）されてプレビタミン D$_3$ に変換され，肝臓小胞体の 25-ヒドロキシラーゼ，続いて腎臓近位尿細管の 1α-ヒドロキシラーゼによるヒドロキシ化を受けて生成される．ビタミン D$_3$ とその代謝物は，ビタミン D 結合タンパク質（vitamin D-binding protein）とよばれる特異的な運搬体タンパク質によって皮膚や小腸から肝臓へ運ばれる．

13.3.3　脂溶性ホルモンの分泌と生理機能

T$_4$ や T$_3$ などの甲状腺ホルモンは甲状腺の濾胞

細胞で分泌され，代謝の促進，すなわち各臓器におけるエネルギー消費を増大させる．また，腎臓で合成・分泌された $1,25(OH)_2$-D_3 は血流によって小腸などに作用し，Ca^{2+} の吸収を促進するとともに，骨に作用し Ca^{2+} の放出を促進する．

ステロイドホルモンのうち，グルココルチコイドは副腎皮質の束状層および網状層で合成され，糖質代謝への作用，すなわち肝臓における糖新生，肝臓のグリコーゲン貯蔵の促進，血糖値の上昇などの作用がある．一方，ミネラルコルチコイドは副腎皮質の球状層で合成され，Na^+ の再吸収の増加による体内貯留作用と K^+ の腎臓を介する排泄の促進作用を示す．

アンドロゲンは精巣のライディッヒ細胞および副腎皮質の網状層で合成され，血中に分泌される．胎生期の性分化や生殖器官の機能維持，二次性徴の発現，骨格筋におけるタンパク質合成の促進などの作用がある．

エストロゲンは卵巣の成熟した細胞および妊娠時の胎盤から分泌され，発情作用を示す．また，エストロゲンは性腺の発育と生殖に必要で，排卵直前に血中濃度が最高となる．排卵後は，卵胞の黄体細胞から黄体ホルモンのプロゲステロンが分泌される．

13.4 ホルモンの階層性と相互作用

ホルモンの階層性とは，上位にある視床下部より分泌される視床下部ホルモンが下位の下垂体に作用して下垂体ホルモンの産生を促進または抑制し，さらに下垂体ホルモンが標的となる内分泌腺に作用して特定のホルモンの産生を促し，最終的な標的細胞において様々な作用を及ぼすことを指す（図13.13）．前述のように，視床下部ホルモンにはCRF，TRH，性腺刺激ホルモン放出ホルモン（GnRH），GRF，ソマトスタチンなどがある．とくに，GRFがGHの分泌を促進するのに対して，ソマトスタチンはGHの分泌を抑制する．

下垂体は前葉，中葉，後葉に分かれており，前

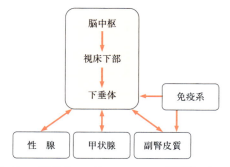

図 13.13 哺乳動物におけるホルモンの階層性と相互作用

述のように下垂体前葉からはACTH，TSH，GH，LH，FSHなどが分泌される．下垂体後葉からはバソプレッシンやオキシトシンが分泌され，下垂体中葉からはMSHが分泌される．下垂体ホルモンが作用する標的器官（内分泌腺）は甲状腺，副腎，精巣，卵巣などで，それぞれ甲状腺ホルモン，グルココルチコイドやカテコールアミン，アンドロゲン，エストロゲンを分泌する．また，これらの最終標的細胞から分泌されるホルモンは，フィードバック阻害により自らの産生量を調節する．

上記の内分泌腺以外にも，胎盤は性ホルモンと性腺刺激ホルモンを，腎臓はレニンとエリスロポエチンを，消化管はガストリン，コレシストキニン，セクレチンなどのホルモンを，心臓はナトリウム利尿ペプチドを，脂肪細胞はレプチンを分泌している．

哺乳動物では内分泌系は神経系と密接に関連しており，脳中枢と末梢組織の間に図13.13に示すような情報網を形成している．末梢の内分泌細胞からは，中枢の情報を末梢組織に伝えるために，それぞれ独自のホルモンが分泌される．これらのホルモンは同時に脳へも送られ，末端組織の状況を伝える信号となっており，脳との間にフィードバック系を構成している．また，免疫系に関与するサイトカインなどの情報伝達因子も，視床下部-脳下垂体-副腎皮質連関に作用し，分泌された副腎皮質ホルモンが免疫系にフィードバックし，過剰反応を抑制する．　　　　　　　　　　［小森雅之］

自 習 問 題

【13.1】 ホルモンの具体的な定量法について調べ，それぞれの方法の長所や短所についてまとめなさい．

【13.2】 アンギオテンシンⅡの生合成に関して，前駆体および翻訳後の修飾に関与する酵素について調べるとともに，その標的器官および生理作用について調べなさい．

【13.3】 ステロイドホルモンの生合成に関与する酵素の性質およびその細胞内局在について調べなさい．

【13.4】 ステロイドなどの脂溶性ホルモンが，それぞれどのような遺伝子群の発現調節に関与しているか調べなさい．また，ホルモンと受容体の複合体が結合するシスエレメントについても調べなさい．

【13.5】 甲状腺におけるチロキシンやトリヨードチロニンの合成・貯蔵およびヨウ素代謝について調べなさい．

14 細胞間情報伝達と受容, 応答, 調節

ポイント

(1) 生体が外的・内的環境の変化を感知し, その情報を細胞間で交換して生体の恒常性を維持する機構, あるいは発生・形態形成を制御する機構がシグナル伝達系である.

(2) 細胞間の情報伝達には, タンパク質やペプチド, アミノ酸に由来する親水性分子（カテコールアミンなど）, 脂溶性分子（ステロイドホルモンやチロキシンなど）など様々なタイプの分泌型シグナル分子に加え, 細胞膜表面に存在する分子や細胞間マトリックスが関与する.

(3) それらのシグナル分子には, 遠くのものに作用するもの（内分泌型ホルモン）, 近くのものに作用するもの（傍分泌型局所ホルモン）, ごく近傍にしか作用しないもの（シナプス型神経伝達物質）や接触した細胞にしか作用しないもの（細胞接触型）がある.

(4) シグナル分子の受容は, おもに細胞内受容体（核内受容体）と細胞膜受容体によって行われる. 細胞膜受容体は大きく4種類に分類することができる. イオンチャネル連結型, Gタンパク質結合型, 受容体自身に酵素活性をもつ酵素連結型, 受容体自身に酵素活性はないが細胞質の酵素と結合する酵素会合型である.

(5) 細胞内受容体はおもに転写制御因子として機能し, 遺伝子の発現を調節する.

(6) 細胞膜受容体にシグナル分子が結合すると, 受容体の種類によって様々な細胞内情報伝達経路が活性化する. それはGTPaseスイッチタンパク質（Gタンパク質）を介してサイクリックAMP (cAMP), イノシトール三リン酸 (IP_3) などのセカンドメッセンジャーを産生する系, 受容体のリン酸化を認識するアダプタータンパク質を介して情報を別のシグナル分子に伝達する系, 細胞内プロテインキナーゼ酵素群の酵素活性の変化によって情報を伝達する系などであり, 多くのタンパク質がはたらいている.

(7) 情報は最終的に酵素などの機能タンパク質の効率やその量の変化をもたらし, 細胞内代謝や細胞機能が調節される. 前者の例として, リン酸化による活性型と不活性型酵素間の転換によるグリコーゲン分解酵素（ホスホリラーゼ）の活性調節などがあげられる. 後者は情報伝達系の最下流に転写制御因子がある場合で, それらがリン酸化などによる活性化を受け, 酵素遺伝子などの新たな転写が開始される.

(8) 細胞増殖, 分化や細胞死（アポトーシス）誘導といったシグナルの多くも, 共通の細胞内伝達機構を利用し, 生理的機能のみならず発がん機構や種々の病態と関連している.

14.1 生体の情報伝達機構

動物の身体は総数50～60兆個, 200種類を超える様々な細胞からなる. その様々な細胞の集合体である臓器, 器官は, 絶妙な統合性によりあたかも一つの細胞のように機能が調節される. この調節機構によって, 動物は著しい外部環境や内的状

態の変化があっても，内部環境をある限られた範囲内でできるだけ一定に制御する恒常性（ホメオスタシス）を維持している．

機能の統合を可能にするために，生体は数え切れないほどの情報伝達機構を備えている．これらの機構は，内的・外的変化を細胞へ伝える神経系，内分泌系，免疫系といった細胞間情報伝達機構と，それにより引き起こされる多彩な細胞応答を介在する細胞内シグナル伝達機構に大別される（図14.1）．前者は作用細胞から神経伝達物質，ホルモン，サイトカインなどのシグナル分子を分泌することで，一つの情報を同期的に多くの標的器官，細胞に伝える．後者は，個々のシグナルに対応した特異的受容機構とそれにリンクしたGタンパク質の変化やセカンドメッセンジャーの産生，プロテインキナーゼの活性化などを介する複雑な仕組みである．これらの仕組みの解明は古くからの命題であり，細胞内シグナル因子としてCa^{2+}とcAMPのはたらきを中心に研究が進められた．cAMPの研究では，コリ夫妻，サザランド，クレブス・フィッシャーと同一テーマより3度のノーベル生理学・医学賞を生んだ．現在では，それら以外の多くのシグナル分子についても詳細に仕組みが解き明かされているが，本章では基本となる事項を整理し概説する．

これらの機構が作動しない，あるいは不適切な作動である場合は，恒常状態からの逸脱，すなわち病気を意味する．事実，ホルモンなどの分泌不全や過剰分泌などの異常，受容体（レセプター）や細胞内シグナル伝達のコンポーネントの異常が

■糖尿病とインスリン：イヌの貢献■

糖尿病の歴史は古く，エジプトで発見された紀元前1500年ごろの糖尿病の記載と思われる文章があり，紀元1世紀ごろにはローマの医師による詳細な記録も残されている．20世紀はじめまでは糖尿病患者はおもに子供や若者であり，その当時はまだ原因がわからなかったので，極端なエネルギー制限食，脂肪食などがおもな治療法として行われていた．しかし，治療を受けても多くの患者は，残念なことに急速にやせ細り昏睡死した．この「死の病」糖尿病の原因は，1921年にバンティングとベストにより明らかにされた．彼らはイヌの膵臓を摘出して糖尿病犬を作出し，そのイヌに膵臓から抽出した精製物を注射して，血糖値が低下することと症状が改善することを確認して病因を証明した．つまり，彼らがインスリンと名付けた膵臓由来のホルモンの不足が糖尿病の原因であった．この発見により，バンティングはノーベル生理学・医学賞を受賞した．また，発見からわずか半年後には糖尿病で瀕死状態の少年にインスリン注射がなされ，病状の劇的な改善をみた．つまり，この時点で糖尿病は不治の病ではなくなったのである．

インスリン依存性の1型糖尿病は，免疫の異常などで膵臓のランゲルハンス島β細胞が破壊され，インスリンが分泌されなくなるため起こると考えられている．昔はこの1型糖尿病が主だったが，現在はインスリン依存性ではない2型糖尿病が多数を占め，合併症の問題がクローズアップされている．不治の病ではなくなったが，罹患期間が長くなったために，神経障害や網膜症，腎症などに苦しむようになっている．なお2型糖尿病は，おもにインスリンの情報伝達システム異常が病因と考えられている（次コラム参照）．

平成11年度に調査された小動物疾病発生状況（日本獣医師会雑誌，**55**，51-58（2002））によれば，イヌの糖尿病の発生率は0.36，つまり300頭あたり1頭が糖尿病である．その要因の一つは肥満であり，屋内での飼育による運動不足や過剰な栄養はイヌたちを肥満させ，その結果糖尿病発症のリスクは年々高まっている．イヌの糖尿病の病態は1型糖尿病に近い場合が多く，糖尿病と診断されたイヌにインスリンを投与せずに死亡させた例に対し，獣医師の過失を認め賠償を命じた判例がある．イヌが実験動物としてインスリンの発見に貢献したことを含め，小動物臨床領域において糖尿病の重要性をより啓蒙する必要があるかもしれない．なお，インスリンを小動物の糖尿病治療に用いる場合，日本ではほとんどが糖尿病患者用のインスリン製剤を転用していると思われるが，2004年5月には「イヌ」用のインスリン製剤（ブタインスリン-亜鉛製剤）が米国の食品医薬品局（FDA）で認可され，2014年4月時点において米国などで利用されている．

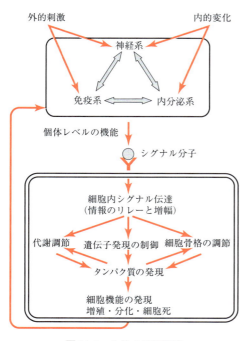

図 14.1 生体の情報伝達

種々の疾患で発見されている（コラム参照）．

また神経系，内分泌系，免疫系細胞のみならず，それらの標的臓器と考えられた脂肪細胞や筋肉細胞を含む多くの細胞も様々な因子（サイトカイン）を分泌し，多彩な細胞機能を調節することが現在では知られるようになっている．

■ 14.2 細胞間情報伝達

細胞と細胞のシグナルのやりとりは，作用細胞からシグナル分子が分泌され標的細胞の受容体で受容される型と，細胞膜結合分子による接触で行われる型に大別される．

14.2.1 シグナル分子の分泌と受容体での受容の様式

シグナル分子は分泌の様式，また厳密ではないが標的細胞までの距離によって，内分泌型，傍分泌型，シナプス型に区別される．

a．内分泌型（図 14.2(a)）

ホルモンの多くは特定の分泌細胞群から分泌され，血流で遠くの標的臓器に運ばれて作用し，代謝などを変化させる．

b．傍分泌型（パラクリン，図 14.2(b), (c)）

分泌された因子は，近傍の標的細胞へ局所的に拡散して作用を発揮する．そのため因子は局所ホルモンとよばれ，分泌した細胞自身に作用する場合は自己分泌（オートクリン）作用とよぶ．たとえばプロスタグランジンを含むエイコサノイドは，多くの細胞で産生されるが不安定であるため，傍分泌型因子である．また，増殖因子（growth factor）は通常傍分泌型で，作用は近傍の細胞に限定される．

c．シナプス型（図 14.2(d)）

神経伝達物質の分泌にみられるように，その作用が限定される．

14.2.2 分泌型シグナル分子の構造と特性

シグナル分子は，その化学構造によりタンパク

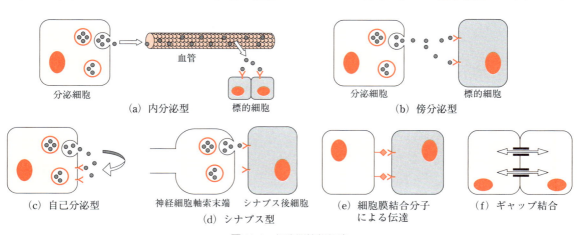

図 14.2 細胞間情報伝達

質,アミノ酸誘導体,脂肪酸誘導体,ステロイド,その他の5種に分類される（表14.1）．このうちタンパク質やペプチド,アミノ酸誘導体（たとえばノルアドレナリンなどのモノアミン類）は親水性であり,合成後多くは分泌顆粒に蓄えられる．刺激に応じて分泌されると細胞膜上の受容体に作用し,セカンドメッセンジャー系や受容体に連結した酵素を活性化させる．その作用はおもに遺伝

■ 糖尿病での情報システムと代謝異常 ■

インスリンは,膵臓 β 細胞より分泌される分子量5 808の二本鎖ポリペプチドである（表14.1参照）．その作用は組織でのグルコース利用の促進であり,筋肉や脂肪組織へのグルコース取り込みを亢進させ,血糖値を低下させる．このインスリン作用の最初のステップは,標的臓器の細胞膜上に存在するインスリン受容体に結合することではじまり,α サブユニットに結合したというシグナルは β サブユニットのチロシンキナーゼ活性を高め,β サブユニットのチロシン自己リン酸化とインスリン受容体基質（IRS）の複数チロシン残基のリン酸化を引き起こす（図14.3）．それに引き続いて次々と情報の伝達が起こり,様々なインスリンの作用が発現する．グルコースの細胞内取り込みには,ホスファチジルイノシトール(PI) 3-キナーゼの下流ではたらくグルコース輸送体の一つ,GLUT4 が重要な役割を果たす．GLUT4 は無刺激状態では細胞内に存在しているが,インスリン刺激に反応して細胞膜上に移動する．この移動によって,骨格筋や脂肪細胞へのグルコース取り込み量は増加する（11章参照）．

厚生労働省の2012年の国民健康・栄養調査結果（推計）では,日本で糖尿病を患っている人は約950万人,さらに糖尿病の可能性が否定できない糖尿病予備軍は約1 100万人と報告された．後者の多くにはインスリンの効きが悪い,いわゆる「インスリン抵抗性」状態がみられ,2型糖尿病はこの状態が高じて高インスリン血症となり,さらに β 細胞が疲弊しインスリンの分泌量の低下が生じて引き起こされる．インスリン抵抗性の原因として,受容体遺伝子に異常があるために正常な受容体が形成されなかったり,IRS-1 をつくらせる遺伝子の異常に起因することなどが知られている．

しかし,遺伝的素因だけが病因となる2型糖尿病はまれで,過食,肥満,運動不足,ストレスなどが加わって発症すると考えられる．たとえば脂肪細胞は様々なサイトカイン（アディポサイトカイン）を分泌するが,肥満したヒトの脂肪細胞は正常な細胞に比べ腫瘍壊死因子（TNF-α）を過剰に分泌し,アディポネクチンの産生を減少させる．TNF-α は MAP キナーゼの一つ,JNK（図14.19参照）を活性化し,IRS-1 の（マウス,ラットの場合）307番目のセリン残基をリン酸化してインスリンシグナルを減弱させる．一方,アディポネクチンは細胞内のエネルギー状態を感知し活性化される AMP キナーゼと核内受容体の一つである PPARα（図14.6参照）を活性化することで,インスリン感受性を高める．つまり,肥満によるアディポサイトカインの変動がインスリン抵抗性の一因と考えられる．

反すう動物においては,正常状態にもかかわらずインスリンの血糖降下作用が弱く,インスリン抵抗性を示すことが知られる．反すう動物においても基本的なインスリンの作用メカニズムは同じだと考えられるが,脂肪細胞や骨格筋における GLUT4 の含量は非反すう動物と比較して低く,GLUT4 の低発現がインスリン抵抗性を示す原因の一つとされる．ウシ GLUT4 の発現は哺乳期にもっとも高く,3か月齢から減少に転じ12か月齢では脂肪細胞で約3分の1に低下する．これは哺乳期を過ぎ,主要なエネルギー源が胃内発酵による揮発性脂肪酸に切り替わることに対する適応反応と考えられる（12章参照）．

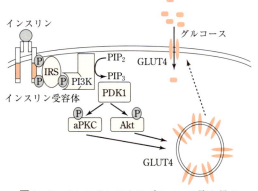

図14.3　インスリンによるグルコース取り込み促進機構

14.2 細胞間情報伝達

表14.1 代表的な分泌型シグナル分子

ホルモン・神経伝達物質	産生部位	構造	おもな効果・標的細胞
インスリン	膵臓 β細胞	タンパク質 α鎖＝アミノ酸21個 β鎖＝アミノ酸30個	炭水化物の利用（細胞へのグルコース取り込みを含む），タンパク質合成の促進，脂肪細胞における脂肪合成の促進
副腎皮質刺激ホルモン（ACTH）	下垂体前葉	タンパク質 アミノ酸39個	副腎皮質を刺激してコルチゾールを産生，脂肪細胞から脂肪酸を放出させる
甲状腺ホルモン（チロキシン）	甲状腺	アミノ酸誘導体 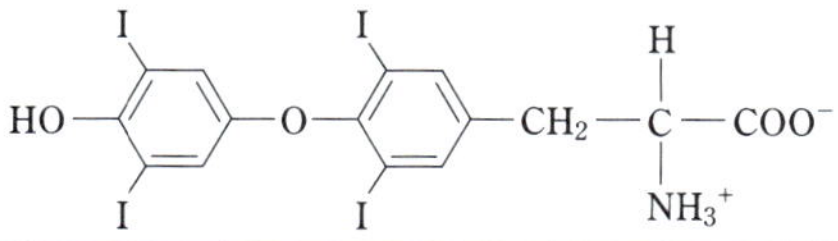	大部分の細胞における代謝活性の増加
ノルアドレナリン	神経末端	アミノ酸誘導体 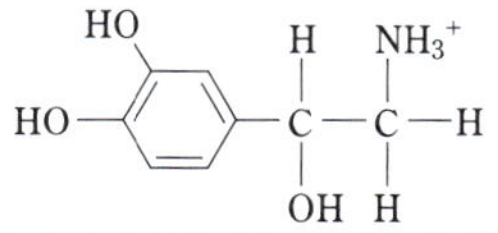	中枢および末梢神経系における興奮性および抑制性伝達物質
プロスタグランジンE_2	種々の細胞	脂肪酸誘導体 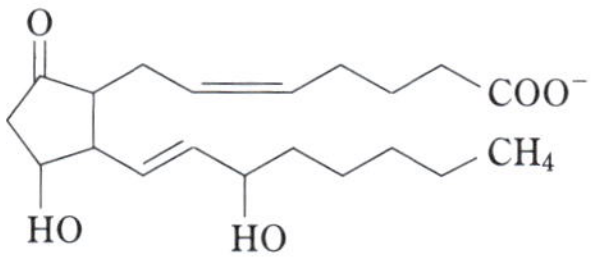	平滑筋の収縮
コルチゾール	副腎皮質	ステロイド 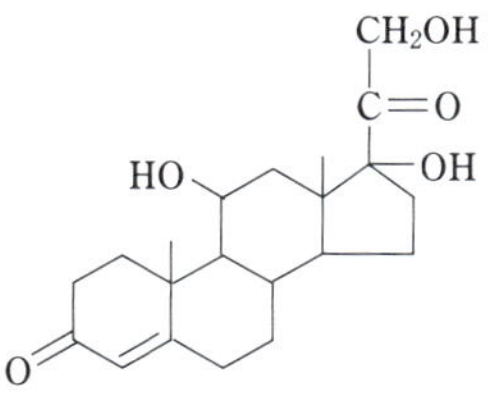	大部分の組織におけるタンパク質，炭水化物，脂質の代謝に影響，炎症反応の抑制
その他		ヌクレオチドなど	

表14.2 おもなホルモンの典型的特徴

特徴	親水性（水溶性）	疎水性（脂溶性）
合成・貯蔵	分泌顆粒	貯蔵されない，すぐに血中へ放出
血中動態	単体	運搬体タンパク質と結合
半減期	短い（秒〜分）	長い（時〜日）
細胞膜透過性	なし	あり
受容体	細胞膜上	細胞質内または核内
セカンドメッセンジャー	あり	なし
細胞応答	酵素活性の調節，セカンドメッセンジャー，アダプタータンパク質を介する転写調節	転写調節
例	タンパク質・ペプチドホルモン（インスリン，成長因子など），モノアミン類（カテコールアミン，セロトニン，ヒスタミンなど），その他（GABAなど）	ステロイドホルモン（コルチコステロイド，性ホルモンなど），甲状腺ホルモン，メラトニン，レチノイド

■ イントラクリノロジー ■

　副腎皮質束状帯から分泌されるグルコ（糖質）コルチコイドには，コルチゾール，コルチゾン，コルチコステロンなどがある（13章参照）．これらはコレステロールからプレグネノロンを経て生合成され，アルドステロン（ミネラルコルチコイド）およびエストロゲンなどの性ステロイド生成にも関連する（図14.4）．また動物種によっておもなグルココルチコイドは異なり，17α-ヒドロキシ化活性がほとんどないラット，マウス，ウサギ，鳥類，両生類，爬虫類などではコルチコステロン，ヒトやウシではコルチゾールである．

　ヒトにおけるグルココルチコイドがもたらす作用のうち95％はコルチゾールによるものであり，コルチゾンの寄与は4〜5％，コルチコステロンは1％程度にすぎない．興味深いことに，コルチゾン自体は不活性である．コルチゾンの寄与は活性型であるコルチゾールの前駆体として作用部位に運ばれ，その局所で11β-ヒドロキシステロイドデヒドロゲナーゼによって11位のケトン基がヒドロキシ化されることで活性化するためと考えられている（図14.5）．

　このような局所におけるホルモンの活性化は，甲状腺ホルモンの例がよく知られる．甲状腺からはチロキシン（T_4）とトリヨードチロニン（T_3）が分泌されるが，活性の弱いT_4の方が約40倍血中濃度が高い．細胞に取り込まれたT_4は脱ヨウ素酵素のはたらきによって約10倍活性の高いT_3となり，作用を発現する．このほかにもレチノールのレチノイン酸への転換，テストステロンのエストロゲンへの変換などが知られ，それらの作用や病態との関連を考える上で考慮すべきことである．

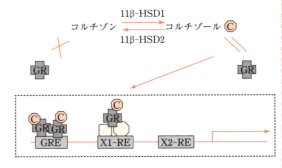

図14.5　グルココルチコイドの細胞内活性化機構

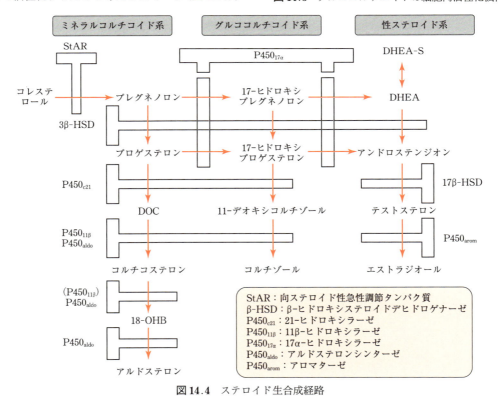

図14.4　ステロイド生合成経路

子の転写調節を伴わない代謝調節などであり，比較的短時間の応答であることが多い．また血中には運搬体タンパク質はなく，数秒から数分の短い半減期をもつことが多い（表14.2）．

一方，コルチゾールなどのステロイドや，アミノ酸誘導体でも甲状腺ホルモンやメラトニンなどは脂質親和性（疎水性）を有する．親水性ホルモンとは異なり，合成後ただちに分泌され，血中の結合タンパク質によって標的細胞に運ばれる．標的細胞においては，細胞膜を通り抜けて細胞内の受容体に結合し核へ運ばれ，おもに転写を調節して作用を発現する．その作用はゆっくりと長期的であることが多い（表14.2）．また血中ではおのおのの物質に特有の運搬体タンパク質のほか，アルブミンやα-フェトプロテインなどにも結合することが知られており，その半減期は数十分から数日と長い（表14.3）．

しかしながら，脂質親和性を有するシグナル分子でも例外はあり，パラクリン型の血小板活性化因子（PAF）や多くのエイコサノイドのように細胞膜上の受容体を介してシグナルを伝えるものや，ビタミンDなどのように細胞膜上および細胞内の受容体の両者を使い分ける例が知られる．親水性の分子であってもTGF-β/アクチビンファミリーのように，その作用はおもに転写を調節することによるものもある．

14.2.3 分泌型シグナル分子の受容体

受容体は細胞に存在し，物理・化学的な刺激を認識して細胞に応答のスイッチを入れる．分泌型や後述の膜結合型シグナル分子，受容体に結合しうる薬剤を総称してリガンドとよぶが，リガンドを鍵とすると受容体は鍵穴であり，それらが結合することによって情報の扉が開く．受容体のもたらす情報は様々で，細胞の増殖や死の制御，運動や移動，発生や器官の形成，分化，代謝調節，さらに知覚や認識といった高次の生命現象を制御する．分泌型シグナル分子の受容体は，以下のように細胞内受容体（核内受容体）と細胞膜上の受容体に大別される．

a．細胞内受容体

細胞膜を自由に通過できる脂溶性シグナル分子（脂溶性ビタミンA，Dやステロイドホルモン，甲状腺ホルモンなど）は，共通の構造を有する一群の受容体に結合して作用を発現する（図14.6）．受容体は細胞内あるいは核内に不活性な状態で存在し，シグナル分子と結合すると，ホモ二量体あるいはRXR（レチノイドX受容体）などとヘテロダイマーを形成し，DNAのプロモーター上の特定配列（ホルモン応答エレメント；hormone response element；HRE）に結合して，その遺伝子の転写速度を変化させる（図14.7）．

b．細胞膜上の受容体

細胞膜上に存在する単独あるいは複数のタンパク質で形成されるシグナル受容分子で，ペプチド

表14.3　代表的な血中のホルモン結合運搬体タンパク質

タンパク質名	分子量	血中濃度(mg/dL)	おもなリガンド
Retinol binding protein	21 000	3〜6	ビタミンA
Thyroxine binding prealbumin	55 000	10〜40	T_4, (T_3)
Thyroxine binding globulin	54 000	1〜2	T_4, T_3, 遊離脂肪酸(FFA)
Cortisol binding globulin	58 200	15〜30 (妊娠時 〜60)	コルチゾール，プロゲステロン，アルドステロン
Sex hormone binding globulin	95 000	0.1〜0.8 (妊娠時 〜3)	アンドロゲン，エストロゲン
Vitamin D binding protein	58 000	35	ビタミンD, FFA, C5a, C5a-desArg
α_1-acid glycoprotein	41 000	50〜150	メラトニン，プロゲステロン
Albumin	66 500	3 200〜5 400	FFA, ビリルビン，金属イオン，薬物，ステロイド類, T_4, (T_3), メラトニン
α-fetoprotein	70 000	胎児期200〜400	FFA, ビリルビン，金属イオン，薬物，レチノイド

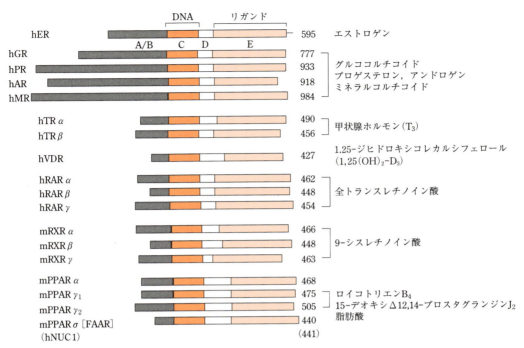

図14.6 細胞内受容体スーパーファミリー

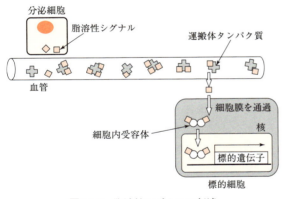

図14.7 脂溶性シグナルの伝達

ホルモン，神経伝達物質，増殖因子などの細胞膜を通過できない水溶性シグナル分子と結合する．その構造と機能から，イオンチャネル連結型，Gタンパク質結合型，受容体自身に酵素活性をもつ酵素連結型，細胞質チロシンキナーゼなどの酵素会合型，およびその他に分類される（表14.4）．受容体の種類によって情報の伝達様式が異なり，Ca^{2+}やcAMPなどのセカンドメッセンジャーを介して，あるいはタンパク質リン酸化反応を直接引き起こすなどして細胞質内に情報を伝達する．最終的には代謝活性を変化させたり，特定の遺伝子の転写を調節して生体反応を起こす（図14.8）．

①イオンチャネル連結型受容体は自身がイオンチャネルであり，シグナル分子が結合するとチャネルが開閉する．たとえば神経筋接合部に存在するアセチルコリン受容体はNa^+チャネルであり，筋の収縮過程に不可欠である．

②Gタンパク質結合型受容体は特徴的な7回膜貫通型の構造をしており，三量体GTP結合タンパク質（Gタンパク質）と連結して酵素やイオンチャネルなどの効果器（エフェクター）を活性化し，cAMPやIP_3といったセカンドメッセンジャーを産生して情報を伝える．アドレナリン受容体が代表例である．

③酵素連結型受容体の大部分は細胞膜を1回貫通するもので，細胞内に触媒部位があり酵素活性をもつ．上皮細胞増殖因子（EGF），線維芽細胞増殖因子（FGF），インスリンなど細胞増殖，成長，分化に関連する因子の受容体は，チロシンキナーゼが連結している．これらはリガンドが結合すると酵素活性が増大し，自分自身のチロシン残基をリン酸化する（自己リン酸化）以外に，ほかの基質タンパク質のチロシンをリン酸化する．リン酸

表14.4 細胞膜上に存在するおもな分泌型シグナルの受容体

受容体の型	構造的特徴	エフェクターまたは結合タンパク質	エフェクターまたはセカンドメッセンジャー	例
イオンチャネル連結型	受容体自身がイオンチャネル	陽イオンチャネル	Na^+, K^+, Ca^{2+}	ニコチン型アセチルコリン受容体, セロトニン受容体, グルタミン酸受容体
		陰イオンチャネル	Cl^-	GABA受容体, グリシン受容体
Gタンパク質結合型	7回膜貫通型	Gs結合	アデニル酸シクラーゼ活性化（cAMP↑）	H_2ヒスタミン受容体, β-アドレナリン受容体, グルカゴン受容体, D_1ドーパミン受容体
		Gi結合（百日咳毒素感受性）	アデニル酸シクラーゼ抑制(cAMP↓), K^+チャネル活性化	ムスカリン型アセチルコリン受容体, α_2-アドレナリン受容体, D_2ドーパミン受容体
		Go結合（百日咳毒素感受性）	K^+チャネル活性化, Ca^{2+}チャネル抑制, PLCβ活性化	
		Gq結合	PLCβ活性化	H_1ヒスタミン受容体, α_1-アドレナリン受容体, ムスカリン型アセチルコリン受容体
酵素連結型	1回膜貫通型（受容体自身が酵素活性をもつ）	チロシンキナーゼ	PLC-γ, PI3K, アダプタータンパク質など	インスリン受容体, 多くの成長因子の受容体
		セリン/トレオニンキナーゼ	Smadなど	TGF-βスーパーファミリー受容体
		グアニル酸シクラーゼ	cGMP↑	心房性ナトリウム利尿ペプチド受容体
		チロシンホスファターゼ		CD45
酵素会合型	1回膜貫通型（受容体自身が酵素活性をもたない）	JAK（非受容体型チロシンキナーゼ）	STATなど	インターロイキン受容体, インターフェロン受容体, レプチン受容体

リアノリジン受容体とブタのむれ肉

本文では細胞内受容体としてステロイドホルモンなどをあげたが，ほかにセカンドメッセンジャーIP_3の受容体などがある．IP_3受容体は多くの細胞の小胞体膜上に存在し，刺激に応答して小胞体からCa^{2+}を放出する（図14.14, 14.18参照）．

一方，興奮性細胞（神経・筋細胞）には小胞体膜上にリアノリジン受容体が発現しており，細胞膜上の電位依存性Ca^{2+}チャネル（ジヒドロピリジン受容体）と連動してCa^{2+}誘発性Ca^{2+}放出を引き起こす．つまり，リアノリジン受容体は横紋筋細胞などの興奮時に細胞内Ca^{2+}シグナルを増幅し，筋収縮を惹起するのに必要である．

ブタの悪性高熱症には，骨格筋リアノリジン受容体（RYR1）遺伝子の異常が関与する．この疾患は常染色体性劣性遺伝形式を示し，正常ではRYR1の1843番目の塩基はシトシン（C）であるが，異常ではチミン（T）に変異する．そのためT/T変異によりリアノリジン受容体の感度が高まりすぎることで，筋収縮の異常（熱産生の異常）が起こると考えられている．

ブタの悪性高熱症はブタストレス症候群ともいわれ，密飼，輸送や屠殺といったストレスが発生の引き金となり，発症した個体は高頻度で"むれ肉"を発生させる．むれ肉は強い酸性を示し，色が淡くて柔らかく，保水性を欠く肉であるため，経済的価値が著しく低下する．ストレス症候群のブタの摘発には，従来はハロセン麻酔に対する異常反応（筋肉の硬直）が指標とされてきたが，この方法では直接にヘテロの保因個体が摘発できない．そこで現在では，RYR1遺伝子についてPCR-RFLP法などで遺伝子型を調べることでホモ・ヘテロ個体を識別し，新規系統の樹立時にはより容易にむれ肉関連遺伝子の排除が進められている．

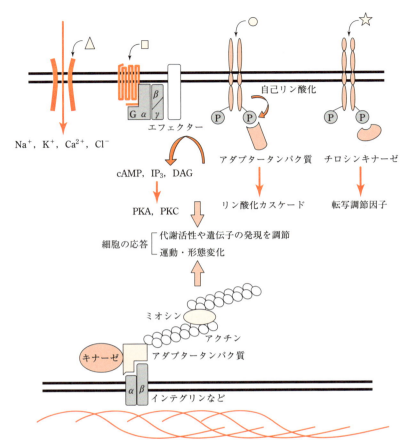

図14.8 細胞膜上の受容体（水溶性リガンドと細胞接着によるシグナル）

化チロシンを有するタンパク質を認識してアダプタータンパク質（後述）や酵素が結合し，さらに下流にシグナルを伝える．こういった特性をもつ酵素には，ホスホリパーゼCγ，ホスファチジルイノシトール3-キナーゼ（PI3-キナーゼ）など多くのタンパク質が知られる（コラム参照）．

TGF-β受容体はセリン/トレオニンキナーゼ連結型受容体であり，リンパ球上に発現するCD45はチロシンホスファターゼ連結型受容体である．また心房性ナトリウム利尿ペプチド（ANP）は，cGMPをセカンドメッセンジャーとして産生するグアニル酸シクラーゼ連結型受容体である．その下流にはプロテインキナーゼGが知られている．

④酵素会合型受容体は自身で酵素活性をもたないが，リガンドに結合するとJanus activated kinase（JAK）などの非受容体型チロシンキナーゼと直接，あるいはほかのアダプタータンパク質を介して結合し，その酵素を活性化する．インターロイキン，インターフェロン，GM-CSF，プロラクチン，成長ホルモン，レプチンなどがこのタイプの受容体を利用する．

14.2.4 細胞膜結合分子による接触型シグナルとその受容

細胞膜上に発現する分子，たとえばFasリガンドや組織適合抗原などは，ほかの細胞膜上に発現するFasやT細胞受容体などを認識・結合し，それらの細胞内領域に結合するアダプタータンパク質を介して，前者は死シグナルを，後者は細胞増殖のシグナルを伝える（図14.2(e)参照）．また一部の血液細胞などを除き，細胞は隣接する細胞，基底膜，細胞外マトリックスなどに接着している．細胞接着は接着分子によって担われており，隣接細胞の分子あるいは細胞外マトリックス上の

分子と結合する．接着分子自体は酵素活性をもたない膜貫通分子であるが，接着分子の細胞内領域とアダプタータンパク質やプロテインキナーゼが相互作用して細胞内にシグナルを伝えうる（図14.8，コラム参照）．接着分子はその構造や形成する接着構造の違いによって，インテグリンファミリー，カドヘリンファミリー，免疫グロブリンファミリー，セレクチンファミリー，シアロムチ

■ **細胞接着因子の病態形成へのかかわり** ■

生体内で正常な細胞は，隣接する細胞や基底膜，細胞外マトリックスなどに接着することで，基本的には運動や増殖が制御される．

一方で，白血球の炎症局所への浸出や血管損傷部位への集積は生体防御や組織修復に重要なステップである．まず感染などで組織が損傷を受けると，局所でインターロイキン-1（IL-1）や腫瘍壊死因子（TNF-α）が放出され，白血球（単球，好中球）との細胞接着分子であるセレクチン（E-selectin）を血管内皮細胞が血管内腔側に発現することからはじまる．ついで，白血球はセレクチンを発現した血管内皮細胞と糖鎖（白血球表面に存在するシアリルLex抗原など）を介して繋留（tethering）され，血管の表面を転がるようになる（rolling）．そうすると白血球表面の接着分子インテグリン（LFA-1やVLa4）が活性化され，血管内皮細胞表面にセレクチンよりも遅れて発現するICAM-1やVCAM-1といったインテグリンリガンドと結合する結果，白血球は平らに変形して血管内皮細胞と強く接着（sticking）する（図14.9）．このステップにおける細胞接着因子の重要性は，ヒト，イヌ，ウシで報告されているインテグリン遺伝子の突然変異に起因する白血球粘着不全症（LAD）の患者や患畜が，重篤な易感染性を示す免疫不全に陥ることからも証明される．

インテグリンは，動脈硬化の発症やがんの転移にも深くかかわっている．たとえば，増殖の進んだがん細胞群はその原発巣から組織内あるいは血管に入ったあと，血流に乗ってほかの組織に移動し病巣を拡大していく．上述の白血球の血管内皮への接着のように，がん細胞の発現するインテグリンなどの接着因子がそのリガンドを見つけて組織に接着することが転移の最初のステップになり，がん細胞表面のインテグリンと組織に発現するリガンドの組み合わせが，転移の臓器特異性にかかわると考えられる．

また，動脈硬化は血管の内膜または内膜下組織に，コレステロールやカルシウムが沈着して血管の内

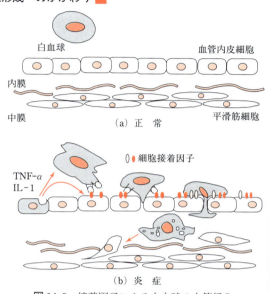

図14.9 接着因子による白血球の血管侵入

腔が狭くなり，血液がスムーズに流れなくなる血管の加齢現象である．上述の白血球の浸出は生体防御に必要な過程だが，この動脈硬化の引き金ともなる．血管壁に侵入した単球・マクロファージなどの細胞は，マトリックス分解酵素を合成・分泌させて細胞外基質の構造を変化させ，その結果平滑筋細胞の遊走・増殖能の亢進が起こる．つまり，平滑筋細胞は壊れたマトリックス部分にフィブロネクチン，ビトロネクチンなどの異なった細胞外マトリックスを合成・沈着し，自らの細胞表面に発現するフィブロネクチン受容体（α5β1およびαVβ1インテグリン）やビトロネクチン，オステオポンチン受容体（αVβ3インテグリン）との結合を足場に遊走や増殖を活性化する．

以上のように，局所で産生された分泌型シグナル因子が接着因子の発現という機能をもたらし，それを介して細胞-細胞間，細胞-マトリックス間の接着による情報の伝達が行われ，病態の形成が進行することがある．

ンファミリーらに分類される．

14.2.5 細胞間のギャップ結合を介したシグナル分子の移動（非特異的）

細胞は隣接する細胞と接着し，組織の中で周囲と協調しつつ，組織の一員としてのはたらきをしている．細胞同士の結合はその構造から，密着結合（tight junction，コラム参照），接着結合（adherence junction），デスモゾーム結合（desmosome junction）およびヘミデスモゾーム結合，ギャップ結合（gap junction，図14.2(f)参照）に分類される（図14.11）．このうち，接着結合やデスモゾーム結合にはおもにCa^{2+}依存性の接着因子カドヘリンと，免疫グロブリンスーパーファミリーの一員でCa^{2+}非依存性の接着分子CAMが関与する．カドヘリンは，細胞内でカテニンというタンパク質を介してアクチンフィラメントの束と結合しており，細胞骨格の機能を調節すると考えられる．

ギャップ結合は，管状の膜貫通タンパク質（コネキシンファミリー）が隣の細胞のものと結びついた構造をしている（図14.11）．そのため，二つの細胞の細胞質は連続することになる．このギャップ結合の穴（1.5 nm）は，分子量1000～1500以下の分子（ヌクレオチドやアミノ酸，糖類，cAMPやIP_3などのセカンドメッセンジャー，イオンなど）を通すことができる．穴は細胞質のCa^{2+}イオンの濃度によって開閉し（低いと開き，高いと閉じる），その機能により細胞間コミュニケーションや細胞間での機能の同調が行われると考えられている．たとえば平滑筋や心筋では，ギャップ結合を介するイオンシグナルによって，全体があたかも一つの細胞のように機能することができる．

14.3 細胞内情報伝達

細胞は，外界からの種々のシグナルを受容体というアンテナで受容し，チューナーや変換器として機能するタンパク質を介して新たな情報を発信し，細胞機能を調節している．cAMPに代表されるセカンドメッセンジャーの情報は，プロテイン

■ 細胞間バリアー ■

密着結合は，密着結合タンパク質（オクルディンやクローディンなど）がジッパーのように隣り合った細胞の細胞膜を連続的につなぎあわせた結合である．そのため，細胞間隙（intercellular space）と管腔側の細胞表面は不連続となり，腸上皮組織や血管内皮細胞により物質通過の関門（バリアー）が形成される．また，腸管上皮細胞でみられる溶質の移動における方向性は，密着結合が膜タンパク質の自由な拡散を妨げるため，一つの細胞上に二つの異なった膜コンポーネントが形成されることで説明される（図14.10）．

ウシにおいて，密着結合タンパク質の一つ，クローディン16（パラセリン-1）欠損症が知られており，腎糸球体や尿細管の上皮細胞間の隙間が拡大するため，タンパク質が尿中に漏れ出てしまう．この疾病は常染色体単純劣性遺伝により引き起こされる遺伝性腎尿細管形成不全症であり，大部分は腎機能障害を伴う発育不良で，生後1年程度までに死亡す

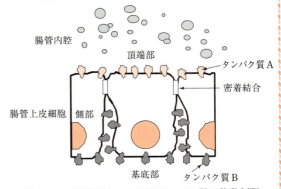

図14.10 密着結合による膜タンパク質の移動制限

ることが多い．

またクローディン1～4は，食中毒を起こすウエルシュ菌の産生毒素が細胞膜に結合し穿孔を開く特異的結合タンパク質としてはたらき，主症状である下痢と腹痛は腸上皮組織バリアーの破壊が原因と考えられる．このように，密着結合は生体外と生体内を区切る重要なバリアーとして機能している．

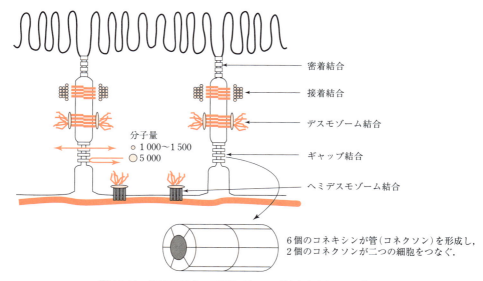

図 14.11 細胞間結合の種類とギャップ結合を介したシグナル

キナーゼを活性化して基質タンパク質にリン酸基を付与するという化学的修飾によって伝達され，基質の機能が OFF から ON に，あるいは逆に ON から OFF に変化する．基質が一連のプロテインキナーゼ群である場合，リン酸化シグナルが滝の流れのように下流に伝達されていく（カスケード反応）．情報伝達の下流に転写因子タンパク質が存在する場合，これらがリン酸化などによる活性化を受け，新たな遺伝子転写が開始される．

14.3.1 Gタンパク質を介するシグナル伝達機構

受容体のシグナルを伝達する分子には2種類のGTP結合タンパク質がある．一つは $\alpha\beta\gamma$ の3種類のサブユニットよりなる三量体Gタンパク質であり，サブユニットのうち分子量約40 000の α サブユニットはGTPase活性を有する．もう一方のGTP結合タンパク質は低分子量Gタンパク質とよばれ，分子量約20 000程度の単分子でありGTPase活性を有する．これらGタンパク質は，GDPが結合した状態が不活性型で，受容体などからの刺激を受けてGDP結合型からGTP結合型に変換することで活性化され，情報をエフェクタータンパク質に伝達する（図 14.12(a)，(b)）．自らのもつGTPase活性によりGTPを GDP に分解すると不活性型に戻り，その速度によって分子スイッチとして情報量を制御する（コラム参照）．

a．三量体Gタンパク質

三量体Gタンパク質はすべての真核生物に発現し，その α サブユニットの特性から四つの大きなグループ（Gαs，Gαi，Gαq，Gα12）に分類

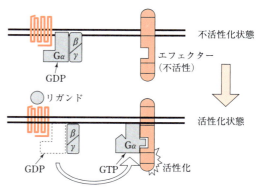

(a) 三量体Gタンパク質を介するシグナル伝達

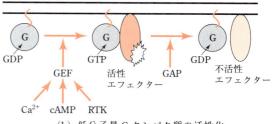

(b) 低分子量Gタンパク質の活性化

図 14.12

される．これらは一部例外を除いて膜7回貫通構造を特徴とするGタンパク質共役受容体と直接会合するが，受容体と共役には特異性があり，たとえばβ-アドレナリン受容体はGs，α_1-アドレナリン受容体はGqと共役する（表14.4参照）．受容体にリガンドが結合すると，上述のようにαサブユニットのGDP-GTP交換反応を促進し，αサブユニットをβγサブユニットから解離させ，GTP結合αサブユニットはエフェクターを活性化する．Gタンパク質によるエフェクターの活性化にも特異性があり，Gsはアデニル酸シクラーゼを，GqはホスホリパーゼCβ（PLCβ）を活性化する．前者はセカンドメッセンジャーとしてcAMP，後者はIP_3とジアシルグリセロール（DAG）を生じる（図14.13，14.14）．

b．低分子量Gタンパク質

低分子量Gタンパク質は，その構造からRas，Rho，Rab，Arf，Ranの五つのファミリーに分類される．三量体Gタンパク質とは異なり，受容体とは直接会合していないので，cAMPやCa^{2+}により活性化されるGDP-GTP交換因子（guanine nucleotide exchange factor；GEF）や受容体型チロシンキナーゼの下流のGEFの作用で活性型となり，GTPase活性化タンパク質（GTPase

■細胞間・細胞内情報伝達系の異常とがん■

情報伝達機構はシグナルによりスイッチがONとなるが，シグナルの消去（モノアミンオキシダーゼによるカテコールアミンの分解など）や受容体の不応答（細胞内への取り込みなど）に伴うスイッチOFFやセカンドメッセンジャーの消去（Ca^{2+}の小胞体への再取り込みやcAMPホスホジエステラーゼの活性化など），あるいは拮抗シグナル（インスリンとグルカゴンなど）による逆反応の亢進（リン酸化と脱リン酸化など）などによって巧妙に調節されている．

一方，細胞増殖因子受容体やその下流の情報伝達分子の遺伝子に傷（突然変異）が入り，恒常的に活性型となって持続してシグナルを送り続けることが多くのがん細胞でみられる．上皮成長因子受容体（epidermal growth factor receptor；EGFR）は，HER（ErbB）ファミリーの1回膜貫通型チロシンキナーゼ受容体である．この受容体応答は正常組織においても細胞の増殖，維持に重要であるが，がん組織における増殖や浸潤，転移に強く関与する．多くのヒト固形がんではEGFRの高発現を認めるほか，活性型EGFR変異として，エクソン19の欠失やエクソン21内にある858番目のロイシンからアルギニンへの点突然変異（L858R）などがある．これらはEGFR変異の90％以上を占め，恒常的に二量体を形成して，受容体チロシンキナーゼ活性により下流のRas-Raf-ERK経路（MAPキナーゼカスケード，図14.15参照）やホスファチジルイノシトール3-キナーゼ（PI3K）/Akt経路（図14.3参照）を常に活性化させる．

このためEGFRチロシンキナーゼを分子標的とした抗がん剤の開発が進められ，開発された薬剤（可逆型EGFR-TKI）は標的を有する腫瘍を劇的に縮小し，有意な延命効果を示す．しかしほとんどの症例は，獲得耐性（二次的変異，たとえばEGFRのエクソン20内の790番目のトレオニンがメチオニンに変異：T790M変異などによる薬剤耐性の獲得）により再発する．T790M変異による耐性に対しては，抗EGFR抗体やほかのEGFRチロシンキナーゼ阻害剤（不可逆型EGFR-TKI）の併用療法が行われている．

大腸がん患者においてRAS遺伝子（KRASおよびNRAS）変異を有する場合は，抗EGFR抗体薬投与により延命効果や腫瘍縮小作用が得られない可能性が高い．Rasは約21 kDaの低分子量Gタンパク質であり（図14.12(b)参照），上述のようにEGFRからのシグナルを下流に伝達する役割をもつ．KRASの13番目のグリシンからアスパラギン酸への変異（G13D）ではGTPase活性が低下し，GTPが結合した活性型に留まることで，下流への増殖シグナルが持続する．よって上流のシグナルを抑制しても，Rasの機能異常が起点となってがんの進展が続くと考えられる．このほか，Ras-Raf-MAPK経路を構成するBRAFセリン/トレオニンキナーゼ遺伝子の変異（600番目のバリンのグルタミン酸への変異：V600Eなど）も大腸がんの5〜15％に認められ，強い予後不良因子である．

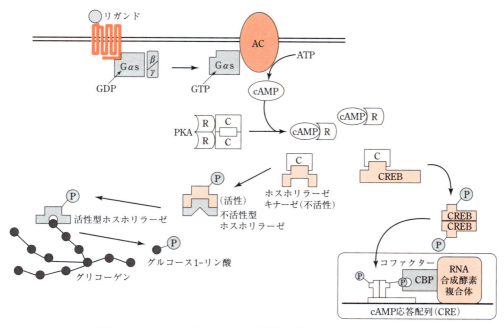

図 14.13 cAMP による PKA の活性化と代表的な PKA シグナル

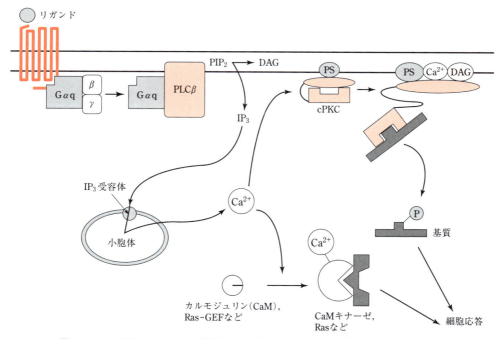

図 14.14 三量体 G タンパク質結合型受容体による PKC, Ca^{2+} シグナルの活性化

activating protein；GAP）により GTPase 活性が促進され，不活性 GDP 型となる．したがって，細胞外からのシグナルは GEF か GAP を活性化することにより，低分子量 G タンパク質の活性を調節している（図 14.12(b) 参照）．

14.3.2 アダプタータンパク質

アダプタータンパク質は触媒活性をもたず，タンパク質の特異な結合を介して情報を伝達する．たとえば受容体型チロシンキナーゼはリガンドが結合すると活性化され，自分自身のチロシン残基

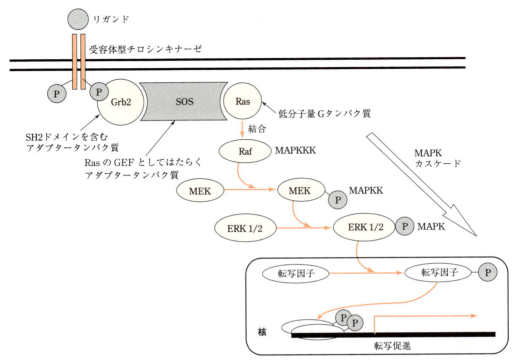

図 14.15 アダプタータンパク質を介するシグナルと古典的 MAPK の活性化

をリン酸化する．リン酸化チロシンを認識して SH2 ドメイン (Src homology domain 2) をもつ Grb2 (growth factor receptor-bound protein 2) が結合し，分子内の別のドメイン（SH3）を介して SOS (son of sevenless) タンパク質に結合する．Grb2 に結合した SOS は低分子量 G タンパク質 Ras の GEF として作用するので，細胞増殖因子のシグナルは Ras を介して増幅される（図 14.15, 14.16）．

このように複数のタンパク質はシグナル伝達複

■ **ブタの鼻曲がりと G タンパク質** ■

三量体 G タンパク質の研究は，コレラ毒素あるいは百日咳毒素といった細菌毒素を用いることで飛躍的に進展した．コレラ毒素は，Gαs を ADP リボシル化によって（GTPase 活性を阻害することで）常時活性型に変換して異常な cAMP 産生を惹起し，百日咳毒素は，Gαi を ADP リボシル化してその活性化（α サブユニットへの GTP の結合）を阻害し細胞機能を修飾する．両毒素を用いて，G タンパク質がどのような細胞機能にかかわるのかといったことや，G タンパク質のもつ GTPase 活性の調節メカニズムの解明が進み，現在も G タンパク質の機能解析の道具として用いられている．

一方，低分子量 G タンパク質の機能解析においても細菌毒素タンパク質が有効に利用されている．ボツリヌス菌が産生する C3 は，細胞骨格系を調節するタンパク質 Rho を ADP リボシル化によって不活性化する．神経系細胞に C3 を与えると NGF などによって誘導される軸索の進展が阻害されたので，軸索進展プログラムに Rho が必要であることが明らかとなった．また気管支敗血症菌の産生するボルデテラ壊死毒（DNT）は C3 と同じく Rho を標的とするが，ADP リボシル化ではなく，分子中のグルタミンをグルタミン酸に変換し常時活性型にする．DNT を骨芽細胞に作用させるとアクチンストレス繊維や細胞基質間接着斑が強く形成され，その骨細胞への分化が阻害される．気管支敗血症菌によってブタの萎縮性鼻炎，いわゆる"ブタの鼻曲がり"とよばれる病気が引き起こされるが，それは DNT による鼻甲介骨の形成不全が原因と考えられる．

合体として機能し，アダプタータンパク質はそれらを集合させる役割をもつ．アダプタータンパク質の特異な結合を介在するドメインとして，リン酸化チロシンと結合するもの（SH2 ドメインと PTB ドメイン），プロリンの多い配列に結合するもの（SH3 ドメインと WW ドメイン），ホスホイノシチドに結合するもの（PH ドメイン），C 末端が疎水性残基である独特な C 末端配列に結合するもの（PDZ ドメイン）などがある．一つのアダプタータンパク質に同一ドメインが重複したり，複数のドメインが存在する場合もある（図 14.16）．

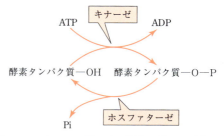

図 14.17　タンパク質のリン酸化・脱リン酸化反応

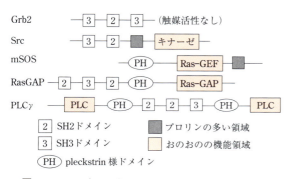

図 14.16　シグナル分子に共通なドメイン構造の一例

14.3.3 タンパク質リン酸化応答を介する細胞内情報伝達機構

プロテインキナーゼは，細胞内で情報をタンパク質リン酸化反応によって伝達するための鍵酵素である．基本的に，動物細胞にはチロシンをリン酸化するタイプと，セリンあるいはトレオニンをリン酸化するタイプの 2 種類があり，プロテインキナーゼが受容体の一部分となっているもの，細胞質に可溶化して存在するもの，細胞膜に結合しているものもある．一般にシグナル伝達経路が刺激されたときだけ活性になり，キナーゼ活性はリン酸化，ほかのタンパク質との直接結合，種々のセカンドメッセンジャーの濃度変化によって調節される．プロテインキナーゼのはたらきは，基質タンパク質からリン酸を除去するプロテインホスファターゼによってもとに戻されるので，リン酸化・脱リン酸化することによりタンパク質の機能は可逆的に制御され，様々な細胞機能が調節される（図 14.17）．

a．PKA

cAMP 依存性プロテインキナーゼ（PKA）ホロ酵素は二つの調節サブユニットと二つの触媒サブユニットから構成される四量体で，cAMP が調節サブユニットに結合すると触媒サブユニットと解離し，触媒サブユニットが活性を示す．PKA は広範な基質のセリン/トレオニン残基をリン酸化し，酵素活性の調節や細胞の増殖，あるいは分化を遺伝子の転写などを介して調節する（図 14.13 参照）．効率的な情報伝達を行うため，PKA はアンカーリングプロテイン（繋留タンパク質）を介して細胞内の特定部位に繋留されていると考えられる．

b．PKC

プロテインキナーゼ C（PKC）は単量体のセリン/トレオニンキナーゼであり，現在では 3 群 11 種類のアイソフォームが知られている．ホスホリパーゼ（リン脂質分解酵素）などの作用を介した脂質シグナルの伝達に PKC は重要であり，PKCα，βI，βII および γ は Ca^{2+}，リン脂質（おもにホスファチジルセリン）およびジアシルグリセロール（DAG）により活性化されるという特徴をもつ（図 14.14 参照）．

一方，PKCδ，ε，η および θ は活性化にリン脂質と DAG は必要とするが，Ca^{2+} は不要である．第三のファミリー，PKCζ および ι/λ は DAG を要求せず，3-phosphoinositide-dependent kinase 1（PDK-1）などによるリン酸化が活性化に重要である（図 14.18）．なお PKCμ は PKD ともよばれる．発がんプロモーターであるホルボールエステルは DAG と同様のメカニズムを介して PKC を活性化することから，PKC は細胞増殖，分化の制御などに関与する種々の遺伝子を発現誘

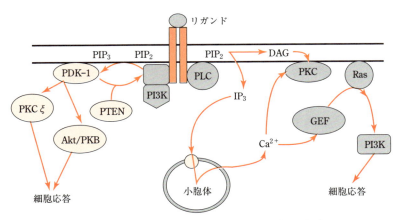

図14.18 イノシトールリン脂質によるシグナル伝達

導するものであり，PKCが常に活性化されるような状況では発がんが促進される．脳内においては，記憶の中枢といわれる海馬に多量に発現しており，記憶や学習に関与する．

c．MAPK

mitogen-activated protein kinase（MAPK）は単量体のセリン/トレオニンキナーゼであり，その活性には分子内にあるTXY配列（Xは任意のアミノ酸）のトレオニンおよびチロシン残基のリン酸化が必要である．これらのアミノ酸残基をリン酸化する酵素としてMAPKキナーゼ（MAPKK），さらにMAPKKをリン酸化して活性化するMAPKKキナーゼ（MAPKKK）が同定されており，細胞膜表面からシグナルの一部はMAPキナーゼカスケードを介して核内に伝達される（図14.15参照）．

前項で述べたように，受容体型チロシンキナーゼのシグナルはアダプタータンパク質（Grb2）やGTP/GDP交換因子（SOS）を介して低分子量Gタンパク質（Ras）を活性化するが，RasはMAPキナーゼカスケードRaf（MAPKKK），MEK（MAPKK），ERK1/2（p44/p42 MAPK）を連鎖的に活性化し，最終的に転写因子の機能がリン酸化により修飾される．ERK1/2は古典的MAPKとよばれ，血清，インスリン，EGFなどの多くの増殖刺激や発がんプロモーターTPA（ホルボールエステルの一つ）などの刺激により活性化される．近年，炎症性サイトカインのほか，浸透圧や

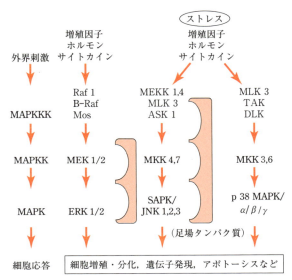

図14.19 MAPキナーゼカスケードと足場タンパク質

活性酸素などのストレス刺激に応答して活性化されるJNK/SAPK経路やp38 MAPK経路なども知られるようになった（図14.19）．各カスケードを構成するタンパク質は足場（スキャフォールド）タンパク質に結合して空間的に接近しており，反応が迅速かつ正確に行われる．

d．受容体型チロシンキナーゼ

受容体型チロシンキナーゼの構造は，リガンドが結合する細胞外領域，細胞膜を貫通する疎水性領域，チロシンキナーゼ活性をもつ細胞内領域に分かれる．リガンドが結合すると，受容体は二量体化とよばれる構造変化を起こしてキナーゼが活性化され，受容体分子の自己リン酸化あるいは基質

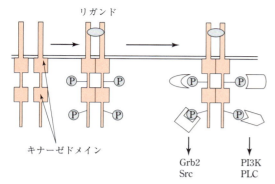

図 14.20 チロシンキナーゼ連結型受容体の活性化とシグナル伝達因子の結合

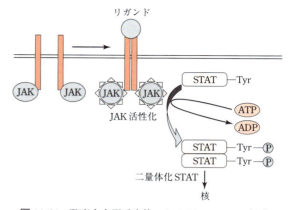

図 14.21 酵素会合型受容体による JAK-STAT 経路の活性化

のリン酸化が起きる．これらのリン酸化チロシンとアダプタータンパク質の相互作用を介してシグナルが伝達される（図 14.20，また図 14.15 参照）．

e．非受容体型チロシンキナーゼ

ここでは二つの非受容体型チロシンキナーゼの例をあげる．

インターフェロン受容体などキナーゼ活性をもたない受容体の場合は，非受容体型チロシンキナーゼである JAK が結合している．この例においては，リガンドが受容体に結合すると受容体二量体化が促進され，それに伴い JAK が活性化され受容体をリン酸化する．修飾された受容体は SH2 ドメインを有する signal transducers and activators of transcription (STAT) タンパク質の結合部位となり，結合した STAT は JAK によりリン酸化されて二量体化し，核に移行して，そこで特異的なエンハンサー配列に結合して遺伝子の転写を促進することが知られている（図 14.21）．

また Src は，ラウス（Rous）肉腫ウイルスのがん原因遺伝子 *v-src* のホモログ *c-src* 産物として同定された非受容体型チロシンキナーゼである．Src キナーゼは N 末端に膜結合領域，それに隣接して SH3 および SH2 ドメインを含む調節領域があり，C 末端側半分にキナーゼ領域がある．Src は Csk とよばれる別のチロシンキナーゼにより C 末端 527 番目のチロシンがリン酸化されており，分子内の SH2 ドメインと結合する．キナーゼ領域の N 端側にはプロリン繰り返し配

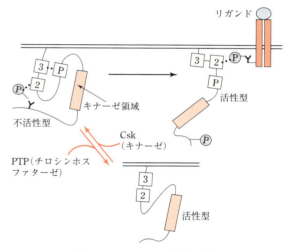

図 14.22 c-Src の活性化機構

列があって SH3 ドメインと結合し，Src チロシンキナーゼ活性は分子内の相互作用によって通常抑制されている．C 末端 527 番目のチロシンの脱リン酸化や，SH2 や SH3 ドメインへのほかのタンパク質の結合によって，Src は活性化される（図 14.22，また図 14.20 参照）．

14.3.4 脂質シグナル

細胞膜は細胞の内外を区分けするだけでなく，これまで述べた細胞内情報伝達の反応の場としてはたらいている場合も多い．さらにホスホリパーゼ A_2，C，D が活性化されることで，プロスタグランジンなどのアラキドン酸代謝物，PAF やスフィンゴシン 1-リン酸などのリン脂質メディ

エーテルなどの生理活性物質が産生され，二次的情報を発信する場でもある．

細胞内情報伝達機構においては，イノシトールリン脂質と脂質キナーゼである PI3-キナーゼが重要である．たとえば，受容体型チロシンキナーゼのいくつかは SH2 ドメインを介してホスホリパーゼ Cγ を，G タンパク質結合型受容体のうち Gq に結合するものはホスホリパーゼ Cβ を活性化する．するとイノシトールリン脂質の一種，ホスファチジルイノシトール 4,5-二リン酸（PI4,5-P$_2$）を分解し，イノシトール 1,4,5-三リン酸（IP$_3$）と DAG を生じる．セカンドメッセンジャーとして IP$_3$ は小胞体に作用して Ca^{2+} を細胞質内に動員し，DAG は PKC を活性化する（図 14.14, 14.18 参照）．

一方，PI3-キナーゼにはいくつかのアイソフォームが存在するが，Ia 型はチロシンリン酸化タンパク質を認識して活性化され，Ib 型は G タンパク質結合型受容体を介して活性化される．PI3-キナーゼは，PI4,5-P$_2$ のイノシトール環の 3 位をリン酸化することでホスファチジルイノシトール 3,4,5-三リン酸（PI3,4,5-P$_3$）を産生する．PI3,4,5-P$_3$ はきわめて微量にしか存在せず，そのレベルは増殖因子による刺激などで大きく変動する．この変動に伴って PDK-1 が活性化され，さらに下流の Akt（別名プロテインキナーゼ B）や PKCζ などの活性に寄与する（図 14.18 参照）．PI3-キナーゼには受容体結合型のほか，調節タンパク質によって活性化されるものもあり，細胞局所で PI3,4,5-P$_3$ を産生して細胞骨格や小胞輸送に関与することが知られる．

14.3.5 ホスファターゼ

プロテインホスファターゼにはリン酸化セリン/トレオニンを脱リン酸化するもの，リン酸化チロシンを脱リン酸化するもの，リン酸化トレオニン/チロシンを脱リン酸化する二重特異性をもつものがある（図 14.17 参照）．プロテインホスファターゼは近年，リン酸化によるタンパク質の機能を可逆的に制御するのみならず，脱リン酸化シグナルとして情報の伝達に関与することが示されている．リン脂質特異的ホスファターゼ（PTEN）は PI3,4,5-P$_3$ を特異的な基質とする酵素であり（図 14.18 参照），この酵素の先天的変異は様々な悪性腫瘍を引き起こすことが知られる．

14.4 標的細胞の応答

細胞外からの情報は，受容体とそれに共役した情報伝達系を介して，酵素などの機能タンパク質の機能効率の変化（早い応答）やその量の変化（遅い応答）をもたらし，細胞内代謝や細胞機能などが調節される．

14.4.1 早い応答

血糖レベルを一定に保つホメオスタシス機構には，肝臓や筋肉，脂肪組織，そしていくつかのホルモンが関係している．たとえば，恐怖や出血などのストレスによって副腎より分泌されるアドレナリンが肝臓や筋肉にはたらくと，細胞の中ではグリコーゲンがすみやかにグルコースにまで分解され，エネルギー源として動員される．この機構では，アドレナリンが肝細胞や筋肉細胞の細胞膜上に発現する Gαs タンパク質に結合した特異受容体を介して作用して cAMP 産生を促し，PKA を活性化する．PKA はホスホリラーゼキナーゼをリン酸化することで活性化させ，その基質ホスホリラーゼのリン酸化を引き起こして活性化させ，グリコーゲンを分解させる（図 14.13, 6 章参照）．また同時に PKA はグリコーゲンシンターゼをリン酸化して不活性化させ，グリコーゲンの合成を抑制する．このようにグリコーゲン代謝は基質による調節のほか，ホルモンによるグリコーゲンシンターゼとホスホリラーゼ活性のバランスにより代謝の方向が調節されている．

14.4.2 遅い応答

細胞外からの刺激が結果として核内へ伝達されたシグナルは，標的遺伝子群の発現を転写レベルで制御する．

■ オタマジャクシの尻尾が消える：プログラム細胞死 ■

線虫 C. elegans は体が透明で観察が容易であり，受精卵からの細胞系譜がすべて明らかにされている．その個体発生では決まった細胞系譜から1 090個の細胞が生まれ，特定の細胞が特定の時期に細胞死を引き起こして131個の細胞が死んでいく．この遺伝的にプログラムされた細胞死をアポトーシスとよび，死細胞はマクロファージによって貪食されるため，炎症を伴わない安全な細胞死とされる．脊椎動物においても，個体発生の過程ではとくに神経系の発達においてアポトーシスが顕著で，新生された神経細胞のおよそ半数が細胞死を起こし取り除かれる．また哺乳動物の免疫システムにおいて，自己抗原反応性BおよびTリンパ細胞の除去や，がん細胞やウイルス感染細胞の排除にアポトーシスが利用される．一方でそのシステムの不備は，自己免疫疾患や腫瘍形成の一因となる．

アポトーシスは細胞内の自爆装置の作動により起こり，その細胞では特徴的な核凝集，細胞収縮や膜ブレブ形成を示し，DNAの断片化（DNAがヌクレオソーム単位で切断されること）がみられる．アポトーシスシグナル（図14.23）の起動は，細胞膜上の細胞死受容体（FAS/APO-1/CD93，TNFR，TRAILRなど）にリガンド（FAS，TNF，TRAILなど）が結合することによってはじまり，その下流でカスパーゼとよばれる一群のシステインプロテアーゼが活性化される．このタンパク質分解酵素のはたらきによって切断，活性化された基質（DNA分解酵素など）が，アポトーシスに特有のイベントを誘導する．

カスパーゼは不活性な前駆体として合成され，その前駆体が特異的に開裂してヘテロ四量体を形成すると活性型となる．FASリガンドによるFASの活性化はカスパーゼ-8および-10（イニシエーターカスパーゼ：カスパーゼ-2, -8, -9, -10, -11, -12など）の活性化を誘導する．それにより多くのカスパーゼ分子種がかかわるカスケード反応が惹起され，系全体のプロテアーゼ活性が著しく高まる．その中で活性化されたエフェクターカスパーゼ（カスパーゼ-3, -6, -7など）は細胞内のほかのタンパク質（DNA分解酵素など）を分解することでアポトーシスを進行させる．

カスパーゼによるアポトーシスは様々な細胞タンパク質により制御されている．バキュロウィルス抑制リピートドメインを有するアポトーシスインヒビター（NAIP, cIAP1/2, XIAP, Survivin, Apollon, ML-IAP, ILP2など）は，カスパーゼに結合して活性を抑制する．そのためカスパーゼの活性化を止め，細胞をアポトーシスから保護する．一方，Bcl2ファミリータンパク質には，抗アポトーシス活性を示すBcl2-like（Bcl2, Bcl-Xl, Bcl-Wなど）と，アポトーシスを促進するBax-like（Bax, Bak, Bokなど）およびBH3-only（Bid, Bim, Bad, Noxaなど）がある．Bcl2-likeは，Bax-likeやBH3-onlyと

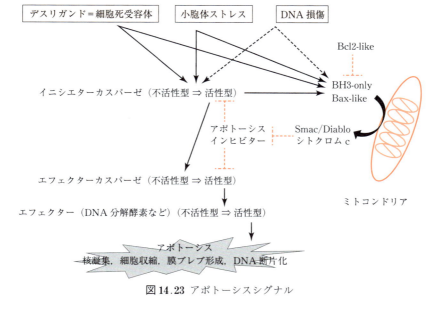

図14.23 アポトーシスシグナル

直接結合することにより，それらの機能を抑制することで抗アポトーシス作用を発現する．Bax-like および BH3-only は，Bcl2-like との複合体から遊離してフリーになると，ミトコンドリアよりシトクロム c や Smac/Diablo を含む様々なタンパク質を流出させる．シトクロム c はカスパーゼ-9 を活性化し，Smac/Diablo は XIAP と結合し XIAP のカスパーゼ-3, -7, -9 に対する阻害効果を抑え，アポトーシスを進行させる．また転写因子 FoxO は Bim の発現を増大させてアポトーシスを促進するが，多くの細胞増殖因子によって活性化する Akt/PKB は FoxO をリン酸化して機能を阻害することで，アポトーシスシグナル分子の発現を抑制する．

アポトーシスの誘導は細胞死受容体の活性化だけではなく，DNA 損傷や小胞体ストレスなどでも起こる．前者の場合は ATM キナーゼが中心となって DNA 損傷シグナルを増幅し，その下流ではたらく c-Abl チロシンキナーゼの核移行（活性化）が重要とされる．後者の小胞体ストレスとは，虚血や毒物など種々の要因により生じた異常タンパク質が小胞体に集積することであり，そのような細胞ではストレス応答がみられる（分子シャペロンの産生増加，一般のタンパク質の翻訳抑制，ユビキチン-プロテアソーム系による異常タンパク質の分解亢進）．しかしながら，これらのタンパク質品質管理機構の能力を超えて異常タンパク質が小胞体に集積すると，細胞は機能不全に陥り，細胞死に至る．この小胞体ストレス誘導性アポトーシスには，小胞体タンパク質 ATF6 の下流ではたらく転写因子 CHOP による Bax の発現亢進などが関与するとされる．また BSE などのプリオン病は，凝集集積した異常プリオンタンパク質によって神経細胞死が起こる疾患である．異常プリオンタンパク質によってカスパーゼ-12 の発現が増大するなどの報告があり，プリオン病の病態に小胞体ストレス誘導性アポトーシスが重要とされる．

① 脂溶性薬物やステロイドホルモン類の受容体は細胞質あるいは核内に存在し，受容体が転写制御因子としてはたらく．その転写促進にはリガンドおよびDNAとの結合が必須である（図14.7参照）．

② 細胞膜受容体からのシグナルにより PKA や MAPK が活性化されると，最終的に核内に存在する転写制御因子がリン酸化を受け，DNA 結合能を得たり，転写共役（仲介）因子（コファクター；co-factor）との結合能が生じ転写が促進される（図 14.13，14.15 参照）．

③ TGF-β/BMP，インターフェロンやインターロイキンなどのサイトカインの場合，細胞膜受容体に会合していたシグナル分子（たとえば STAT）が解離し，核内に移行する．これらの分子そのものが転写制御因子やコファクターとして転写を促進する（図 14.21 参照）． ［木村和弘］

自 習 問 題

【14.1】 エネルギー代謝に重要なホルモンは，グルコースの取り込みを高め同化を促すインスリンと，血中のグルコース濃度を高めるグルカゴンとアドレナリンである．糖尿病はどのような原因で起こるのか調べなさい．

【14.2】 内分泌撹乱物質（環境ホルモン）をはじめとする環境汚染化学物質は，生物の生殖異常を主として評価されている．これらの作用機構をステロイドホルモンと対比しながら調べなさい．

【14.3】 H_2 ブロッカーを配合するという胃薬が市販されているが，このブロッカーの作用機構を調べなさい．またアゴニストとアンタゴニストの違いは何か調べなさい．

【14.4】 網膜桿体細胞の外節に発現する光受容体ロドプシンの情報は，GTP 結合タンパク質トランスデューシンを介して伝えられる．その機構について調べなさい．

【14.5】 がん遺伝子の多くは，細胞内シグナル伝達系の異常な亢進あるいは機能の抑制を起こす．正常な機能タンパク質である c-Src とウイルス由来の v-Src の違いについて調べなさい．

15 ヌクレオチド・核酸の構造

ポイント

(1) ヌクレオチドは「塩基＋糖＋リン酸」で構成される．
(2) 核酸はヌクレオチドのポリマーであり，ヌクレオチドの糖部分の 5′-ヒドロキシ基と 3′-ヒドロキシ基で形成されるホスホジエステル結合で結びついている．
(3) 核酸にはDNAとRNAがあり，糖部分がデオキシリボースあるいはリボースになっている．
(4) 塩基はプリン塩基とピリミジン塩基に分かれ，主要なプリン塩基はアデニン（A）とグアニン（G），ピリミジン塩基はシトシン（C）とチミン（T），ウラシル（U）である．
(5) DNAは遺伝子の本体であり，2本のDNA鎖が互いに逆向きに並んで水素結合により結びついたものが二重らせん構造をとっている．水素結合は，AとT，あるいはGとCの間にそれぞれ形成される．
(6) RNAはDNAの遺伝情報をもとにタンパク質をつくる際に重要な役割を演じる．RNAには，メッセンジャーRNA(mRNA)，トランスファーRNA(tRNA)，リボソームRNA(rRNA)，snRNA，hnRNAなどがある．

核酸（nucleic acid）は，核に多く含まれる酸性の分子である．核酸にはデオキシリボ核酸（deoxyribonucleic acid；DNA）とリボ核酸（ribonucleic acid；RNA）がある．多くの生物においてDNAは遺伝子の本体となっており，遺伝子の情報をタンパク質へと伝達するのがRNAの役目である．核酸はヌクレオチドが直鎖状につらなった重合体であり，遺伝情報はヌクレオチドの配列で決まる．ヌクレオチドはエネルギー源や情報伝達物質としても重要である．

15.1 ヌクレオチド

ヌクレオチド（nucleotide）は，塩基と五炭糖とリン酸によって構成される．塩基にはプリン（purine）塩基とピリミジン（pyrimidine）塩基がある．五炭糖にはリボース（ribose）とデオキシリボース（deoxyribose）がある．リン酸がなく，塩基と五炭糖からなるものをヌクレオシド（nucleoside）という（図15.1）．

ヌクレオチド　塩基 ＋ 五炭糖 ＋ リン酸

ヌクレオシド　塩基 ＋ 五炭糖

図15.1 ヌクレオチドとヌクレオシドの構成

a．プリン塩基とピリミジン塩基

プリン塩基はプリン環をもち，アデニン（adenine；A）とグアニン（guanine；G）がある．ピリミジン塩基はピリミジン環をもち，ウラシル（uracil；U），シトシン（cytosine；C），およびチミン（thymine；T）がある．アデニン，グアニン，シトシンはRNAとDNAの両方に含まれるが，ウラシルはRNAのみに，チミンはDNAのみに含まれる（図15.2）．

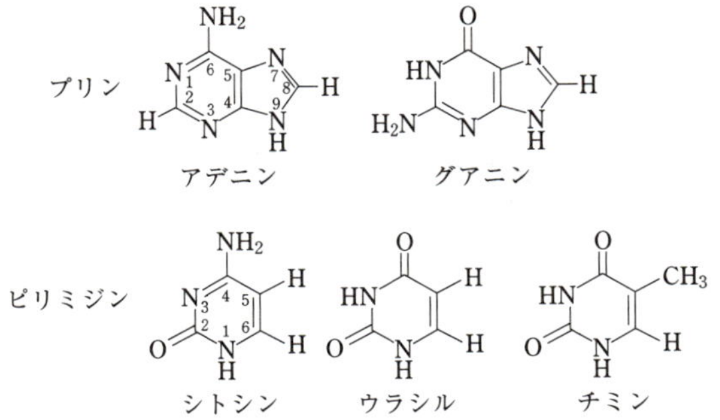

図15.2 プリン塩基とピリミジン塩基の構造

b. 五炭糖

DNAとRNAを構成する五炭糖は異なっており，デオキシリボースがDNAを構成し，リボースがRNAを構成する（図5.5参照）．

c. リン酸基

DNAやRNAの直鎖状配列においては，リン酸基が五炭糖の3′と5′のヒドロキシ基の間をホスホジエステル結合（phosphodiester bond）で結んでいる（図15.3）．

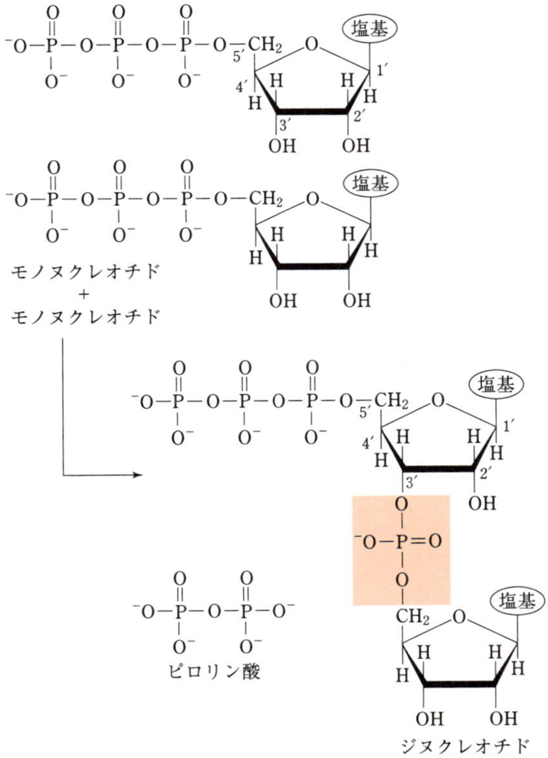

図15.3 2分子のヌクレオチド三リン酸によるホスホジエステル結合

15.2 DNA

DNAは，A, G, C, Tの4種類のデオキシリボヌクレオチドがホスホジエステル結合によってつらなることにより構成されている．つらなる4種類のヌクレオチドの配列は塩基配列ともよばれ，生物の遺伝情報を決定づけている．

DNAは，生体内では二重らせん構造（double helix）をなしている（図15.4）．この構造は，2本のDNA鎖が塩基間の水素結合で結びつくことにより支えられており，発見者の名前にちなんでワトソン-クリックの二重らせん構造（Watson-Crick's double helix）ともよばれる．二重らせん構造において結びつく相手の塩基は決まっており，アデニンとチミン，グアニンとシトシンがそれぞれ対をなしていて塩基対（base pair）とよばれる．DNA鎖の一方の塩基配列が決まるともう一方の配列が対をなすように決まることになり，互いの関係は相補的（complementary）であるという．そのため，あらゆる生物のDNAではAとT, GとCの比率はつねに1対1となるが，これをシャルガフの規則という．塩基の間の結合力

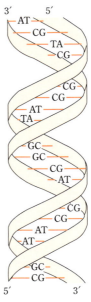

図15.4 DNAの二重らせん構造

は，AとTよりもGとCのほうが強い．これは，AとTは2本の，GとCは3本の水素結合により，それぞれ構成されるためである．

DNAの塩基配列の方向性は重要であり，遺伝情報の読みとりや遺伝子の複製は一定の方向に進む．ホスホジエステル結合を構成するデオキシリボースに着目すると，その5′-OH側から3′-OH側へと進む．塩基配列の方向を示すには，5′末端，3′末端という表現がよく使われる．二重らせんを構成する2本のDNA鎖は，互いに逆向きであるという特徴をもつ（図15.5）．

表15.1 真核生物におけるRNA分子種の比較

RNA	長さ（塩基）	機能
rRNA	100〜5 000	リボソームの構成
tRNA	70〜80	翻訳におけるアミノ酸の運搬
mRNA	100〜20 000	核での遺伝情報の転写と細胞質への伝達
hnRNA	数十〜数十万	mRNA前駆体
snRNA	数百	スプライシング装置の構成など
snoRNA	数百	rRNAの成熟
miRNA	約22	遺伝子発現調節
siRNA	約21〜22	遺伝子発現調節

オチドが重合したものである．ほとんどのRNAは，DNAの配列情報をもとに合成される．メッセンジャーRNA（mRNA），リボソームRNA（rRNA），トランスファーRNA（tRNA）など，性質により区別される（表15.1）．

RNAは，DNAと異なり一本鎖として存在する．ただし，分子内にDNAでみられるような塩基対を部分的に形成する場合も多い．

a．メッセンジャーRNA（messenger RNA）

mRNAは伝令RNAともよばれ，DNAの遺伝情報をコピー（転写；transcription）してタンパク質のアミノ酸配列へと情報を伝達する．核内で合成されてから細胞質に運ばれて機能する．mRNA分子の中央にアミノ酸配列情報を規定する領域（コード領域；coding regionあるいは翻訳領域；translated region）がある．

コード領域の上流および下流，すなわち5′側および3′側にはそれぞれ非翻訳領域（untranslated region；UTR）が存在する．5′末端には7-メチルグアノシンからなるキャップ構造が存在し，翻訳効率を高めるのに役立っている（図15.6）．3′末

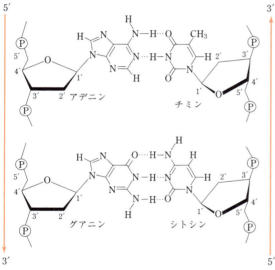

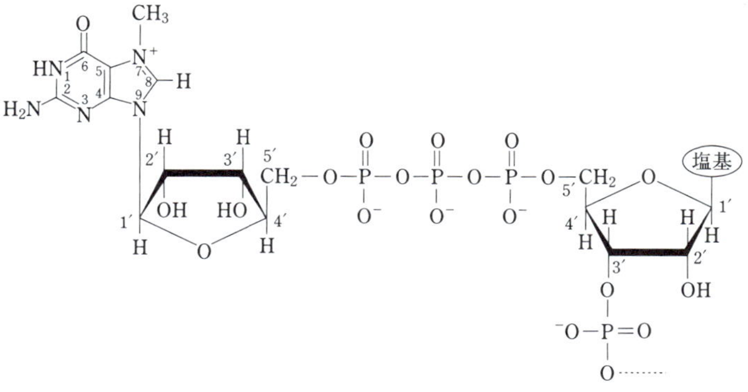

図15.5 塩基対の形成
破線は水素結合を示す．

15.3 RNA

RNAは，A，G，U，Cの4種類のリボヌクレ

図15.6 mRNAの5′末端に付加されるキャップ構造

端にはアデニル酸が数十個から数百個つらなったポリ（A）尾部（poly（A）tail）が存在し，mRNAの細胞内における安定性に関与していると考えられている．

b．hnRNA

hnRNAは，遺伝子の転写によりつくられたmRNAの前駆体である．イントロンの部分から転写された配列も含む未成熟なRNAである．核に存在しており，遺伝子の大きさおよびスプライシングの進み具合によって大きさが様々であるため，heterogeneous nuclear RNAとよばれる．

c．トランスファーRNA（transfer RNA）

tRNAは，細胞質において一方の端でアミノ酸を結合し，もう一方の端でmRNAの遺伝情報（コドン；codon）と結合することにより，遺伝情報のとおりにアミノ酸を並べるためのRNAである．クローバー状の構造をしている．コドンは3塩基からなるが，それに結合するアンチコドンもやはり3塩基からなり，AとU，GとCの間で塩基対を形成する（図18.6参照）．

d．リボソームRNA（ribosomal RNA）

rRNAは，細胞小器官の一つであるリボソームに多量に含まれる．リボソームを構成するサブユニットの大きい方（60Sサブユニット）には28S，5.8S，5SのrRNAが，小さい方（40Sサブユニット）には18SのrRNAが，それぞれ含まれる．

e．snRNA

snRNA（small nuclear RNA）は核に存在する小型のRNAであり，これが特定のタンパク質と結合してスプライシング装置であるsnRNP（small nuclear ribonucleoprotein，スプライシオソーム；spliceosomeともよばれる）を構成する（図18.3参照）．

f．snoRNA

snoRNA（small nucleolar RNA）は核小体に存在する小型のRNAであり，核小体においてリボソームがつくられる際にrRNAの部位特異的な修飾（シュードウリジンの形成やリボースのメチル化）を指定する機能を有する．

■ サザンブロット，ノザンブロット解析 ■

サザンブロットは，サザンにより開発された遺伝病の診断のためのDNA解析法である（図15.7）．ゲノムDNAを配列特異的な酵素で切断したあとで，電気泳動により大きさでふるい分けてから，濾紙に写しとる．次に，プローブとよばれる，調べる遺伝子と相補的なヌクレオチドをラジオアイソトープで標識したものと特異的にハイブリダイズさせることで，目的のDNA断片を検出する．調べる遺伝子に変異があるかどうかでDNA断片の大きさが変わるような酵素でゲノムを切断すれば，変異の診断が可能となる．

ノザンブロット（northern blot）はRNAを検出する方法であり，サザンブロットをもじってつけられた呼び名である．mRNAの発現量やサイズを調べるのに利用される．類似の原理でタンパク質を検出する方法は，ウエスタンブロット（western blot）とよばれる（17.4.3項参照）．

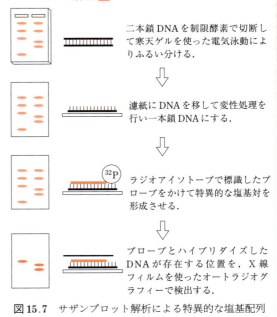

二本鎖DNAを制限酵素で切断して寒天ゲルを使った電気泳動によりふるい分ける．

濾紙にDNAを移して変性処理を行い一本鎖DNAにする．

ラジオアイソトープで標識したプローブをかけて特異的な塩基対を形成させる．

プローブとハイブリダイズしたDNAが存在する位置を，X線フィルムを使ったオートラジオグラフィーで検出する．

図15.7 サザンブロット解析による特異的な塩基配列の検出

g．siRNA

siRNA（低分子干渉RNA；small interfering RNA）は，標的のmRNAと相補鎖を形成してRNA干渉（RNA interference；RNAi）とよばれる二本鎖RNAの分解機構を誘導する．遺伝子発現を抑制するために相補的RNAを合成して細胞内に導入する実験が先に行われ，のちになって同じような相補的RNAが内在性かつ自然に産生されることが判明した．

h．miRNA

miRNAはマイクロRNA（micro RNA）として知られ，約21〜22塩基の大きさであり，細胞質において標的とするmRNAと選択的に塩基対を形成してmRNAの分解を促進したり，翻訳を阻害することによって遺伝子発現を調節する．

なお，以上のc〜hはタンパク質に翻訳されずに機能するために非翻訳RNA（noncoding RNA）とよばれ，とくにgとhは比較的最近発見されたものであり，疾病や発生などとの関係が注目されている．

［森松正美］

自習問題

【15.1】 DNAの構造と役割をまとめなさい．

【15.2】 RNAの種類をあげてそれぞれの構造と役割をまとめなさい．

【15.3】 ヌクレオチドの化学構造をみて分子量を計算しなさい．

【15.4】 哺乳動物細胞では，$1n$で約30億塩基対，体細胞の$2n$では細胞1個あたり約60億塩基対のDNAを含んでいる．体細胞1個あたりに含まれるDNA重量を計算しなさい．

16 遺伝情報の伝達

ポイント

(1) 遺伝情報はDNAに塩基配列として書き込まれており，細胞核の染色体ないしはクロマチンに存在する．
(2) 哺乳動物は一倍体あたり約30億塩基対のDNAに約3万個の遺伝子をもっている．
(3) 染色体は細胞分裂の中期に棒状の構造として認められる．染色体のセントロメアは紡錘体の結合点となる．テロメアは染色体の末端に存在し，細胞の分裂寿命に深くかかわっている．
(4) 染色体は，二本鎖DNAが規則正しく一定間隔でヒストンに巻きついた数珠状の構造物を基本とし，これが複雑に折りたたまれて構成されている．この数珠状構造物をヌクレオソームとよぶ．
(5) 細胞分裂のS期にDNAが複製されて2倍になる．二本鎖DNAのうち鋳型となるもとのDNA鎖が1本残るため，これを半保存的複製とよぶ．新規に合成されるDNAのうち，リーディング鎖は連続的に合成され，ラギング鎖は不連続的に合成される．
(6) DNAポリメラーゼは，鋳型鎖に結合したプライマーを起点としてヌクレオチドをホスホジエステル結合でつなぎながら，5′側から3′側へと相補鎖を合成する．
(7) 遺伝情報を担うゲノムDNAの塩基配列は，正確に子孫へと受け継がれる必要がある．DNAが損傷を受けてできる誤った配列は，おもに除去修復の酵素反応により直される．修復反応がうまくはたらかないとDNAに変異が蓄積して，がんなどの疾病を発症しやすくなる．
(8) DNAの組換えには，相同組換えと部位特異的組換えがある．これら二つの組換え系におけるDNA結合反応は，DNA二本鎖切断修復にも利用されている．前者の修復は正確だが，後者では正確さが要求されず変異を残しやすい．
(9) RNA依存性のRNA/DNAポリメラーゼは，RNAゲノムをもつウイルスの複製酵素である．レトロウイルスの逆転写酵素は，人工的にmRNAを鋳型としてcDNAを合成する反応に広く利用されている．

16.1 DNAと染色体

　一つの多細胞生物を構成するすべての細胞は，DNAに塩基配列として書き込まれた同じ遺伝情報をもっている．すなわち遺伝物質はDNAであり，これは一般に核の染色体（chromosome）にたたみ込まれている．

16.1.1 ゲノムサイズと遺伝子の数

　遺伝子（gene）とは，一つのタンパク質をコードするような，まとまった遺伝情報の単位を指す．ゲノム（genome）という似たことばがあるが，こちらはある生物の遺伝子全体と遺伝子間に存在するDNA配列の集合を指す．様々な生物のゲノム解析が進められており，ヒトやマウスなど，いくつかのものについては全配列が読破された．その結果，哺乳動物は約30億塩基対のDNA

表16.1 各種生物の染色体とゲノムサイズの比較

生物種	染色体数	染色体コピー数	ゲノムサイズ(Mb)
大腸菌	1	1	4.6
酵母	3	1(2)	12
線虫	6	2	97
マウス	19+XY	2	3 000
ヒト	22+XY	2	3 000
イヌ	36+XY	2	3 000

(一倍体の場合) に3万個程度の遺伝子をもつことが判明した (表16.1).

原核生物の細胞に含まれるDNAは真核生物よりも少ない．大腸菌のゲノムサイズは460万塩基対であり，哺乳動物の約650分の1となっている．大腸菌はこのサイズのゲノムに約4 400個の遺伝子をもつといわれる．これは哺乳動物の約7分の1である．よって，単位ゲノム長あたりの遺伝子数すなわち遺伝子密度は，大腸菌が哺乳動物を100倍上まわることになる．このことは，これらの生物における遺伝子の構造と密接に関連している．大腸菌では，転写されるRNAをコードする配列と転写の効率を調節する配列がびっしりと隙間なく並んでいる．これに対して哺乳動物では遺伝子間領域があり，イントロン (intron) とよばれる転写されても翻訳されない配列が，ほとんどの遺伝子に数か所ずつ存在している．

哺乳動物のゲノムサイズはだいたい同じだが，脊椎動物まで範囲を広げるとばらつきが大きくなる．哺乳動物と比較すると，小さい例ではフグが約8分の1である．遺伝子数については，フグでも3万個程度と予想されており，脊椎動物の中であまり大きな差はないと考えられる．

16.1.2 染色体の構造と機能

a. 染色体と染色質

今日では，染色体という用語はウイルス，原核生物，真核生物で遺伝情報を担う核酸分子を指すことばとなっている．しかし，染色体とは元来，真核生物の有糸分裂中期に色素で濃く染まる棒状の構造物として観察されるものである．この構造物を正確に示すには，中期染色体 (metaphase chromosome) ということばが適切である．分裂していない細胞で染色体構成物質は，クロマチン (染色質；chromatin) とよぶのが適切である．

b. 染色体の構造

1本の染色体には二本鎖DNAが1分子だけ含まれている．このDNAは原核生物では環状だが，真核生物では直鎖状である．真核生物の染色体には，セントロメア (centromere) およびテロメア (telomere) とよばれる特徴的な構造部位が存在する (図16.1).

セントロメアは，1本の染色体に一つだけ存在する．セントロメアは，有糸分裂のときに染色体を引っ張る紡錘体の結合点となる (図16.1). セントロメアには短い塩基配列の繰り返しが多数認められるが，これらの機能については不明な点が多い．

テロメアは染色体の末端部分に位置し，ギリシャ語のテロ (終わり) とミロ (部分) に名前が由来する．テロメアではTTAGGGの6塩基対の配列が繰り返している．最末端部分は3′側と5′側で長さが異なり，グアニンが多い3′側末端鎖が一本鎖G鎖とよばれる構造で突出している．細胞内においては，突出した一本鎖G鎖はテロメアの根元の部分に存在する相補的な配列を認識してもぐり込んでおり，その結果テロメア末端にはループ構造が形成される (図16.1).

テロメアは，通常の二本鎖DNA複製システムが直鎖状配列を複製する際の問題，すなわちラギング鎖 (後述) の合成が5′末端において複製のたびに短くなる宿命にあることを状況に応じて克服

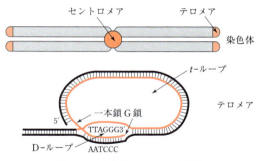

図16.1 染色体のテロメア構造

してくれる．一般的な体細胞には分裂寿命が存在するが，それをテロメアが制御していると考えられている．一般的な体細胞において，出生時にテロメアの6塩基対の繰り返しは1000個ほど存在するが，分裂のたびに減少して100個ほどになると細胞は分裂を停止する．

16.1.3 ヌクレオソームとその高密度の折りたたみ

クロマチンは光学顕微鏡レベルでは不定形で構造がよくわからないが，電子顕微鏡レベルだとDNAの鎖でタンパク質が規則正しく数珠つなぎにされた構造物が認められる（図16.2）．この構造物の単位をヌクレオソーム（nucleosome）とよぶ．ヌクレオソームは，塩基性タンパク質であるヒストン（histone）の八量体を芯としてDNAが2回り巻きついた構造をとる．

ヌクレオソームはコイル状にたたまれて太さ30 nmの繊維を構築し，さらにこの繊維がコイル状にたたまれるという具合に，折りたたみが数回繰り返されて染色体が組み立てられる．

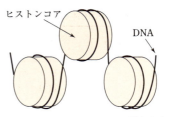

図16.2 DNAはヌクレオソームに折りたたまれる

16.2 DNAの複製

16.2.1 細胞周期と細胞分裂

細胞が増殖して生体が成長，あるいは個体を維持する際には，細胞分裂によって新しい細胞ができている．細胞分裂は，G_0/G_1期，S期，G_2期，M期の各周期で成り立っている．Sはsynthesis（DNA合成）の，Mはmitosis（有糸分裂）の意味であり，Gはこれらの間のgapを表している（図16.4）．

細胞分裂がはじまると，平均して約24時間で細胞周期（cell cycle）の過程が終わる．増殖の盛んな細胞では，この細胞周期を繰り返して増殖を続ける．しかし，生体の多くの細胞は分化して増殖を停止し，その細胞の種類ごとに特徴をもった

■ミトコンドリアDNA■

ミトコンドリアは，その祖先にあたる原始的な生命体が遠い昔に真核生物に取り込まれて，細胞小器官として残っているものだとの説がある．この説とよく一致して，ミトコンドリアDNAは環状二本鎖構造をとり，原核生物の遺伝子と類似している．ミトコンドリアDNAは，ミトコンドリアではたらくタンパク質に加え，ミトコンドリア特有のtRNAやrRNAをコードしている（図16.3）．この事実も，ミトコンドリアが太古の昔に独立した生命体として存在していたことを示唆する．

ミトコンドリアDNAは母親の卵子からのみ伝達され，母性遺伝の様式をとる．ミトコンドリアDNAの塩基配列は核ゲノムの10倍の頻度で変化することが知られており，生物の進化を推定するのに利用される．現代人の祖先を解き明かすのにミトコンドリアDNAが利用され，アフリカの一人の女性に行き着いた．そこで，この女性はミトコンドリア・イブとよばれるようになった．

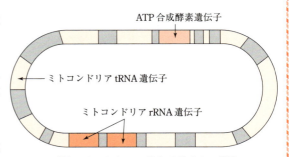

図16.3 ミトコンドリアゲノムの構造

ミトコンドリアは，細胞核とは独立した遺伝情報発現システムを備えている．図にはミトコンドリアではたらくtRNA，rRNA，およびエネルギー代謝反応で重要なATP合成酵素の遺伝子のみを示したが，ほかにもたくさんの遺伝子がコードされている．

16.2 DNAの複製

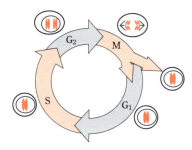

図 16.4 真核生物の有糸分裂における細胞周期

代謝を行っている．M期以外の周期をまとめて間期（interphase）という．細胞周期の進行は各種のタンパク質によって制御されており，それにはサイクリン（cyclin），サイクリン依存性プロテインキナーゼ（cyclin-dependent protein kinases；cdks），cdk インヒビターや，がん抑制遺伝子産物であるpRb（網膜芽細胞腫タンパク質；retinoblastoma protein），p53タンパク質など，たくさんの分子が関与している．

16.2.2 DNA鎖の半保存的複製

細胞分裂においては，すべての遺伝子のDNAが正確に複製される必要がある．ヒトのゲノムは二倍体（$2n$）であり，合計約60億塩基対の二本鎖DNAにより成り立っている．ほかの哺乳動物もこれとほぼ同じ数の塩基対をもっている．細胞分裂に際しては，その前後でDNA鎖が正確に2倍に複製されなければならない．塩基配列についても，正確に同じコピー，すなわち相補的な配列をつくらなければならい．

各DNA鎖には，約30 μm（約10万塩基対）ごとに複製開始点（replication origin）とよばれる部位が存在し，細胞周期のS期に入るとこれらの多数の複製開始点から相補的な鎖の合成がはじまる．そして，これらの合成された鎖同士がつながり，二本鎖DNAが2組完成する．それぞれの二本鎖DNAについてみると，その1本の鎖は新しく合成されたものだが，合成の鋳型としてはたらいたもう1本の鎖はもとから存在していたものである．このように，二本鎖DNAのうちの1本を保存しながら複製する機構を，半保存的複製

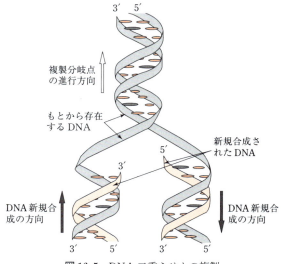

図 16.5 DNA 二重らせんの複製

（semiconservative replication）という（図16.5）．

16.2.3 DNA複製における合成反応

DNA合成は，5′から3′の方向に進む．新しいDNA鎖は，遊離の3′-OHに次のヌクレオチドが重合する反応を繰り返してつくられる．この反応では，DNA合成酵素であるDNAポリメラーゼ（DNA polymerase）が主役となる．

DNAポリメラーゼによる合成反応では，二つの重要な原則がある．第一に，鋳型（template）を必要とすることである．DNA合成反応は，鋳型鎖の配列と忠実に塩基の対を形成するヌクレオチドが結合して進む．第二の原則は，プライマー（primer）を必要とすることである．プライマーとは，鋳型に部分的に結合してDNA合成の開始点としてはたらくDNA，あるいはRNAの鎖のことである．すなわち，DNA合成はプライマーを伸張させる反応として進み，DNAポリメラーゼはすでに存在する不完全な二本鎖DNAにおいて，一本鎖として残された部分に対応するヌクレオチドをホスホジエステル結合でつなげて，完全な二本鎖にするようにはたらく．

16.2.4 半不連続的複製

DNAの合成の方向は，必ず5′末端側から3′末

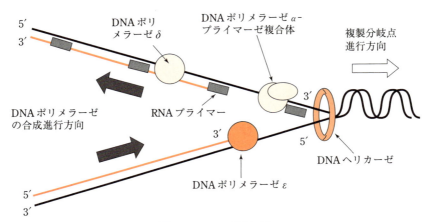

図16.6　DNA 複製反応

端側に進む．そのため，二本鎖 DNA が複製する際には，一方の鎖は連続してどんどん合成されて問題ないが，もう一方の鎖は複製の分岐点が進む向きと反対に合成されなければならない（図16.6）．この問題は岡崎らにより解決され，新しい DNA 鎖の一方は数百塩基程度の短い断片として合成されることが判明した．この短い DNA 断片は岡崎フラグメントとよばれる．すなわち，連続的に合成される鎖はリーディング鎖（leading strand）とよばれ，複製分岐点の進行と同じ向きで合成される．不連続的に合成される鎖はラギング鎖（lagging strand）とよばれ，複製分岐点の進行と逆向きで合成される（図16.6）．

16.2.5　DNA 複製に関与するタンパク質因子

前述のように，DNA 複製における主役は DNA ポリメラーゼである．大腸菌の DNA ポリメラーゼには，I，II，III の 3 種類が知られている．真核生物ではこれよりも多く，α，β，γ，δ，ε の 5 種類が基本となり（表16.2），さらに DNA 損傷修復のような特殊な反応で補足的にはたらく η，ζ などを加えると 10 種類以上となる．

細胞内の二本鎖 DNA はヒストンと結合して高次構造をとっているが，複製されるにはこの構造から DNA が解かれる必要がある．複製反応は細胞周期と連動しており，複製の際の合成ミスは許されない．複製反応の進行にはたくさんの因子が複雑に関連しており，複製開始タンパク質が開始

表16.2　真核生物の DNA ポリメラーゼの種類

酵素	機 能
Polα	複製（プライマーゼ構成因子）
Polβ	塩基除去修復
Polγ	ミトコンドリア DNA の複製
Polδ	ラギング鎖の複製
Polε	リーディング鎖の複製

点に作用して複製がスタートする．複製の前に，DNA のらせん（ヘリックス）構造を DNA ヘリカーゼ（DNA helicase）が作用してほどいていく．ほどかれた DNA には，もとに戻らないように一本鎖 DNA 結合タンパク質である RPA（replication protein A）が結合する．DNA ポリメラーゼが DNA を合成するにあたり，その活性を変化させる PCNA（proliferating cell nuclear antigen）などの因子も知られている．

16.3　DNA の修復，組換え

16.3.1　DNA の損傷

1個の細胞には，1組か2組のゲノム DNA しか存在しない．DNA がコードする情報を正確に維持できなければ，その情報からつくられるRNA やタンパク質の構造が変化してしまい生命の危機を招きかねない．電離放射線や太陽光の紫外線，あるいは環境中の変異原物質が DNA を損傷させるばかりでなく，体温程度の温度の影響によっても塩基の化学的変化は起こりうるので，生

体は損傷された DNA を絶えず修復する必要がある（図 16.7）。

　DNA 損傷（DNA damage）には，一塩基の化学修飾，二塩基間の化学結合，そして一本鎖あるいは二本鎖の切断がある。一塩基の修飾でもっとも多いのは熱エネルギーによる脱プリン反応であり，1日に細胞1個あたり1万個程度のプリン塩基の脱落が起こっている。ナイトロジェンマスタードなどの発がん物質がアデニンやグアニンをアルキル化する反応，活性酸素がグアニンを酸化して 8-オキソグアニンを産生する反応も一塩基の化学修飾の例である。二塩基間の化学結合でもっとも多いのは，太陽光の紫外線を受けた細胞で，塩基配列上の隣り合ったピリミジン同士が架

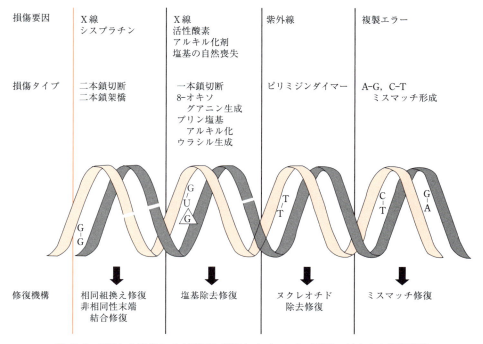

図 16.7 DNA を損傷させる要因と損傷タイプ，および損傷に対応する修復機構

■ DNA 損傷とがん ■

　がんは，正常な細胞で細胞分裂を制御している遺伝子が変異し，細胞が無限に増殖する能力を獲得することがきっかけとなり発症する。DNA 修復にかかわるタンパク質をコードする遺伝子が機能を失えば，細胞分裂を制御する遺伝子が変異する確率が上昇してがんを発症しやすくなる。

　たとえば，遺伝性非腺腫性大腸がん（hereditary non-polyposis colorectal cancer；HNPCC）の発症には，ミスマッチ修復系の欠損が関与することがわかっている。大腸菌では MutL, MutS, MutH などのタンパク質が不正塩基対の検出と鎖切断を実行するが，哺乳動物でもこれらの相同分子が存在して同様の反応とかかわることが知られており，その欠損が HNPCC の原因となる。

　遺伝性乳がんの原因遺伝子として同定された *BRCA 1* と *BRCA 2* は，相同組換えに必須の分子をコードしている。BRCA1 タンパク質と BRCA2 タンパク質は，Rad 51 組換え酵素と結合して相同組換え反応にかかわっている。Rad 51 は大腸菌 RecA の相同分子であり，あらゆる生物種で組換え反応に必須の分子となっている。*BRCA 1* あるいは *BRCA 2* が欠損すると，二本鎖切断修復は非相同末端結合により実行されることになり，結果として遺伝子に変異が蓄積されやすくなる。そしてゲノムが不安定化し，がんの発症につながる可能性が上昇する。

橋するピリミジンダイマーの形成である．DNAの一本鎖の切断は活性酸素により，二本鎖の切断は放射線によりそれぞれ引き起こされることが知られている．

DNA が損傷を受けて塩基配列が変化し，それが複製されて次の世代に遺伝すると突然変異となる．突然変異を誘発する物質は発がん性を示す場合が多く，DNA の損傷と発がんとの間には密接な関連がある（コラム参照）．

16.3.2 DNA 損傷の修復

DNA 損傷修復（DNA repair）には，直接修復（direct repair），塩基除去修復（base excision repair），ヌクレオチド除去修復（nucleotide excision repair），ミスマッチ修復（mismatch repair）がある．このうち直接修復は，損傷生成と逆の反応を行って正常な塩基に復帰させる反応である．それ以外の三つは，まとめて除去修復（excision repair）とよばれ，損傷部位を取り除いてから正常な DNA を新たにつくる反応である（図 16.8）．

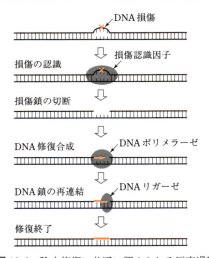

図 16.8 除去修復に共通に認められる反応過程

直接修復は，紫外線照射による損傷でできたピリミジンダイマーの化学結合を光回復酵素で切断する反応に代表される（図 16.9）．回復反応には可視光線のエネルギーが利用され，ヒトは光回復酵素をもたないためこの反応を行うことができない．また，O^6-メチルグアニンからメチル基転移酵素によってメチル基が除去される反応も直接修復の一例である．

塩基除去修復は，その名のとおり N-グリコシド結合の加水分解によって塩基が除去され，DNA 鎖に脱塩基部位が一時的に生じる修復反応の総称である．その反応は，異常塩基が DNA グリコシラーゼ（DNA glycosylase）とよばれる一群の酵素で認識され，脱塩基されることではじまる．次にこの部位が AP エンドヌクレアーゼ（apurinic/apyrimidinic endonuclease）で切断され，一本鎖切断 DNA 鎖の構造となる．さらに DNA ポリメラーゼにより新たな DNA 鎖が合成されたあとに，DNA リガーゼによりいったん切断された鎖が連結されて修復反応が完了する．

ヌクレオチド除去修復は，損傷認識に引き続いてその両端で一本鎖切断が起こり，損傷塩基が周囲の正常塩基と一緒にオリゴヌクレオチドとして切り出されることではじまる反応である．切り出しにより失われた配列は，DNA ポリメラーゼで埋められて，DNA リガーゼで連結される．ヌクレオチド除去修復を導く損傷は，塩基除去修復を導くものよりも大きなひずみを DNA に与える場合が多く，紫外線照射によるピリミジンダイマーや特定の化学物質による修飾といった同一 DNA 鎖上に存在する塩基間の架橋などが原因となる．ヌクレオチド除去修復の反応機構には，きわめて複雑でたくさんの因子がかかわると考えられてい

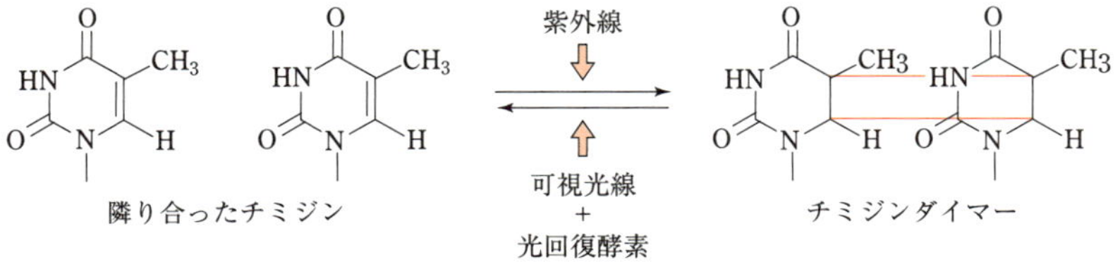

図 16.9 紫外線によるチミジンダイマーの生成と光回復反応による修復

る．哺乳動物において紫外線で皮膚がんを頻発する色素性乾皮症（xeroderma pigmentosum；XP）という遺伝病があるが，その原因となる7種類のタンパク質などがこの修復機構において重要な役割を演じている．

ミスマッチ修復は不適性塩基対修復ともよばれ，複製後に新しく合成されたDNA鎖に存在する不適正な塩基対を解消する修復反応である．塩基対は異常だが，損傷で生じるわけではないので正確にはDNA損傷と区別すべきものだが，その反応機構は除去修復の一種とみなすことができる．

16.3.3　DNAの組換え

DNAの組換え（DNA recombination）は，DNAの二本鎖（二重鎖）切断で生じたある切断端がもとの相手と異なる切断端に結合する反応のことである（図16.10）．生じた切断端がもとの相手と再度結合する場合には，二本鎖切断修復（double-strand break repair）反応とよばれる．結合する相手が違うだけであり，この二つの反応機構は同じと考えて差し支えない．組換え反応は，その様式から二つに大別される．一つは相同組換え（homologous recombination）であり，もう一つは部位特異的組換え（site-specific recombination）である．

相同組換えは普遍的組換えともよばれ，組換えを起こす二つのDNA間で類似した配列，すなわち相同配列を利用して起こる反応であり，どのような配列の間でも普遍的に起こりうる．もっともよく知られている例は，減数分裂時の相同染色体間の組換え（meiotic recombination）である．また，DNA複製時には姉妹染色分体間の組換え（sister chromatid recombination）が起こり，DNA損傷修復を行っている．これら二つの反応によって，染色体がある部分で互いに入れ替わったり（交差；crossing over），あるいは一部が大きくコピーされて対応する染色体に組み込まれ，ゲノムの一部が置き換わる（遺伝子変換；gene conversion）ことがある．

相同組換えは，ある生物集団における遺伝的な多様性の獲得，およびある種のDNA損傷修復に関与している．減数分裂時の相同組換えは二本鎖切断反応により開始されることを考えれば，相同組換えと二本鎖切断修復が共通のメカニズムにより支えられていることを理解しやすい．

部位特異的組換えは，特定の短いシグナル配列を必要とする反応である．抗体遺伝子の再編成，レトロウイルスの動物宿主ゲノムへの組み込み，ファージの大腸菌ゲノムへの組み込みなどがあてはまる．

哺乳動物の部位特異的組換え機構は，リンパ球の抗原受容体遺伝子の例でもっともよくわかっている．このDNA組換えは，利根川らによって発見されたV(D)J組換え（V(D)J recombination）とよばれる反応である．V(D)J組換えは，リンパ球前駆細胞における二本鎖切断酵素（Rag1/Rag2）による切断と，非相同末端結合（non-homologous end joining）により起こる．非相同末端結合では，切断端にDNA依存性プロテインキナーゼ複合体（Ku70，Ku80，DNA-PKcs）が結合し，さらにXrcc4およびリガーゼIVとよばれるタンパク質が作用して反応が完了する．このV(D)J組換えに必要な二本鎖切断酵素やDNA依存性プロテインキナーゼ複合体の構成因子が先天的に欠損すると，重症複合免疫不全症（severe combined immune deficiency；SCID）となることが知られている．

なお，非相同末端結合はこのような部位特異的組換えばかりでなく，放射線で誘導される二本鎖切断の修復系としてもはたらく．つまり，二本鎖切断は相同組換えと非相同末端結合によって修復されるが，前者は相同配列を鋳型として利用しな

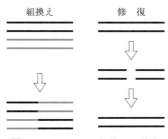

図16.10　DNAの組換えと修復

がら正確に修復する反応であるのに対し，後者は切断端を単純に結合するだけなので配列の変化を招くことが多い．

16.4　RNA依存性のRNA，DNA合成

遺伝情報の流れる方向について，これまでセントラルドグマ (central dogma) とよばれる大原則が考えられてきた．ゲノムDNAに保存される遺伝情報は，複製して子孫に伝えられる一方でRNAに転写され，タンパク質に翻訳されることでその情報が引き出されるという流れである．しかし，RNAゲノムをもったウイルスはRNA依存性ポリメラーゼをもっており，この原則からはずれる．さらに真核生物においても，染色体末端を合成するテロメラーゼがRNA依存性ポリメラーゼとしてはたらくことが発見された．よって，セントラルドグマは原核生物と真核生物のほとんどのポリヌクレオチド合成にあてはまるが，一部の例外も存在することを認識しておく必要がある．

16.4.1　RNAウイルスにおけるRNA依存性合成
a．RNA依存性DNA合成

エイズウイルスや白血病ウイルスなどのRNAウイルスは，逆転写酵素 (reverse transcriptase) とよばれる特異的なRNA依存性DNAポリメラーゼをもっている．これら逆転写酵素をもつウイルスは，"逆"の意味をもつレトロということばをつけてレトロウイルスとよばれる．ウイルス粒子には一本鎖RNAゲノムと逆転写酵素が包み込まれており，宿主細胞に感染すると，はじめに逆転写反応によってRNAゲノムを鋳型として相補的なDNAが合成される（図16.11）．次にRNAゲノムが分解されてそれがDNAに置換され，二本鎖DNAとなって宿主ゲノムに挿入される．そこからウイルス粒子が産生される際には，宿主のRNAポリメラーゼによってRNAゲノムが転写され，ウイルス構成タンパク質とともにウイルス粒子に包み込まれる．

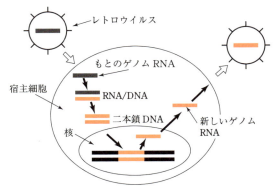

図16.11　レトロウイルスの宿主細胞への侵入

逆転写酵素は宿主由来DNAポリメラーゼと同じように，鋳型に対して相補的なヌクレオチドを5'末端側から3'末端側へとホスホジエステル結合で付加する反応を触媒する．合成の開始にあたっては，開始点としてはたらくポリヌクレオチドのプライマーがあらかじめ鋳型に結合している必要がある．しかし宿主DNAポリメラーゼとは異なり，逆転写酵素は間違って合成したヌクレオチドを分解する校正活性をもっていないため，RNA依存性DNA合成の正確性は低くなり，約1万個に1個の割合で間違った塩基を合成してしまう．これは，ウイルスゲノムが変化する頻度，すなわち新しい型のウイルスが出現する可能性を高めている．

逆転写酵素は遺伝子工学に広く利用されている．この酵素によってmRNAを鋳型として相補的なDNA，すなわちcDNAを合成することが可能となった．遺伝子をクローニングするにはRNAよりもDNAの方がはるかに扱いやすく，この酵素は分子生物学的手法に不可欠のものとなっている．

b．RNA依存性RNA合成

RNAをゲノムとしてもつウイルスの多くがRNA依存性RNAポリメラーゼを有しており，それはRNAウイルスの中から前に述べた逆転写酵素でDNAを合成するウイルスを除いたものすべてということになる．ポリオウイルスやインフルエンザウイルスなど，たくさんのウイルスが該当する．

16.4 RNA依存性のRNA，DNA合成

■ HIV 逆転写酵素の阻害剤 ■

ヒト免疫不全ウイルス（HIV）感染は致命的で感染力の強い重篤な疾患（エイズ）であるため，感染の基礎となる分子メカニズムが詳細に調べられている．HIVが複製されるためには逆転写酵素が必要だが，この酵素はウイルス特有の酵素で宿主であるヒトに存在しないため，宿主の酵素と区別して特異的に阻害する治療薬を開発するのには都合のよいターゲットとなる．逆転写酵素はデオキシヌクレオチドを基質として認識するため，基質の構造類似体を逆転写酵素に作用させて反応を阻害できるかもしれない．

臨床治療薬として最初に認可されたのは，デオキシチミジン（dTTP）の類似体であるAZTという薬物だった（図16.12）．AZTはリンパ球に取り込まれてAZT三リン酸となり，逆転写酵素にdTTPよりも強く結合する．AZT三リン酸は，合成途中のポリヌクレオチドに付加されても3′位のヒドロキシ基をもたないので，合成反応はそこでストップする．都合のよいことに，宿主細胞のDNAポリメラーゼはAZT三リン酸と弱くしか結合しないので，dTTPの取り込み反応に影響を与えない．AZTの開発でエイズ患者の寿命は約1年のびたといわれる．

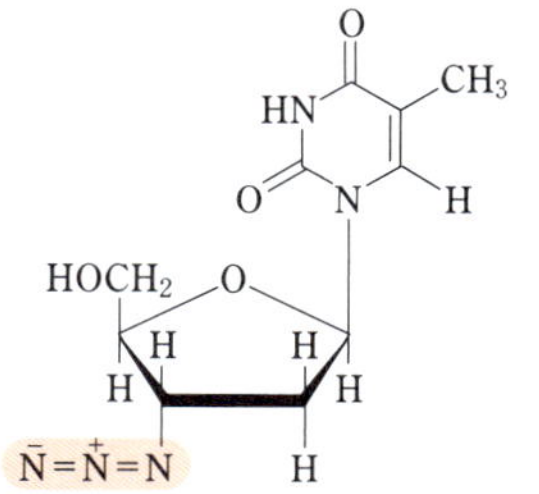

図16.12 エイズ治療薬AZTの構造
AZTは，3′-アジド-2′,3′-ジデオキシチミジンの略称であり，dTTPの構造類似体である．

RNA依存性RNAポリメラーゼは，レプリカーゼ（replicase）とよばれることもあり，鋳型に対して相補的なヌクレオチドを5′末端側から3′末端側へとホスホジエステル結合で付加する合成反応を触媒する．宿主におけるDNAの転写と同じようにこの酵素も校正反応を行わず，約1万個に1個の割合で間違った塩基を合成してしまう．レトロウイルスの例と同様に，この比較的低い正確性はウイルスゲノムが変化する頻度，すなわち新しい型のウイルスが出現する可能性を高めている．一般にRNAウイルスのゲノムサイズはそれほど大きくないために，この程度の合成ミスはウイルスの複製にとっては問題にならないと考えられている．

16.4.2 テロメラーゼによるRNA依存性DNA合成

真核生物の染色体の末端には，その構造を安定に維持するためのテロメアが存在し（図16.1参照），特徴的な繰り返し構造をもつDNAとそれに結合する複数のタンパク質から構成されている．前述のように，脊椎動物のテロメアDNAはTTAGGGを単位とした繰り返し配列からなるが，それを合成する酵素がテロメラーゼ（telomerase）である（図16.13）．

テロメラーゼは，RNAとタンパク質の成分から構成されるリボヌクレオタンパク質（ribonucleoprotein；RNP）である．RNA成分はテロメラーゼRNAとよばれ，テロメアの配列に相補的なCCCUAAの繰り返し配列を含んでいる．このRNAを鋳型としてテロメアDNAを合成するため，テロメラーゼは逆転写酵素（telomere reverse transcriptase；TERT）である．テロメラーゼの機能が障害を受けてテロメアの複製がうまくいかないと細胞の分裂の寿命が短くなり，細胞老化（cellular senescence）とよばれる不可逆的な分裂停止状態を招くことになる．

逆にテロメラーゼを人工的に細胞内で過剰発現させると，細胞の分裂寿命は延長する．がん細胞でテロメラーゼ活性が強いことが報告されており，テロメラーゼはがん細胞の増殖にもかかわっている．テロメラーゼはがん細胞や幹細胞といった特別な細胞でのみ発現していると考えられた時期があったがこれは間違いであり，線維芽細胞に

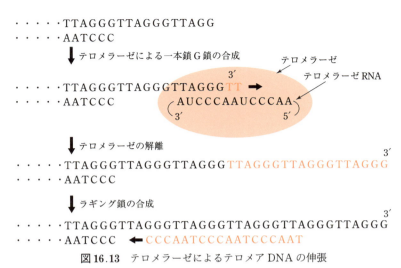

図 16.13 テロメラーゼによるテロメア DNA の伸張

おいても細胞分裂の初期や中期に弱いながらも発現することがわかり，正常な細胞でもテロメラーゼが分裂能の維持に関与していることが明らかとなった．

［森松正美］

自習問題

【16.1】 細胞周期における核と染色体の構造を示し，DNA の量がどのように変化するかを説明しなさい．

【16.2】 DNA の複製において，リーディング鎖とラギング鎖の合成反応を図に書きながら説明しなさい．

【16.3】 テロメアとテロメラーゼの役割を説明しなさい．

【16.4】 大腸菌がテロメラーゼをもたないですむのはなぜか．

【16.5】 染色体におけるゲノム DNA の存在様式について，ヌクレオソームの図などを書きながら説明しなさい．

【16.6】 30 塩基の任意の二本鎖 DNA 塩基配列を書きなさい．またそれが複製する際に，DNA ポリメラーゼは何を基質としてどんな反応過程を経て合成産物をつくり上げるかを，塩基配列のレベルまで詳しく書きなさい．

【16.7】 DNA の損傷の種類について具体例をあげながら説明しなさい．

【16.8】 DNA 損傷修復の四つの反応をあげなさい．また，それぞれの反応の概要を説明しなさい．

【16.9】 DNA 損傷修復の欠損が原因となる病気にはどんなものがあるかを調べなさい．

【16.10】 DNA 二本鎖切断修復のうち，相同組換えによる修復は正確だが非相同性末端結合は不正確な場合が多い．その理由を説明しなさい．

【16.11】 RNA 依存性ポリメラーゼによるヌクレオチドの合成は，正確性は低いがウイルスにとってはほとんど問題にならないという．その理由を説明しなさい．

17 組換え DNA 技術

ポイント

(1) 目的 DNA を運搬体 DNA（ベクター）と結合し，ほかの細胞に導入することで複製・発現させる技術を組換え DNA 技術という．
(2) 制限酵素は，二本鎖 DNA の特定配列を認識し切断する酵素である．同じ切断末端をもつ DNA 断片同士は，DNA リガーゼにより結合することができる．
(3) ポリメラーゼ連鎖反応（PCR）は，特定の DNA 領域を短時間で大量に増幅する方法である．リアルタイム PCR では，遺伝子量を定量的に解析することが可能である．
(4) 遺伝子クローニングとは，目的遺伝子をベクターと連結し，これを大腸菌などの宿主細胞で複製，単離することをいう．遺伝子クローニングにより全ゲノムを組み込んだクローンの集団をゲノムライブラリー，また mRNA の逆転写により得られた cDNA を組み込んだ集団のことを cDNA ライブラリーという．
(5) DNA の塩基配列は，古典的な塩基配列決定法であるサンガー法や，新しい技術の次世代シークエンスによって決定することができる．
(6) 組換え DNA 分子を受精卵に導入することで，トランスジェニック動物を作製することができる．トランスジェニック動物は，生体内での遺伝子やタンパク質の機能解明に利用されている．

17.1 組換え DNA 技術

地球上のすべての生物で DNA に使用される塩基はわずか 4 種類であり，遺伝情報は共通の遺伝暗号として認識される．このため，異種生物の DNA 同士をつなぎ合わせ，それを生細胞に導入して増殖・発現させることが可能である．1970 年代にはバーグらが最初の組換え DNA を作製し，その後コーエンとボイヤーは人為的な組換え DNA が大腸菌で機能することを示し，遺伝子操作に必要な技術が確立した．以後，遺伝子操作技術はめざましい発展をとげて今日に至っており，遺伝子操作に必要な多くの技術がノーベル賞に輝いたことからもその重要性がうかがえる．

試験管内で異種の DNA 同士を結合してつくられた雑種 DNA は組換え DNA（recombinant DNA）とよばれ，とくに運搬体となる DNA（ベクター；vector）と結合させることで，ほかの生細胞に導入し発現させることができる．一例として，医療で使われるインスリン製剤はヒトのインスリン遺伝子を大腸菌で発現させることによってつくられており，このような技術は組換え DNA 技術とよばれている．

今日では基礎研究のみならず，医療，医薬品開発，食品，化学，環境・農業分野などで広く組換え DNA 技術が利用されており，応用面に着目した場合には遺伝子工学（genetic engineering）という用語が広く用いられている．

17.2 組換え DNA 技術で使われる酵素

17.2.1 制限酵素

制限酵素（restriction enzyme）とは特定の塩基配列を認識して切断するエンドヌクレアーゼであり，遺伝子工学の分野では DNA を切断するための"ハサミ"として利用されている．本来は原核生物が DNA ウイルス（バクテリオファージ）の感染に抵抗するために自己防衛機構として保有する酵素であり，その名称はファージの増殖を制限することに由来している．一方，宿主自身の DNA はメチル化酵素（methylase）のはたらきでアデニンあるいはシトシンがメチル化（修飾）されることによって，自身のもつ制限酵素の作用から保護されている．それゆえ，この防御機構は制限修飾防御系（restriction-modification system）とよばれる．

制限酵素は切断部位や必要な補助因子の違いにより I～III 型に分類されるが，I 型および III 型制限酵素は切断部位が特定しにくいため，組換え DNA 実験にはおもに II 型制限酵素が利用されている．II 型制限酵素は現在までに 3 000 種類以上報告されており，そのうちの 250 種類ほどが試薬メーカーから入手可能である．

制限酵素は単離された細菌にちなんで命名されており，菌の属名 1 文字（大文字）と種名 2 文字（小文字），株名もしくは血清型，および単離された順序を示すローマ数字で表記される．たとえば EcoRV は，*Escherichia coli* の R 株から 5 番目（V）に分離された制限酵素であることを表している．

II 型酵素の多くはホモ二量体として作用するため，特定の 4～8 塩基対の 2 回対称配列（パリンドローム；parindrome），つまり両鎖の 5′ 側から 3′ 側の塩基配列が同じものを認識して切断する．一部の酵素はヘテロ二量体で作用するため，認識配列が非対称配列となるものもある（表 17.1）．制限酵素の切断部位が認識配列の対称軸と重なる場合には，二本鎖が同じ位置で切断され平滑末端（blunt end）となる．一方，切断部位が対称軸から離れる場合には，二本鎖は異なる位置で切断さ

表 17.1　制限酵素とその切断部位の例

制限酵素名	認識配列	末端形状
HaeIII	G G C C C C G G	平滑末端
EcoRI	G A A T T C C T T A A G	5′ 突出末端
PstI	C T G C A G G A C G T C	3′ 突出末端
BbvCI	C C T C A G C G G A G T C G （ヘテロダイマーのため認識配列が非対称）	5′ 突出末端

れるため 3′ 末端あるいは 5′ 末端が数塩基突出した一本鎖 DNA 部分をもつ付着末端（sticky end）となる．付着末端は同じ切断末端をもつほかの DNA 断片と容易に相補鎖結合をするので，組換え DNA 分子をつくる場合に便利である．なお，同じ配列を認識し切断部位も同じである酵素をアイソシゾマー（isoschizomer）とよぶ．

DNA に制限酵素を作用させ，得られた断片の長さから DNA における制限酵素切断部位の相対的な位置を求めることができる．この制限酵素切断部位をもとの DNA 配列上に描いたものが制限酵素地図（restriction map）であり，遺伝子の多型性や遺伝子間の連関の検索，遺伝子診断などに利用される．

17.2.2 DNA リガーゼ

制限酵素を遺伝子操作における"ハサミ"に例えると，"糊"の役割を果たすのが DNA リガーゼ（DNA ligase）である．DNA リガーゼは DNA 鎖の 3′-OH 基と 5′-リン酸基をホスホジエステル結合する酵素であり，この結合反応をライゲーション（ligation）とよぶ．DNA リガーゼによる結合には 5′-リン酸基が必要であるため，アルカリホスファターゼ（alkaline phosphatase）で DNA 断片の 5′-リン酸基を除去すると，リガーゼによる結合はできなくなる．逆に 5′ 末端が脱リン酸化されている DNA 断片は，ポリヌクレオチドキナーゼ（polynucleotide kinase）の処理により 5′ 末端をリン酸化すると結合が可能になる．

17.2.3 DNA ポリメラーゼ

前述のように，DNA ポリメラーゼは DNA を鋳型として DNA を複製する酵素である．この反応には基質として 4 種類のデオキシヌクレオシド三リン酸（dATP, dGTP, dCTP, dTTP：これらの総称を dNTP と表記する）と，DNA 複製の起点となるプライマー（オリゴヌクレオチド）を必要とする．DNA の合成はプライマーの 3′ 末端からはじまり，必ず 5′ から 3′ の方向に伸長反応が進む（16 章参照）．

また RNA を鋳型として DNA を合成する逆転写酵素が，RNA ウイルスであるレトロウイルスから分離されており，それを利用することで mRNA から相補的 DNA（complementary DNA；cDNA）を合成することができる．この逆転写反応もプライマーを必要とする（16 章参照）．

■ 17.3 ポリメラーゼ連鎖反応（PCR）

遺伝子操作技術でもっとも画期的な発明の一つに，ポリメラーゼ連鎖反応（polymerase chain reaction；PCR）があげられる．PCR は，DNA ポリメラーゼがプライマーを起点として 3′ 末端方向へ DNA 鎖を伸長していく性質を利用しており，二つのプライマーに挟まれた領域が選択的に増幅される反応である．PCR により，特定の DNA 領域を短時間で大量に増幅することができる．

PCR では反応温度が 90℃ 以上になるため，通常の大腸菌由来 DNA ポリメラーゼでは失活してしまう．そこで温泉に棲息する好熱性菌 *Thermus aquaticus* から得られた耐熱性 DNA ポリメラーゼ（*Taq* DNA ポリメラーゼ）が広く利用されている．

PCR は，まず鋳型となる二本鎖 DNA を 90℃ 以上に加熱して一本鎖にする熱変性（denature）からはじまる．次に反応温度を低下させることで，プライマーを鋳型 DNA 上の相補的な配列と結合させる（アニーリング；annealing）．最後に DNA ポリメラーゼのはたらきにより，プライマーの 3′ 末端から新たな DNA 鎖を合成する伸長反応（extension）を行う．この熱変性，アニーリング，伸長反応の三つのステップを 1 サイクルとし，サイクルを繰り返すことで連鎖反応的に増幅を行う（図 17.1）．新たに合成された DNA 鎖は次のサイクルでは鋳型としてはたらくため，n サイクルで合成される PCR 産物量は次式で表される．

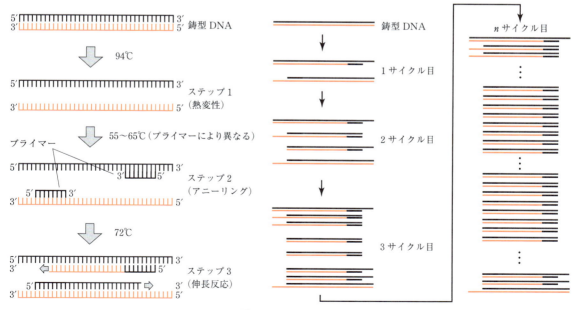

図 17.1　PCR の原理

(PCR 産物量)＝(初期鋳型量)×E^n

ただし E は増幅率（$1 \leq E \leq 2$）である．

つまり増幅率を2とすると，わずか1分子のDNAであっても理論的には20サイクル後に100万倍以上に増幅することが可能となる．

PCR は操作が簡単であるため急速に普及し，今や分子生物学研究には不可欠な技術となっている．また利用範囲も広く，遺伝子クローニングなど遺伝子工学分野から，遺伝子検査などの臨床分野，法医学や比較人類学・考古学分野など，様々な場所で応用されている．

17.3.1 逆転写 PCR

PCR に使用する DNA ポリメラーゼは，RNA を直接の鋳型として増幅することはできない．そこで RNA を増幅する場合には，逆転写酵素を利用して RNA から cDNA を合成し，これを鋳型として PCR を行う必要がある．この方法を RT-PCR (reverse transcribed-PCR) とよび，遺伝子発現解析に広く利用されている．

17.3.2 リアルタイム PCR

PCR ではサイクル数が進むと種々の要因により増幅効率が低下し，最終的には PCR 産物の増幅量はプラトーに達する．そのため PCR 産物量の比較は指数関数的増幅域で行わなくてはならず，エンドポイントで検出を行う PCR は定量に不向きであった．

そこで，蛍光標識を用いて経時的に増幅産物を検出，定量するリアルタイム PCR 法が開発された．それゆえこの方法は，定量 PCR (quantitative PCR; qPCR) ともよばれている．PCR 産物の検出には蛍光標識プローブを用いるプローブ法と，SYBR Green などのインターカレーター試薬（二本鎖 DNA の水素結合間に入り込み，紫外線照射により蛍光を発する試薬）を用いるインターカレーション法が一般に使われている．どちらの標識法も，PCR 産物の増加に伴い蛍光強度が強くなる．

リアルタイム PCR は迅速に精密な定量ができ，その検出感度も非常に高いことから，mRNA 量の定量法として利用されることが多い．

17.3.3 リアルタイム PCR の定量原理

リアルタイム PCR では1サイクルごとに蛍光強度を測定し，増幅曲線を作成する．反応開始時に検出限界以下であった蛍光強度が標的遺伝子の増幅により増加し，ある一定の蛍光レベルになる PCR サイクル数を比較するのがリアルタイム PCR の定量原理である．具体的には，増幅曲線上のある蛍光レベルで1本の補助線（閾値線；threshold line）を引き，この閾値線と増幅曲線の交点のサイクル数（Ct 値とよぶ）を求め，各 Ct 値の差を比較することで初期鋳型量にどれだけの差があるかを推定するものである．つまり，Ct 値が1異なれば初期鋳型量には2倍の差があったことがわかる（図17.2）．既知濃度の標準 DNA を用いてあらかじめ DNA 量と Ct 値との間で検量線を作成しておけば，未知濃度サンプルの Ct 値から初期鋳型量を計算することが可能となる（絶対定量法）．また，検量線を作成せずに標的遺伝子の発現量を内部標準遺伝子の発現比率と比較する相対定量法もよく利用される．

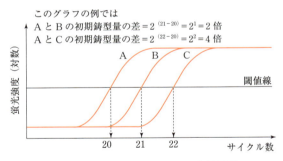

図17.2 リアルタイム PCR の定量原理

17.4 遺伝子クローニング

遺伝子クローニング (cloning) とは，目的遺伝子をベクターと連結し，これを大腸菌などの宿主細胞で複製して，同一塩基配列だけをもつクローンを単離することをいう．遺伝子クローニングは，目的遺伝子が未知か既知か，PCR 増幅が可能か，転写調節領域か翻訳領域か，などの違いによ

りアプローチの方法が異なってくる．たとえば，転写調節領域の解析のように染色体 DNA を探索する場合にはゲノムクローニング（genome cloning）を，真核細胞のアミノ酸配列決定のように mRNA 情報が必要な場合には cDNA クローニング（cDNA cloning）を選択することになる．

17.4.1 ゲノムクローニングと cDNA クローニング

古典的な遺伝子クローニングでは DNA ライブラリーを作成し，その中から目的の遺伝子を探索するスクリーニングの操作を行う．DNA ライブラリーには，ある生物の全ゲノムが揃っているゲノムライブラリーと，ある組織中に発現している mRNA の相補的 DNA からつくられた cDNA ライブラリーがある．

a．ゲノムクローニング

原核生物などイントロンをもたない生物種や，真核細胞の転写調節領域を対象とする解析では，ゲノム DNA を用いてクローニングを行う．この場合は，組織や細胞から全ゲノム DNA を取り出し，制限酵素で適当な大きさに切断したのちにベクターに挿入する．とくに全ゲノムの 1 セットを組み込んだクローンの集団のことを，ゲノム情報を保管した図書館にたとえてゲノムライブラリー（genomic library）とよぶ．

b．cDNA クローニング

mRNA を鋳型にして逆転写反応により合成された cDNA 断片を，ベクターに挿入してクローン化することを cDNA クローニングという．また，細胞から取り出したすべての mRNA を含むような cDNA 集団のことを cDNA ライブラリー（cDNA library）という．

17.4.2 クローニングベクター

遺伝子クローニングに使用されるベクター（cloning vector）は，異種 DNA 断片を宿主細胞へ運ぶための運搬体 DNA であり，宿主細胞内で染色体 DNA とは別に自律的に増殖（複製）するものをいう．クローニングベクターとしては，プラスミド，ファージ，コスミド，BAC（細菌人工染色体），YAC（酵母人工染色体）などが利用される．これらのベクターは，主として挿入したい DNA 断片の大きさ（塩基長）に応じて使い分けられている．ベクターが兼ね備えるべき条件としては，①宿主細胞内で自律複製できること，②外来性 DNA 挿入のための制限酵素切断部位をもっていること，③組換え DNA を含んでいる宿主細胞を選択するための有用な形質を有すること，などがあげられる．

プラスミド（plasmid）は原核生物がもっている染色体外環状二本鎖 DNA で，F プラスミド，ColE1 プラスミド，R プラスミドなど機能の違いによっていくつかの種類が存在する．遺伝子組換えに利用されるプラスミドは複数のプラスミドを人工的に組み合わせたものであり，複製開始点，薬剤耐性遺伝子，マルチクローニングサイト（multiple cloning site；MCS），選択マーカー遺伝子をもっている．

プラスミドの種類にもよるが，宿主細胞内に数コピーから数百コピーが存在する．染色体 DNA に比べると小さいので分離や取り扱いが容易であることが利点であるが，挿入できる DNA 断片の大きさは 10 kbp 程度までとなる．大きな挿入断片をもつプラスミドは宿主細胞への導入が難しく実用的ではなかったが，電気穿孔法（electroporation）が普及してからは利用が容易となってきた．

ほぼすべての遺伝子組換えに用いるプラスミドには抗生物質の耐性遺伝子が組み込んであるため，宿主である大腸菌がプラスミドを取り込んだかどうかは薬剤耐性の有無で確認することができる．平板培地にあらかじめ抗生物質を塗布しておけば，通常の大腸菌は生育できないが，プラスミドを取り込んだ大腸菌は抗生物質を分解する酵素を産生するので生育が可能となり，コロニーを形成するようになる．

また一部のプラスミドには，外来 DNA 挿入の有無を確認するために選択マーカーとして β-ガラクトシダーゼが利用されている．このプラスミドはラクトースオペロンの下流に $lacZ'$ 遺伝子をもっており，ラクトース類似体のイソプロピル-β-

D-チオガラクトピラノシド（isopropyl-β-D-thiogalactopyranoside；IPTG）の存在下で活性型のβ-ガラクトシダーゼを発現する（実際には*lacZ'*からアミノ末端の一部であるαペプチドが発現する．残りの部分はωフラグメントという不活性なタンパク質であり，宿主ゲノム上にコードされている．αペプチドとωフラグメントが会合することで活性型のβ-ガラクトシダーゼとなる）．このとき，寒天培地中に IPTG とβ-ガラクトシダーゼの基質となる X-gal（5-ブロモ-4-クロロ-3-インドリル-β-D-ガラクトピラノシド；5-bromo-4-chloro-3-indolyl-β-D-galactopyranoside）を塗布しておくと，X-gal が分解され青色の不溶性色素が生成する．つまり，このプラスミドを取り込んだ大腸菌は青いコロニーを形成する．しかし，プラスミドの *lacZ'* 遺伝子内にある MCS に外来 DNA が挿入されると，フレームシフトにより活性をもったβ-ガラクトシダーゼは発現しなくなる．そのため挿入断片をもつ組換えプラスミドを取り込んだ宿主は X-gal を分解できず，コロニーは白色となる．

以上のように，コロニーの色で組換え DNA の有無を判別する青白選択（blue-white selection）により，組換えの有無を容易に検出することができる（図 17.3）．

ファージ（phage）は細菌を宿主とするウイルスであり，感染や増殖に不要な部分を外来 DNA と置換することでベクターとして利用されている．おもな利点は，プラスミドよりも長い DNA 断片（10〜20 kbp）を挿入することができる点である．以前はライブラリーの作製に広く利用されていたが，最近ではファージで遺伝子を発現させスクリーニングを行うファージディスプレイ法での利用が多い．

より大きな DNA 断片は，コスミド（cosmid）や BAC，YAC などのベクターに挿入してクローニングする．そのため，ゲノムプロジェクトなどで数百 kbp〜数 Mbp のような大きな DNA 断片を保持するために利用されていた．

17.4.3　目的クローンの検出

ライブラリーから目的 DNA を保持するクローンを検出する方法としては，ハイブリダイゼーション（hybridization）が利用される（15 章コラム参照）．熱変性により一本鎖となった核酸は温

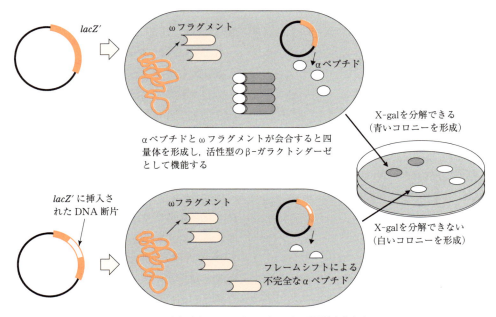

図 17.3　青白選択による組換えプラスミドの検出

17.4 遺伝子クローニング

■ DNA マイクロアレイ ■

　DNA マイクロアレイは，遺伝子発現量を網羅的に解析することを目的として開発された技術である．スライドガラスあるいは基板上にプローブとなるオリゴヌクレオチドを配置（アレイ）し，このプローブとハイブリダイズする遺伝子の量を蛍光量から測定する方法である．

　プローブのアレイ法は，Affymetrix 社の開発した方法（GeneChip）とスタンフォード法の二つに大別される．Affymetrix 法は，シリコン基板上でフォトリソグラフィック技術によりオリゴヌクレオチドを合成する方法であり，あらかじめデザインしたオリゴ配列を配置できる．スタンフォード法は，スライドガラス上にピンアレイヤーやインクジェット方式で cDNA や合成オリゴをスポット状に塗布していく方法である．

　検出方法としては，試料から抽出した mRNA を逆転写反応で cDNA にする際に蛍光色素で標識を行っておき，基板上のオリゴヌクレオチドとハイブリダイゼーションを行うことで，プローブと結合した蛍光量を検出する．利点としては網羅的な遺伝子解析ができる点，二つの試料間の差異を比較できる点などがあるが，欠点としてはプローブを利用して検出するため，既知の遺伝子しか解析対象とならないことがある．

度を徐々に下げていくと再会合が起こるが，このときに異種の DNA と DNA，DNA と RNA，あるいは RNA と RNA を会合させ，雑種の二本鎖をつくらせることをハイブリダイゼーション（ハイブリッド形成）とよび，相同な配列をもつ核酸分子を検出する場合に利用される．目的の核酸分子を検出するための相補的配列をもった一本鎖核酸分子がプローブ（探査子；probe）であり，DNA 鎖，RNA 鎖のどちらも利用が可能である．

　プローブには検出のための標識を行っておくが，標識法としては放射性同位元素（^{32}P がよく使われる），ジゴキシゲニン，蛍光色素などが用いられている．DNA ライブラリーのスクリーニングでは，検出したい配列と相補的な配列をもつ DNA あるいは RNA 断片をプローブとして，目的の DNA が含まれるコロニー（ファージの場合はプラーク）をハイブリダイゼーションで検出する．ハイブリダイゼーションは，そのほかにもサザンブロット法，ノザンブロット法，in situ ハイブリダイゼーション法，DNA マイクロアレイなどで標的遺伝子の検出に使われている．

17.4.4 PCR によるクローニング

　すでに多くの生物種でゲノム情報が得られており，ライブラリーを作製する古典的なクローニング方法を経ないでも，目的の DNA 断片を PCR で増幅し，その増幅産物を必要に応じてベクターに挿入することでクローニングを行うことが日常的に行われている．このような PCR 増幅産物のクローニングには，TA クローニングが広く利用されている．Taq DNA ポリメラーゼを用いた PCR 増幅産物は，Taq DNA ポリメラーゼのもつターミナルトランスフェラーゼ活性により，3′ 末端に一つだけ dA が付加されやすいという特徴をもっている．そのため，プラスミドベクターを平滑末端となる制限酵素で切断したのち，あらかじめ 3′ 末端に dT を付加した T ベクターを作製しておくと，A と T の塩基間で相補結合ができるため，容易にクローニングを行うことが可能となる．これを TA クローニングとよぶ（図 17.4）．

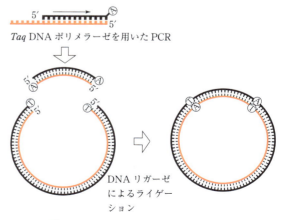

図 17.4　PCR による TA クローニング

17.5　DNA 塩基配列決定法

DNA 塩基配列決定法（DNA sequencing）は，1970 年代に開発された古典的方法と，1990 年代に行われた自動化による第一世代，および 2000 年代になって新たな原理に基づいて開発された次世代型に大別される．古典的な DNA 塩基配列決定法には，化学的方法であるマクサム-ギルバート法（Maxam-Gilbert method）と，酵素法であるサンガー法（Sanger method）の二つがある．マクサム-ギルバート法は，塩基特異的な化学分解により DNA を切断し，電気泳動後の泳動パターンから配列を読む方法であるが，使用する薬品の危険性や煩雑な手法ゆえに自動化しにくいなどの欠点があり，それほど普及しなかった．一方，サンガー法はジデオキシ法（dideoxy method）ともよばれ，1990 年代に自動化されたことで今日でも広く用いられる方法となった．

ここではサンガー法の原理を簡略に説明する．鋳型 DNA の相補鎖を DNA ポリメラーゼによって試験管内で合成する際に，DNA 合成反応の基質となる 4 種類のデオキシヌクレオチド（dATP, dCTP, dGTP, dTTP）のほかに，それぞれの塩基に対応する 2′,3′-ジデオキシヌクレオチド（ddATP, ddCTP, ddGTP, ddTTP）を 1

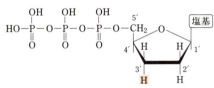

図 17.5　サンガー法で使用されるジデオキシヌクレオチドの構造
ddNTP は 3′-OH 基をもたないのでホスホジエステル結合をつくることができない．そのため，ddNTP を取り込むと DNA 鎖の伸長が停止する．

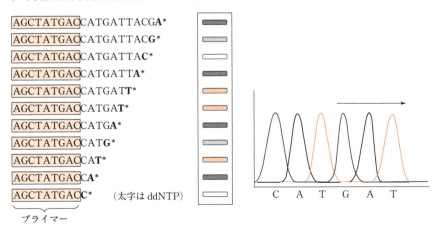

図 17.6　サンガー法による塩基配列決定法の原理
4 種類の異なる蛍光色素で標識した ddNTP を用いることで，一つのレーンで塩基配列の解読が可能となった．ポリメラーゼで増幅した DNA をキャピラリー電気泳動で分離する．同時にレーザー光を照射しながら，CCD カメラで検出した蛍光を DNA のサイズで順に並べると右のような波形データが得られる．

種類だけ加えた反応液を用意しておく．図17.5にみられるように，このジデオキシヌクレオチドはリボースの3′の位置がOH基ではなくH基になっているため，次のヌクレオチドとホスホジエステル結合がつくれず，ジデオキシヌクレオチドが取り込まれた場所で伸長反応が停止する．

たとえばddATPを加えた反応では，dATPの代わりにddATPが取り込まれると，その位置で停止する．ジデオキシヌクレオチドの取り込みは確率的であるため，反応終了後には3′末端がすべてAで終わっている，様々な長さの一本鎖DNAが得られることになる．同様にして，末端がG，C，Tで終わっているDNA鎖をそれぞれ別個に合成しておく．変性剤を加えたポリアクリルアミドゲル電気泳動により1塩基の違いが判別できるように分離するが，あらかじめプライマーを^{32}Pなどで放射性標識しておけば，泳動後のゲルをX線フィルムに感光させることで梯子状のバンドが検出できるので，このバンドを短い方から順番に読み取ると塩基配列が決定される．サンガー法は，その後の改良によりキャピラリー電気泳動と4種類の蛍光色素標識をしたddNTPを用いることで全自動解析が可能となり，広く普及することとなった（図17.6）．

17.6 次世代シークエンス

ここでは次世代シークエンサーの解析方法の一つとして，パイロシークエンス法（pyrosequencing）の原理を説明する．多くの次世代シークエンサーでは，検出の前段階として鋳型DNAをあらかじめPCRで増幅しておくが，そのPCR法は開発メーカーにより異なる．一例としては，プライマーを固定したビーズを利用して油中水滴エマルジョンの中でPCR（エマルジョンPCR）を行い，ビーズ上で単一のDNAだけを増幅した状態にする．このビーズをシークエンサーの反応基板上のウェルに1個ずつ分注することで，塩基の解析を実施する方法がある．

パイロシークエンスでは，反応ウェルに1種類ずつdNTPを順に添加し，DNAポリメラーゼによる塩基伸長反応を行う．鋳型に相補的なdNTPが添加されると塩基の伸長反応が起こり，同時にピロリン酸が放出される．ピロリン酸とアデノシン5′-ホスホ硫酸（APS）を基質として，スルフリラーゼ（sulfrirase）がATPを生成する．このATPとルシフェリン（luciferin）を基質としてルシフェラーゼ（luciferase）が発光反応を起こすので，その発光量をCCDカメラで検出する（図17.7）．

なお反応後のATPおよび取り込まれなかったdNTPは，アピラーゼ（apyrase）によりdNMPに分解されるため，次の反応には関与しなくなる．

この反応を繰り返すことで発光ピークパターン（パイログラム）が得られるので，そのパターンから塩基配列を読み取っていく．次世代シークエンスでは読み取ることのできる鎖長が短いため，膨大な数の短いシークエンス配列を読み取り（これをリードとよぶ），リード同士の重複領域をPCで解析してつなげていくことで，長い鎖長を解析する方法がとられる．

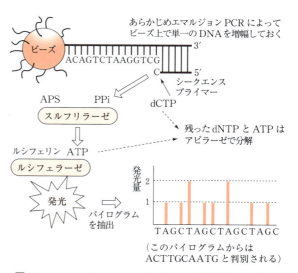

図17.7　パイロシークエンスによる塩基配列決定の原理

17.7 トランスジェニックとクローン動物

17.7.1 トランスジェニック動物

　遺伝子改変生物（genetically modified organism）とは，遺伝子操作技術を用いて人為的に遺伝子に改変を加えた生物のことをいう．動物では，受精卵の前核に対して遺伝子操作を行うと，ある割合でランダムにゲノムに取り込まれ，成長した動物のすべての細胞に同じ外来遺伝子が組み込まれた状態になる．このように既存遺伝子はそのままで，外来の遺伝子をゲノムに取り込ませ発現させた動物個体のことを，トランスジェニック動物（transgenic animal）とよぶ．

　トランスジェニック動物の作成には，顕微鏡下でDNAを注入するマイクロインジェクション法がおもに利用されている．この技術により，ヒトのタンパク質を発現させたトランスジェニック動物がつくられており，動物工場ともよばれている．トランスジェニック動物が産生する組換えタンパク質としては，ヤギの乳腺細胞で発現させたヒトアンチトロンビンがあり，乳汁中から組換え体を回収することで，ヒトの血漿由来成分を含まない安全性に優れた血液製剤として利用されている．

　遺伝子改変では外来性の遺伝子を導入（遺伝子ノックイン；gene knock-in）するだけでなく，内在性の標的遺伝子を破壊（遺伝子ノックアウト；gene knockout）することもできる．胚性幹細胞（ES細胞）によりキメラマウスを作製する方法が確立したこと，ならびにES細胞において標的遺伝子に相同組換えを効率よく行う方法が確立したことが，マウス個体での遺伝子ノックアウトの基礎となった．まず，破壊したい標的遺伝子の一部を選択マーカー遺伝子（たとえばネオマイシン耐性遺伝子）と置換した遺伝子断片（これをターゲティングベクターとよぶ）をつくる．このターゲティングベクターをES細胞に導入し，相同組換えを起こさせることで標的遺伝子を破壊する．相同組換えの起こったES細胞をマウスの胚盤胞期胚内に注入することで，ES細胞由来の細胞をもつキメラマウスを誕生させる．キメラマウスのうち，組換え遺伝子を生殖細胞系列にもつマウスを正常のマウスと交配するとヘテロマウスが得られるので，このヘテロマウス同士を交配することでノックアウトマウス（knockout mouse）を作製することができる．このような相同組換えを利用して既存の遺伝子を欠損させる方法は，コンベンショナルノックアウト（conventional knockout）とよばれる．この場合は全身のすべての細胞で遺伝子が欠損することになるため，発生や成育に必須な遺伝子が欠損した場合には発生途中で死亡することもある．そのような場合には，あえてホモ個体とせずにヘテロマウスのまま実験に用いるか，あるいは条件つき（コンディショナル）ノックアウトを利用することで致死を回避することが可能な場合もある．

　コンディショナルノックアウト（conditional knockout）でもっとも広く利用されているのがCre-*loxP*システムである．CreリコンビナーゼはP1ファージ由来の部位特異的組換え酵素であり，哺乳動物細胞内ではDNA上にある二つの*loxP*配列間でDNAを削除する性質をもつ．あらかじめ欠損させたい遺伝子を挟むように二つの*loxP*配列を挿入したノックインマウスと，特異的プロモーターの下流にCreを挿入したマウスを交配することで生まれた子マウスは，*loxP*で挟まれた標的遺伝子とCreをもつトランスジェニックマウスとなる．このマウスは標的遺伝子が欠損していないので，正常に成体まで成育することができる．その後，特異的プロモーターを活性化させることでCreが発現すると，その細胞では標的遺伝子が削除される．たとえばアルブミンプロモーターの下流にCreを挿入しておけば，肝臓でのみ標的遺伝子を欠損させることが可能となり，薬剤誘導型プロモーターの下流に挿入すれば，薬剤投与によって欠損を起こさせることが可能となる．

17.7.2 クローン動物

植物では挿し木により遺伝的に同一の個体を得ることが可能であり，1903年にウェッバーがこの挿し木のことをクローン（ギリシャ語で"小枝"）と名付けた．つまりクローン（clone）とは，遺伝的にまったく同一の分子，細胞，個体などのことをいう．ここから単一の遺伝子を増幅する操作を分子クローニング，単一の細胞集団を得ることを細胞クローニング，同一の遺伝子をもつ生物個体を作製することを生物クローニングとよぶようになった．ここでは哺乳動物のクローン技術について説明する．

受精卵クローンとは，受精卵の初期発生細胞に由来するクローンのことをいう．受精後の分裂した細胞をばらばらにし，それぞれの細胞を別の除核した未受精卵に移植し，電気刺激を与えて細胞を融合させたあとに代理母の子宮に戻して妊娠・分娩させた個体である．一つの受精卵に由来するため，生まれたクローン個体同士では同じ遺伝子型をもつが，当然両親（卵および精子の提供個体）とは遺伝情報が異なっている．つまり一卵性多子と同じである．

一方，体細胞クローンは成体の細胞に由来するクローンであり，哺乳動物における成体の体細胞を使った世界初のクローン動物は，1996年に英国ロスリン研究所で生まれたクローン羊のドリーである．このドリーは，分化した乳腺細胞を栄養飢餓状態で培養することで細胞周期をリセットしたあと，除核した未受精卵に移植し，電気刺激後に胚盤胞まで培養してから，代理母の子宮に移植し妊娠・分娩させたものである．生まれたクローン個体は，体細胞を提供した個体（ドナー；donor）と同じ遺伝情報をもっている．初期の体細胞クローン作製は，体細胞を未受精卵に移植したあと，電気刺激により細胞融合を行っていたが，ハワイ大の若山らにより細胞融合の必要がない核移植法（ホノルル法；Honolulu technique）が開発されてからは，クローン作製が多くの動物で実施されるようになった．これまでのところ，ヒツジ，マウス以外にも，哺乳動物ではウシ，ラクダ，ブタ，ラバ，ウマ，ヤギ，イヌ，ネコなどでクローン個体の誕生が報告されている．　　　［佐々木典康］

自習問題

【17.1】 EcoRIで切断したプラスミドに，同じくEcoRIで切断したある生物種のDNA断片を組み込みたい．このとき，効率よく組換えプラスミドを得るために注意する点を述べなさい．

【17.2】 PCRでは試料以外のDNAによるわずかな汚染でも重大な問題を生じるおそれがあるが，その理由について考えなさい．

【17.3】 ゲノム情報が明らかでない生物種の酵素Xについて，遺伝子構造を明らかにしたい．すでに近縁種における酵素Xの遺伝子配列情報をもっているとして，その実験手順を簡略に説明しなさい．

【17.4】 組換えプラスミドの青白選択においては，まれに組換えプラスミドにもかかわらず青いコロニーを生じる場合があるが，その理由として考えられることを述べなさい．

【17.5】 肉牛生産に受精卵クローンおよび体細胞クローン技術を利用する場合のメリット，デメリットについて考えなさい．

18 遺伝情報の発現とタンパク質合成，分布，分解

ポイント

(1) 細胞にはトランスファー RNA（tRNA），リボソーム RNA（rRNA），メッセンジャー RNA（mRNA），低分子 RNA などが存在し，RNA ポリメラーゼにより DNA 依存性の RNA 合成が触媒される．
(2) 転写はプロモーター配列ではじまり，転写因子がプロモーターと相互作用すると RNA ポリメラーゼが転写を開始する．
(3) 真核生物の mRNA のプロセシングには，5′ キャップと 3′ ポリ（A）尾部の付加がある．イントロンはスプライシングにより除去され，成熟 mRNA が合成される．
(4) 遺伝暗号は三つのヌクレオチドのコドンからなり，似た配列をもつコドンは化学的に類似したアミノ酸を指定する．
(5) tRNA 分子は，mRNA とアミノ酸の間のアダプターとして機能する．すべての tRNA はクローバー葉形の二次構造，L字形の三次構造をとる．構造上のアクセプターステムにはアミノアシル tRNA シンテターゼによりアミノ酸が結合し，tRNA のアンチコドンは mRNA のコドンと塩基対合する．
(6) リボソームは RNA-タンパク質複合体である．伸長しているペプチド鎖はリボソームのペプチジル（P）部位にある tRNA と結合しており，次のアミノ酸を運ぶアミノアシル tRNA はアミノアシル（A）部位に結合する．
(7) 翻訳は，開始 tRNA, 鋳型 mRNA, リボソームサブユニット，種々の開始因子から構成される開始複合体の形成で開始される．原核生物の翻訳は，シャイン-ダルガーノ配列の直後からはじまる．真核生物では，mRNA の 5′ 末端にもっとも近い開始コドンから翻訳が開始される．
(8) 翻訳の伸長段階は，A 部位に正しいアミノアシル RNA を配置，ペプチジルトランスフェラーゼによるペプチド結合の形成，リボソームを1コドン分移動させる，というサイクルでなされる．
(9) 真核生物の分泌タンパク質は，小胞体を通過するための N 末端シグナル配列をもつ．形質膜，リソソームに配置されるタンパク質や細胞外に輸送されるタンパク質は，粗面小胞体で合成され，ゴルジ体において修飾を受けて配送される．
(10) 酵素，細胞周期の調節タンパク質，傷害を受けたタンパク質，発生段階の細胞・組織などは，必要な時期に分解される必要がある．真核生物には代表的な二つのタンパク質分解機構があり，リソソームとサイトゾルに存在する．
(11) 負に調節される遺伝子の転写はリプレッサーにより抑制され，リプレッサーが存在しない条件下でのみ転写される．一方，正に調整される遺伝子の転写はアクチベーターにより活性化され，アクチベーターの存在しない条件下では少量しか，あるいは全く転写されない．

18.1 原核生物と真核生物の遺伝子発現

　原核生物と真核生物の間では，タンパク質をコードするメッセンジャー RNA (mRNA) の合成，プロセシングに大きな違いがある．原核生物では，細胞質に取り囲まれたヌクレオイド（核様体）で mRNA が合成され，すぐにタンパク質への翻訳が行われる．原核生物の mRNA は，5′ 末端の特異的配列（シャイン-ダルガーノ配列）によってリボソーム RNA (rRNA) に認識され，リボソームとの結合と翻訳が開始される．翻訳の過程には厳密な制御機構はない．mRNA の 5′ 末端が合成されるとただちに翻訳が開始され，翻訳と転写は連携している．

　一方真核生物では，mRNA は核内で合成され，タンパク質の翻訳は細胞質で行われる．したがって転写と翻訳は連携していない．さらに，転写の初期産物であるプレ mRNA にはイントロン配列，末端の非翻訳領域が存在する．mRNA のプロセシングの過程で，スプライシングによりイントロン配列は取り除かれ，成熟 mRNA が合成される．5′ 末端のキャップ構造によって mRNA がリボソームに認識される．翻訳の過程には制御機構が存在し，mRNA レベルでの翻訳制御，特異的な RNA 結合タンパク質の結合による翻訳制御がある．

18.2 転写：DNA 依存性の RNA 合成とプロセシング

18.2.1 RNA ポリメラーゼ

　原核生物の RNA ポリメラーゼは，$\alpha\alpha\beta\beta'\omega$ の 4 種 5 サブユニットからなるコア酵素に，σ が会合したホロ酵素とよばれる形態で正常なプロモーターを認識する．σ 因子は，遺伝子上流のプロモーター配列を認識して転写を開始する役割を担っている．

　一方，真核生物の転写は原核生物と比較して複雑であり，真核生物には複数の RNA ポリメラーゼが存在している（表 18.1）．すべての真核生物の RNA ポリメラーゼの作用には，プロモーター領域に結合して転写を開始する転写因子が必要である．

　RNA ポリメラーゼは，DNA ポリメラーゼとほぼ同じ機構で鎖伸長を触媒する．両者で異なる点は，DNA ポリメラーゼがデオキシリボヌクレオシド三リン酸（dTTP, dGTP, dATP, dCTP）を使用するのに対し，RNA ポリメラーゼはリボヌクレオシド三リン酸（UTP, GTP, ATP, CTP）

表 18.1　真核生物の RNA ポリメラーゼの特徴

RNA ポリメラーゼ	局在	合成される RNA
I	核（核小体）	5S 以外のプレ rRNA
II	核	プレ mRNA, 核内の小 RNA
III	核	プレ tRNA, 5S rRNA, ほかの小 RNA
ミトコンドリア	ミトコンドリア	ミトコンドリア RNA
葉緑体	葉緑体	葉緑体 RNA

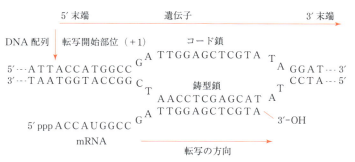

図 18.1　転写の方向性
仮想的な遺伝子配列と転写される RNA 配列を示す．リボヌクレオチドの伸長は 5′→3′ 方向に進む．

を使用する点である．伸長中の RNA 鎖はごく短区間でのみ鋳型 DNA と相互作用し，転写の最終産物は一本鎖 RNA である．RNA の重合反応は $5'\to 3'$ 方向に進行する．通常，二本鎖 DNA 配列の左側に転写開始部位が書かれる．遺伝子配列の上側をコード鎖（coding strand），下側を鋳型鎖（template strand）とよび，鋳型鎖が RNA 合成の鋳型として使用される（図 18.1）．

18.2.2 RNA ポリメラーゼ I（pol I）による rRNA 合成とプロセシング

pol I は真核生物のリボソームを構成する rRNA を合成する（表 18.1 参照）．リボソームサブユニットは核小体に集合し，細胞質で合成されたリボソームタンパク質と会合する．こうしてできたリボソームは，核から細胞質へ送られる．

18.2.3 RNA ポリメラーゼ II（pol II）による mRNA 合成とプロセシング

真核生物の構造遺伝子（タンパク質をコードする遺伝子）は，すべて pol II によって転写される（表 18.1 参照）．この pol II は，スプライシングに関与する核内低分子 RNA（snRNA）も転写する．また，転写開始シグナルの TATA ボックスに結合することで転写を開始する（表 18.2）．TATA ボックスは，転写開始点から 20〜30 b 上流にあることが多い．転写に必要な最小単位は転写因子（transcription factor）の TFIID であり，TFIID は TATA 結合タンパク質と TATA 結合関連因子（TATA-binding associated factor；TAF）との複合体である．TAF は特定の遺伝子の上流（TATA ボックスよりも上流）に存在する部位に結合する活性化因子と相互作用し，遺伝子の発現調節に関係している．TATA ボックスの上流には，各種のトランス作用活性化因子に結合するプロモーター配列があることが多い．

トランス作用活性化因子には，遺伝子の転写を促進するタンパク質であるエンハンサー，転写を抑制するタンパク質のリプレッサーが存在する．トランス作用活性化因子は，DNA に結合するドメインの構造によっていくつかのクラスに分類することができる．その代表的な 3 種類は，①ジンクフィンガーモチーフ（亜鉛イオン（Zn^{2+}）に結合でき，DNA に存在する主溝に入り込む），②ヘ

表 18.2 一般的な pol II 制御エレメントの配列と関連する転写因子

配列名	共通配列	転写因子	特　徴
TATA ボックス	TATAAAA	TBP, TFIID	もっとも一般的なコアプロモーター
CAAT ボックス	GGCCAATCT	CP1	一般的な上流配列
GC ボックス	GGGCCG	SP1	TATA がないプロモーターに頻繁に存在
オクタマー	ATTTGCAT	Oct1, Oct2	動物の胚発生の初期において組織の前後軸および体節制を決定する遺伝子の発現に関与（ホメオドメイン）

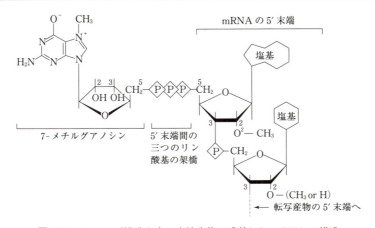

図 18.2　キャップ構造を含む真核生物の成熟した mRNA の構造

リックス-ターン-ヘリックスモチーフ（一つの α ヘリックスが DNA の溝状の部分に入り込む），③ロイシンジッパー構造（疎水性アミノ酸によって生じるコイルドコイル構造があり，その N 末端部位が DNA の溝に入り込む）である．プロモーターから数千 bp 以上も離れた配列にトランス作用活性化因子が結合する場合もあり，この配列をエンハンサー配列とよぶ．

真核生物の mRNA のプロセシングには，キャッピング，スプライシング，エディティングがある．まず，プレ mRNA の 5′ 末端が修飾され，キャップとよばれる構造をとる（図 18.2）．この構造は，翻訳時のリボソームの正しい位置への結合に重要となる．キャッピング後，プレ mRNA は多数の核内低分子リボタンパク質（snRNP）と複合体を形成する．snRNP-プレ mRNA 複合体はスプライソソームとよばれ，snRNP はイントロン-エキソン間のスプライス部位を認識して結合する．スプライシングのモデルを図 18.3 に示した．

一連の反応は，イントロンの 5′ 側の G に U1 snRNP が結合することで開始される．いくつかの snRNP とスプライソソームが付加され，イントロン部分がループ構造をとり，二つのエキソンがつなぎ合わされることでスプライシングは完了する．スプライソソームが解離すると，ループ上

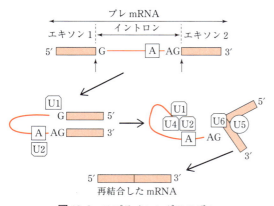

図 18.3　スプライシングのモデル
スプライシングは，プレ mRNA と複数の snRNP が結合してスプライソソームを形成することで起こる．切断と再結合が生じ，再結合した mRNA とループ状のイントロンが離れるとスプライソソームは崩壊する．その後，ループ状のイントロンはオリゴヌクレオチドまで分解される．

のイントロンは消化され，mRNA は核内から細胞質へ運ばれる．一つの遺伝子が異なったスプライシングを受けて，あるエキソンが mRNA に入ったり入らなかったりすることがあり，これを選択的スプライシングとよぶ．選択的スプライシングにより，単一の遺伝子から異なるタンパク質を生産することが可能となる．また，RNA エディティングは，RNA の配列を変える反応である．mRNA に U の配列を挿入，あるいはアデノシン残基をイノシン残基に変える例が報告されており，一つの mRNA が複数の異なるアミノ酸配列のタンパク質を生み出すことになる．

18.2.4　RNA ポリメラーゼ III（pol III）による tRNA 合成とプロセシング

pol III によって転写される遺伝子は，小さな遺伝子でタンパク質まで翻訳されることはなく，転写された部分の塩基配列によって転写制御を受ける特徴をもつ．その主要な遺伝子は，すべてのトランスファー RNA（tRNA）と 5S rRNA である（表 18.1 参照）．Pol III が機能するためには，三つの転写因子（TFIIIA，TFIIIB，TFIIIC）が必要である．

18.2.5　クロマチン構造と転写

クロマチンを構築する上で，もっとも基本となる構造がヌクレオソームである．まず，4 種類のコアヒストン（H2A，H2B，H3，H4）が 2 コピーずつ集まって八量体（オクタマー）を形成し，その周りを約 146 bp のコア DNA が約 1.65 回左巻きに巻きつく．この構造はヌクレオソームコア粒子とよばれる．二つのヌクレオソーム（コア粒子）の間をつなぐ DNA がリンカー DNA，そこに結合するヒストンがリンカーヒストンである（図 18.4）．

転写因子とポリメラーゼの作用は，むき出しになった DNA 上だけでなく，クロマチン上においても行われる．ヌクレオソームで固くおおわれている遺伝子の発現については，クロマチンの構造変化が必要である．対象遺伝子の 5′ 非翻訳領域にはヌクレアーゼで切断される高感受性部位が出現し，クロマチン構造を破壊して転写因子などが

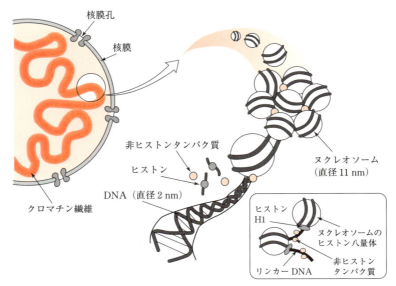

図 18.4 クロマチン構造の模式図

DNA に結合することが可能となる．このクロマチンの構造変化については，クロマチンリモデリング因子の関与で，あるいはプロモーター領域のヒストンタンパク質がヒストンアセチル化酵素によりアセチル化されることで，その場所のクロマチン構造が緩むことが考えられている（19 章参照）．

真核生物の pol II は通常，遺伝子の終わりまで転写を継続し，一つまたはそれ以上の AATAAA シグナルを通過する．これが AAUAAA という配列に転写されると，エンドヌクレアーゼで切断され，約 200 bp のポリ A 配列が付加され転写が終結する．

大腸菌の転写終結は，休止部位付近で RNA がヘアピン構造をつくるときに起きやすい．また，ρ 因子が一本鎖 RNA に結合することで，転写が終結する場合もある．

■18.3 翻訳：遺伝暗号とポリペプチド合成

生物的情報の流れの最終段階である mRNA の翻訳には，遺伝暗号，トランスファー RNA（tRNA），アミノ酸のタンパク質への重合が必要である．tRNA は遺伝暗号を解読し，ヌクレオチド配列をアミノ酸配列へ翻訳する重要な機能を果たしている．tRNA が特定のアミノ酸と共有結合し，mRNA のコドンと相補的塩基対で直接対合する．mRNA の鋳型をもとにアミノ酸が連結することでタンパク質が合成される．

最初の塩基 (5′ 末端)	2 番目の塩基				3 番目の塩基 (3′ 末端)
	U	C	A	G	
U	Phe Phe Leu Leu	Ser Ser Ser Ser	Tyr Tyr Stop Stop	Cys Cys Stop Trp	U C A G
C	Leu Leu Leu Leu	Pro Pro Pro Pro	His His Gln Gln	Arg Arg Arg Arg	U C A G
A	Ile Ile Ile Met	Thr Thr Thr Thr	Asn Asn Lys Lys	Ser Ser Arg Arg	U C A G
G	Val Val Val Val	Ala Ala Ala Ala	Asp Asp Glu Glu	Gly Gly Gly Gly	U C A G

図 18.5 標準遺伝暗号
標準遺伝暗号は 64 個のコドンからなる．左の列はコドンの最初のヌクレオチド，続く列はコドンの 2 番目のヌクレオチド，右の列はコドンの 3 番目のヌクレオチドを示す．タンパク質合成の開始に必要な開始コドンは AUG で，メチオニン（Met）をコードする．Stop は終止コドンを示す．

18.3.1 遺伝暗号

標準遺伝暗号を図18.5に示した．ほぼすべての現存する生物種が，この遺伝暗号を使用している．ヌクレオチドのトリプレットをコドンとよび，コドンは常に5′→3′方向に翻訳される．標準遺伝暗号には様々な特徴があり，①1個のコドンは1個のアミノ酸に対応する，②大部分のアミノ酸は複数のコドンをもつ，③コドンのはじめの二つのヌクレオチドだけで特定のアミノ酸を指定できることが多い，などがある．64個のコドンのうち61個がアミノ酸を規定し，残りの3個のコドン（UAA，UGA，UAG）は終止コドンである．終止コドンはどのtRNAにも認識されないため，ポリペプチド合成が終了する．また，メチオニンのコドン（AUG）はタンパク質合成の開始部位を特定し，開始コドンとよばれる．

tRNAは，mRNAのヌクレオチド配列とポリペプチドのアミノ酸配列とを結びつける役割をもつ．大部分のtRNAの配列は，図18.6に示した二次構造をとっている．tRNAの5′末端と3′末端に近い領域は塩基対を形成し，アクセプターステムといわれる構造をとる．この構造の3′末端アデニル酸のリボースの2′または3′-OH基にアミノ酸のカルボキシ基が結合する．アクセプターステムの対極にある一本鎖のループはアンチコドンアームとよばれ，3塩基配列からなるアンチコドンを含み，mRNA上の相補的コドンと対合する．tRNAの二次構造はクローバー葉形構造として表され，その三次構造はL字型に折りたたまれている．

tRNA分子とmRNA分子は，アンチコドンとコドンの間にできる塩基対合を介して相互作用する．たとえばtRNA分子がアンチコドンGGAをもつと，セリンコドンUCCに結合する．タンパク質合成の過程でセリンがtRNAのアクセプターステムに共有結合することになり，tRNA^{Ser}と表記される．アンチコドンの5′位はゆらぎ位置とよばれ，コドンの3′位の塩基はアンチコドン5′位の塩基と異なる対合が許される（表18.3）．ゆらぎ対合により，一部のtRNA分子に2個以上のコドンを認識させることができる．

表18.3　アンチコドンの5′位（ゆらぎ位置）とコドンの3′位との塩基対合の規則

アンチコドンの5′位のヌクレオシド	コドンの3′位のヌクレオシド
C	G
A	U
U	AまたはG
G	CまたはU
I（イノシン）	A，CまたはU

18.3.2 アミノ酸の活性化

ある特定のアミノ酸は，アミノアシル化反応によりそれに対応するtRNA分子の3′末端に共有結合する．この反応産物はアミノアシルtRNAとよばれ，アミノアシルtRNAシンテターゼという酵素が触媒する．たとえば，アミノアシル化されたtRNA^{Ala}はアラニルtRNA^{Ala}であり，アラニルtRNAシンテターゼがこの反応を触媒する．アミノアシルtRNAシンテターゼによるアミノ酸の活性化にはATPが必要であり，下記反応式で示される．

アミノ酸＋tRNA＋ATP ──→
　　　アミノアシルtRNA＋AMP＋PPi

アミノアシル化は2段階の反応で進み，ともにアミノアシルtRNAシンテターゼが触媒する．最初にアミノ酸とATPが反応し，中間体としてアミノアシルアデニル酸ができる．次にアミノア

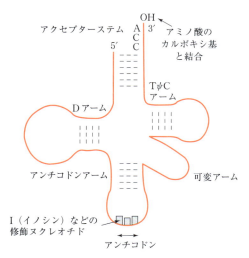

図18.6　tRNAのクローバー葉型二次構造

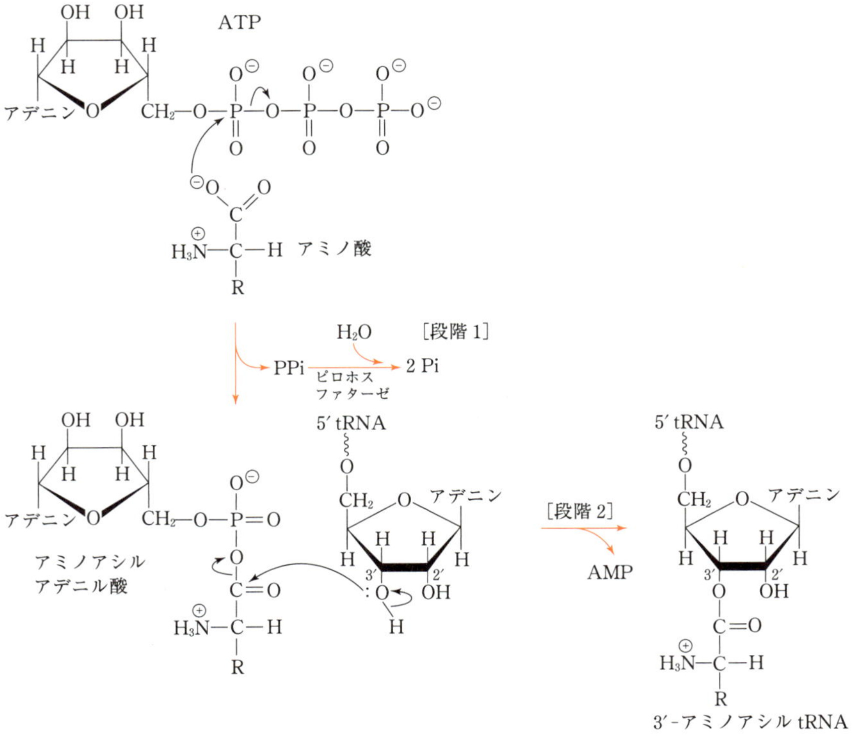

図18.7 アミノアシルtRNAシンテターゼが触媒するアミノアシルtRNAの合成

シルアデニル酸からtRNAへのアミノアシル基の転移が起こり，タンパク質合成の基質となる（図18.7）．

18.3.3 ポリペプチドの合成

タンパク質の合成は，4種類の別々な成分を必要とする．ペプチド結合形成を触媒するリボソーム，リボソームのはたらきを助ける補助タンパク質，タンパク質の配列を特定するmRNA，アミノ酸を活性化して運搬するアミノアシルtRNAが必須である．

原核生物および真核生物のリボソームはともに二つのサブユニットからなり，そのどちらもrRNAとタンパク質を含む．原核生物リボソームの大サブユニット（50S）は2種のrRNA分子（23S rRNA，5S rRNA）を含み，小サブユニット（30S）は16S rRNAを含む．30Sと50Sサブユニットは一緒になって，活性のある70Sリボソームを形成する．大部分の真核生物リボソームの大サブユニット（60S）は3種のrRNA分子（28S rRNA，5.8S rRNA，5S rRNA）を含み，小サブユニット（40S）は18S rRNAを含む．40Sと60Sサブユニットは一緒になって，活性のある80Sリボソームを形成する．

リボソームは二つの異なるアミノアシルtRNA分子を並べて，そのアンチコドンがmRNAの正しいコドンと相互作用するようにする．タンパク質合成途中の二つのtRNA分子の相対的な配置を図18.8に示した．伸長途中のポリペプチド鎖は，ペプチジル部位（P部位）でtRNAに共有結合し，ペプチジルtRNAとなる．二つ目のアミノアシルtRNAはアミノアシル部位（A部位）に結合する．伸長するポリペプチド鎖は，リボソームの大サブユニットのトンネル構造を通過していく．

翻訳の開始（タンパク質合成の開始）には，開始コドン（AUG）を認識するメチオニルtRNA^{Met}分子が必要である．tRNA^{Met}分子には，必ず開始コドンのみに用いられる開始tRNA（initiator tRNA）と，内部のメチオニンを認識するものがある．原核生物における翻訳開始には，リボソー

ム小サブユニットと鋳型 mRNA 間の相互作用が重要である．30S サブユニットの 16S rRNA は，mRNA の開始コドンのすぐ上流にあるプリンに富む領域（シャイン-ダルガーノ配列）に結合する．この二本鎖 RNA 構造により，開始コドンがリボソームの P 部位に配置される．一方，真核生物 mRNA にはリボソーム結合部位となる明らかなシャイン-ダルガーノ配列は存在しない．その代わり，mRNA の最初の AUG コドンが開始コドンとして機能する．

翻訳には，リボソーム，開始 tRNA，mRNA，各種開始因子（initiation factor；IF）により形成される開始複合体が必要である．原核生物では3種類の開始因子，IF-1，IF-2，IF-3 がある．原核生物の開始因子の機能は，アミノアシル開始 tRNA が正確に開始コドンへ配置されるのを促すことである．真核生物では少なくとも8種類の開始因子が存在し，eIF（eukaryotic initiation factor）とよぶ．とくに eIF-4 が重要であり，キャップ結合タンパク質（cap binding protein；CBP）ともよばれる．eIF-4 がキャップ構造に結合すると，40S リボソームサブユニット，アミノアシル開始 tRNA，数種類の開始因子からなるプレ開始複合体が形成される．このプレ開始複合体は mRNA に沿って 5′→3′ 方向に移動し，開始コドンまで到達すると，メチオニル tRNA^{Met} 分子が P 部位で開始コドンと相互作用できる状態になる．

開始段階が終了すると，2番目のコドンが翻訳されるように mRNA が配置され，ペプチド鎖の伸長段階になる．この伸長過程は以下の3段階の小サイクルでなされる．

① アミノアシル tRNA がリボソームの A 部位に配置される．

② ペプチド結合が形成される．

③ リボソームに対し，1コドン分 mRNA が移動する．

最初の鎖伸長反応の小サイクルでは，P 部位はアミノアシル開始 tRNA が占め，A 部位は空の状態である．細菌では，伸長因子 EF-Tu（elongation factor thermo unstable）の作用により，正しいアミノアシル tRNA がリボソームの A 部位に挿入される．EF-Tu は GTP と結合し，アミノアシル tRNA 分子に共通した三次構造を認識して三重複合体を形成する（メチオニル tRNA^{Met} は認識しない，図 18.8）．アミノアシル tRNA のアンチコドンと，A 部位の mRNA のコドンとの間に正しい塩基対が形成されると，複合体は安定化される．その後，EF-Tu・GTP はリボソーム上の結合部位と P 部位上の tRNA と接触できるようになる．次に，GTP の加水分解により EF-Tu

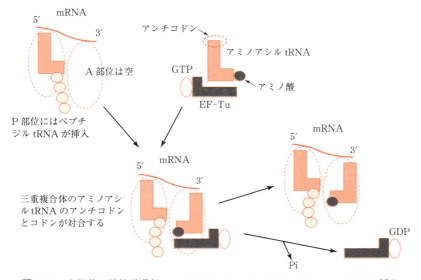

図 18.8　大腸菌の鎖伸長過程における EF-Tu によるアミノアシル tRNA の挿入

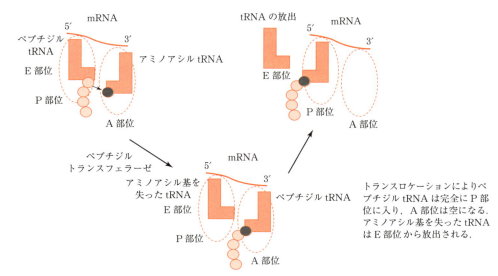

図 18.9 原核生物のタンパク質合成におけるトランスロケーション

の構造が変化し，結合していたアミノアシルtRNA を解放する．すると，形成された EF-Tu・GDP は鎖伸長複合体から解離する．伸長因子 EF-Ts が EF-Tu・GDP の結合 GDP を解離させ，その後の EF-Tu・GTP 形成を触媒する．

正しいアミノアシル tRNA が A 部位に結合すると，この活性化アミノ酸の α-アミノ基は，隣の P 部位に存在するペプチジル tRNA のエステル結合カルボニルと整列する．ペプチド鎖は 1 アミノ酸残基分長くなり，P 部位の tRNA から A 部位の tRNA へ渡される（図 18.9）．この際のペプチド結合の形成には，ペプチジルトランスフェラーゼ (peptidyl transferase) が役割を担う．次のコドンが翻訳されるまでには，アミノアシル基を失った tRNA は E 部位から放出され，ペプチジル tRNA は完全に P 部位へ移動する．この第三段階のサイクルを，トランスロケーションとよぶ．原核生物では，トランスロケーションの段階に伸長因子 EF-G が関与する．伸長反応小サイクルは mRNA のコドンが翻訳されるたびに繰り返され，ポリペプチドの合成が行われる．タンパク質合成複合体が終止コドンに達したとき，翻訳は終結する．

真核生物のポリペプチド鎖伸長反応は大腸菌の場合とよく似ており，EF-1α，EF-1β，EF-2 が

■ 抗生物質による翻訳の阻害 ■

様々な生物がほかの生物のタンパク質合成を阻害する物質を生産するが，対象生物が微生物であるとき，これらの物質を抗生物質とよぶ．多くの抗生物質は，細菌の翻訳を阻害することで作用する．真核生物の翻訳機構は原核生物とは異なるため，一般的にこれらの抗生物質はヒトに安全である．たとえばテトラサイクリンは，アミノアシル tRNA のリボソームへの結合を阻害する．ストレプトマイシンは，アミノアシル tRNA とコドンの対合を阻害する．クロラムフェニコールは 50S サブユニットに作用して，ペプチジルトランスフェラーゼを阻害する．

抗生物質を治療手段で使用するとき，特定の薬剤耐性遺伝子を獲得した耐性菌の出現に注意しなければならない．著名な一例は，エリスロマイシン耐性である．エリスロマイシンは 50S サブユニットの 23S RNA に結合し，トランスロケーションの段階を阻害する（20 章参照）．この領域にあるアデニン残基をメチル化することで，エリスロマイシンの結合が阻害される．つまり，細菌のプラスミドにメチル化酵素をコードする耐性遺伝子が挿入されることで，エリスロマイシンに対する抵抗性を獲得することができる．

関与する．EF-1α は EF-Tu，EF-1β は EF-Ts，EF-2 はトランスロケーションのはたらきを担う．

ポリペプチド鎖の最後のペプチド結合ができると，ペプチジル tRNA は通常どおり A 部位から P 部位にトランスロケーションする．このとき，3 種類の終止コドン（UGA, UAG, UAA）の一つが A 部位に配置される．これら終止コドンは tRNA 分子によって認識されない．最終的には終結因子の一つが A 部位に入り込み，ペプチジル tRNA のエステル結合が加水分解される．終結因子がリボソームから離脱すると，リボソームサブユニットは mRNA から解離し，開始因子がリボソーム小サブユニットと結合して次のタンパク質合成に備える．

■ 18.4 翻訳後修飾とタンパク質ターゲッティング

真核生物は様々な細胞小器官（オルガネラ）からなり，おのおので合成されるタンパク質は少数である．たとえば，ミトコンドリアや葉緑体のタンパク質の大部分は核内のゲノム DNA にコードされており，細胞質でつくられる．したがって，合成されたタンパク質は，適切な細胞小器官まで輸送される，細胞外へ放出される，リソソームなどの小胞に蓄えられる，といったターゲッティングのシステムにより輸送されることになる．

細胞小器官に移動するタンパク質は，細胞質で合成された際には N 末端に特異的なシグナル配列をもっている．このシグナル配列はタンパク質が膜に埋め込まれる際に寄与し，また HSP70 タンパク質のようなシャペロンと相互作用するのに必要である．シャペロンは新しく合成されたタンパク質の折りたたみを防ぎ，細胞小器官までのタンパク質輸送に役立っている．折りたたまれていないタンパク質は細胞小器官内まで移動し，そこにあるシャペロンにより最終的な折りたたみを受ける．N 末端のシグナル配列は，細胞小器官内の輸送の段階で切断される（図 18.10）．

形質膜，リソソームに配置されるタンパク質や細胞外に輸送されるタンパク質は，粗面小胞体で

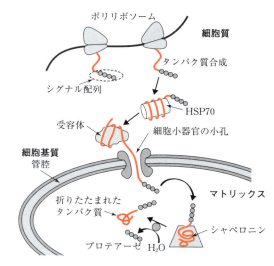

図 18.10　細胞小器官へのタンパク質のターゲッティング

合成され，ゴルジ体において修飾を受け配送される．粗面小胞体内のタンパク質は小胞内へ充塡され，粗面小胞体から発芽してゴルジ体へ移動する．この過程でタンパク質の糖鎖修飾が完了する．粗面小胞体からの小胞は，ゴルジ体のシス側（粗面小胞体に近い側）に到達し，ゴルジ体の膜に融合する．タンパク質は小胞をつくりながらゴルジ体の中間層を移動し，最終的にゴルジ体のトランス側（粗面小胞体に遠い側）から小胞が発芽し，リソソーム，ペルオキシソーム，グリオキシソームとなって形質膜に移動していく．小胞の膜には輸送に必要な特異的カーゴタンパク質が存在し，移動先の膜には小胞の膜と融合するタンパク質が存在する．このようなタンパク質のセットは，SNARE（小胞の膜：v-SNARE，標的のタンパク質：t-SNARE）とよばれる．

■ 18.5 タンパク質分解

タンパク質の分解は細胞の機能調節に必要なシステムである．酵素，細胞周期の調節タンパク質，傷害を受けたタンパク質，発生段階の細胞・組織などは，必要な時期に分解される必要がある．真核生物には代表的な二つのタンパク質分解機構があり，リソソームとサイトゾルに存在する．

ゴルジ体から発芽してきたリソソームは一次リ

■ アポトーシス ■

多細胞生物を構成している細胞は，自ら死ぬことができる．この自殺のような細胞死をアポトーシスという．アポトーシスは，核を中心に起こる一連の形態変化が特徴であり，生化学的にはゲノムDNAのヌクレオソーム単位での断片化を特徴とする．アポトーシスの要因は，ホルモン，サイトカインの情報や成長因子の除去などの生物学的要因，放射線や熱といった物理的要因，薬物などの化学的要因がある．

アポトーシスの実行過程では，カスパーゼによる特定のタンパク質の限定分解カスケードとDNAの断片化を中心とする共通のプロセスがある．アポトーシスは，個体の一生の中で受精から成熟，老化にかかわる基本的な生命現象に深く関与している．すなわち，アポトーシスの生物学的な意義は，発生過程や成熟個体での不要な細胞の除去，突然変異や傷害を受けた異常な細胞の排除にある．したがって，細胞におけるアポトーシスの異常は，奇形，がん，免疫不全などの様々な疾患の原因になる．

ソソームとよばれ，プロテアーゼ，ヌクレアーゼ，リパーゼ，糖鎖切断酵素など50以上の分解酵素が含まれている．一次リソソームは細胞表面まで移動して，内容物を細胞の外側に放出する．また，粗面小胞体がほかの細胞小器官を飲み込んだ自食胞（autophagosome），一次リソソームと自食胞が融合した自食リソソーム（autophagolysosome），細菌など巨大な異物を取り込んだ貪食胞（phagosome）と，それに一次リソソームが融合したファゴリソソーム（phagolysosome）も存在する．自食胞に取り込まれていたタンパク質は，アミノ酸やペプチドに分解される（図18.11）．

サイトゾルに存在するタンパク質が消化の対象となるのは，傷害を受けたタンパク質，間違って合成されたタンパク質，細胞周期のある段階で不要になったタンパク質などである．サイトゾルでのタンパク質分解にはユビキチンが作用する．ユビキチンは76個のアミノ酸からなるポリペプチドで，分解される標的タンパク質のリシン残基のε位のアミノ基に結合する．ユビキチン化されたタンパク質の大部分はプロテアソームとよばれる巨大な酵素複合体で分解される（図18.12）．

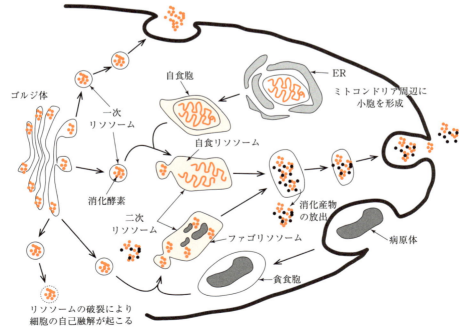

図18.11 一次リソソームと二次リソソームの形式と細胞内消化メカニズム

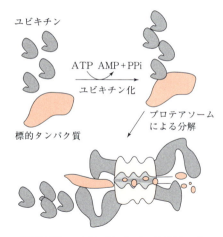

図 18.12 ユビキチンとプロテアソーム

■ 18.6　誘導と抑制による転写調節

細胞で構成的に発現するハウスキーピング遺伝子などは強いプロモーターをもち，効率的かつ持続的に転写される．遺伝子発現が低レベルでよい場合には弱いプロモーターをもち，転写の頻度は低い．上記のほかに，ある条件下で遺伝子発現が調節される場合も存在する．負に調節される遺伝子の転写はリプレッサーにより抑制され，リプレッサーが存在しない条件下でのみ転写される．一方，正に調節される遺伝子の転写はアクチベーターにより活性化され，アクチベーターの存在しない条件下では少量しか，あるいは全く転写されない．転写の調節に関する4種類の方法を図18.13に示した．

アクチベーターとリプレッサーの多くはアロステリックタンパク質であり，リガンドの結合によりその立体構造が変化することでDNA配列に対する結合能力が変わる．リガンドが結合したアクチベーターが転写を促進する場合，リガンドが結合することでアクチベーターがDNAから解離し転写が阻害される場合，リガンドがリプレッサーに結合してリプレッサーを不活性化し転写が誘導される場合，リガンドが結合することでリプレッサーが転写を抑制する場合が確認されている．

転写調節機構の一例として lac オペロンを概説する（図18.14）．ある細菌は，解糖系を経由してペントース（五炭糖）またはヘキソース（六炭糖）を代謝し，生育に必要な炭素を摂取する．大腸菌

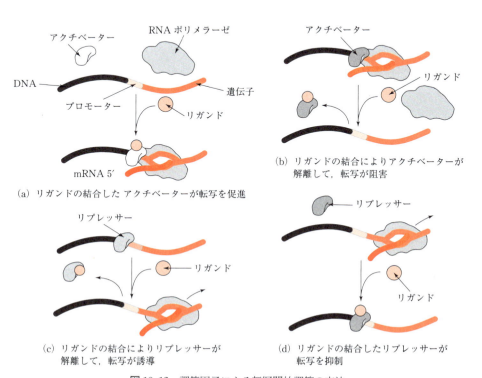

図 18.13　調節因子による転写開始調節の方法

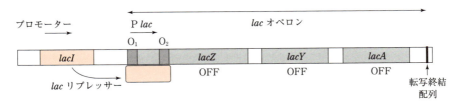

(a) lacIは常に発現しており,一定速度でlacリプレッサーを合成している.オペレーター（O_1, O_2）は遺伝子発現制御に関係しており,lacIで合成されたリプレッサーがオペレーター領域に結合することでlacオペロンの発現が抑制される.

(b) ラクトースが存在すると細胞内に取り込まれ,リプレッサーに結合する.ラクトースがリプレッサーに結合すると,リプレッサーの形が変わって不活性型になりlacIによる抑制が解除される.これによりlacオペロンの発現が開始される.

図18.14 lacオペロンの制御様式

は炭素源としてグルコースを優先的に利用するが,ラクトースなどのβ-ガラクトシドも利用することができる.β-ガラクトシドの摂取と異化には3種類のタンパク質が必要であり,3種類の遺伝子,lacZ, lacY, lacAがオペロン（単一のプロモーターで制御を受ける遺伝子群の転写）を形成している.このようなオペロンは,真核生物ではきわめて稀であると考えられている.

lacオペロンの遺伝子発現は,lacIにコードされているlacリプレッサーによって制御されている.lacリプレッサーはlacオペロンのプロモーター近傍の二つのオペレーター（リプレッサーの結合部位）に同時に結合し,RNAポリメラーゼのlacプロモーターへの結合が抑えられて転写が抑制される.ラクトースが存在しないときは,lacリプレッサーがlacオペロンの発現を抑制するので,ラクトースの分解が抑えられる.しかしおもな炭素源としてβ-ガラクトシドがあれば,lac遺伝子は転写される.ラクトースが炭素源として利用できる場合,その代謝産物であるアロラクトースが誘導物質となる.アロラクトースはlacリプレッサーに固く結合し,構造変化を誘起してオペレーターに対するリプレッサーの親和性を低下させる.すると,誘導物質の存在によりlacオペロンの発現が誘導され,ラクトースの分解が亢進する.

［西川義文］

自習問題

【18.1】 原核生物と真核生物の転写機構の違いについて説明しなさい.

【18.2】 大腸菌のlacオペロンの転写速度を比較するため,以下の培養条件の実験群を設定した.(a) ラクトース単独での培養,(b) グルコース単独での培養,(c) ラクトースとグルコースでの培養.これら実験群のlacオペロンの転写速度について考察しなさい.

【18.3】 真核生物のmRNAは,原核生物の細胞内で正確に翻訳されるのかについて考察しなさい.

【18.4】 リボソーム上で起こるポリペプチド鎖伸長反応の開始から終結までを説明しなさい.

【18.5】 真核生物の膜貫通型糖タンパク質の合成とプロセシングについて説明しなさい.

19 エピジェネティクス

ポイント

(1) DNA のメチル化,およびヒストンタンパク質の翻訳後修飾により遺伝子発現が制御される現象を研究する学問分野を,エピジェネティクスとよぶ.

(2) 細胞がもつエピジェネティック修飾全体の情報がエピゲノムである.

(3) コアヒストンとよばれる H2A,H2B,H3,H4 各 2 分子ずつからなるヒストン八量体に,146 ないし 147 塩基長の DNA が約 1.7 回左巻きに巻きついてヌクレオソームコアを形成する.

(4) ヌクレオソームコアをリンカー DNA がつなぎ,約 200 塩基長ごとにヌクレオソームが形成される.リンカー DNA にヒストン H1 が結合し,クロマチン構造を凝縮させる.ヌクレオソームコア,リンカー DNA,ヒストン H1 をまとめてクロマトソームとよぶ.

(5) ヒストン尾部とよばれる,ヌクレオソームコアの外に伸びた各コアヒストンの N 末端部分に,各種のエピジェネティック修飾が施される.これらの修飾の組み合わせはヒストンコードとよばれる.

(6) H4 以外のヒストンには,主要なもの以外に複数のバリアントが存在する.

(7) DNA メチル基転移酵素(DNMT)が CpG 配列中のシトシン塩基をメチル化する.メチル化シトシンは,さらに TET とよばれる酵素により酸化されて,ヒドロキシメチル化シトシン,ホルミル化シトシン,カルボキシ化シトシンになりうる.

(8) ゲノム上には CpG 配列が多く分布する CpG アイランドが存在する.

(9) DNA の脱メチル化様式には,複製に依存する受動的脱メチル化と,複製に依存しない能動的脱メチル化がある.

(10) シトシンのメチル化による転写制御には,メチル化シトシン結合タンパク質がかかわる.

(11) ヒストンのアセチル化はおもに転写促進効果をもつが,メチル化はどのリシンやアルギニンが修飾されるかによって,転写活性への影響が異なる.

(12) ヒストンアセチル化酵素(HAT)活性をもつタンパク質がヒストンをアセチル化し,ヒストン脱アセチル化酵素(HDAC)ファミリータンパク質が脱アセチル化を担う.

(13) ヒストンメチル化酵素のほとんどが SET ドメインをもつ.

(14) アルギニン脱メチル化酵素 PADI はアルギニンをシトルリンに変換する.

(15) ヒストンコードを読み取るタンパク質は,chromodomain や bromodomain など,特定のヒストン修飾を認識するドメインをもつ.

(16) 体細胞のリプログラミングとは,エピゲノムが ES 細胞型に書き換えられる現象である.

19.1 エピジェネティック制御

真核生物のゲノム DNA は，むき出しのまま折りたたまれて核に格納されているのではなく，重量にして DNA とほぼ同じ量だけ細胞に含まれるヒストンタンパク質に巻きついた，クロマチンとよばれる複合体として存在する．この複合体の最小単位が，約 200 塩基対の DNA と，4 種類のヒストンタンパク質からなるヌクレオソームである．細胞は，ヌクレオソームの構成因子に共有結合修飾を施すことでクロマチン構造を弛緩，あるいは凝縮させ，転写因子と DNA の相互作用を調整することで遺伝子発現を制御している．

こうした制御の仕組みはエピジェネティック（epigenetic）制御とよばれ，制御にかかわる各種の共有結合修飾はエピジェネティック修飾（epigenetic modification）ともよばれる．エピジェネティック修飾の主体は，DNA のメチル化とヒストンタンパク質の翻訳後修飾であり，これらについては以下で詳しく述べる．細胞が有するエピジェネティック修飾情報の総体をエピゲノム（epigenome）といい，今日では，エピゲノムにかかわる研究全般（エピジェネティック修飾の分子機構からエピゲノムで規定される表現型の解析までを含めて）を称してエピジェネティクス（epigenetics）の語が用いられている．

19.2 ヌクレオソーム

真核細胞のクロマチンを穏やかな条件下で切断し，電気泳動すると，約 200 塩基対とその倍数（約 400，600，800 など）の長さをもつ DNA 断片が得られる．これは，約 200 塩基長の DNA が一つのヌクレオソームを構成することを反映している（図 19.1）．ヒストンと相互作用していない部分の DNA をさらに切断すると，ヒストンタンパク質複合体に 146 ないし 147 塩基長の DNA が約 1.7 回左巻きに巻きついた，ヌクレオソームコア粒子が得られる（図 19.2）．また前述のように，ヌ

■ エピジェネティクスとは？ ■

「エピジェネティクス（epigenetics）」の定義は，遺伝学や分子生物学などの進展とともに変遷しており，現在でも厳密に定義されているとはいいがたい．そもそも epigenetics は，1940 年代に発生生物学者ウォディントンによって，細胞分化に関する概念を提唱するためにはじめて用いられた用語である．著書の中で彼は epigenetics を，

"the branch of biology which studies the causal interactions between genes and their products which bring the phenotype into being."
と定義した．これは，細胞の分化形質が環境要因との相互作用により決定されるという，後成説（epigenesis）の意味合いも含有する言葉であった．

のちに epigenetics はより狭義に用いられるようになり，たとえば Wu & Morris（2001）は

"the study of changes in gene function that are mitotically and/or meiotically heritable and that do not entail a change in DNA sequence"
と再定義している[1]（[2,3]も参照）．2008 年にコールドスプリングハーバー研究所で開催されたミーティングでは，

"An epigenetic trait is a stably heritable phenotype resulting from changes in a chromosome without alterations in the DNA sequence."
の定義が採択された[4]．

日本国内の専門家が参加する日本エピジェネティクス研究会のホームページには，「ゲノム DNA とヒストンなどの蛋白質から構成されるクロマチンの化学的，構造的な修飾による情報発現制御」をエピジェネティクスとよぶ，とある．

文 献
[1] Wu, C.-t. & Morris, J. R., 2001（doi：10.1126/science.293.5532.1103）
[2] Jablonka, E. & Lamb, M. J., 2002（doi：10.1111/j.1749-6632.2002.tb04913.x）
[3] Dupont, C. *et al*., 2009（doi：10.1055/s-0029-1237423）
[4] Berger, S. L. *et al*., 2009（doi：10.1101/gad.1787609）

19.2 ヌクレオソーム

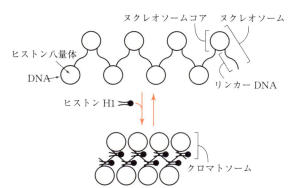

図 19.1　真核細胞クロマチンの模式図
クロマチンの最小単位ヌクレオソームは、ヌクレオソームコアとリンカー DNA からなる。DNA は 4 種類のヒストンによって構成されるヒストン八量体に巻きついている。リンカーヒストン（ヒストン H1）がリンカー DNA に結合すると、一般にクロマチンは凝縮する。ヌクレオソームコアとヒストン H1、およびヒストン H1 が結合したリンカー DNA 部分を含めて、クロマトソームとよぶ。

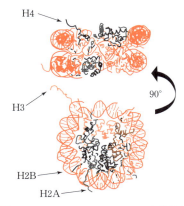

図 19.2　ヌクレオソームコアの立体構造
DNA（濃い色の部分）が、ヒストン H2A, H2B, H3, H4 のそれぞれが 2 分子ずつ含まれるヒストン八量体に巻きついている。矢印は、各ヒストン分子のアミノ末端（ヒストン尾部）を示す。
［RCSC PDB (http://www.pdb.org/pdb/explore/jmol.do?structureId=1AOI&bionumber=1) より改変して引用］

クレオソームコア粒子間をつなぐ DNA 部分はリンカー DNA とよばれ、約 20〜80 塩基の長さを示す。

ヌクレオソームコアの「芯」は、ヒストン H2A、ヒストン H2B、ヒストン H3、ヒストン H4 がそれぞれ 2 分子ずつ含まれるヒストン八量体（ヒストンオクタマー；histone octamer）であり、これらのヒストンはコアヒストン（core histone）とよばれる。ヒストンにはさらに、ヌクレオソームコアに含まれないヒストン H1 もある。このヒストン H1（鳥類ではヒストン H5）は、リンカー DNA 部分に結合することからリンカーヒストン（linker histone）ともよばれ、一般にクロマチン構造を凝縮させる。一つのヌクレオソームコアと 1 分子のヒストン H1、およびヒストン H1 が結合しているおよそ 20 塩基長のリンカー DNA 部分をまとめて、クロマトソーム（chromatosome）とよぶ。

ヒストンは塩基性アミノ酸であるリシンとアルギニンを豊富に（全アミノ酸の約 20％）含むタンパク質で、塩基性アミノ酸側鎖の正電荷が DNA の負電荷と相互作用して安定したヌクレオソーム構造を形成する。それぞれのヒストンは種間で非常によく保存された配列をもつ。コアヒストンはいずれも三つの α ヘリックスをループがつないだ「ヒストン型折りたたみ（histone folding）」ドメインを有し、このドメイン部分でヒストン H2A と H2B、および H3 と H4 が会合してそれぞれ二量体を形成する。H3-H4 二量体は 2 分子がさらに会合して H3-H4 四量体を形成し、DNA に結合する。この DNA-H3-H4 複合体にさらに H2A-H2B 二量体 2 分子が加わり、ヌクレオソームコアが形成される（図 19.3）。

ヌクレオソームは試験管内でも再構築することができるが、細胞内ではヒストンシャペロン（histone chaperone）タンパク質の媒介によって構成要素が集合する。いったん構築されたヌクレオソームもそのまま静止しているのではなく、250 ミリ秒に 1 回ほどの割合で巻きついた DNA がほどけ、10〜50 ミリ秒後にまた巻きつくということを繰り返している。これにより、ヌクレオソームを形成する部分の DNA でも、コアヒストン以外のタンパク質との相互作用が可能になっていると考えられている。

各コアヒストン分子のアミノ末端は直鎖状のポリペプチドで決まった構造をとらず、ヌクレオソームコアから外へ向けて伸びている（図 19.2, 19.3）。この部分はヒストン尾部（histone tail）とよばれ、主としてここにエピジェネティック修飾が施される。エピジェネティック修飾の結果、

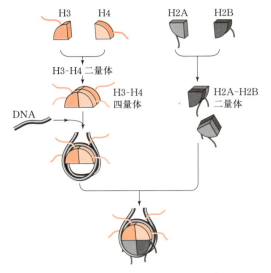

図 19.3　ヌクレオソームコアの形成
ヒストン H2A と H2B が会合し H2A-H2B 二量体を形成する．ヒストン H3 と H4 は二量体を形成後，さらに四量体を形成して DNA に結合する．これに 2 分子の H2A-H2B 二量体が加わりヌクレオソームコアが形成される．各ヒストンの N 末端（ヒストン尾部）は直鎖状のポリペプチドで，ヌクレオソームコアの外へと伸びる．

クロマチンのコンフォメーションが変わったり，エピジェネティック修飾の読み取り装置であるタンパク質複合体が誘引されたりするなどして，遺伝子の転写活性やクロマチン動態が影響される．こうしたヒストンのエピジェネティック修飾の組み合わせは，ヒストンコードと称される．

ヌクレオソームを構成する DNA とヒストンに，各種の共有結合修飾が施される．DNA の修飾は，シトシン塩基のメチル化が主である．ヒストンの修飾は種類も多く複雑で，表 19.1 にあげる修飾がこれまでに見つかっている．これらの修飾がクロマチン構造を弛緩，あるいは凝縮させたり，クロマチンに相互作用するタンパク質複合体の標的となったりすることで，近傍の遺伝子転写活性に影響を及ぼす．

19.3　ヒストンバリアント

H4 を除く各ヒストンには，主要なヒストン (canonical histone) 以外に，ヒストンバリアント (histone variant) とよばれる変種が存在する（表 19.2）．たとえばヒストン H3 のバリアントである CENP-A は，クロマチンのセントロメアに特異的に分布し，通常より短い 121 塩基長の DNA が CENP-A を含むヒストン八量体に巻きついている．また，H3.1 がヒストンシャペロン CAF-1 により DNA 複製時にのみヌクレオソームに組み込まれるのに対し，H3.3 はヒストンシャペロン HIRA によって S 期以外のクロマチンにも取り込まれ，転写が行われている遺伝子領域に多く分布するようになる．

表 19.1　ヒストンの翻訳後修飾

修飾されるアミノ酸	修飾の種類
リシン	メチル化，ユビキチン化，SUMO 化，クロトニル化，ブチリル化，プロピオニル化，ホルミル化
アルギニン	メチル化，シトルリン化，ADP リボシル化
セリン/スレオニン	リン酸化，グリコシル化
グルタミン酸	ADP リボシル化

■ ヒストンコード（histone code）仮説 ■

ヒストン尾部に施される種々の翻訳後修飾の組み合わせが，暗号（コード）として遺伝子発現などのクロマチンの機能を規定しているとする仮説を，2000 年にストラールとアリスが提唱した (Strahl, B. D. & Allis, C. D., 2000, doi: 10.1038/47412)．発表当時はヒストンのリン酸化とアセチル化に関する研究が主で，CARM1 が H3 のアルギニンメチル化酵素であることがその前年に報告されているような状況であった．彼らの予言どおり，多くの翻訳後修飾とクロマチン機能との関連が明らかとなり，今日ではヒストンコードはもはや仮説の域を超えている．

表19.2 ヒトのヒストンバリアント

	主要なヒストン/ バリアント名（別名）	細胞周期 との関係	発現・分布様式，関連づけされている機能など
コアヒストン	H2A	複製依存	主要コアヒストン
	H2A.X	複製非依存	DNA修復
	H2A.Z	複製非依存	転写活性化，転写抑制，DNA修復
	MacroH2A	複製非依存？	転写抑制，不活性化X染色体に局在
	H2A.Bbd(H2A.B)	複製非依存	転写活性化
	TH2A	?	卵子特異的
	H2B	複製依存	主要コアヒストン
	TSH2B	複製非依存？	精巣特異的発現，ヒストン-プロタミン置換
	H2BFWT	複製非依存？	霊長類精巣特異的，精子細胞のテロメアに局在
	H2BE	複製非依存	嗅神経細胞特異的
	TH2B	?	卵子特異的
	H3.1	複製依存	主要コアヒストン
	H3.2	複製依存	主要コアヒストン
	H3.3	複製非依存	転写活性化，転写抑制，雄性前核形成，ヘテロクロマチン化
	H3.4(H3t, H3.1t)	複製非依存	哺乳動物特有，精巣特異的
	H3.5(H3.3C)	複製非依存？	霊長類特有，精巣特異的，転写促進
	H3.Y.1(H3.Y)	複製非依存？	霊長類特有，ストレス反応に応答
	H3.Y.2(H3.X)	複製非依存？	霊長類特有
	CENP-A	複製非依存	セントロメア形成
リンカーヒストン	H1.1(H1a)	複製依存	体細胞で発現
	H1.2(H1c)	複製依存	体細胞で発現
	H1.3(H1d)	複製依存	体細胞で発現
	H1.4(H1e)	複製依存	体細胞で発現
	H1.5(H1b)	複製依存	体細胞で発現
	H1.6(H1t)	?	精母細胞特異的
	H1.7(H1T2)	?	精子細胞特異的
	H1.8(H1oo, H1foo)	?	卵子，初期胚特異的
	H1.9(HILS1, Hlis1)	?	精子細胞特異的発現
	H1.10(H1x, H1X, H1.X)	複製非依存	体細胞で発現
	H1.0(H1o)	?	最終分化した一部の体細胞で発現

［Maze, I. et al., 2014 (doi: 10.1038/nrg3673)，および Talbert, P. B. et al., 2012 (doi: 10.1186/1756-8935-5-7) より改変して引用］

このように，ヒストンバリアントは染色体上に不均一に分布し，ある特定のエピジェネティック修飾が多くみられるなど，主要なヒストンと異なる機能を発揮するものも知られている．したがって，ヒストンバリアントの使い分けもエピゲノムの一部と考えることができる．ただし，ヒストンバリアントの生理的機能は染色体上の分布から推定されている部分も多く，実験によって，あるいは注目する遺伝子座によって相反する結果が得られる場合も多い．たとえば，ヒストンH2Aのバリアントである MacroH2A は哺乳動物細胞の不活性化X染色体に多く，活性化X染色体に少ない．この分布から，XX（メス）細胞におけるX染色体の不活性化に関連する機能が想定されているが，MacroH2A を欠損させた細胞でも不活性化X染色体に大きな変化はない．

また，H3.3 はその分布から転写活性の維持機能が想定されているが，マウス胚性幹（ES）細胞で H3.3 を欠損させても遺伝子発現に大きな変化はみられない．さらに，マウス ES 細胞では H3.3 がテロメアにおける反復配列の発現抑制に必要であるとの報告もある．おそらく，各バリアントとその修飾を認識して相互作用するタンパク質複合体が，細胞の種類や状態，あるいは染色体上の位置などによっても異なり，これが異なる生理的機能につながっているものと考えられる．ゲノム

上のヒストンバリアントおよびそれらのエピジェネティック修飾の分布を詳細にかつ多重に解析できるようになり，今後，こうした状況依存的（context-dependent）なヒストンバリアントの機能が明らかにされることが期待される．

19.4 DNAのメチル化

哺乳動物のDNAに施されるエピジェネティック修飾は，シトシンの次にグアニンが続く2塩基配列（CpG配列，あるいはCG配列と表記される）中のシトシン塩基の5位の炭素に施されるメチル化が主である（図19.4）．

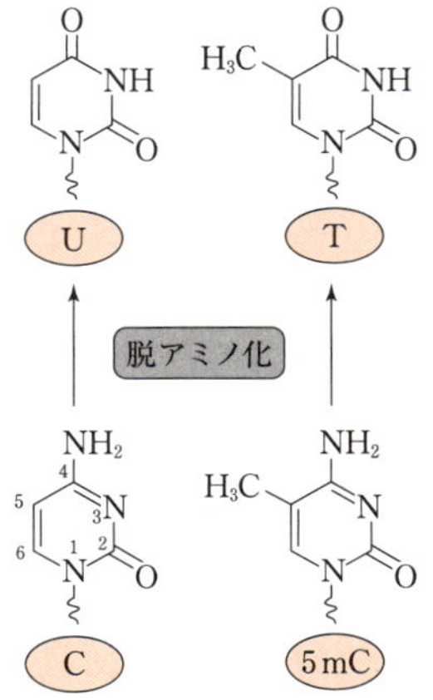

図19.4 脱アミノ化による塩基置換
脱アミノ化によりシトシン（C）はウラシル（U）に，メチル化シトシン（5mC）はチミン（T）に置換される．もともとDNAの構成塩基であるTは修復機構による認識を逃れ，C→T変異としてゲノム上に蓄積しやすい．

19.4.1 CpGアイランド

シトシンとグアニンは，哺乳動物のゲノムDNAに含まれる塩基のそれぞれ約20％ずつを占める．これがランダムに並べば，CpG配列の出現頻度はおよそ4％（0.2×0.2）と期待されるが，実際は約1％の頻度でしか現れない．また，CpG配列はゲノム全体にまんべんなく均一に分散しているのではなく，ところどころ集合して，ゲノム上に「島」のようなかたまりを形成している．このようなCpG配列が集合した領域はとくにCpGアイランドとよばれ，ヒト全遺伝子座の約70％が転写開始点近傍にCpGアイランドをもつ．また，ゲノム上のCpG配列の約70〜80％はメチル化されているが，CpGアイランドは多くの場合メチル化されていない．これらのことから，CpGアイランドは遺伝子発現制御にかかわるゲノム上の特徴的な配列の一つであるとされている．

CpGアイランドの形成には，シトシンのメチル化が関与していると考えられている．細胞内ではある一定の頻度で塩基の脱アミノ反応が起こり，それによって生じた1塩基ミスマッチのDNA損傷は，塩基除去修復機構（BER）で修復される．ところが，メチル化シトシンの脱アミノ反応産物はチミンであり，もともとDNAを構成する塩基の一つであるためBERにより検知・修復されにくく，チミンのまま残ることがありうる．シトシンからチミンへの（C→T）変異が生殖細胞系列で起これば次代へと伝わり，C→T変異（あるいは，相補配列のG→A変異）が進化の過程で徐々に蓄積することになる．これが，シトシンとグアニンがゲノムDNAの50％を占めずに合わせて40％にすぎないことや，CpG配列が理論上期待値の4分の1程度の頻度でしか現れないこと，メチル化されにくいCpG配列が残ってCpGアイランドが形成されたことの理由と考えられている．

19.4.2 DNAのメチル化と脱メチル化

シトシンのメチル化反応は，メチオニンの代謝産物であるS-アデノシルメチオニン（SAM）をメチル基供与体として用い，次項で述べるDNAメチル基転移酵素（DNA methyltransferase；DNMT）が触媒する（図19.5）．DNAメチル化の様式は，DNA複製時に親鎖のメチル化パターンを新生鎖にコピーする「維持メチル化（maintenance methylation）」と，メチル化されていなかったDNAに新しくメチル基を付加する「新規メチル化（*de novo* methylation）」とに分類される．一方，メチル化シトシン（5mC）からのメチル基の除去（脱メチル化）の様式は，何らかの酵素が関与してメチル化シトシンをシトシンに変換す

■ CpG アイランド ■

Gardiner-Garden & Frommer (1987)[*1] による最初の CpG アイランドの定義は，
「G/C 含量が 50％ 以上，かつ CpG 配列の出現頻度が期待値の 60％ 以上である配列が 200 塩基長以上続く領域」
であった．しかしこの定義では Alu 様反復配列が多く CpG アイランドとして判定され，転写制御に関与すると思われるゲノム領域を絞り込むには不都合であったため，のちに Takai & Jones (2002)[*2] により
「G/C 含量が 55％ 以上，かつ CpG 配列の出現頻度が期待値の 65％ 以上である配列が 500 塩基長以上続く領域」
との再定義が提案された．その後も CpG 配列の分布からゲノム上の機能ドメインを探索しようとする試みは行われ，CpGProD，CpGIS，CpGcluster，CpGIF，CpG_MI などのアルゴリズムが開発されている．

文 献
- [*1] Gardiner-Garden, M. & Frommer, M., 1987 (doi: 10.1016/0022-2836(87)90689-9)
- [*2] Takai, D. & Jones, P. A., 2002 (doi: 10.1073/pnas.052410099)

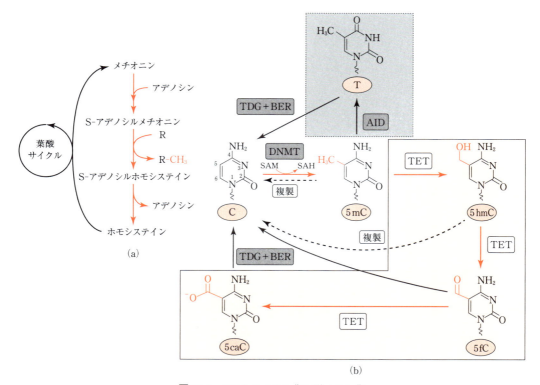

図19.5 DNA のメチル化と脱メチル化
(a) メチオニンからホモシステインへの代謝中間産物である S-アデノシルメチオニン（SAM）がメチル基供与体となり，DNA やタンパク質のメチル化が行われる．(b) DNA のメチル化は DNA メチル基転移酵素（DNMT）が触媒する．生じたメチル化シトシン（5mC）は，AID による脱アミノ反応か，TET による酸化反応を経てシトシンに置換される．5hmC：ヒドロキシメチル化シトシン，5fC：ホルミル化シトシン，5caC：カルボキシ化シトシン，TDG：チミン DNA グリコシラーゼ，BER：塩基除去修復機構．

る「能動的脱メチル化 (active demethylation)」と，維持メチル化を停止して DNA 複製のたびに徐々にメチル化が薄まる「受動的脱メチル化 (passive demethylation)」に分類される（図 19.6）．

5mC からメチル基のみを取り除く脱メチル化酵素はこれまで発見されておらず，能動的脱メチル化には現在，以下の二つの異なる経路の存在が想定されている．第一に，AID (activation-

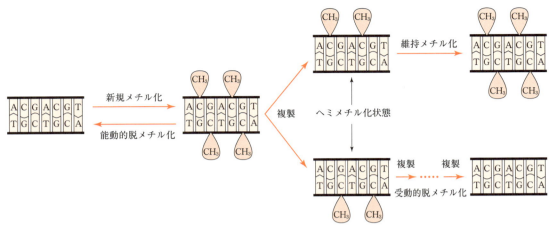

図19.6　DNAメチル化と脱メチル化の様式の区別
メチル化されていないDNAにメチル基を新たに付加する反応を新規メチル化，複製直後に親鎖だけにメチル基が残っている状態（ヘミメチル化状態）のDNAに親鎖のメチル化パターンをコピーする反応を維持メチル化とよぶ．ヘミメチル化状態でメチル化パターンをコピーせずに複製を繰り返すと，DNAメチル化はいずれ希釈されて事実上消失する．これを受動的脱メチル化とよび，複製を介さずにメチル化を消失させる反応を能動的脱メチル化とよぶ．

induced cytidine deaminase）による脱アミノ反応を介する経路で，生じたチミンはTDG（チミンDNAグリコシラーゼ；thymine DNA glycosylase）による塩基除去に続くBERでシトシンに置換される（図19.5参照）．第二は比較的近年発見された，TET（ten eleven translocation）による酸化反応を介する経路である．TETは5mCのヒドロキシメチル化シトシン（5hmC）への置換と，さらに2段階の酸化反応を触媒し，ホルミル化シトシン（5fC）とカルボキシ化シトシン（5caC）を生じる．5fCと5caCはTDGの基質となることが示されており，BERによりシトシンに置換されると考えられている（図19.5参照）．一方，5hmCがTDGによってシトシンに置換されるのか，複製により受動的に脱メチル化されるのかはいまだよくわかっていない．

19.4.3　DNAメチル基転移酵素（DNMT）

哺乳動物は，3種類のDNMT（DNMT1，DNMT3A，DNMT3B）をもつ．これらに加え，相同的なアミノ酸配列をもつDNMT2とDNMT3Lが同定されており，これらのタンパク質をDNMTファミリーとよぶ（図19.7）．
DNMT1は，基質として非メチル化DNA断片よりもヘミメチル化DNA断片を好み，ヘミメチ

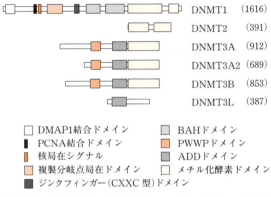

図19.7　ヒトDNAメチル基転移酵素（DNMT）ファミリータンパク質
哺乳動物ゲノムには，5種類のDNMT遺伝子が存在する．各遺伝子にコードされるタンパク質のドメイン構造を示す．ただし，DNAに対するメチル化活性を有するものは，DNMT1, DNMT3AとDNMT3Bの3種類のみである．（　）内の数字はアミノ酸の数．

ル化DNAに対して非メチル化DNAの約40倍の活性を示す．そのN末端側には核局在シグナルとPCNA結合ドメインが存在し，核の中でもとくに複製分岐点に局在する．これらの特徴から，DNMT1は維持メチル化を担う維持型メチル化酵素と分類されている．ただし，細胞内ではさらにヘミメチル化DNAを特異的に認識して結合しDNMT1をリクルートするUHRF1（Np95）タンパク質が不可欠である．また，DNMT1はメ

チル化シトシン結合タンパク質の一つMeCP2との結合も示されており，これもヘミメチル化DNAへのリクルートに寄与しているかもしれない．

一方，DNMT3AとDNMT3Bは非メチル化DNAを新たにメチル化する活性を有し，新規型メチル化酵素に分類される．ただし，どちらもヘミメチル化DNAに対する活性も有しており，実際にどちらか一方，あるいは両方を欠損させたマウスES細胞を長期間継代培養すると，徐々にDNAメチル化が失われていく．したがって，維持型メチル化酵素と新規型メチル化酵素という分類自体，あまり適切ではない．DNMT3AもDNMT3Bもエクソンの使い分けによるアイソフォームが存在するが，とくにDNMT3Aのアイソフォームである DNMT3A2 はES細胞や初期胚で高い発現を示す．

DNMT3LはSAM依存的メチル化酵素ドメインを欠き，自身はDNAメチル化活性をもたない．しかし，DNMT3AやDNMT3Bと複合体を形成すること，DNMT3Lの結合がDNMT3A2のDNAメチル化活性に必要であることが示されている．実際，DNMT3LとDNMT3Aそれぞれのノックアウトマウスは，非常によく似た表現型を示す．一方，DNMT2はSAM依存的メチル化酵素ドメインをもつものの，DNAに対するメチル化活性は示さない．近年，DNMT2がいくつかのtRNA（tRNA^{Asp}，tRNA^{Val}，tRNA^{Gly}）のアンチコドン部分にあるシトシンをメチル化し，そのメチル化が熱ストレス，または酸化ストレス下におけるtRNAの分解を抑制することが，ショウジョウバエを用いて示されている．

19.4.4 DNAメチル化修飾の読み取り

一般的に，DNAメチル化は遺伝子発現に抑制的にはたらく．これには，DNAと転写因子の相互作用がDNAメチル化により物理的に阻害される場合と，メチル化DNA領域にコリプレッサーとよばれるタンパク質複合体が誘導され，クロマチン構造が凝縮することで転写が抑制される場合とがある．前者の例は，AP-2，c-Myc，NF-kB，

表 19.3 5mC結合タンパク質

5mC結合ドメイン	5mC結合タンパク質
MBD	MeCP2，MBD1，MBD2，MBD4
BTB/POZ	ZBTB4，Kaiso (ZBTB33)，ZBTB38
SRA	UHRF1 (Np95)，UHRF2

E2F1，CREBなどの転写因子で，認識配列のメチル化によりDNAへの結合が阻害される．一方後者の転写抑制機構には，表19.3にあげたような，5mCを認識して特異的に結合するタンパク質が関与する．

5mC結合タンパク質としてはじめて同定されたタンパク質がMeCP2である．MeCPの5mC結合ドメイン（methyl-CpG-binding domain；MBD）に対する相同性をもとに，さらに6種類のMBDタンパク質が同定されているが，実際に5mC結合能を有するのは，MBD1，MBD2，MBD4の3種類であり，MBD3，MBD5，MBD6は少なくとも in vitro では結合能を示さない．MBD2とMBD3はコリプレッサーのNuRD複合体を構成する因子の一つである．MBD2はまた，コリプレッサーのSIN3とも相互作用する．近年，MBD3が5hmCに対する結合能を有することが示され，5hmCを介した転写制御にかかわっている可能性が示唆されている．

KaisoはBTB/POZ (broad complex, tramtrak, bric á brac/pox virus and zinc finger)とよばれるジンクフィンガードメインをもつ5mC結合タンパク質で，コリプレッサーのNCoRと相互作用することでDNAメチル化領域にクロマチンの凝縮を誘導して転写を抑制する．しかし近年，ChIP-seq（後述）による全ゲノム解析で，転写が活性化している非DNAメチル化領域にもKaisoが存在することが明らかにされている．こうした非DNAメチル化領域における転写制御への関与は，今のところ全く解明されていない．SRA (SET and RING finger associated)ドメインをもつ5mC結合タンパク質であるUHRF1 (Np95)は，前述のようにDNMT1をヘミメチル化DNAに誘導し，DNA複製後のメチル化パターンの維

持にはたらく．

19.4.5 バイサルファイト反応による DNA メチル化解析

DNA を亜硫酸水素塩（バイサルファイト）で処理すると，シトシン塩基の脱アミノ化が起こり，ウラシル塩基に置換される（図 19.4 参照）．5mC ではこの反応が非常に遅く進行するため，適切な条件で反応させると非メチル化シトシンのみをウラシルに置換することができる．これを利用するとゲノム DNA のメチル化状態を 1 塩基単位で詳細に解析することができるため，DNA メチル化研究の標準的手法となっている．

従来のバイサルファイトシークエンシング法（BS，図 19.8）では，バイサルファイト処理後の DNA を鋳型に解析対象のゲノム領域に対応するプライマーを用いた PCR を行い，PCR 産物の配列をもとの配列と比較することでメチル化状態の判定を行っていた．次世代型シークエンサーによる DNA の大規模配列解析が可能になった今日では，PCR で解析対象を絞らずに，全ゲノム DNA のメチル化状態を解析することが可能である（図 19.8）．これを全ゲノムバイサルファイトシークエンシング法（WGBS）というが，その適用は全ゲノム配列が決定された生物種に限られる．

19.4.6 細胞の DNA メチル化プロフィール

哺乳動物ゲノム上の CpG 配列は一部がメチル化され，一部が非メチル化状態にある．メチル化/非メチル化のパターンは，細胞の種類や状態に特異

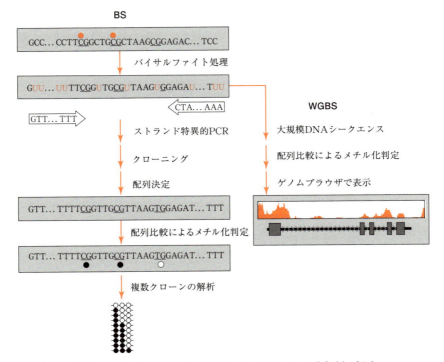

図 19.8　バイサルファイト反応による DNA メチル化解析の概略
バイサルファイト処理により，DNA の非メチル化シトシン（C）はウラシル（U）に置換され，ストランド特異的 PCR を経て U はチミン（T）に置換される．PCR 産物の配列を決定し（BS），もとの配列と比較すると，T に置換されたものは非メチル化，C のまま残っているものがメチル化されていたものと判定できる．実際の試料で解析すると，同一のサンプルでもある位置の C が完全にメチル化されていることはまれであり，得られるのはここで示すような非メチル化シトシン（○）とメチル化シトシン（●）が混在する結果である．したがって，定量性を確保するためには，なるべく多くのクローンの配列を決定するのが理想的である．一方，バイサルファイト処理後の DNA を次世代シークエンサーで解析することで，全ゲノムの DNA メチル化状態を網羅的に解析することも可能である（WGBS）．

的で，異なる2種類の細胞を比較した場合には，メチル化状態の異なるゲノム領域が必ず見つかる．このような領域を，塩田らはT-DMR (tissue-dependent and differentially methylated region) と名付けた．T-DMRのメチル化状態を指標に，細胞の種類や状態を分類することも可能であり，このようなゲノム全体のメチル化情報は細胞のDNAメチル化プロフィールともよばれる．DNAメチル化プロフィールは，エピゲノムの一部である．DNAメチル化プロフィールの乱れは様々な病態に関連し，たとえばある種のがんではDNAメチル化の亢進が認められる．そこで，DNMT活性を阻害するヌクレオシド類縁体である5-アザシチジン，5-アザデオキシシチジン，ゼブラリンなどががんを含む疾患の治療薬の候補として開発され，一部は骨髄異形成症候群の治療に実際に用いられている．

19.5 ヒストンの翻訳後修飾

ほかの一般的なタンパク質と同様に，ヒストンも様々な翻訳後修飾を受ける（表19.1参照）．ヒストンは，とくに修飾の対象となりうるリシンとアルギニンを豊富に含むため，その修飾の種類と組み合わせ，修飾の生理的機能は多岐にわたる．ヒストン修飾がヒストンコードとよばれる所以である（コラム「ヒストンコード仮説」参照）．

リシンのアセチル化はもっとも早くから研究されてきたヒストン翻訳後修飾であるが，一般に転写の活性化に作用する．これは，アセチル化がリシン側鎖の正電荷を中和するため，負電荷を帯びたDNAとの相互作用が弱まりクロマチン構造が緩むことが一因である．リシンのメチル化はアセチル化と拮抗する修飾で，一つのリシンに両方の修飾が同時に施されることはない．セリン（またはトレオニン）のリン酸化とグリコシル化も同様である．リシンにはメチル基が三つまで付加されうるため，モノメチル，ジメチル，トリメチルの状態を取りうる（図19.9）．いずれのメチル化状態もリシン側鎖の正電荷を中和せず，アセチル化のようなクロマチン構造への直接の影響はない（ただし，間接的な影響は多大である）．一般的に，ヒストンH3のN末端から数えて4番目のリシンのメチル化は転写の活性化に作用し，9番目と27番目のリシンのメチル化は転写の抑制に作用する．このように，ヒストンの翻訳後修飾を記載する場合には，どのヒストンの何番目のアミノ酸がどのような修飾を受けているかを明確に表すことが大事であり，現在では図19.10にある表記法が一般的である．

複数のヒストン修飾（とDNAメチル化）が，ゲノム上のある領域に共存することが知られてい

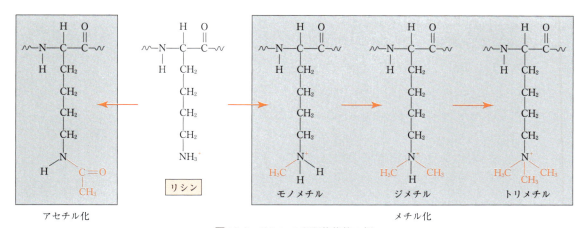

図19.9 リシンの翻訳後修飾の例
リシンのアセチル化とメチル化は拮抗的な修飾である．また，メチル基は最大三つまで付加されうる．
［細胞の分子生物学・第5版より改変して引用］

表 19.4 共存するエピジェネティック修飾の例

エピジェネティック修飾の組み合わせ	存在するゲノム領域など
H3K4me2/3＋H4K16ac	転写が活性化されたホメオティック遺伝子
H3K4me2/3＋H3K9/14/18/23ac	転写が活性化されたクロマチン
H3S10ph＋H3K9/14ac	増殖活性化に伴う転写活性化遺伝子
H3R17me1/2＋H3K18ac	エストロゲンで発現が活性化された遺伝子
H4K5ac＋H4K12ac	ヌクレオソームに挿入前のヒストン H4
H3K4me3＋H3K27me3	発生分化に関与する遺伝子座（ES 細胞）＊
H3K9me3＋H3K27me3＋5mC	転写不活性化領域
H3K27me3＋H2AK119ub1	非発現ホメオティック遺伝子座
H3K9me3＋H4K20me3＋5mC	ヘテロクロマチン
H3K9me2/3＋H4K20me1＋H3K27me3＋5mC	不活性化 X 染色体

＊ コラム「二価のヒストン修飾」を参照．
　修飾の表記については図 19.10 を参照．
　［Ruthenburg, A. J. et al., 2007（doi：10.1038/nrm2298）より改変して引用］

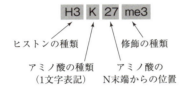

[修飾の例]

ac	アセチル化
me1	モノメチル化
me2	ジメチル化
me3	トリメチル化
ph	リン酸化
su	SUMO化
ub1	モノユビキチン化
ubn	ポリユビキチン化

図 19.10 ヒストン翻訳後修飾の表記法
ヒストンの種類に続き，修飾を受けるアミノ酸を 1 文字表記し，N 末端から数えた数字で位置を特定する．末尾に修飾の種類を略記する．図の例は，ヒストン H3 の 27 番目のリシントリメチル化を表す．
［Turner, B. M., 2005（doi：10.1038/nsmb0205-110）より改変して引用］

る．これは，それぞれのエピジェネティック修飾が相互依存の関係にあることを示唆する．表 19.4 にその代表的なものを紹介する．個々のヒストン修飾とその修飾が関連する生理的機能に関しては，現在でも刻々と新知見が加えられており，個別の遺伝子座によっては，一般的な作用とは逆の機能が示唆される結果が得られている場合もある．常に最新の論文や総説を参考にしてほしい．

19.6 ヒストンコードの書き込み，消去と読み取り

ヒストンの修飾が多岐にわたるように，その修飾酵素も多く同定されている．ただし，これらは必ずしもヒストンのみを基質とするとは限らない．以下に，代表的なヒストン修飾酵素を紹介する．

19.6.1 ヒストンアセチル化酵素

ヒストンのリシンをアセチル化する活性をもつ酵素は，HAT（histone acetyltransferase）と総称される．コアクチベーターとよばれる一群のタンパク質が HAT 活性を有する場合が多く，配列特異的転写因子と共役して転写因子の結合配列近傍のヒストンをアセチル化し，転写を促進する．代表的な哺乳動物の HAT を表 19.5 にあげる．これらの HAT は単独のタンパク質分子として機

表 19.5 代表的なヒストンアセチル化酵素（HAT）

HAT		おもに修飾するヒストン
GNAT ファミリー	GCN5	H3
	PCAF	H3
	HAT1	H4
MYST ファミリー	TIP60	H4
CBP/P300 ファミリー	CBP	H3, H4, H2A, H2B
	P300	H3, H4, H2A, H2B

■二価のヒストン修飾■

　ES細胞のゲノムにおけるヒストン修飾の解析から，転写活性化のコード（暗号）であるH3K4me3と転写抑制のコードであるH3K27me3が共存するゲノム領域の存在が明らかになった．これらの領域はゲノムの「二価のドメイン（bivalent domain）」とよばれ，未分化ES細胞では発現しておらず分化後に発現し，細胞分化や個体発生に関係する遺伝子の転写開始点近傍に多くみられる．

　この相反するヒストン修飾状態は，細胞の分化に伴い必要な遺伝子をすみやかに発現するために待機している（poised）状態であり，ES細胞の多分化能にかかわる特徴である可能性がいわれていた．しかし，ES細胞をGSK3阻害剤とMAPK阻害剤存在下の無血清清地（2iとよばれる）で培養すると分化能はより亢進するにもかかわらず，H3K27me3がゲノム全体で低下し二価のドメインも約3分の1の数に減ることが報告された．さらに，トライソラックス群タンパク質の一つでありH3K4メチル化酵素であるMll2を欠損するES細胞で二価のドメインのH3K4me3が低下することが明らかとなり，このES細胞でもレチノイン酸によって誘導される分化後の遺伝子発現に大きな影響がないことも報告された．これらのことから，二価のヒストン修飾の多分化能の発揮における重要性に疑問が生じている．

能するのではなく，大きなタンパク質複合体を構成するサブユニットの一つとして存在する．含まれる複合体も単一ではなく，異なる複合体に酵素サブユニットとして含まれ，複合体の種類によって修飾する部位が異なる場合も知られている．

19.6.2　ヒストン脱アセチル化酵素

　ヒストンのリシンを脱アセチル化する活性をもつ酵素は，HDAC（histone deacetylase）と総称される．HDACは，アミノ酸配列の相同性をもとに五つのクラスに分類される（表19.6）．これらのHDACはヒストン以外のタンパク質も基質にし，アセチル基を除去する．クラスⅢに分類されるHDACは酵母のサーチュイン（sirtuin）に相同性のあるタンパク質で，これらはSIRTファミリーとも称される．SIRTファミリーは7種類のメンバーからなるが，SIRT4，SIRT5はミトコンドリアに局在し，ヒストンの脱アセチル化にはかかわらない．SIRT3もおもにミトコンドリアに局在するが，核内にも分布することがあり，ヒストンH3とH4を脱アセチル化するという報告がある．

　HDACを阻害する物質も，DNMT阻害剤と同様にがんやその他の疾患の治療への効果が期待され，一部は実際に治療に用いられている．TSA（トリコスタチンA），SAHA（ボリノスタット），VPA（バルプロ酸）など，HDAC阻害剤は多く見つけられており，それぞれ特定のクラスのHDACに効果を示す．

19.6.3　ヒストンメチル化酵素

　ヒストンメチル化酵素は，アセチル化酵素に比べて基質特異性が高い．これまで，表19.7にあるようなヒストンメチル化酵素（および相同タンパク質）が同定されており，配列の相同性から分類されるファミリーごとに統一的な命名がはかられている（表19.7, 19.8）．リシンメチル化酵素の大部分（表19.7のDOT1以外）に共通するヒストンメチル化酵素ドメインは，SETとよばれる．なお，これらのメチル化酵素もSAM（図19.5参照）をメチル基の供与体として用いる．

19.6.4　ヒストン脱メチル化酵素

　ヒストン脱メチル化活性を示すタンパク質を表19.9にまとめる．アルギニン脱メチル化酵素の

表19.6　ヒトのヒストン脱アセチル化酵素（HDAC）

クラス	HDAC
クラスⅠ	HDAC1, HDAC2, HDAC3, HDAC8
クラスⅡA	HDAC4, HDAC5, HDAC7, HDAC9
クラスⅡB	HDAC6, HDAC10
クラスⅢ	SIRT1, SIRT2, SIRT3, SIRT6, SIRT7
クラスⅣ	HDAC11

表19.7 ヒトのヒストン（リシン）メチル化酵素（KMT）

ファミリー名	酵素	統一名	修飾部位
SUV39	SUV39H1	KMT1A	H3K9me2/3
	SUV39H2	KMT1B	H3K9me2/3
	G9a	KMT1C	H3K9me1/2
	GLP1(euHMT)	KMT1D	H3K9me1/2
	ESET(SETDB1)	KMT1E	H3K9me2/3
	CLLD8(SETDB2)	KMT1F	H3K9me2/3
SET	MLL1(HRX, ALL1)	KMT2A	H3K4me1/2
	MLL2(ARL)	KMT2B	H3K4me1/2/3
	MLL3	KMT2C	H3K4me1/2/3
	MLL4(HRX2)	KMT2D	H3K4me1/2/3
	MLL5	KMT2E	H3K4me3
	SET1(ASH2)	KMT2	H3K4me1/2/3
SET2	WHSC1(NSD2)	WHSC1	H3K4me2, H3K27me2, H3K36me2, H4K20me2
	WHSCL1(NSD3)	WHSCL1	H3K4me3, H3K27me3
	NSD1	KMT3B	H3K36me2, H4K20me2
	SET2(HYPB)	KMT3A	H3K36me3
	ASH1	KMT2H	H3K4me3
RIZ	RIZ(PRDM2)	KMT8	H3K9（修飾の種類は不明）
	BLIMP1(PRDM1)		ヒストンメチル化活性をもたない
SMYD	SMYD1	KMT3D	H3K4me1/2/3
	SMYD2	KMT3C	H3K36me1/2/3
	SMYD3	KMT3E	H3K4me2/3
EZ	EZH1	KMT6B	H3K27me1/2/3
	EZH2	KMT6A	H3K27me1/2/3
SUV4-20	SUV4-20H1	KMT5B	H4K20me2/3
	SUV4-20H2	KMT5C	H4K20me2/3
その他	SET7/9	KMT7	H3K4me1/2
	SET8(PR-SET7)	KMT5A	H4K20me1
DOT	DOT1	KMT4	H3K79me1/2/3

［Izzo, A. & Schneider, R., 2010（doi：10.1093/bfgp/elq024）より改変して引用］

表19.8 ヒトのヒストン（アルギニン）メチル化酵素

ファミリー名	酵素	統一名	修飾部位
PRMT	PRMT1	HRMT1L2	H4R3
	PRMT2	HRMT1L1	?
	PRMT3	HRMT1L3	ヒストンメチル化活性をもたない
	PRMT4(CARM1)	HRMT1L4	H3R17, H3R26
	PRMT5	HRMT1L5	H4R3, H3R8, H2AR3
	PRMT6	HRMT1L6	H3R2, H2AR3
	PRMT7	HRMT1L7	H2AR3, H4R3
	PRMT8	HRMT1L8	H4（部位特定の情報なし）
	PRMT9(isoform 4)	HRMT1L9	H2AR3, H4R3
	PRMT10, PRMT11	HRMT1L10 HRMT1L11	?

［Izzo, A. & Schneider. R., 2010（doi：10.1093/bfgp/elq024）より改変して引用］

表19.9 ヒトのヒストン脱メチル化酵素

種類	ファミリー名・酵素		統一名	修飾部位
リシン脱メチル化酵素	LSD	LSD1	KDM1	H3K4me1/2, H3K9me1/2
		LSD2	KDM2	H3K4me1/2
	JMJC	JHDM1a/b	KDM2A/B	H3K4me1/2/3, H3K36me2/3
		JHDM2	KDM3A	H3K9me1/2
		JHDM3/JMJD2	KDM4	H2K9me2/3, H3K36me2/3
		JMJD2a	KDM4A	H3K9me1/2/3, H3K36me2/3
		JMJD2b/c	KDM4B/C	H3K9me1/2/3
		JMJD3	KDM6B	H3K27me2/3
		JARIDa/b/c/d	KDM5A/B/C/D	H3K4me1/2/3
		PHF2	JHDM1E	H3K9me1
		PHF8	JHDM1F	H3K9me1/2
		UTX/UTY (KDM6A)	KDM6A	H3K27me2/3
		JHDM1d	KDM7	H3K9me2, H3K27me2
アルギニン脱メチル化酵素		PADI4		H3R2me2, H3R8me3, H3R17me2, H3R26me2, H4R3me2
		JMJD6		H3R2me2, H4R3me2

[Izzo, A. & Schneider, R., 2010 (doi: 10.1093/bfgp/elq024) より改変して引用]

PADI4 が触媒する反応は，実際は脱イミン反応でありシトルリンを生じるので，シトルリン化ともいえる（表19.1参照）．PADI4 は，PADI ファミリーとよばれるタンパク質群の一つであるが，唯一核移行シグナルをもち，ヒストンシトルリン化酵素として機能する．ただし，PADI ファミリーの一員である PADI2 もおそらくほかのタンパク質と複合体を形成して核内に移行することがわかっており，ヒストンをシトルリン化する可能性がある．

19.6.5 ヒストンコードの読み取り

ヒストン尾部が翻訳後修飾を受けると，その修飾が目印になり，クロマチン構造を変化させるタンパク質複合体が誘導される．こういったヒストン修飾を認識するタンパク質には，表19.10にあるようなドメインが共通して存在する．これらのドメインをもつタンパク質の種類は多く，たとえばメチル化リシンに結合する chromodomain をもつタンパク質をデータベース上で検索すると，ヒトで76種類のタンパク質が見つかり，アセチル化リシンに結合するタンパク質は191種類見つかる．また，一つのタンパク質に2種類の修飾認識ドメインが含まれる場合もある．これらのタンパク質がヒストンコードの読み取り装置となり，転写の促進や抑制など，様々な機能が発揮される．

19.6.6 クロマチン免疫沈降法（ChIP）

ある特定の修飾を受けたヒストンがゲノム上で存在する領域を特定することは，その修飾の生理的意義を推測する上で非常に重要となる．また，注目する遺伝子の転写制御領域にどのようなヒストン修飾が施されているのかを知ることも，発現制御機構の解明につながる．このような研究では，各種の修飾されたヒストンに特異的な抗体を用いた免疫沈降法が頻繁に行われ威力を発揮している．図19.11に概略を示したクロマチン免疫沈降法（chromatin immuno-precipitation；ChIP）では，ヌクレオソームを維持したまま修飾が施されたゲノム領域を免疫沈降により濃縮する．そこからゲノム DNA を抽出し目的の領域がどの程度濃縮されたかを PCR で定量したり（ChIP-qPCR），領域を絞らずに大規模シークエンスによりゲノム上での分布を解析したりする（ChIP-seq）．とくに後者の方法では，予想外の領域にヒストン修飾が偏在することも明らかになることがあり，エピ

表19.10 ヒストン修飾の読み取りドメイン

認識するヒストン修飾の種類	ドメイン名	認識するターゲット
メチル化リシン	ADD	H3K9me3
	ankyrin	H3K9me1/2
	BAH	H4K20me2
	chromo-barrel	H3K36me2/3, H4K20me1, H3K4me1
	chromodomain	H3K9me2/3, H3K27me2/3
	DCD	H3K4me1/2/3
	MBT	H3Kme1/2, H4Kme1/2
	PHD	H3K4me2/3, H3K9me3
	PWWP	H3K36me3, H4K20me1/3, H3K79me3
	TTD	H3K4me3, H3K9me3, H4K20me2
	tudor	H3K36me3
	WD40	H3K27me3, H3K9me3
	zf-CW	H3K4me3
メチル化アルギニン	ADD	H4R3me2s
	tudor	H3Rme2, H4Rme2
	WD40	H3R2me2
アセチル化リシン	bromodomain	H3Kac, H4Kac, H2AKac, H2BKac
	DBD	H3KacKac, H4KacKac
	DPF	H3Kac
	double PH	H3K56ac
リン酸化セリン/トレオニン	14-3-3	H3S10ph, H3S28ph
	BIR	H3T3ph
	tandem BRCT	H2AXS139ph
非修飾ヒストン	ADD	H3
	PHD	H3
	WD40	H3

[Musselman, C. A. et al., 2012 (doi: 10.1038/nsmb.2436) より改変して引用]

ジェネティクス研究の常法として威力を発揮している．

19.7 iPS細胞とエピジェネティクス

2007年に山中らのグループが，4種類の転写因子を分化体細胞で強制発現することにより多分化能を再獲得させた細胞（iPS細胞）の作出を報告し，世界を驚かせた．作出されたiPS細胞はES細胞と同等のキメラ形成能と生殖系列への分化能を有し，キメラ個体から得られたiPS細胞に由来する次世代個体の表現型は全く正常であった．ここで用いられた Oct3/4 遺伝子，Sox2 遺伝子，Klf4 遺伝子，c-Myc 遺伝子は山中因子（Yamanaka factor）とよばれ，「多分化能の再獲得現象」は，現在では一般的にリプログラミングと称される．ゲノムDNAの配列に変化をもたらさずに（次世代マウスが正常であることから証明される）細胞の性質が変わることから，リプログラミングの根底にあるのは，エピゲノムをES細胞型に書き直す機構であると考えられる．

山中因子の一つ，Oct3/4 遺伝子の転写調節領域に存在するCpG配列は，発現していない体細胞などでは高度にメチル化されており，発現しているES細胞や初期胚ではほとんどメチル化されていない．そして，リプログラミングが完成したiPS細胞では，この領域のメチル化が消去されている．この Oct3/4 遺伝子座の脱メチル化は，リプログラミングの一つの判定基準として用いられている．しかしながら，iPS細胞の全ゲノム

19.7 iPS細胞とエピジェネティクス

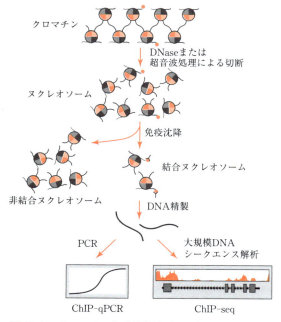

図19.11 クロマチン免疫沈降法（ChIP）によるヒストン修飾存在領域の解析の概略

クロマチンをDNaseや超音波処理（ソニケーション）で処理し、ヌクレオソーム単位に断片化する。これを注目する修飾に特異的な抗体を用いて免疫沈降し、その修飾が施されているヌクレオソームを濃縮する。そこからDNAを精製し、PCRで注目する遺伝子領域がどの程度濃縮されたかを定量する（ChIP-qPCR）。または、精製したDNAを次世代シークエンサーで網羅的に解析し、ゲノム上のヒストン修飾の分布を明らかにする（ChIP-seq）。

表19.11 エピジェネティック因子操作によるリプログラミング効率への影響

		操作の種類	影響
遺伝子操作	PRC1複合体	RING1A KD	低下
		RING1A＋RING1B KO	低下
		PDGF4(BMI1) KD	低下
		PDGF4(BMI1) OE	向上
		KDM2B(FBX10) KD	低下
		KDM2B(FBX10) OE	向上
	PRC2複合体	EZH2 KD	低下
		EZH2 KO	低下[1)]
		EZH2 OE	向上
		EED	低下
		SUZ12	低下
		JARID2	影響なし
		YY1	向上
	NuRD複合体	MBD3 KD/KO	向上または低下[2)]
		MBD3 OE	向上
低分子化合物処理	DNMT阻害剤	5-アザシチジン	向上
		RSC133（HDAC活性も阻害する）	向上
	HDAC阻害剤	酪酸ナトリウム	向上
		SAHA	向上
		TSA	向上
		VPA	向上
	その他	トラニルシプロミン（LSD1阻害）	向上
		DZNep（SAM依存メチル化酵素阻害）	向上

（注）KDはノックダウン、KOはノックアウト、OEは強制発現を示す。
1) ヒト細胞の場合、マウス細胞では影響なし。
2) リプログラムする細胞による。

［Laugesen, A. & Helin, K., 2014 (doi: 10.1016/j.stem.2014.05.006)、およびHiguchi, A. *et al*., 2014 (doi: 10.1038/labinvest.2014.132) より改変して引用］

DNAメチル化プロフィールを解析すると、ES細胞のそれとは一致しない部分も残っていることが判明しており、エピゲノムの書き換えは完全ではないらしい。ただし、樹立して間もなくのiPS細胞でみられたDNAメチル化プロフィールのES細胞との差が、継代を重ねるとしだいに小さくなることが示されている。これは、多分化能細胞の培養条件下でエピゲノムが徐々に収斂されていくことを示唆している。

リプログラムの根底にエピゲノムの書き換えがあるという考えのもと、DNMTやヒストン修飾酵素の阻害剤による処理、あるいはポリコーム群タンパク質複合体などのヒストン修飾酵素を含む転写リプレッサーの発現操作が、リプログラミングに及ぼす影響について解析されている。表19.11にまとめたように、リプレッサーはリプログラミングを正に制御し、DNMTやHDACの阻害はリプログラミングの効率を向上させるという結果が得られている。

ヒストンバリアントのリプログラミングへの関与も明らかにされつつあり、MacroH2Aがリプログラミングの障壁となっていること、卵子特異的バリアントであるTH2AとTH2Bの強制発現がリプログラミングを促進すること、PADI4によるH1R54のシトルリン化がリプログラミングに重要である可能性などが報告されている。また、iPS細胞におけるH2A.Xの分布の乱れが分化能の異常と相関していることも、最近報告された。

各種修飾酵素が同定され細胞のエピゲノムを形成する分子機構が明らかになるとともに,「どのようにして領域の特異性が決められるのか?」という新たな疑問が生じる.ここでは触れることができなかったが,そこにはノンコーディングRNAがかかわっているようである.今後の研究で,エピゲノム形成におけるRNAの関与の詳細が明らかにされていくであろう. [田中 智]

自習問題

【19.1】 哺乳動物の全ゲノムDNAメチル化量が,生殖細胞形成過程と,受精後の初期胚発生過程でどのように変動するか調べなさい.

【19.2】 哺乳動物メス個体の体細胞では,2本あるX染色体のうち1本のほぼ全体が不活性化されて遺伝子発現が抑制されている.このX染色体不活性化におけるエピジェネティック修飾の役割を調べなさい.

【19.3】 哺乳動物では,どちらか一方の親に由来する対立遺伝子のみが発現する,ゲノムインプリントとよばれる現象がある.ゲノムインプリントとエピジェネティクス修飾のかかわりを調べなさい.

【19.4】 ヒストンのリン酸化は細胞分裂に関与する.ヒストンをリン酸化する酵素を調べ,細胞周期制御機構におけるヒストンリン酸化の重要性を調べなさい.

【19.5】 ヒストンをコードする遺伝子の多くはイントロンを含まない.ヒストンH3とそのバリアントを例に,ヒストン遺伝子の進化過程を調べなさい.

20 抗生物質

ポイント

(1) 抗生物質は微生物が産生する物質で，ほかの微生物や生体細胞の増殖や機能を阻害するものの総称である．
(2) 化学療法とは，宿主に対して障害を与えずに病原性微生物の増殖を抑制して除去するため，化学物質を用いて治療を行うことを指す．また，正常細胞に影響を与えずにがん細胞の増殖を抑制するため，化学物質を用いて治療を行うことも含まれる．
(3) 抗生物質は，病原性微生物やがん細胞に対して毒性をもつ一方，正常な宿主細胞に対して無毒であること，すなわち「選択毒性」をもつものが多い．そのため，しばしば化学療法の治療薬として用いられる．
(4) β-ラクタム環を有するペニシリンGや，グリコペプチドのバンコマイシンは，ペプチドグリカンの合成を阻害して細菌の細胞壁の形成を妨げることによって，抗菌薬として作用する．
(5) 原核細胞にある70Sリボソームに作用する抗生物質は，細菌のタンパク質合成を阻害する．アミノグリコシド系のストレプトマイシンは，30Sサブユニットに作用してタンパク質合成開始反応を阻害する．テトラサイクリンは，30Sサブユニット中の16S rRNAに結合してタンパク質合成を阻害する．マクロライド系のエリスロマイシンは，50Sサブユニット中の23S rRNAに結合してタンパク質合成を阻害する．
(6) キノロン系薬は，細菌のⅡ型DNAトポイソメラーゼであるDNAジャイレースを阻害し，DNA複製を阻害することによって細菌増殖を抑制する．
(7) スルファメトキサゾールとトリメトプリムは細菌の葉酸合成を阻害することによって，核酸の合成やアミノ酸の合成を抑制し，抗菌剤としてはたらく．
(8) 抗生物質の中には，原核生物だけではなく真核生物に作用するものもある．ピューロマイシン，ハイグロマイシンB，G418は，真核生物の80Sリボソームにも結合してタンパク質合成を阻害する．また，アクチノマイシンDは原核細胞と真核細胞のDNA（グアニン）に結合してRNAポリメラーゼを阻害し，mRNA転写を抑制する．
(9) 抗生物質を抗菌薬として用いると，耐性菌が出現する．耐性菌の耐性機構には，抗生物質の代謝による不活化，抗生物質の標的分子の構造変化，細菌内の薬剤濃度の低下があげられる．

■ 20.1 抗生物質の定義と歴史

20世紀初頭に，エールリヒが化学療法（chemotherapy）という概念をはじめて提唱した．化学療法とは，「宿主に対して障害を与えずに，体内に侵入して疾患の原因となっている病原性微生物の増殖を抑制し除去するため，化学物質を用いて治療を行うこと」を指す．また化学療法には，「正常細胞に影響を与えずに，がん細胞の増殖を抑制するため化学物質を用いて治療を行うこと」も含まれる．したがって，病原性微生物やがん細胞に対

して毒性をもつ一方，正常な宿主細胞には無毒である，すなわち選択毒性（selective toxicity）をもった化学物質が必要となる．このような化学療法に適した薬剤に，抗生物質（antibiotics）があげられる．

抗生物質は，微生物が産生し，ほかの微生物や生体細胞の増殖や機能を阻害する物質の総称である．1928年にフレミングは，アオカビが黄色ブドウ球菌の生育を阻害する物質を産生することを発見し，その物質をペニシリン（penicillin）と名付けた．1940年にはフローリーとチェインがペニシリンの単離に成功し，翌年実用化された．その後，次々と抗菌作用をもつ抗生物質の発見と実用化が行われた．

しかし一方で，抗生物質が抗菌薬として臨床に用いられるとすぐに，その抗生物質に対して耐性を示す耐性菌（resistant bacteria）が出現した．耐性菌の耐性機構が明らかになると，それに対抗して新たに改良された抗生物質が開発されるものの，さらに新しい耐性菌が出現する．現在でも，抗菌薬としての抗生物質と，その耐性菌の出現に関しては，臨床上の大きな問題点となっている．

20.2　抗菌薬としての抗生物質の作用機序

抗生物質が細菌に対して選択毒性を示すには，細菌には存在するものの動物には存在しない代謝

■ **薬剤耐性機構** ■

本文でも述べたように，抗菌薬として抗生物質を使用していると，耐性菌が出現する．現在，以下のような薬剤耐性のメカニズムが確認されている．

(1) 細菌が抗生物質を代謝することによって不活化する．抗生物質の不活化には，β-ラクタマーゼによるβ-ラクタム系抗菌薬の分解がある．β-ラクタム系抗菌薬はβ-ラクタマーゼによって加水分解を受けてβ-ラクタム環を失うと失活する．

(2) 細菌が抗生物質の標的部位の構造を変化させ，作用させなくする．抗生物質の標的部位の変化には，肺炎球菌におけるペニシリン結合タンパク質（PBP）の変異によるペニシリン耐性や，ペプチドグリカンのD-アラニル-D-アラニンがD-アラニン-D-乳酸に変化することによるバンコマイシン耐性などがある．

(3) 細菌の細胞内における薬剤濃度を低下させる．抗生物質の細胞内濃度の低下には，薬剤の膜透過性の低下や細胞膜における薬剤排出ポンプの発現などがある．

このような耐性機構は，細菌のもつ抗生物質の標的分子をコードする遺伝子が変異したり，プラスミドやトランスポゾン（転移を起こす特有の構造を有するDNA断片）によって外部から耐性遺伝子が獲得され，形質転換が起こることでもたらされる．

■ **遺伝子導入と抗生物質** ■

細胞の外部から内部に目的の遺伝子を導入するためには，ベクターを利用する（17章参照）．ベクターが導入された細胞を選択するのに，抗生物質に対する薬剤耐性を利用することがある．たとえば，細菌の中で自律的に複製されるプラスミドは遺伝子組換え実験において大腸菌に対するベクターとしてよく用いられるが，プラスミドに抗生物質を代謝して不活化させる酵素タンパク質をコードする遺伝子（薬剤耐性遺伝子）を挿入しておくと，そのプラスミドを有する大腸菌が抗生物質存在下でも増殖できるようになる．組換え大腸菌の選択に用いる薬剤耐性遺伝子には，β-ラクタマーゼ遺伝子（アンピシリン耐性遺伝子），アミノグリコシド-3'-ホスホトランスフェラーゼ遺伝子（カナマイシン耐性遺伝子）などがある．また真核細胞に遺伝子導入を行うときも，導入遺伝子を保有する細胞を選択するために，真核細胞に作用する抗生物質とその薬剤耐性遺伝子を利用することがある．例として，G418とアミノグリコシド-3'-ホスホトランスフェラーゼ遺伝子（カナマイシン，G418の両方に耐性をもたらす）などがある．

経路や構造を標的として作用することが必要である．抗菌薬としての抗生物質が示すおもな作用は，細胞壁の合成阻害，タンパク質合成の阻害，核酸合成の阻害，および葉酸合成の阻害である．以下に，各経路の阻害薬とその作用機序を示す．

20.2.1 細胞壁合成阻害薬

細菌は，グラム染色の染色像の違いによって大きく2種類に分けられる．グラム染色によって青紫色に染まる細菌をグラム陽性菌，グラム染色されない菌をグラム陰性菌とする．グラム陽性菌とグラム陰性菌の間では，細胞壁の構造が大きく異なる（図20.1）．グラム陽性菌では，発達した細胞壁が細胞質膜を取り囲んでおり，細胞壁には，ペプチドグリカン（図5.18参照）が多く含まれる．一方，グラム陰性菌の細胞壁には外側に生体膜と同様の脂質二重層をもつ外膜と，その内側に薄いペプチドグリカン層が存在する．細胞質膜は内膜ともよばれ，外膜と内膜の間をペリプラズム（periplasm）とよぶ．また，外膜にはリポ多糖が存在する（図5.19参照）．

このように細菌は，動物細胞とは異なり細胞質膜の外側に細胞壁をもつので，細胞壁の合成を阻害する抗生物質は選択毒性の高い抗菌薬となりうる．細胞壁合成阻害薬には，β-ラクタム系抗菌薬やグリコペプチド系抗菌薬がある．β-ラクタム系抗菌薬にはペニシリンG（図20.2），アンピシリン，セファロスポリンなどが含まれ，グリコペプチド系抗菌薬にはバンコマイシン（図20.3）が含まれる．これらの抗菌薬は，いずれもペプチドグリカンの合成を阻害する作用を有する．

β-ラクタム系抗菌薬は，細菌に含まれるペニシリン結合タンパク質（penicillin-binding protein；PBP）とよばれる酵素と結合する．その結果，PBPのペプチドグリカン架橋反応を阻害することになって，細胞壁の合成を阻害する（図5.18参照）．PBPは，ペプチドグリカン前駆体の末端に存在するジペプチド構造，D-アラニル-D-アラニンを認識してその間を切断し，すでに存在しているペプチドグリカンのペンタグリシンの先端とペプチド結合させることによって，ペプチドグリカンの架橋を行う．β-ラクタム系抗菌薬は，PBPが認識するD-アラニル-D-アラニン構造と立体構造が似ているためPBPと結合してしまい，PBPを失活させる．β-ラクタム系抗菌薬に共通する構造であるβ-ラクタム環は，その抗菌作用に必須である．

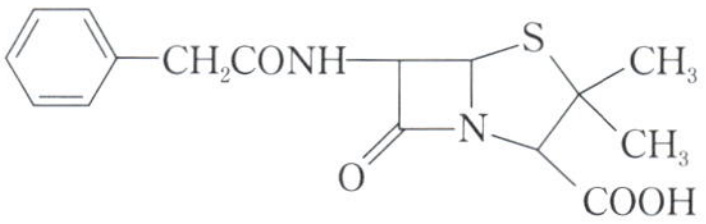

図20.2 ペニシリンGの構造

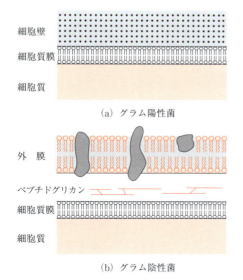

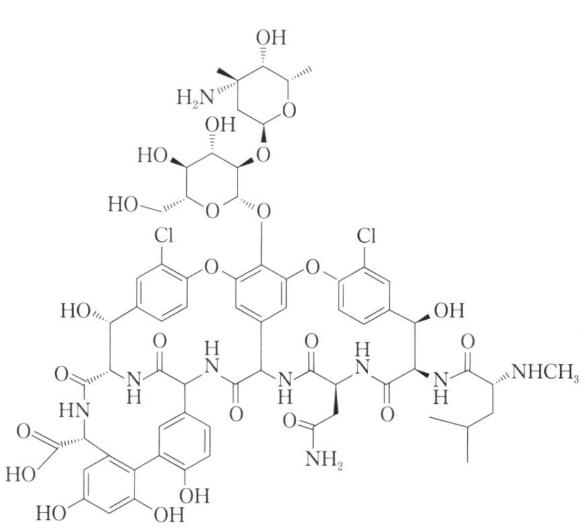

(a) グラム陽性菌

(b) グラム陰性菌

図20.1 細菌の細胞表層構造

図20.3 バンコマイシンの構造

グリコペプチド系抗菌薬であるバンコマイシンも，β-ラクタム系抗菌薬と同様にペプチドグリカンの架橋反応を阻害することによって細胞壁の合成を阻害する．しかしその作用機序は異なり，β-ラクタム系抗菌薬が PBP に結合するのに対し，バンコマイシンはペプチドグリカン前駆体末端の D-アラニル-D-アラニン構造に結合することによって，PBP による架橋反応を阻害する．さらに，バンコマイシンはペプチドグリカンの糖鎖の重合反応も阻害する（図 5.18 参照）．バンコマイシンは大きな分子なので，グラム陰性菌には外膜を通過しにくく無効であるが，グラム陽性菌に対しては抗菌力をもっている．

20.2.2 タンパク質合成阻害薬

タンパク質の合成はリボソームのはたらきによって行われる．細菌などの原核生物では，30S と 50S の大小一つずつのサブユニットからなる 70S のリボソームをもつ．一方，動物などの真核生物は 40S と 60S の大小一つずつのサブユニットからなる 80S のリボソームをもつ（18 章参照）．つまり，細菌と動物ではリボソーム構造に違いがみられる．抗生物質の中には，このリボソームの構造上の違いを認識して，動物の 80S リボソームにほとんど作用しないものの細菌の 70S リボソームに強く作用するため，細菌のタンパク質合成を選択的に阻害して抗菌作用を示すものが存在する．このような抗菌薬として，アミノグリコシド系薬，テトラサイクリン系薬，マクロライド系薬，およびクロラムフェニコールなどがある．

アミノグリコシド系薬には，ストレプトマイシン（図 20.4），カナマイシン，ゲンタマイシンなどが含まれる．アミノ基を有するアミノ糖がグリコ

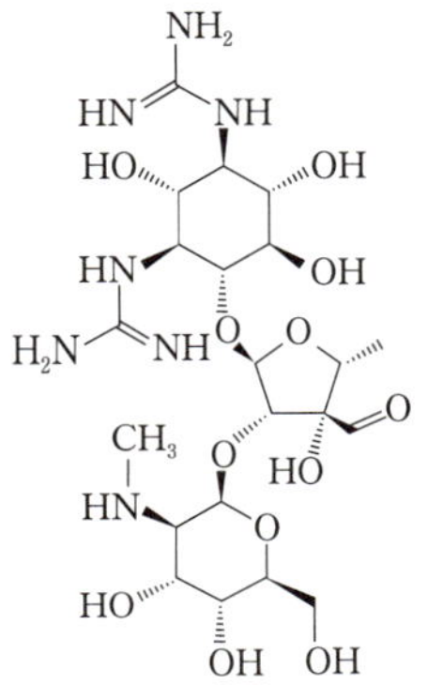

図 20.4 ストレプトマイシンの構造

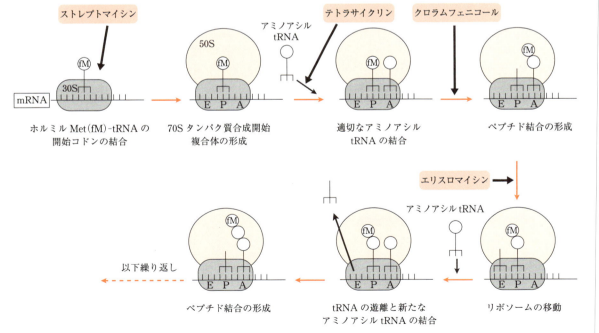

図 20.5 原核生物のタンパク質合成とそれを阻害する抗生物質の作用箇所

シド結合によって結合している構造をもつことが，共通した特徴である．アミノグリコシド系薬は，30S リボソームサブユニットに結合して，タンパク質合成開始反応を阻害する（図 20.5）．また，ストレプトマイシンは mRNA 上のコドンの誤読を引き起こす作用をもつ．

テトラサイクリン系薬には，テトラサイクリン（図 20.6），ドキシサイクリン，ミノサイクリンなどが含まれる．テトラサイクリン系薬は四つの六員環が並んで結合している共通の構造をもつ．テトラサイクリンは，放線菌属が産生する物質として発見された．テトラサイクリン系薬は，30S リボソームサブユニットの中の 16S rRNA に結合して，アミノアシル tRNA がリボソームの A 部位に結合するのを競合的に阻害する（図 20.5）．その結果，合成されたポリペプチドに新たにアミノ酸を付加することができず，タンパク質合成が停止する．テトラサイクリン系薬は真核生物のリボソームにも作用するが，細菌内には動物細胞に比べてより高濃度に取り込まれるため，選択毒性を示す．

マクロライド系薬には，エリスロマイシン（図 20.7），アジスロマイシン，クラリスロマイシンなどが含まれる．マクロライドとは，14～16 個の炭素を有する大きな環状構造を意味する．エリスロマイシンは，放線菌の代謝産物から発見された．マクロライド系薬は，50S リボソームサブユニットの中の 23S rRNA に結合する．その結果，70S リボソームに存在するペプチド鎖をもつ tRNA の，A 部位から P 部位への移動が阻害される（図 20.5）．そのため，新たなアミノアシル tRNA が A 部位に入ってペプチド鎖を伸長することができなくなり，タンパク質合成が阻害される．

クロラムフェニコール（図 20.8）も放線菌から分離された抗生物質である．クロラムフェニコールの作用機序は，50S リボソームサブユニット中の 23S rRNA に結合して，23S rRNA のもつペプチド転位酵素活性を阻害する．その結果，ペプチド鎖の伸長ができなくなり，タンパク質合成が阻害される．

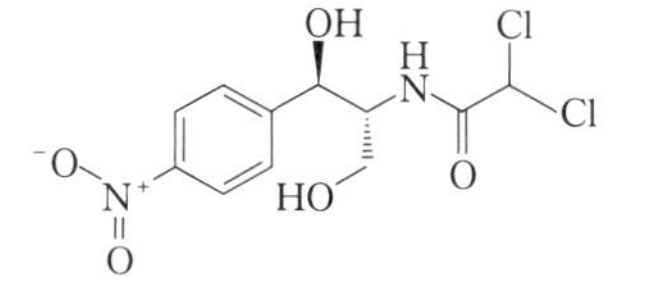

図 20.8　クロラムフェニコールの構造

20.2.3　核酸合成阻害薬

核酸合成阻害薬には，DNA 合成を阻害するものと RNA 合成を阻害するものがある．DNA 合成阻害薬の例としてキノロン系薬があり，RNA 阻害薬の例としてはリファンピシンがある．

キノロン系薬は，抗マラリア薬のクロロキンを合成する際の中間代謝物に抗菌活性があることが発見されたことをきっかけに開発された，合成抗菌薬（微生物由来ではない抗菌薬）である．ナリジスク酸（図 20.9）などの初期に開発されたものをオールドキノロンといい，ナリジスク酸にフッ素などの化学修飾を加え，より抗菌作用や組織移行性が高まったもの（例：ノルフロキサシン，図 20.10）をニューキノロンあるいはフルオロキノロンという．キノロン系薬は，細菌の II 型 DNA トポイソメラーゼ（DNA 二本鎖を同時に切断して，切

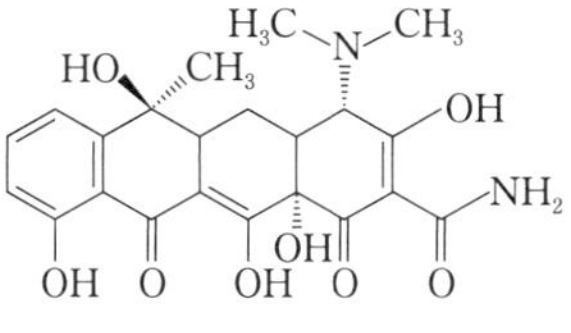

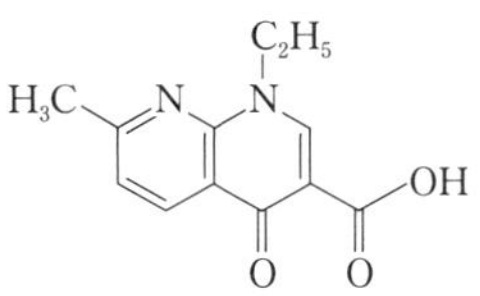

図 20.6　テトラサイクリンの構造

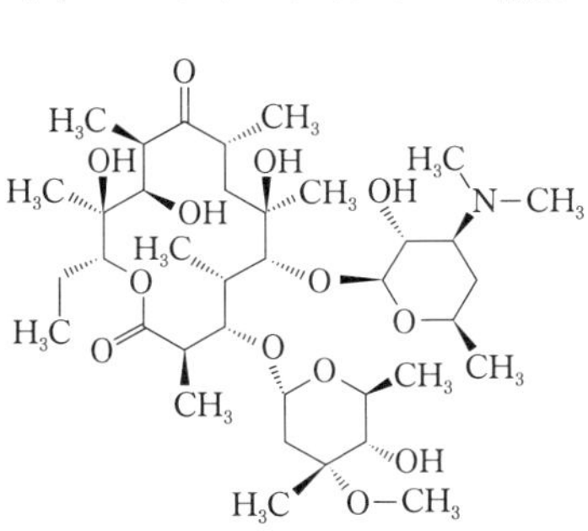

図 20.7　エリスロマイシンの構造

図 20.9　ナリジスク酸の構造

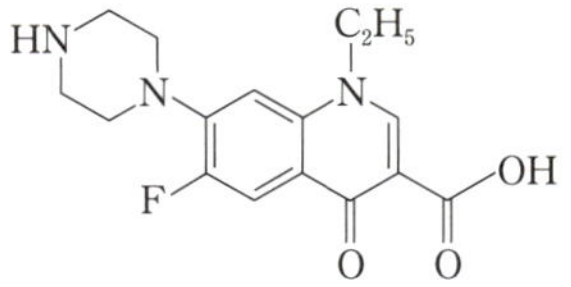

図 20.10 ノルフロキサシンの構造

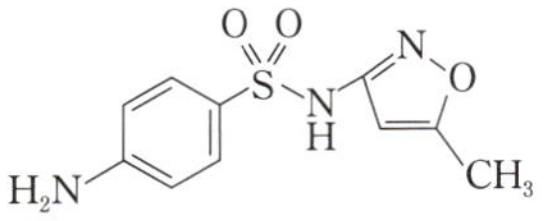

図 20.11 スルファメトキサゾールの構造

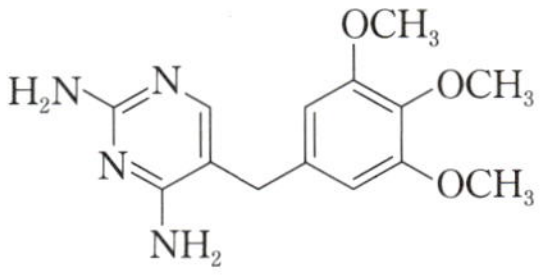

図 20.12 トリメトプリムの構造

れ目の間を別の二本鎖 DNA を通過させる活性をもつ) である DNA ジャイレース (DNA gyrase) を阻害し，その結果 DNA 複製が阻害される．また，リファンピシンは細菌の RNA ポリメラーゼに作用して RNA 合成を阻害する抗生物質である．

20.2.4 葉酸合成阻害薬

葉酸は一炭素単位の運搬を行う補酵素としてはたらき，メチオニンなどのアミノ酸合成，プリン・ピリミジン合成に関与する (6.4.7 項参照)．葉酸の合成を阻害すると，結果としてこれら多くの生体構成分子の合成を妨げることになる．とくに，葉酸合成阻害に伴い核酸の合成が妨げられると細菌の増殖は抑制されるので，細菌内の葉酸合成を選択的に阻害することが可能な薬剤は，抗菌薬としてはたらくことが期待される．

葉酸合成阻害薬には，スルホンアミド系薬 (サルファ薬) のスルファメトキサゾール (図 20.11) とトリメトプリム (図 20.12) がある．ともに合成抗菌薬であり，基本的に併用される．細菌は，プテリジンとパラアミノ安息香酸からジヒドロプテロイン酸を経てジヒドロ葉酸を合成することができる．動物にはこの葉酸合成経路が存在せず，外部から葉酸を摂取する必要がある．ジヒドロ葉酸をテトラヒドロ葉酸に変換するジヒドロ葉酸レダクターゼは，細菌や動物に共通してみられる (図 20.13)．スルファメトキサゾールはパラアミノ安息香酸と構造が似ているため，ジヒドロプテロイン酸シンターゼを競合的に阻害する．結果として，細菌に対して選択的に葉酸合成を阻害する．一方トリメトプリムは，細菌のジヒドロ葉酸レダクターゼを選択的に阻害することによって，細菌の葉酸合成を阻害する．

20.3 真核細胞に作用する抗生物質

抗菌薬として利用される抗生物質は，宿主動物の細胞には作用せず，細菌内で起こる代謝や生合成を選択的に阻害することが望ましい．一方，細菌のような原核生物だけではなく，真核生物の細胞に対しても作用する抗生物質も数多く存在する．真核細胞に作用する抗生物質は抗菌薬として利用されることはないが，真核細胞を用いた研究に利用されるほか，抗腫瘍薬などとして利用されるものがある．

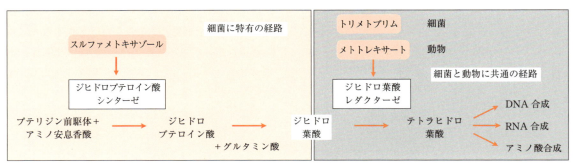

図 20.13 葉酸合成阻害を行う抗生物質の作用

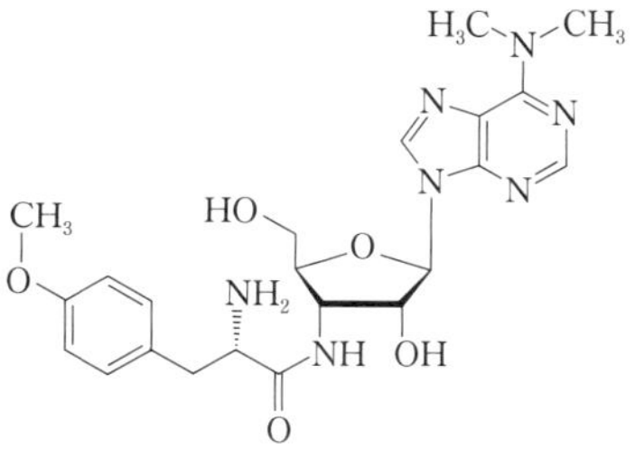

20.3 真核細胞に作用する抗生物質

図 20.14　ピューロマイシンの構造

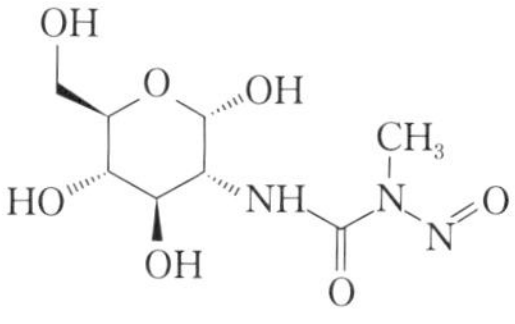

図 20.15　ストレプトゾトシンの構造

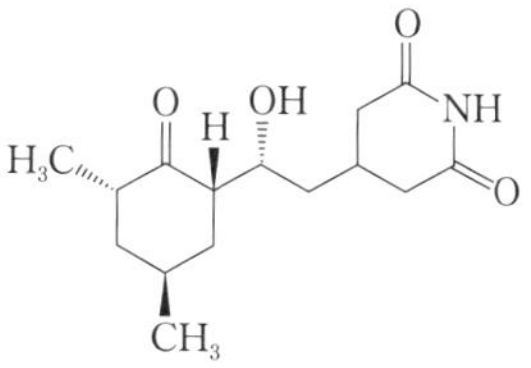

図 20.16　シクロヘキシミドの構造

ピューロマイシン（図 20.14），ハイグロマイシン B，G418 はそれぞれアミノグリコシド系の抗生物質に分類されるが，原核細胞のみならず真核細胞のタンパク質合成を阻害する．ピューロマイシンはアミノアシル tRNA の 3′ 末端に構造が類似しているため，アミノアシル tRNA の代わりにリボソームの A 部位に入り込むと，ピューロマイシンのアミノ基に伸長中のポリペプチド鎖が転移してしまう．その結果，タンパク質合成が阻害される（18.3 節参照）．ハイグロマイシン B も同様に，原核生物の 70S リボソームにも真核生物の 80S リボソームにも結合する．リボソーム中のペプチジル tRNA が A 部位から P 部位に移動（トランスロケーション）することを阻害し，mRNA の誤読を引き起こしてタンパク質合成を阻害する．G418 はゲンタマイシン，ネオマイシン，カナマイシンにそれぞれ類似した構造をもつ抗生物質であるが，これらの抗生物質とは異なり 80S リボソームにも作用してペプチド鎖の伸長を阻害する．環状ペプチドが二つ結合した構造をもつアクチノマイシン D は，原核生物と真核生物の両方に作用する．DNA のグアニン塩基と結合することによって RNA ポリメラーゼが阻害され，結果として mRNA 転写が抑制される．

ストレプトゾトシンは，もともと 1950 年代に放線菌属の細菌が産生する抗生物質として発見された．グルコサミンとニトロソウレアが結合した構造をもっており（図 20.15），ほかのニトロソウレア系化合物と同様に DNA（グアニン）のアルキル化を引き起こすことが知られている．また，NO（一酸化窒素）の発生物質（ドナー）としてもはたらき，増加した活性酸素種が DNA の損傷を引き起こす（16.3 節参照）．その結果，ストレプトゾトシンは細胞死を誘導する．一方，ストレプトゾトシンは膵島 β 細胞や肝臓に発現するグルコース輸送体（GLUT2）によって細胞内に運ばれるので，動物に投与すると β 細胞に対して選択的に毒性を示す．そのため，ストレプトゾトシンは 1 型糖尿病モデル動物の作製に用いられる．

一方，抗生物質の中には原核細胞には作用せず，真核細胞にのみ作用するものも存在する．シクロヘキシミド（図 20.16）は放線菌属から分離された抗生物質であるが，真核細胞にのみ作用し，60S リボソームサブユニットに結合してペプチド鎖の伸長反応を阻害する．また，メトトレキサートは前述のトリメトプリムと同様にテトラヒドロ葉酸の産生を抑制するが，真核細胞のジヒドロ葉酸レダクターゼは阻害するものの，原核細胞には作用しない（図 20.13 参照）．葉酸合成阻害が起こると，DNA 複製がさかんに行われている細胞では核酸の合成が抑えられ，その結果増殖が抑制される．そのため，メトトレキサートは抗悪性腫瘍薬・抗リウマチ薬として利用される．

［浅野　淳］

自 習 問 題

【20.1】 抗生物質が化学療法に用いられるために必要な条件を述べなさい．

【20.2】 ペニシリン G が抗菌薬として作用するメカニズムを述べなさい．

【20.3】 アミノグリコシド系抗菌薬とテトラサイクリン系抗菌薬について，細菌のタンパク質合成を阻害する作用機序の違いを説明しなさい．

【20.4】 エリスロマイシンとクロラムフェニコールが共通して標的とする分子は何か説明しなさい．

【20.5】 キノロン系抗菌薬が細菌の DNA 合成を阻害する機序を述べなさい．

【20.6】 スルファメトキサゾールがなぜ細菌に選択的に効果があるのか，またメトトレキサートがなぜ真核細胞に選択的に効果があるのかを説明しなさい．

【20.7】 ピューロマイシンやハイグロマイシン B が原核細胞と真核細胞の両方に作用するのはなぜか説明しなさい．

【20.8】 ストレプトゾトシンが 1 型糖尿病モデル動物の作製に用いられるのはなぜか説明しなさい．

21 血液，尿と臨床化学

ポイント

(1) 赤血球は核や細胞小器官をもたない血球であり，ヘモグロビンによる酸素輸送に関与する．ヘモグロビンの酸素輸送能はpHや2,3-BPGの影響を受け，酸素の輸送効率を最適に調節している．

(2) ヘモグロビンのヘム鉄が酸化されると酸素運搬能を欠くメトヘモグロビンとなり，これが血液中で過度に増加すると致死的である．

(3) 白血球は複数種の血球の総称であり，自然免疫や獲得免疫に関与して生体を防御する役割を担う．

(4) 好中球は貪食胞（ファゴソーム）を形成して細菌を貪食し，NADPHオキシダーゼが産生する活性酸素や酸素非依存的に産生される各種酵素の作用で，殺菌し分解する．

(5) 好酸球は細胞質中に好酸性顆粒をもつ顆粒球であり，寄生虫感染やアレルギー，腫瘍などで増加する．

(6) リンパ球はB細胞，T細胞，NK細胞などに分類され，抗体による液性免疫や細胞傷害性T細胞による細胞性免疫に関与する．

(7) 血管が損傷すると露出したコラーゲンに血小板が吸着し，一次止血として血小板血栓が形成される．

(8) 凝固因子のカスケード反応によって不溶性のフィブリンが形成され，血小板血栓を補強して二次止血が完了する．

(9) 生化学検査では血漿または血清中の代謝物質や逸脱酵素を測定し，異常が起きている部位の特定に役立てる．特異度の高い項目ほど確定診断に有用である．

(10) 血漿中のタンパク質は電気泳動でアルブミンといくつかのグロブリン分画に分けられ，増高している分画を特定することで病態の評価が可能である．

(11) 尿のpHや比重などの性状分析，タンパク質や糖，ケトン体，ビリルビンなどの検出によって生体内で起きている代謝異常を特定し，診断に役立てることができる．

(12) 遺伝子検査は，単一遺伝子の変異によるいくつかの遺伝性疾患やリンパ腫の診断，肥満細胞腫の薬剤感受性評価などに応用されている．

21.1 血　液

21.1.1 血液学総論
a．血液の組成

哺乳動物の血液は一般的に体重の12分の1〜14分の1を占め，液体成分である血漿の中に細胞成分である赤血球，白血球，血小板を浮遊させている．血漿中には栄養素としての糖や脂質，機能分子としてのタンパク質，酸素や二酸化炭素などの溶存ガス，代謝老廃物や電解質など多岐にわたる分子が含まれている．これらの血中濃度は生理的にも変動するが，病的状態ではその疾患に関連する分子が生理的範囲を逸脱したレベルまで変化する．生化学的な手法でその変化を検出することにより，疾病の診断に役立てることが可能である．

b．血球の産生

血球産生は，多くの哺乳動物において胎生期の中頃までは肝臓や脾臓で，胎生期の終わり以降は骨髄で行われる．骨髄にある多能性造血幹細胞は最終的にすべての血球へ分化する能力をもつ幹細胞で，最初のステップとして骨髄系前駆細胞とリンパ球系前駆細胞に分化する．骨髄系前駆細胞はさらに巨核球/赤血球前駆細胞と顆粒球/単球前駆細胞に分化し，前者からは血小板と赤血球が，後者からは顆粒球（好中球，好酸球，好塩基球）と単球がそれぞれ生成する．一方，リンパ球系前駆細胞はB細胞前駆細胞とTNK細胞前駆細胞に分化し，前者からはB細胞が，後者からはT細胞とナチュラルキラー細胞（NK細胞）がそれぞれ生成する（図21.1）．

c．血漿と血清

血液の液体成分が血漿（plasma）であり，血漿からフィブリノーゲンをはじめとする凝固成分を除いたものが血清（serum）である．凝固成分の干渉がないため臨床検査には血清が適しているが，カリウムなど血漿の方が適する項目もある．血漿を得るには，採血した血液に抗凝固剤を添加して遠心分離を行い，上清を回収する．抗凝固剤には，カルシウム（第IV因子）をキレートするEDTAやクエン酸，アンチトロンビンIIIを活性化するヘパリンなどが用いられる．一方，血清を得るためには抗凝固剤を使用せず，一度血液を固まらせてから遠心分離し，上清を回収する．

21.1.2 赤血球

a．赤血球の構造と産生調節

赤血球（erythrocyte, red blood cell；RBC）は，哺乳動物では中央がくぼんだ円盤状の直径6〜9 μmの血球で，血液の細胞成分の大部分を占める．細胞内には多量のヘモグロビンを含み，酸素の輸送を担っている．ヤギやヒツジの赤血球は他種のものと比べて体積が小さく数が多いが（表21.1），これは赤血球の容積に対する表面積の比を高めることによって，酸素の少ない高地で酸素の輸送効率を高める適応であると考えられている．

赤血球は成熟の最終段階で核をはじめとする細胞小器官を失い，自身の代謝や生理機能に必要な分子を残すだけとなる．核が抜けたばかりの若い赤血球は細胞質にまだリボソームが残っており，ニューメチレンブルー染色によって内部のRNAが青く染まる．このときの染色様式が網状を呈するため，この時期の赤血球は網赤血球または網状赤血球（reticulocyte）とよばれる．網赤血球は約24時間で細胞小器官をすべて失い，成熟赤血球となる．

腎臓から分泌されるエリスロポエチン（erythropoietin；EPO）は赤血球の分化を促進するため，造血促進因子とよばれる．生体が低酸素にさらされると，腎臓への酸素供給の低下はエリスロポエチンの産生を促し，赤血球数を増すことによって適応を促進する．ファロー四徴などの先天性心疾患では，持続的な低酸素状態のためEPOの産生が過度に亢進し，重度の多血症を呈することがある．逆に慢性腎疾患ではEPOの産生量が低下し，

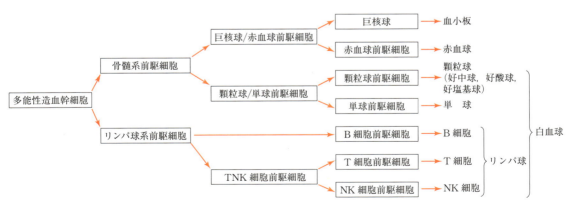

図21.1　血球の分化

表21.1 健常動物の血球数

	イヌ	ネコ	ウマ[*1]	ウシ	ヤギ	ヒツジ	ブタ
赤血球($\times 10^6/\mu L$)	5.5〜8.5	5.0〜10.0	6.8〜12.9	4.9〜7.5	8.0〜18.0	9.0〜15.0	5.0〜8.0
ヘモグロビン(g/dL)	12.0〜18.0	8.0〜15.0	11.0〜19.0	8.4〜12.0	8.0〜12.0	9.0〜15.0	10.0〜16.0
PCV[*2](%)	37〜55	24〜45	32〜53	21〜30	22〜38	27〜45	32〜50
MCV[*3](fL)	60〜77	39〜55	37〜59	36〜50	16〜25	28〜40	50〜68
MCHC[*4](%)	32〜36	31〜35	31〜39	38〜43	30〜36	31〜34	30〜34
網赤血球(%)	0〜1.5	0〜0.4[*5]	ND[*6]	0	ND[*6]	ND[*6]	0〜1.0
総白血球(/μL)	6 000〜17 000	5 500〜19 500	5 400〜14 300	5 100〜13 300	4 000〜13 000	4 000〜8 000	11 000〜22 000
好中球(/μL)	3 000〜11 500	2 500〜12 500	2 260〜8 580	1 700〜6 000	1 000〜7 200	700〜6 000	28〜47%
リンパ球(/μL)	1 000〜4 800	1 500〜7 000	1 500〜7 700	1 800〜8 100	2 000〜9 000	2 000〜9 000	39〜62%
単球(/μL)	150〜1 350	0〜850	0〜1 000	100〜700	0〜550	0〜750	2〜10%
好酸球(/μL)	100〜1 250	0〜1 500	0〜1 000	100〜1 200	50〜650	0〜1 000	0.5〜11%
好塩基球(/μL)	まれ	まれ	0〜290	0〜200	0〜120	0〜300	0〜2%
血小板($\times 10^3/\mu L$)	200〜500	300〜800	100〜350	160〜650	ND[*6]	ND[*6]	320〜720

[*1] 軽〜中間種,[*2] 血中血球容積;packed cell volume,[*3] 平均赤血球容積;mean corpuscular volume,[*4] 平均赤血球ヘモグロビン濃度;mean corpuscular hemoglobin concentration,[*5] 凝集型網赤血球;aggregate reticulocyte,[*6] データなし.

いわゆる腎性貧血を引き起こす.

b. 赤血球の生化学

赤血球は成熟過程でミトコンドリアを失うためクエン酸回路や電子伝達系をもたず,ATP 産生は嫌気性解糖に頼っている.ピルビン酸キナーゼ(pyruvate kinase;PK)のような解糖系の酵素が欠損(PK 欠乏症)した動物では赤血球がエネルギーを十分に得ることができず,溶血性貧血となる.ウマやブタの赤血球では,細胞内 Na^+ を細胞外 K^+ と交換する Na^+/K^+ ポンプの活性が高く,その結果,赤血球内部は K^+ の濃度が高い(high K^+ RBC).一方,多くの反すう動物ではポンプの活性は低く,細胞内 K^+ の濃度も低い(low K^+ RBC).イヌやネコの赤血球は一般的に low K^+ であるが,日本犬の中には Na^+/K^+ ポンプの活性が強く high K^+ となっているものもいる.赤血球の細胞膜は多くの分子に対して不透過性であり,物質交換には膜タンパク質による輸送が行われる.代表的な膜タンパク質であるバンド 3 は陰イオンチャネルとして機能し,Cl^- と HCO_3^- の交換反応を媒介して CO_2 の運搬に関与する.遺伝的にバンド 3 を欠損する牛では,出生直後より溶血性貧血がみられ致死率も高い.

c. ヘモグロビン

ヘモグロビン(hemoglobin;Hb)は血色素ともよばれ,赤血球中で酸素の運搬に関与する分子である.サブユニット構造をもち,四量体として存在する.各サブユニットはグロビン 1 分子にヘム 1 分子が結合したもので,ヘムは 2 価鉄(Fe^{2+})を含んで酸素と可逆的に結合する(図 3.13 参照).酸素と結合したヘモグロビンは鮮紅色を呈し,いわゆる動脈血の色となる.ヘモグロビンの酸素親和性は pH の影響を受け,CO_2 分圧の低い環境で上昇し高い環境では低下する(ボーア効果).すなわち,酸素は肺ではヘモグロビンへの結合が優勢となり,末梢組織では分離が優勢となる.ヘモグロビンのこの性質によって,肺で得られた酸素を全身の細胞に受け渡すことが可能となる.長期的に低酸素環境に置かれた個体では,赤血球で解糖系の代謝中間体である 2,3-ビスホスホグリセリン酸(2,3-BPG)の生成が高まるが,この分子はヘモグロビンの酸素親和性を下げることによって組織で酸素が放出されやすい条件をつくり,酸素の輸送効率を高める効果がある(7 章参照).

ヘモグロビンのヘム鉄が酸化されて Fe^{3+} となったものを,メトヘモグロビン(methemoglobin;metHb)という.健常動物の赤血球では常にヘモグロビンの酸化反応が生じているが,シトクロム b_5 レダクターゼ(cytochrome b_5 reductase;Cb_5R)のはたらきで,生体内の metHb は 1% 未満に抑えられている.metHb は酸素や二酸化炭素の運搬能を欠き,増加するとメトヘモグロビン血症となって血液は紫藍色を呈する.メトヘモグロビン血症は先天的に Cb_5R を欠く動物や亜硝酸塩

による中毒などでみられるが，後者は症状が重篤であり，ときに致死的である．

d．貧　血

赤血球が病的に少なくなった状態を貧血とよぶ．臨床的には骨髄における再生の有無によって，再生性貧血と非再生性貧血に分類される．前者には失血性貧血や溶血性貧血，後者には鉄欠乏性貧血や巨赤芽球性貧血，腎性貧血，骨髄障害による貧血（骨髄増殖性疾患，セルトリ細胞腫，骨髄毒性のある薬物への曝露）などが含まれる．鉄欠乏性貧血はヘム鉄の材料となる鉄の，巨赤芽球性貧血はビタミン B_{12} や葉酸の欠乏によって起こる．腎性貧血は腎疾患に伴うエリスロポエチンの欠乏が原因であり，組換えエリスロポエチンの投与による治療が行われる．

21.1.3　白血球

a．白血球の種類と機能

白血球（leukocyte, white blood cell；WBC）は好中球，好酸球，好塩基球，単球，リンパ球からなり（表 21.1 参照），前三者は細胞質に顆粒をもつことから顆粒球と総称される．成熟好中球は核が分葉した多形核白血球であり分葉核好中球とよばれるが，炎症時には若い桿状核好中球の末梢血への出現もみられる．白血球は成熟後も核や細胞小器官を有する完全な細胞であり，この点が赤血球とは異なる．異物の貪食や殺菌による自然免疫，抗体産生や細胞傷害反応による獲得免疫に関与し，病原体などから生体を防御する役割を担っている．血液中を流れる白血球の数は赤血球の数百分の1にすぎないが，炎症や感染，腫瘍など様々な疾患に反応して大きく変動する．

b．好中球

好中球は感染などに反応して増加し，細菌やその他の異物を食作用によって取り込み分解する．桿状核好中球が増えた状態を左方移動とよび，炎症を示す血液像とされている．貪食時には細胞膜の一部が陥没して貪食胞（ファゴソーム）が形成され，細菌はその中に取り込まれる．貪食胞はリソソームと融合してファゴリソソームとなり，リ

ソソーム中の酵素によって病原体は殺菌・分解される（図 18.11 参照）．酸素依存性のメカニズムとして，NADPH オキシダーゼによるスーパーオキシド（O_2^-）や過酸化水素（H_2O_2），ヒドロキシラジカル（$OH^·$）の産生，酸素非依存性のメカニズムとして，カテプシン G やエラスターゼ，コラゲナーゼなどが関与する．ミエロペルオキシダーゼ（myeloperoxidase）の作用で生成する次亜塩素酸は，殺菌作用を示す．

c．好酸球

好酸球は顆粒球の一種で，細胞質中に酸性色素に染まる顆粒をもつ．形態に種差があるため，顆粒の観察によって動物種を特定することもある程度可能である．末梢血中の好酸球は，寄生虫感染やアレルギー性疾患，腫瘍などで増加する．顆粒には主要塩基性タンパク質（major basic protein）やペルオキシダーゼが含まれ，線虫や原虫など寄生虫に対して毒性を発揮する．

d．リンパ球

リンパ球は B 細胞，T 細胞，NK 細胞などに分類され，免疫反応に関与する．これらの細胞は，細胞表面の主要組織適合抗原（major histocompatibility complex；MHC）を目印に自己と非自己を鑑別し，病原体や腫瘍を攻撃する．樹状細胞などによる抗原提示を受けたヘルパー T 細胞はサイトカインを介して B 細胞に指令を出し，その抗原に特異的な抗体を産生させる（液性免疫）．また，T 細胞の一種である細胞傷害性 T 細胞（キラー T 細胞）は，ウイルス感染細胞や腫瘍細胞を非自己と認識して破壊する（細胞性免疫）．リンパ球が形質転換したリンパ腫はイヌやネコでもっともメジャーな悪性腫瘍であるが，B 細胞型リンパ腫と T 細胞型リンパ腫で治療や予後に違いがある．この二つは，免疫染色で細胞表面マーカー（B 細胞の膜結合型抗体と T 細胞の T 細胞受容体）を染め分けることによって鑑別が可能である．

21.1.4　血小板と凝固因子

a．止血のメカニズム

血管が損傷したときにはたらく，出血を止める

ための生理的な反応機構を止血とよぶ．まず，血小板が血管の破損部位に集まって「ゆるい」血小板血栓が形成される．これが一次止血である．次に血液凝固系のカスケード反応によってフィブリノーゲンがフィブリンに変換され，網目状の不溶性構造をつくって血小板血栓を補強する．これが二次止血である．止血はこの2段階で完了するが，過剰な血栓を溶かして血流を円滑にするため，プラスミンによる線維素溶解が引き続き行われる．

b．血小板と一次止血

血小板は，骨髄の多能性造血幹細胞が分化してできた巨核球から，細胞質が細かくちぎれるようにして生成する直径2〜3 μm の細胞である．個々の血小板には核がないが，細胞小器官をもちほかの細胞と同様に呼吸・代謝を行う．血小板の循環血中での寿命は約1週間である．血小板増加作用をもつサイトカインとしてトロンボポエチン（thrombopoietin）が知られており，肝臓や腎臓をはじめ多くの臓器で発現が認められている．血管壁が損傷すると，血管内皮細胞の外側にあるコラーゲンが露出し，フォン・ウィレブランド因子（von Willebrand factor；vWF）とよばれる血液中の接着因子と結合する．vWFは血小板膜タンパク質であるGP1bを介して血小板と結合し，血管壁に固着した血小板はADP，カルシウム，セロトニンなどを放出して凝集塊の肥大化を促進する．このようにしてできた凝集塊が血小板血栓である．血小板血栓は一応の止血機能をもつが，強固さに欠けるため二次止血による補強が必要である．

ヒトおよびいくつかの動物種において，先天的にvWFの欠損または機能異常によるフォン・ウィレブランド病（von Willebrand disease；vWD）が報告されている．vWDの動物では一次止血が障害されるため出血傾向が増大し，点状出血などが徴候としてみられる．

c．凝固因子と二次止血

一次止血をより強固なものにするため，不溶性タンパク質であるフィブリン網を形成する過程が二次止血（血液凝固）である．血液凝固は活性化した酵素が次の酵素を活性化するカスケード反応であり，関与する因子は凝固因子とよばれ，I〜XIIIまでの番号が付されている（第VI因子は欠番）．凝固の起点は，露出した血管壁のコラーゲンにより第XII因子が活性化される内因性経路，損傷した組織から放出される組織因子（tissue factor，第III因子）が第VII因子を活性化する外因性経路の二つがある．この二つの経路は第X因子の活性化のステップで合流し，プロトロンビン（第II因子）をトロンビンに変換する．トロンビンによってフィブリノーゲン（第I因子）は不溶性のフィブリンモノマーに変換され，これが重合してフィブリンポリマーになると血小板血栓に絡みつき，網状の強固な構造体をつくって血液凝固は完了する（図21.2）．

先天的な凝固因子欠乏症である血友病が，イヌやネコを含むいくつかの動物種で報告されている．第VII因子が欠乏する血友病Aと第VIII因子が欠乏する血友病BはいずれもX染色体劣性遺伝を示し，血腫や関節腔内への出血が徴候として

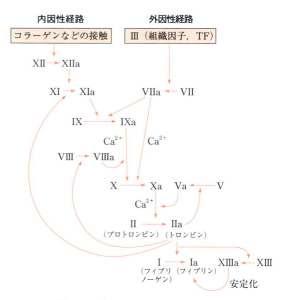

図21.2　血液凝固のカスケード反応
二次止血においては，コラーゲンなどの接触によって内因性経路が，第III因子（組織因子）の刺激によって外因性経路がそれぞれ活性化する．"a"は活性化の意であり，図中に数字のない第IV因子はCa^{2+}，第VI因子は欠番である．活性化した第II因子（トロンビン）は第I因子（フィブリノーゲン）を活性化して不溶性のフィブリンに変えるとともに，第V，VIII，XI因子を活性化する正のフィードバックによって凝固を増強する．

みられる．また，第Ⅱ，Ⅶ，Ⅸ，Ⅹ因子はカルボキシ化を受けることでカルシウムとの接触が可能となり機能を発揮するが，この反応にはビタミンKが必要である．ビタミンK欠乏状態の動物では，これらの凝固因子の機能不全により出血傾向が高まることがある．

凝固障害を検出するための検査法として，凝固時間の測定が行われる．内因性経路を評価するためには活性化部分トロンボプラスチン時間（activated partial thromboplastin time；APTT），外因性経路を評価するためにはプロトロンビン時間（prothrombin time；PT）を測定する．APTTは血漿に部分トロンボプラスチンを作用させてから凝固に至るまでの時間，PTは組織トロンボプラスチンを加えてから凝固するまでの時間をそれぞれ測定するが，どちらが延長しているかをみることによって問題が生じている凝固因子を絞り込むことが可能である．第Ⅻ因子欠乏症の動物ではAPTTの延長がみられるが，臨床的な止血障害は起こさない．これは，活性化した第Ⅱ因子が第Ⅴ，Ⅷ，Ⅺ因子を活性化する増幅ループが存在するために，外因性経路がはたらいていれば第Ⅻ因子がなくても内因性経路は機能しうることによる．

d．線維素溶解系

二次止血の完了によって止血は強固なものとなるが，過剰なフィブリンは循環障害の原因となる可能性がある．これを溶解して血流を円滑に保つための機構が，線維素溶解系（線溶系）である．フィブリンが形成されると，肝臓で産生されたプラスミノーゲンがフィブリンに吸着する．続いて血管壁から放出された組織プラスミノーゲンアクチベータ（tissue plasminogen activator；tPA）がプラスミノーゲンをプラスミンに変換し，プラスミンがフィブリンを分解して可溶性のFDP（fibrin/fibrinogen degradation product）を生じる．

e．播種性血管内凝固

血液凝固が過度に亢進して微小血管内に血栓が多発し，全身的には消耗性の凝固障害を来した状態を播種性血管内凝固（disseminated intravascular coagulation；DIC）という．悪性腫瘍，敗血症，ショックなど重度疾患の末期に生じることが多く，放置すれば致死的である．循環中では赤血球が血栓に衝突することで溶血が起こり，血液塗抹標本上では破砕赤血球がみられる．また，線溶系の亢進によってFDPが増加し，血小板やフィブリノーゲン，アンチトロンビンⅢは消耗により減少する．

21.1.5　臨床化学総論

a．生化学検査

血液中には，様々な代謝によって産生された分子が数多く存在する．それらの量的な変動をとらえ，疾病の診断に役立たせようとするのが臨床化学である．生体分子の測定には，様々な生化学検査（臨床化学検査，血液化学検査ともよばれる）が実施される．生化学検査の測定項目は，物質濃度と酵素活性に大別される．細胞内で代謝のためにはたらいている酵素は，わずかながら細胞外への逸脱が起こるため，血液中にも微量存在する．このようなものを逸脱酵素とよぶ．細胞が損傷を受けると血液中の逸脱酵素は増加するため，血液に含まれる酵素活性を測定することにより，細胞の損傷を知ることができる．このような酵素は，発現する細胞が限定的であるほど，病変部位を特定するための特異度は高くなる（表21.2）．

生化学検査には，液状試薬を用いる液体法と乾燥試薬を用いるドライケミストリー法がある．前者は多検体処理に適するため大規模検査施設で利用され，後者は取り扱いが容易なため小規模診療施設に普及している．獣医療では臨床検査技師に相当する職種がないため，通常は獣医師や動物看護師が検査業務を兼任している．

b．基準値と標準化

基準値（基準範囲）とは，健康体における測定値である．以前は正常値（正常範囲）という用語が用いられていたが，病的状態でも測定値が正常を示す場合があり，近年は使われなくなった．多くの生化学測定値は多検体を測定すれば標準正規分布を示すため，母集団の95％が含まれる範囲

表21.2 イヌとネコのおもな生化学検査項目

検査項目	変化	おもな鑑別診断項目
AST	上昇	肝胆道系疾患，筋疾患
ALT	上昇	肝胆道系疾患
ALP	上昇	肝胆道系疾患，副腎皮質機能亢進症（イヌ），骨折治癒過程
GGT	上昇	肝胆道系疾患
CK	上昇	筋疾患，長期の栄養不良（ネコ）
LIP	上昇	膵炎
BUN	上昇	腎疾患，副腎皮質機能低下症，消化管出血
CRE	上昇	腎疾患
GLU*	上昇	糖尿病，興奮（ネコ）
	低下	インスリノーマ，副腎皮質機能低下症，子犬の低血糖症，グリコーゲン貯蔵病，重度肝障害
TG	上昇	食後（生理的），甲状腺機能低下症，副腎皮質機能亢進症，家族性高中性脂肪血症
T-CHO	上昇	甲状腺機能低下症，副腎皮質機能亢進症，胆管閉塞，膵炎（ネコ），家族性高コレステロール血症
	低下	蛋白喪失性腸症（PLE），副腎皮質機能低下症
T-BIL	上昇	溶血性疾患，肝胆道系疾患，膵炎（肝外胆管閉塞の続発），三臓器炎（ネコ）
ALB	上昇	極度の脱水
	低下	蛋白喪失性腸症（PLE），蛋白喪失性腎症（PLN），重度肝疾患，極度の低栄養
Ca	上昇	悪性腫瘍（PTH関連ペプチドの増加による），副腎皮質機能低下症，腎疾患，ビタミンD過剰症，上皮小体機能亢進症
	低下	蛋白喪失性腸症（PLE），壊死性膵炎，低ALB血症に対する二次反応，上皮小体機能低下症
IP	上昇	若齢（生理的），慢性腎疾患
Na	低下	嘔吐・慢性下痢による体液喪失
K	上昇	アジソン病，尿道閉塞（雄ネコ），膀胱破裂，腫瘍融解症候群
	低下	慢性下痢による体液喪失
Cl	低下	嘔吐・慢性下痢による体液喪失

＊グルコースは生化学においてGlcと略記されるが，臨床検査項目としてはGLU（またはGlu）と略記される．グルタミン酸と混同しないよう注意が必要である．

を基準値とするのが一般的である．ヒトにおける基準値の設定には年齢，性別，生活習慣など検体収集条件に厳しい制約があるが，獣医領域でヒト医療に匹敵する条件で基準値を作成することは現状では困難である．また，ヒト医療では検査の標準化が進み，異なる施設でほぼ同じ測定値が得られるようになっている．獣医療で標準化は実現していないため，基準値の共通化も今のところ不可能である．

21.1.6 血漿タンパク質
a. 血漿タンパク質の組成

哺乳動物の血漿中には6〜7g/dLのタンパク質が存在し，血漿に含まれる成分として最多である．血漿タンパク質は様々な種類のタンパク質の混合物であるが，大部分はアルブミンとグロブリンである．これらはセルロースアセテート膜を用いた電気泳動によって，アルブミンといくつかのグロブリン分画に分けることができる．血漿タンパク質は通常，幼少動物で低く老齢動物では高い．臨床的なもっとも簡便な血漿タンパク質の測定法は屈折計を用いることであるが，屈折率はタンパク質以外の分子の影響も受けることに留意すべきである．

b. アルブミン

アルブミン（albumin）は血漿中にもっとも高濃度で含まれる分子量69 000のタンパク質であり，肝細胞で合成，分泌される．血液の膠質浸透圧を維持して，水を血管内に保持する機能がある．毛細血管の動脈側では毛細血管圧によるスターリング力（Starling force）がアルブミンによる膠質浸透圧を上回るため，血漿が組織側へ移動して細胞に酸素や栄養を供給する．一方，静脈側ではスターリング力が膠質浸透圧より低くなるため，二酸化炭素や代謝老廃物を含む間質液は逆に全身循環に回収される．蛋白喪失性腸症（小腸絨毛リンパ管からの血漿タンパク質の漏出）や蛋白喪失性腎症（腎糸球体からの血漿タンパク質の漏出），重度肝疾患に罹患した動物では，血液中のアルブミン濃度の減少がみられ，膠質浸透圧低下に

よる腹水貯留を伴うことがある．

アルブミンの測定はブロモクレゾールグリーン（bromocresol green；BCG）法などによるが，この方法はアルブミン以外のタンパク質も測り込むため，必ずしも正確なアルブミンの絶対量が得られるわけではない．血中のアルブミン濃度は，イヌで炎症性腸疾患の予後評価（アルブミンが低いと予後が悪い）に用いられることがあるが，獣医領域では臨床検査の標準化が行われていないため，値の解釈には注意が必要である．

c．グロブリン

グロブリン（globulin）は単一のタンパク質ではなく，複数の分子の混合物である．電気泳動によって α_1-，α_2-，β-，γ-グロブリンに区分されるが，イヌ，ネコ，ウマでは β-グロブリンを β_1- と β_2-グロブリンに分けることもある．臨床的には高グロブリン血症を示す動物において，どの区画が増加しているかを調べて増加しているタンパク質を推定する（表 21.3）．たとえば，α_1-グロブリン分画には多くの急性相反応タンパク質が含まれるため，この分画の増高所見は急性炎症の存在を示唆する．一方，γ-グロブリン分画のおもな構成要素は免疫グロブリンである．感染などで血液中の抗体が増加すると，γ-グロブリン分画の増加が観察される．

d．急性相反応タンパク質

急性相反応タンパク質（acute phase protein；APP）とは，炎症性変化に応答して数日程度で循環血中濃度が増加する一群のタンパク質の総称である．免疫担当細胞から放出される腫瘍壊死因子（tumor necrosis factor；TNF）α やインターロイキン 6（interleukin 6；IL-6）の刺激を受け，肝細胞で産生される．代表的な APP として，C-反応性タンパク質（C-reactive protein；CRP），血清アミロイド A（serum amyloid A；SAA），α_1-酸性糖タンパク質（α_1-acid protein；AGP），ハプトグロビンなどがある．腫瘍や炎症など大規模な組織破壊があるとき，迅速に APP の血中濃度が上昇する．特定疾患に対する特異性はないため確定診断には用いられないが，スクリーニングや予後評価に利用される．APP の臨床応用はヒト医療，獣医療ともに欧米よりも日本で盛んであり，イヌにおいては CRP が，ネコにおいては SAA と AGP が検査項目として利用されている．また，ウシやブタではインター α トリプシンインヒビター重鎖 4（inter-alpha-trypsin-inhibitor heavy chain 4；ITIH4）が APP として報告されており，ある種の感染症で上昇する．二次止血に関与するフィブリノーゲンも APP の一つであり，炎症時に上昇することが知られている．

21.1.7 脂質代謝とリポタンパク質

a．血中の脂質

血液中を流れる脂質として，臨床的にはトリグリセリド（triglyceride；TG）と総コレステロール（total cholesterol；T-CHO）が重要である．TG は食後に上昇し，このときもっとも大きなリポタンパク質であるキロミクロンが増加しているため血漿は白濁する（乳び血症）．コレステロールは，含まれるリポタンパク質分画によって HDL コレステロール（HDL-CHO）と LDL コレステロール（LDL-CHO）に区分されるが，獣医臨床の場でこれらを個別に測定することはあまり行われない．

表 21.3 血清タンパク質電気泳動で分離される代表的なタンパク質

分 画		含まれるタンパク質
アルブミン		アルブミン
グロブリン	α_1	α_1-リポタンパク質（LP），α_1-アンチトリプシン（AT），α_1-アンチキモトリプシン（ACT），α_1-酸性糖タンパク質（AGP），血清アミロイド A（SAA）
	α_2	α_2-マクログロブリン（MG），ハプトグロビン（Hpt），セルロプラスミン
	β_1	トランスフェリン（Tf）
	β_2	β-リポタンパク質（LP），補体第 3 成分（C3），IgM，IgA
	γ	IgG，C-反応性タンパク質（CRP）

TGやT-CHOが上昇した状態は臨床的に高脂血症とよばれていたが，2007年以降ヒト医療では脂質異常症と用語が改められた．獣医領域でも同じ言葉が使われるが，一過性の上昇に対してはあまり用いられない．先天性の脂質異常症（高脂血症）として，ミニチュア・シュナウザーの高中性脂肪血症，シェットランド・シープドッグの高コレステロール血症，ラフ・コリーの高コレステロール血症，ネコのLPL（リポタンパク質リパーゼ；lipoprotein lipase）欠損症などが報告されている．また，後天的には肥満や内分泌疾患（糖尿病，甲状腺機能低下症，副腎皮質機能亢進症など），腎疾患（ネフローゼ症候群など），肝胆道系疾患などが高脂血症の原因となる．

b．リポタンパク質

非極性分子である中性脂質は，そのままの状態で血液中に溶存することができない．そのため，親水基をもつリポタンパク質として循環血液中を輸送される（9章参照）．イヌやネコのリポタンパク質はゲル濾過HPLC法による測定が可能であり，適切に行えば超遠心法による分析結果と相関する．ヒトではLDL-CHOの増加は動脈硬化の危険因子であり，虚血性心疾患や脳梗塞の原因になるとされる．しかし，イヌやネコでは動脈硬化は臨床的にきわめてまれな疾患であり，ヒトのメタボリックシンドロームの概念をそのまま当てはめることはできない（例外的に，肥満を危険因子とするネコの2型糖尿病はヒトのものとよく似ている）．イヌの高コレステロール血症は一般的にHDLの増加によるものであるが，これはイヌがHDLのコレステロールをLDLに転送するコレステリルエステル転送タンパク質（cholesteryl ester transfer protein；CETP）を欠くため，LDLが増加しにくいことによるとされてきた．しかし近年，副腎皮質機能亢進症などでLDLが増加する例も報告されている．

21.1.8　臓器別にみた臨床化学

a．肝臓の臨床化学

肝細胞でアミノ酸代謝にかかわるアスパラギン酸アミノトランスフェラーゼ（aspartate aminotransferase；AST）とアラニンアミノトランスフェラーゼ（alanine aminotransferase；ALT）は，肝疾患の指標として利用される．かつてASTはGOT，ALTはGPTとそれぞれ別の名前で呼ばれていたが，命名規定変更に伴い，現在はAST，ALTの表記が公式である．肝炎や肝腫瘍など，肝細胞が破壊される状況では逸脱酵素としてこれらの血中濃度が上昇する．イヌとネコでは，ASTが肝細胞だけでなく横紋筋細胞にも含まれるのに対し，ALTはほぼ肝細胞のみに含まれる．すなわち，これらの動物においてALTはASTよりも肝疾患の指標として特異度が高い．一方，ウマやウシ，ブタでは，単位重量あたりのALT活性は肝臓と骨格筋でほとんど変わらない．

胆道系に関与する逸脱酵素として，アルカリホスファターゼ（alkaline phosphatase；ALP）とγ-グルタミルトランスペプチダーゼ（γ-glutamyltranspeptidase；γ-GT，γ-GTP，GGT）が利用される．ALPはアルカリ域で作用する脱リン酸化酵素の一種で，骨形成や腸管からの脂肪吸収など様々な生理的機能を有すると考えられている．

遺伝子レベルでは，腸管型ALP（intestinal ALP；IALP）と組織非特異型ALP（tissue non-specific ALP；TNSALP）の2種類のアイソザイムが存在する．前者は消化管粘膜に発現するほか，イヌではグルココルチコイドの刺激を受けると，ステロイド誘導型ALP（corticosteroid-induced isoenzyme of ALP；CALP）として肝細胞で発現が誘導される．治療のためにグルココルチコイド製剤を投与された，あるいは副腎皮質機能亢進症の犬においても，同様にCALPが上昇する．一方，TNSALPは臨床的には肝臓で発現したものを肝臓型ALP（liver ALP；LALP），骨で発現したものを骨型ALP（bone ALP；BALP）とそれぞれ呼び分けている．IALPとCALP，LALPとBALPは一次構造がそれぞれ共通のため真のアイソザイムではないが，糖付加の程度や熱に対する安定性が異なり，臨床的には

アイソザイムとして扱われることが多い．LALPは健常動物で検出される血中ALP活性の半分以上を占め，肝胆道系疾患で上昇する．一方，BALPは骨形成に関与し，成長期の動物や骨折の治癒過程において高値がみられる．

GGTは肝細胞よりも胆管上皮細胞でおもに検出される．イヌにおけるALPとGGTの肝疾患に対する感度はそれぞれ85％と46％，特異度は51％と87％であり，感度ではALP，特異度ではGGTがそれぞれすぐれている．一方，ネコにおける肝疾患への感度はALPが48％，GGTが83％でイヌと逆であるが，肝リピドーシスに対しては例外的にALPの方が感度が高い．

老化した赤血球から取り出されたヘモグロビンは分解されて黄色色素のビリルビン（非抱合型ビリルビン）となり，肝臓でエステル化されて抱合型ビリルビンとなる．抱合型ビリルビンは胆管から十二指腸に排泄され，腸内細菌の作用でウロビリノゲンとなる．その一部は門脈から再吸収されて再び胆管に排泄されるが（腸肝循環），大部分はウロビリンに変化して糞便を着色する．血液中のビリルビンは溶血性疾患，肝実質性疾患，胆道閉塞性疾患によって上昇し，これによって粘膜が黄染した状態を黄疸とよぶ．

b．膵臓の臨床化学

α-アミラーゼはヒトでは膵臓のほかに耳下腺からも分泌され，唾液中に多く含まれる．そのため，ヒトの生化学検査ではアミラーゼは膵炎と耳下腺炎の指標とされる．一方，イヌやネコの耳下腺ではアミラーゼはほとんどつくられず，唾液による糖質消化は実質的に行われない．血中アミラーゼ活性の上昇は臨床的にイヌやネコの膵炎の診断指標として用いられることもあるが，肝臓や腸管などほかの臓器での産生が確認されており，特異度が低いため，現在は検査項目としての利用は推奨されていない．

リパーゼは，イヌにおいて膵炎の指標として利用される．他臓器由来のアイソザイムが存在するため，酵素活性による評価法はアミラーゼと同様特異度に問題があり，臨床的な有用性は低いとされてきた．しかし，検出反応にレゾルフィン基質のDGGRやTGであるトリオレインなど適切な基質を使用することで，膵臓由来のリパーゼに対する特異度を高めることは可能である．また，抗体を用いて膵リパーゼのみを検出する膵リパーゼ免疫活性（pancreatic lipase immunoreactivity；PLI）は感度と特異度にすぐれ，イヌとネコの膵炎の診断に広く利用されている．同様に膵トリプシンを選択的に検出するトリプシン様免疫活性（trypsin like immunoreactivity；TLI）は，膵外分泌不全症の診断に利用されている．

c．糖代謝の臨床化学

血液中のグルコース濃度は血糖値とよばれ，糖代謝の指標として利用される．血糖値は食後に上昇するが，イヌやネコではヒトほど明瞭でない．また，草食動物であるウシやヒツジは栄養因子として揮発性脂肪酸を利用しており，肉食または雑食動物に比べて血糖値は常時低値を示す（12章参照）．空腹時血糖値の著しい上昇は，糖尿病を示唆する．糖尿病の病態には種差が存在し，イヌではインスリン分泌能の低下による1型糖尿病，ネコではインスリン抵抗性を発端とする2型糖尿病が主体である．ネコでは交感神経の刺激によって一過性に血糖値が上昇しやすいため，興奮直後の血糖値の評価は注意を要する．現在はより長期的な血糖値変動の指標として，フルクトサミン（fructosamine；FRA）や糖化アルブミン（glycated albumin；GA）が利用されている．FRAは血液中のタンパク質にグルコースが，GAはアルブミンにグルコースが結合した分子である．これらは数週間にわたる血糖値の平均的な状態を反映するので，より信頼度の高い糖尿病の診断指標である．

低血糖を引き起こす先天性疾患としてグリコーゲン貯蔵病があり，獣医領域ではグルコース-6-ホスファターゼ欠損症である糖原病Ia型（フォンギールケ病，7章コラム参照）と，グリコーゲン脱分枝酵素欠損症である糖原病Ⅲa型がイヌで報告されている．これらの動物はグリコーゲンを分解してグルコースに戻すことができないため，低血糖を起こしやすく肝臓が腫大する．後天的に重

度の低血糖を起こす疾患として，インスリン産生細胞の悪性腫瘍であるインスリノーマがある．重度の肝疾患でも低血糖がみられることがあるが，ある報告によれば機能している肝細胞が20％未満になってはじめて低血糖を呈するようである．

d．筋骨格系の臨床化学

横紋筋の逸脱酵素として，クレアチンキナーゼ（creatine kinase；CK）が利用される．CKはATPからクレアチンへのリン酸基転移反応に関与し，横紋筋におけるエネルギーの貯蔵や利用を調節している．

CKは筋型（M型）と脳型（B型）の2種類のサブユニットから構成される二量体で，組み合わせによってCK-MM，CK-MB，CK-BBの三つのアイソザイムがある．ほとんどの動物種において，骨格筋はおもにCK-MMを，心筋はCK-MMと少量のCK-MB（イヌで3％，ウマで10％）を，脳はおもにCK-BBを含んでいる．一般に骨格筋のCK活性は心筋の2～4倍（ネコでは1倍），脳の約10倍である．

生化学検査で検出されるイヌの血中CK活性は，50％がCK-MM，40％がCK-BB，残りがCK-MBによるものとされる．血中CKはヒトでは心筋梗塞の評価のため重要な検査項目であるが，獣医領域ではミオパチーや筋炎など骨格筋関連疾患の診断に用いられる．脳疾患の診断のための利用は一般的でないが，壊死性脳炎をもつイヌで上昇したという報告がある．イヌでは運動後にも上昇するが，その程度は個体差が大きい．ネコでは筋疾患に加え，栄養状態の指標になるとされる．絶食状態が続いたネコでは筋組織の異化亢進によるCKの増加がみられ，食餌摂取によって回復する．

CK以外の横紋筋の逸脱酵素にASTがある．筋炎や横紋筋融解など筋疾患を呈する動物では，血液中のCKとASTがともに増加する．前述のようにASTは肝酵素でもあるため，特異度はCKに劣る．

e．腎臓の臨床化学

腎機能の指標となる生化学項目には，血中尿素窒素（blood urine nitrogen；BUN）とクレアチニン（creatinine；CRE，Cr）がある．BUNは，血液中に尿素として含まれる窒素量を測定した数値である．体内でタンパク質が代謝されると，アミノ酸に含まれていたアミノ基よりアンモニアが発生するが，哺乳動物では尿素回路のはたらきで2分子のアンモニアが1分子の尿素に変換される．尿素はアンモニアに比べて毒性が低く，水溶性分子なので腎臓を通じて尿中に排泄される（10章参照）．一方，CREは骨格筋におけるクレアチンの代謝産物であり，糸球体で濾過され尿素と同様に尿中に排泄される．血中CRE濃度は生理的には全身の筋肉量を反映するとされ，そのため体格や体重に左右される．健常犬の血中CRE濃度を犬種別に比較すると，小型犬は大型犬より測定値が低域に分布する（図21.3）．

腎疾患の動物では腎クリアランスが低下し，BUNやCREの血中濃度は上昇する．ただし腎臓は予備的能力が高く，BUNやCREの上昇は腎機能の約75％が損なわれるまで明確にはみられない．腎疾患の確定診断は，尿検査（とくに尿比重）の結果を合わせて下される．

BUNの測定は，ウレアーゼ処理によって尿素を分解し，生じたアンモニアを定量する酵素法により行われる．BUNは消化管出血や高タンパク質食，運動などによって上昇し，重度肝疾患では低下するなど腎疾患以外によっても変動する．すなわちCREに比べて特異度が低く，BUNのみ

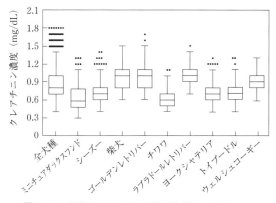

図21.3 健常犬における犬種別血漿クレアチニン濃度の分布

［髙崎ら，動物臨床医学，21(2)(2012) より］

で腎疾患の診断を下すことは通常行われない．CREの測定にはおもに酵素法が用いられるが，以前はヤッフェ法が利用されていたこともある．酵素法はCREにクレアチナーゼとザルコシンオキシダーゼを作用させて過酸化水素を発生させ，反応の最終段階で生じたキノン色素を比色定量する方法である．一方，ヤッフェ法はCREをピクリン酸と化学反応させて発色させる方法である．ピクリン酸は血液中のCRE以外の分子とも反応するため，同一検体であってもヤッフェ法で測定したCRE濃度は酵素法による値より0.2〜0.3 mg/dL程度高くなる．CREは腎疾患のグレード分類の指標の一つとして利用されるが，検査法の違いによる測定値への影響は考慮すべき問題である．

21.2 尿

21.2.1 腎泌尿器の臨床検査

a．腎機能評価の手法

腎臓では，糸球体で濾過された原尿が尿細管で濃縮または希釈され，さらに溶質の再吸収や分泌を経て尿が生成される．糸球体における血漿の濾過速度を糸球体濾過量（glomerular filtration rate；GFR）とよぶ．血液中のBUNやCREは腎疾患の初期には上昇しないため，腎機能評価には本来GFRの測定が望ましい．ヒト医療ではイヌリンクリアランスの測定によるGFRの評価が行われているが，手技が煩雑なため獣医臨床での実施は現実的でない．血中と尿中のCRE濃度から算出する内因性クレアチニンクリアランスは簡便な評価法であるが，尿細管分泌の影響があり，ヒトにおいても年齢や性別，人種ごとの差が大きい．

b．尿の臨床検査

生体内で生じた老廃物は，一般的に胆汁中または尿中に排泄される．したがって尿の性状は全身の代謝状態を反映し，各種疾患の診断指標として利用できる．尿は採取が容易であるため，一般臨床検査として古くからヒト医療および獣医療で実施されている．尿の化学検査はディップスティック法による尿試験紙を用いて行われる．また，遠心分離して得られる尿沈渣を鏡検することによって，尿石症や尿路感染症を検出することができる．

21.2.2 物理的性状

a．外観

正常な動物の尿は透明で濁りがなく，不溶性成分を含まない．ウロクローム色素のため淡黄色を呈するが，濃縮尿では琥珀色，希釈尿では無色まで変化する．病的状態である赤色尿は，細胞成分としての赤血球（血尿）や溶血によって生じたヘモグロビン（ヘモグロビン尿），横紋筋融解によって生じたミオグロビン（ミオグロビン尿）などを含み，橙色の尿はビリルビン尿が疑われる．濁りのある尿は，尿中に不溶性の結晶や円柱，粘液，細胞成分などを含んでいる．

b．比重

尿比重（urine specific gravity；USG）は，蒸留水を基準とした尿の密度の比を意味する．おもに尿の塩分濃度を反映し，濃縮度の指標となる．尿比重はその動物の脱水の有無によって，1.001から1.080程度まで大きく変化する．比重が1.008〜1.012の尿は血漿と浸透圧が等しく，等張尿とよばれる．等張尿は糸球体で濾過された原尿が濃縮も希釈もされていないことを示し，慢性腎疾患の多尿期などでみられる．比重が1.007を下回る尿は希釈尿とよばれ，尿崩症の動物でみられることがある．診断には水制限試験が必要であり，一時的に水分摂取を制限して動物を脱水状態としたときに，尿の濃縮が起こらなければ尿の濃縮能が損なわれていると考える．

21.2.3 化学的性状

a．pH

尿のpHは，血液の酸塩基平衡や食餌の影響を受ける．アシドーシスやタンパク質主体の食事は酸性尿，アルカローシスやウレアーゼ産生菌の尿路感染はアルカリ尿の原因となる．健康なイヌとネコの尿pHは通常5.0〜7.5の範囲であり，正常域を長期にわたって外れると尿石のリスクが増加する．

b．タンパク質

尿検査で検出されるおもなタンパク質はアルブミンである．重度のタンパク尿は糸球体疾患に関連し，蛋白喪失性腎症の診断に利用される．尿タンパクの評価にあたり，尿の濃縮度に影響されない評価項目として尿タンパククレアチニン比（urine protein/creatinine ratio；UPC）が利用できる．UPCは24時間蓄尿中のタンパク質量と相関し，健常なイヌやネコでは0.5以下，明らかなタンパク尿は1.0以上である．

多発性骨髄腫やマクログロブリン血症の動物では，尿中にモノクローナル抗体のL鎖であるベンス・ジョーンズタンパク質（Bence-Jones protein；BJP）が出現することがある．BJPはスティック法による尿検査では検出できず，確定には免疫電気泳動が必要である．

c．糖

グルコースは分子量が小さいため糸球体で濾過されるが，尿細管ですべて再吸収されるため通常尿中に排泄されることはない．しかし，著しい高血糖を呈する動物では尿細管の輸送体の閾値を超える量のグルコースが濾過されるため，再吸収しきれなかったグルコースが尿中に検出される．このような状況は，糖尿病動物でみられる．血糖値が正常なのに尿糖が陽性となる場合は，尿細管の障害による腎性糖尿の可能性がある．

d．ケトン体

アセトン，アセト酢酸，3-ヒドロキシ酪酸（β-ヒドロキシ酪酸）の3分子を合わせてケトン体とよぶ（9.5節参照）．糖尿病動物では糖質の利用が制限されるためβ酸化が亢進し，多量のケトン体が生じて尿中にも排泄される．ケトン体はエネルギーとしても利用されるが，血液中に過剰に存在するとpHを低下させケトアシドーシスの原因となる．

e．ビリルビン

肝胆道系疾患などで血中のビリルビンが増加すると，糸球体濾過によって尿中ビリルビンは増加する．非抱合型ビリルビンはアルブミンと結合しているため通常尿中には排泄されず，尿検査で検出されるビリルビンは抱合型ビリルビンである．イヌはビリルビン排泄の腎域値が低いため，健常でも濃縮尿でビリルビンが検出されることがあるが，健常猫の尿はビリルビンを含まない．

21.2.4 沈渣

a．結晶

尿石症はイヌやネコで多くみられ，様々な結晶が知られている．正八面体のシュウ酸カルシウム結晶はおもに中性から酸性域で，棺桶型のリン酸アンモニウムマグネシウム結晶（ストルバイト結晶）はアルカリ尿で形成される．イヌのストルバイト結晶は，ウレアーゼ産生菌によって尿素からアンモニアが生成し，pHが上昇することがおもな成因とされる．尿酸アンモニウム結晶は高アンモニア血症を呈する門脈体循環シャントの犬でみられるが，ダルメシアンは尿酸をアラントインに代謝するウリカーゼを遺伝的に欠くため，肝臓が正常でも尿酸アンモニウム結晶がみられる．

b．その他の有形成分

その他の有形成分として，尿円柱や血球，細菌などが検出できる．尿円柱は形態的に硝子円柱や顆粒円柱，蠟様円柱に分類され，腎疾患の指標となる．白血球や細菌は，尿路感染の存在を示唆する．

21.3 遺伝子診断法（分子生物学と獣医療）

分子生物学の手法を応用した診断学は，獣医療ではヒト医療に比べ普及が遅れている．それでも，いくつかの遺伝性疾患と悪性腫瘍の診断において臨床応用が行われており，今後の進展が期待される分野である．イヌやネコの遺伝子検査は，一般に頬粘膜または白血球から抽出したゲノムDNAを材料として実施する．

21.3.1 遺伝性疾患の診断

獣医領域では多くの家族性疾患が知られているが，原因遺伝子が確定しているものは限られる．遺伝性疾患の多くは複数の遺伝子の異常による多

■ 臨床検査の感度と特異度，的中率 ■

臨床検査において，異常を異常として検出できる確率を感度，正常を正常として検出できる確率を特異度とよぶ．感度に優れる検査は除外診断に，特異度に優れる検査は確定診断にそれぞれ適している．感度と特異度は基準値の設定によって変動する．たとえば，基準値を広くとれば感度は増すが特異度は低下し，逆に基準値を狭めれば特異度は増すが感度は低下する．

一方，ある検査を行って陽性と出た場合に実際に陽性である確率を陽性適中率，陰性と出た場合に実際に陰性である確率を陰性的中率とよぶ．臨床医が知りたいのは感度・特異度よりも的中率であるが，的中率は集団内におけるその疾患の罹患率によって変動するため，検査法の性能としては通常示されない．たとえば，ある病気の罹患率が100％であれば感度や特異度に関係なく陽性適中率は100％，陰性的中率は0％となる．

因子遺伝性疾患と考えられ，単一遺伝子の異常による疾患は少ないとされる．単一遺伝子の変異を病因とする疾患で遺伝子検査が可能なものとして，ピルビン酸キナーゼ（PK）欠乏症や進行性網膜変性症，銅貯蔵性肝炎などがある．イヌの遺伝性神経疾患であるラフォラ病では，原因遺伝子である *Epm2b* の繰り返し配列部分のリピート数が増加し，それによって転写阻害が生じる．繰り返し配列の前後に設計したプライマーでPCRを行えば，遺伝子異常はPCR産物のサイズの変化として検出できる．

21.3.2 悪性腫瘍の診断

悪性腫瘍の診断は，細胞診や病理組織検査など形態学的手法によるのが一般的である．病因論的には腫瘍は遺伝子病の一種とみなされ，何らかの遺伝子異常が関与するのは間違いない．獣医療では，分子生物学的手法による診断は，一部の腫瘍に利用されているのみである．

リンパ腫の診断には，モノクローナリティ解析が利用されている．リンパ球はB細胞の膜結合型抗体やT細胞受容体の遺伝子が個々に異なる（遺伝子再構成による多様性の獲得）ため，通常これらをPCR増幅しても単一バンドは得られない．しかしリンパ腫では，同一遺伝子をもつリンパ球が増殖するため，単一バンドとなり炎症病変と区別が可能である．

イヌの肥満細胞腫や消化管間質腫瘍（GIST）には受容体型チロシンキナーゼをコードする *c-kit* 遺伝子に変異をもつ型が知られており，イマチニブという抗がん剤が有効である． *c-kit* 遺伝子のPCR増幅を行えば，変異がある場合はバンドのサイズに変化がみられるので，イマチニブの有効性を予測することができる．イマチニブのように，がん細胞に特有の構造をもつ分子を標的とした薬物を，分子標的薬とよぶ．　　　　［石岡克己］

自 習 問 題

【21.1】 末梢血中の赤血球数や白血球数が変動する病態について，例をあげて説明しなさい．

【21.2】 生化学検査の基準値と標準化の問題について説明しなさい．

【21.3】 逸脱酵素の臨床的意義について，例をあげて説明しなさい．

【21.4】 尿検査で評価される項目と，関連する疾患について説明しなさい．

【21.5】 イヌやネコで遺伝子診断が利用できる疾患について説明しなさい．

索 引

■ あ 行

アイソザイム 67
アイソシゾマー (isoschizomer) 186
アクアポリン (aquaporin) 11
アクチベーター 207
アグリカン (aggrecan) 58
アシルキャリアタンパク質 102
アスコルビン酸 72
アスパラギン酸アミノトランスフェラーゼ (aspartate aminotransferase) 243
アセチル CoA 62, 79, 81, 101
N-アセチルノイラミン酸 (N-acetylneuraminic acid) 55
N-アセチルムラミン酸 (N-acetylmuramic acid) 58
アセト酢酸 107
アセトン 107
アダプタータンパク質 161
アディポサイトカイン 130
アデノシンデアミナーゼ欠損症 117
アドレナリン (adrenaline) 69, 126, 129, 140
アノマー (anomer) 51
アフィニティークロマトグラフィー 33
アポトーシス 167, 206
アポリポタンパク質 104
アミノアシル tRNA 201
アミノ基転移反応 (transamination) 112
アミノグリコシド系薬 230
アミノ酸 110
——の分解 112
α-アミノ酸 20
アミノ酸残基 24
アミノペプチダーゼ (aminopeptidase) 110
アミノ末端 24

アミラーゼ (amylase) 244
α-アミラーゼ (α-amylase) 74
β-アミラーゼ (β-amylase) 75
アミロース (amylose) 52
アミロペクチン (amylopectin) 52
アラニンアミノトランスフェラーゼ (alanine aminotransferase) 243
アラントイン 117
アルカリホスファターゼ (alkaline phosphatase) 186, 243
アルコール代謝 68
アルドース (aldose) 48
アルドステロン 14
α ヘリックス 26, 41
アルブミン (albumin) 241
アロステリック 83
アロステリックタンパク質 30
アロプリノール 117
アンチポート 45
アンドロゲン (androgen) 143
アンモニア 115, 122
アンモニウムイオン 115

胃液 110
イオン結合 4
イオン交換クロマトグラフィー 33
イオンチャネル 46
イオンチャネル連結型受容体 154
異化 (catabolism) 61
鋳型 (template) 177
維持メチル化 (maintenance methylation) 214
イソプロピル-β-D-チオガラクトピラノシド (isopropyl-β-D-thiogalactoside) 189
イソマルトース (isomaltose) 51
一次性能動輸送 45
遺伝子 (gene) 174
遺伝子改変生物 (genetically modified organism) 194

遺伝子クローニング (cloning) 188
遺伝子検査 247
遺伝子工学 (genetic engineering) 185
遺伝子診断法 247
遺伝子ノックアウト (gene knockout) 194
遺伝子変換 (gene conversion) 181
イノシトール 1, 4, 5-三リン酸 17, 42
イノシン (inosine) 117
インスリン 89, 125, 129, 136, 142, 148, 149
インスリン応答 133
イントラクリノロジー 152
イントロン (intron) 175

右旋性 50
裏打ちタンパク質 43

エイコサノイド 40
エストロゲン 144
エディティング 199
エナンチオマー (enantiomer) 48
エネルギー 63
エネルギー障壁 66
エピゲノム (epigenome) 210
エピジェネティクス (epigenetics) 210
エピジェネティック修飾 (epigenetic modification) 210
エピマー (epimer) 50
エフェクター 154
エラスターゼ 110
エリスロポエチン (erythropoietin) 237
エリスロマイシン 231
塩基除去修復 (base excision repair) 180, 214
塩基性アミノ酸 22
塩基対 (base pair) 170

塩析	31	飢餓	127	ドロゲナーゼ	79
塩素	18	基質レベルのリン酸化	77	グリセロリン脂質	39
エンドトキシン	58	基準値	240	グリセロール	123
エントロピー	63	基準範囲	240	グリセロールキナーゼ	82
エンハンサー	198	キチン（chitin）	53	グリセロール 3-リン酸シャトル	96
		キトサン（chitosan）	54	グルカゴン	84,126,136
岡崎フラグメント	178	キノロン系薬	231	グルコキナーゼ	77,87,121
オキサロ酢酸	61,136	揮発性脂肪酸（volatile fatty acid）		グルコキナーゼ活性	133
オキシヘモグロビン	30		37,132	グルココルチコイド（glucocorticoid）	
オータコイド	40	キモトリプシン（chymotrypsin）	110		126,143,152
オートクリン（autocrine）	139,149	逆転写酵素（reverse transcriptase）		グルコース	75,77,81,86,121
オペロン	207		182,187	D-グルコース（D-glucose）	50
オリゴ糖（oligosaccharide）	51	キャッピング	199	グルコース-アラニン回路	
オルガネラ	5	ギャップ結合（gap junction）	158		114,123,127
オルニチン	114	キャップ構造	171	グルコース-6-ホスファターゼ活性	
		球状タンパク質	23,29		133
■ か 行		急性アシドーシス	137	グルコース輸送体	46,76,121
		急性相反応タンパク質		グルタチオン	23
外因性経路	239	（acute phase protein）	242	γ-グルタミルトランスペプチダーゼ	
壊血病	29	凝固因子	239	（γ-glutamyltranspeptidase）	243
開口分泌（exocytosis）	16	鏡像異性体	48	グルタミン酸	113
開始因子（initiation factor）	203	共鳴安定化（resonance stabilization）		グルタミン酸デヒドロゲナーゼ	
開始コドン	201		3	（glutamate dehydrogenase）	113
解糖	77	共鳴構造（resonance structure）	3	クレアチニン（creatinine）	245
解糖経路	61	共有結合（covalent bond）	3	クレアチンキナーゼ	
化学療法（chemotherapy）	227	極性アミノ酸	22	（creatine kinase）	245
核（nucleus）	6	キラル	20	クレブス回路	90
核酸（nucleic acid）	4,169	キラル炭素	48	グロブリン（globulin）	242
カスケード反応	159	キロミクロン	135	クロマチン（chromatin）	175,210
褐色脂肪組織	129			クロマチン免疫沈降法（chromatin	
活性化エネルギー	66	クエン酸回路（citric acid cycle）		immuno-precipitation）	223
カテコールアミン	126,140		61,79,81,90	クロラムフェニコール	231
D-ガラクトース（D-galactose）	50	組換え DNA（recombinant DNA）		クローン動物	195
カリウム	15		185		
カルシウム	15	グラム陰性菌	229	血液	124,235
カルシトニン	15	グラム陽性菌	229	血液化学検査	240
カルニチン	105	グリコーゲン（glycogen）		血漿（plasma）	236
カルバモイルリン酸	114		53,74,80,85,121	血小板	239
γ-カルボキシグルタミン酸残基	16	グリコーゲンシンターゼ	87	血清（serum）	236
カルボキシペプチダーゼ		グリコーゲンホスホリラーゼ	69,86	血清膠質反応	31
（carboxypeptidase）	110	グリコサミノグリカン		血中逸脱酵素	68,113,240
カルボキシ末端	24	（glycosaminoglycan）	54	血中尿素窒素（blood urine nitrogen）	
がん	160	グリコシド結合（glycosidic bond）			245
管腔内消化	120		51	血友病	239
ガングリオシド	55	O-グリコシド結合	29	α-ケトグルタル酸	113
還元型補酵素	91	グリコペプチド系抗菌薬	229	ケト原生アミノ酸（ketogenic amino	
緩衝作用	12	N-グリコリルノイラミン酸		acid）	115
緩衝領域	12	（N-glycolylneuraminic acid）	55	ケトーシス	108,136
完全好気的代謝	70	グリセルアルデヒド		ケトース（ketose）	48
肝臓	113,121	（glyceraldehyde）	48	ケトン体	107,122,124
		グリセルアルデヒド(-3-)リン酸デヒ		ケトン体合成	136

索引		
ゲノム（genome）	174	
ゲノムクローニング（genome cloning）	189	
ゲノムライブラリー（genomic library）	189	
ゲル濾過クロマトグラフィー	33	
限界デキストリン	53	
原核細胞（prokaryote）	5	
原子（atom）	3	
原子核（atom nucleus）	3	
原子番号（atomic number）	3	
コアタンパク質	58	
コアヒストン（core histone）	211	
高エネルギー化合物	79	
好塩基球	238	
効果器	154	
光学異性体	20	
抗菌薬	229	
交差（crossing over）	181	
好酸球	238	
高脂血症	243	
恒常性	148	
甲状腺	141	
甲状腺ホルモン	153	
抗生物質（antibiotics）	204, 228	
酵素	65	
構造脂質	37	
酵素会合型受容体	156	
酵素基質複合体	66	
酵素連結型受容体	154	
好中球	238	
骨格筋	122	
コード領域（coding region）	171	
コバラミン	72	
コファクター（co-factor）	168	
コラーゲン	28	
コリ回路	88, 114, 123	
ゴルジ体（Golgi body）	6, 205	
コルチゾール	153	
コレステロール	39, 85, 108, 122	

■さ 行

最大反応速度	67	
細胞	4	
細胞外マトリックス（extracellular matrix）	54	
細胞間バリアー	158	
細胞骨格（cytoskeleton）	7	
細胞質（cytoplasm）	7	

細胞周期	176
細胞小器官（organelle）	5
細胞接着	156
細胞内受容体	153
細胞膜	5
細胞膜結合分子	156
細胞老化（cellular senescence）	183
酢酸	76
左旋性	50
酸化的リン酸化（oxidative phosphorylation）	77, 94
サンガー法（Sanger method）	192
酸性アミノ酸	22
三量体Gタンパク質	159, 162
ジアシルグリセロール	17, 42
シアル酸（sialic acid）	55
糸球体濾過量（glomerular filtration rate）	246
シグナル分子	148
シクロヘキシミド	233
止血	239
脂質	35, 60
脂質異常症	243
脂質シグナル	165
脂質二重層	5, 40
視床下部	140
自食胞（autophagosome）	206
自食リソソーム（autophagolysosome）	206
ジスルフィド結合（disulfide bond）	25
質量分析法（mass spectrometry）	34
ジデオキシ法（dideoxy method）	192
シトクロムc	94
シナプス型シグナル伝達	149
ジヒドロキシアセトン（dihydroxyacetone）	48
ジヒドロテストステロン	144
脂肪肝症	137
脂肪酸	36, 62, 85
脂肪酸合成	101, 135
脂肪酸合成酵素	101
脂肪組織	123
シャイン-ダルガーノ配列	197
自由エネルギー	64
周産期病	137
終止コドン	201
受動的脱メチル化	

（passive demethylation）	215
受動輸送	45
受容体（receptor）	139, 153
受容体型チロシンキナーゼ	164
消化	120
消化管	120
消化酵素	110
松果体	140
脂溶性シグナル分子	153
脂溶性ホルモン	142
上皮型Na$^+$チャネル（epithelial sodium channel）	14
小胞体（endoplasmic reticulum）	6
食餌タンパク質	110
真核細胞（eukaryote）	5
新規メチル化（de novo methylation）	214
ジンクフィンガー	27, 198
神経伝達物質	124
心臓	122
腎臓	124
浸透圧（osmotic pressure）	14
心房性ナトリウム利尿ペプチド（atrial nautriuretic peptide）	14
シンポート	45
膵臓	141
水素結合（hydrogen bond）	4, 10, 27
膵島	142
水溶性ビタミン	70
水溶性ホルモン	139
膵リパーゼ免疫活性（pancreatic lipase immunoreactivity）	244
スクロース（sucrose）	51
ステロイドホルモン	85
ストア作動性Ca^{2+}チャネル（store-operated Ca^{2+} channel）	16
ストレス	127
ストレプトゾシン	233
ストレプトマイシン	231
スフィンゴ脂質	39
スプライシング	199
スプライソソーム	199
スルファメトキサゾール	232
生化学検査	240
制限酵素（restriction enzyme）	186
制限酵素地図（restriction map）	186
制限修飾防御系（restriction-modification system）	186
生合成	63

生体高分子（biopolymer）	4	単糖（monosaccharide）	48	糖新生基質	133
成長ホルモン（growth hormone）	136	タンパク質（protein）	4, 19, 60	糖タンパク質（glycoprotein）	55
生理活性脂質	39	——の一次構造	20, 25	等電点（isoelectric point）	22
セカンドメッセンジャー		——の二次構造	20, 26	等電点電気泳動法	
（second messenger）	139, 148	——の三次構造	20, 27	（isoelectric focusing）	32
赤筋	122	——の四次構造	20, 28	糖尿病	129, 148, 149
赤血球（erythrocyte, red blood cell）	124, 236	チアミン	70	当量（equivalent）	14
接着結合（adherence junction）	158	窒素化合物	116	独立栄養生物	60
セルロース（cellulose）	53	中期染色体		ドメイン	28
セロビオース	53	（metaphase chromosome）	175	トランスジェニック動物	
線維芽細胞増殖因子 23（fibroblast growth factor 23）	17	中性アミノ酸	22	（transgenic animal）	194
		中性子（neutron）	3	トランスファー RNA	
繊維状タンパク質	23, 28	中性脂肪	100, 122	（transfer RNA）	172
染色体（chromosome）	174	長鎖脂肪酸	35	トリアシルグリセロール	37, 100
セントラルドグマ（central dogma）	182	超低密度リポタンパク質	122	トリグリセリド（tryglyceride）	37, 100, 135, 242
セントロメア（centromere）	175	チロキシン	143, 151	トリプシン様免疫活性（tripsin like immunoreactivity）	244
臓器特異的	68	低分子量 G タンパク質	160	トリメトプリム	232
双極子（dipole）	9	定量 PCR（quantitative PCR）	188	トリヨードチロニン	143
総コレステロール（total cholesterol）	242	デオキシヘモグロビン	30	トロポニン C	17
		2-デオキシ-D-リボース（2-deoxy-D-ribose）	51	貪食胞（phagosome）	206
増殖因子（growth factor）	149	テストステロン	144		
相同組換え（homologous recombination）	181	デスモゾーム結合（desmosome junction）	158	■ な 行	
相補的 DNA（complementary DNA）	187	テトラサイクリン	231	ナイアシン	71
促進拡散	45, 76	テトラサイクリン系薬	231	内因性経路	239
疎水性相互作用	27	テトラヒドロ葉酸	117	内毒素	58
粗面小胞体	205	テロメア（telomere）	175, 183	内分泌型シグナル伝達	149
		テロメラーゼ（teromerase）	183	ナトリウム	14
■ た 行		電解質（electrolyte）	14	ナリジスク酸	231
第一胃	132	電気泳動法	31		
代謝	60	電気化学的勾配（electrochemical gradient）	45	二次元ポリアクリルアミドゲル電気泳動法	32
耐性菌（resistant bacteria）	228	電子（electron）	3	二次性能動輸送（secondary active transport）	14, 45
耐熱性 DNA ポリメラーゼ	187	転写（transcription）	171	二重らせん構造（double helix）	170
胎盤	141	転写因子（transcription factor）	198	二本鎖切断修復（double-strand break repair）	180
多価不飽和脂肪酸	36	デンプン（starch）	52, 74	乳酸	79, 81
脱共役タンパク質（uncoupling protein）	97	糖衣	43	乳酸脱水素酵素（lactate dehydrogenase）	67, 133
多糖	4	同化（anabolism）	63	乳糖不耐症	75
単球	238	糖化アルブミン（glycated alubumin）	244	尿	246
短鎖脂肪酸	37	糖化ヘモグロビン	22	尿酸	116
炭酸・重炭酸塩緩衝系	12	糖原生アミノ酸（glucogenic amino acid）	115	尿素回路（urea cycle）	62, 112
胆汁酸	121	糖原病（glycogenosis）	86	尿比重（urine specific gravity）	246
単純拡散	44	糖脂質（glycolipid）	55	ニンヒドリン	22
単純脂質	35	糖質（saccharide）	48, 60		
炭水化物（carbohydrate）	48	糖新生	63, 81, 121	ヌクレオソーム（nucleosome）	176, 199, 210

ヌクレオチド (nucleotide)	116, 169	
ヌクレオチド除去修復 (nucleotide excision repair)	180	
熱ショックタンパク質 (heat shock protein)	27	
熱力学の法則	63	
脳	123	
脳下垂体	141	
濃厚飼料の多給	136	
能動的脱メチル化 (active demethylation)	215	
能動輸送 (active transport)	45	
ノルアドレナリン (noradrenaline)	126, 140, 150	
ノルフロキサシン	231	

■ は 行

バイサルファイト反応	218
ハイドロパシー	22
ハイブリダイゼーション (hybridization)	190
パイロシークエンス法 (pyrosequencing)	193
播種性血管内凝固 (disseminated intravascular coagulation)	240
白筋	122
白血球 (leukocyte, white blood cell)	238
パラクリン (paracrine)	139, 149
パルチミン酸	103
バンコマイシン	230
反すう動物	132
パントテン酸	73
半不連続的複製	177
半保存的複製 (semiconservative replication)	177
ヒアルロン酸	58
ビオチン	73
非共有結合 (noncovalent bond)	3
非極性アミノ酸	22
非受容体型チロシンキナーゼ	165
ヒストン (histone)	176, 199, 210
ヒストンコード (histone code)	212
ヒストン八量体 (histone octamer)	211
ヒストンバリアント (histone variant)	212
ヒストン尾部 (histone tail)	211
2,3-ビスホスホグリセリン酸	80
非相同末端結合 (non-homologous end joining)	181
ビタミン	70
——B_1	70
——B_2	71
——B_3	71
——B_6	71
——B_{12}	72
——C	29, 72
——K	16
ヒト免疫不全ウイルス	182
1,25-ヒドロキシコレカルシフェロール	15
ヒドロキシプロリン	29
ヒドロキシメチル化シトシン	216
β-ヒドロキシ酪酸	107
非ふるえ熱産生	129
ヒポキサンチン	117
非翻訳 RNA (noncoding RNA)	173
非翻訳領域 (untranslated region)	171
肥満症候群	137
ピューロマイシン	233
標準化	240
ピラノース	50
ピリミジン塩基	169
微量元素 (trace element)	3
ビリルビン	244
ピルビン酸	61, 79
ピルビン酸カルボキシラーゼ	94
ピルビン酸キナーゼ (pyruvate kinase)	84, 237
ピルビン酸デヒドロゲナーゼ	94
ファゴリソソーム (phagolysosome)	206
ファージ (phage)	190
ファンデルワールス結合	4
ファンデルワールス力 (van der Waals force)	4, 27
部位特異的組換え (site-specific recombination)	181
フィードバック阻害	145
フォン・ウィレブランド因子 (von Willebrand factor)	239
不感蒸泄	9
複合脂質	36
副甲状腺	141
副甲状腺ホルモン (parathyroid hormone)	15, 140
複合糖質 (complex carbohydrate)	55
副腎髄質	140
副腎皮質	145
副腎皮質刺激ホルモン	151
複製開始点 (replication origin)	177
不斉炭素	48
付着末端 (sticky end)	186
不飽和脂肪酸	36
プライマー (primer)	177
プラスミド (plasmid)	189
プラスミン	240
フラノース	50
フリッパーゼ	43
フリップ・フロップ	43
プリン塩基	169
ふるえ熱産生	129
フルクトサミン (fructosamine)	244
D-フルクトース (D-fructose)	50
フルクトースビスホスファターゼ1	83
フルクトース 2,6-ビスリン酸	83
プロスタグランジン E_2	151
プロテアソーム	206
プロテインキナーゼ	148
プロテインキナーゼC	163
プロテオグリカン (proteoglycan)	55
プロテオミクス	34
プロトン	10
プロピオン酸	76, 82
プロラクチン (prolactin)	136
分子シャペロン	27
分泌型シグナル分子	149
平滑末端 (blunt end)	186
平衡定数	63
ヘキソキナーゼ	77, 83, 87, 121
ベクター (vector)	185, 228
β 酸化	105
β シート	26
β ストランド	26
β バレル	41
ヘテロ多糖 (heteropolysaccharide)	54
ペニシリン (penicillin)	228
ペプシノーゲン	110
ペプシン (pepsin)	110
ペプチジルトランスフェラーゼ (peptidyl transferase)	204

ペプチドグリカン（peptidoglycan） 55	膜透過性 115	■ ら 行
ペプチド結合 23	膜内在性タンパク質 41	
ヘミアセタール 50	マグネシウム 17	ライディッヒ細胞 145
ヘミケタール 50	膜表在性タンパク質 41	ラギング鎖（lagging strand） 178
ヘミデスモゾーム結合 158	膜輸送タンパク質 45	酪酸 76
ヘム 30	マクロライド系薬 231	β-ラクタム系抗菌薬 229
ヘモグロビン（hemoglobin） 22,30,80,237	マルトース（maltose） 51	ラクトース（lactose） 51,75
	マロニル CoA 101,106	ラフト 42
ヘリックス-ターン-ヘリックス 27,198	D-マンノース（D-mannose） 50	ランゲルハンス島 142
	ミエロペルオキシダーゼ	卵巣 145
ヘリックス-ループ-ヘリックス 28	（myeloperoxidase） 18,238	リアノリジン受容体 17,155
ペルオキシソーム（peroxisome） 6	ミオグロビン 29	リアルタイム PCR 188
ベンス・ジョーンズタンパク質 （Bence-Jones protein） 247	ミカエリス定数 （Michaelis constant） 67,77	リガンド 33,153
		リソソーム（lysosome） 6,205
変性（denaturation） 31	水の電離 10	リゾチーム 65
ヘンダーソン-ハッセルバルヒの式 11	水の誘電率 9	リーディング鎖（leading strand） 178
ペントースリン酸経路 85,117	ミスマッチ修復（mismatch repair） 180	リパーゼ 244
	密着結合（tight junction） 158	リファンピシン 231
傍分泌型シグナル伝達 149	ミトコンドリア（mitochondria） 6,79	リプレッサー 198,207
傍濾胞細胞 142		D-リボース（D-ribose） 51
補欠分子 70	ミトコンドリア DNA 176	リボース 5-リン酸 85
補酵素 70	ミネラルコルチコイド （mineral corticoid） 143	リボソーム（ribosome） 7,202
補酵素 A 91		リボソーム RNA（ribosomal RNA） 172,197
ホスファチジルイノシトール 4,5-二リン酸 17	ムコ多糖（mucopolysaccharide） 54	
		リポ多糖（lipopolysaccharide） 55
ホスホジエステル結合 （phosphodiester bond） 170	メチル化酵素（methylase） 186	リポタンパク質（lipoprotein） 103,243
	メッセンジャー RNA	
ホスホフルクトキナーゼ 1 83	（messenger RNA） 171,197	リボヌクレオタンパク質
ホスホフルクトキナーゼ 2 83	メトミオグロビン 30	（ribonucleoprotein） 183
ホスホリパーゼ A_2 39,40	メバロン酸 109	リボフラビン 71
ホスホリパーゼ C 17,42	メラトニン（melatoin） 140	リポポリサッカリド 58
ホメオスタシス 148	免疫不全症 117	流動モザイクモデル 42
ホモ多糖（homopolysaccharide） 52		リン 17
ポリヌクレオチドキナーゼ （polynucleotide kinase） 186	網状赤血球（reticulocyte） 236	リンゴ酸-アスパラギン酸シャトル 95
	モチーフ 27	リン酸塩緩衝系 13
ポリ(A)尾部（poly (A) tail） 172		臨床化学検査 240
ポリメラーゼ連鎖反応 （polymerase chain reaction） 187	■ や 行	リンパ球 238
	融合脂質 36	レクチン（lectin） 57
ホルモン（hormone） 138	遊離脂肪酸（free fatty acid） 37,135	レセプター 153
——の階層性 145	ユニポート 45	レプチン 130
翻訳 200	ユビキチン 206	レプチン抵抗性 131
翻訳領域（translated region） 171	ユビキノン 94	レプリカーゼ（replicase） 183
■ ま 行	葉酸 72	ロイシンジッパー 27,199
マクサム-ギルバート法 （Maxam-Gilbert method） 192	陽子（proton） 3	
膜消化 120	ヨウ素-デンプン反応 52	
膜タンパク質 41		

索 引

■ 欧 文

ACTH	151
ADA	117
AGEs	22
ALP	243
ALT	243
ANP	14
AST	243
ATP	62, 90
BJP	247
BNP	14
2,3-BPG	80
BUN	245
C細胞	142
Ca^{2+} 感知受容体　(Ca-sensing receptor)	15
cAMP依存性プロテインキナーゼ	163
CaSR	15
cDNA	182, 187
cDNAクローニング　(cDNA cloning)	189
cDNAライブラリー（cDNA library）	189
ChIP	223
ChIP-seq	217
CK	245
CoA-SH	91
CpGアイランド	214
CpG配列	214
Cr	245
CRE	245
Cre-loxPシステム	194
DHT	144
DNA	169
——の組換え　(DNA recombination)	181
DNAグリコシラーゼ　(DNA glycosylase)	180
DNA損傷 (DNA damage)	179
DNA損傷修復 (DNA repair)	180
DNAヘリカーゼ (DNA helicase)	178
DNAポリメラーゼ　(DNA polymerase)	177, 187, 197
DNAマイクロアレイ	191
DNAメチル化プロフィール	219
DNAメチル基転移酵素　(DNA methyltransferase)	214
DNAリガーゼ (DNA ligase)	186
Eq	14
ESI	34
F_1F_o-ATPase	96
F-2,6-BP	83
$FADH_2$	61
FBPアーゼ1	83
FFA	37, 135
FGF 23	17
FRA	244
$\Delta G^{o'}$	63
Gタンパク質結合型受容体	154
GA	244
GAP	161
GDP-GTP交換因子 (guanine nucleotide exchange factor)	160
GEF	160
GFR	246
GGT	243
GLUT2	76, 121
GLUT4	125
GLUT5	76
GM1	57
GTP	117
γ-GTP	23, 243
GTPase活性化タンパク質　(GTPase activating protein)	160
HAT	220
Hb	237
HDAC	221
HDLコレステロール	135
HIV	182
HMG-CoAレダクターゼ	108
IF	203
IP_3	17
IPTG	190
JAK	165
K_{eq}	63
K_m	67, 77, 133
LDH	67, 133
LPS	58
MALDI	34
MAPK	164
MBD	217
mRNA	171, 197
Na^+依存性グルコース輸送体　(sodium-dependent glucose transporter)	14, 76
Na^+依存性リン輸送体　(sodium phospate transporter)	17
NADH	61
Na^+, K^+-ATPase	14
NPT	17
$1,25(OH)_2$-D_3	144
PCR	187
PFK1	83
PFK2	83
pH	10
pI	22
PIP_2	17
PK	84, 237
PKA	163
PKC	163
PLC	17
PLI	244
pol I	198
pol II	198
pol III	199
PTH	15, 140
RNA	169
RNA依存性RNAポリメラーゼ	183
RNA干渉 (RNA interference)	173
RNAポリメラーゼ	197
RNAポリメラーゼ I	198
RNAポリメラーゼ II	198
RNAポリメラーゼ III	199
RNP	183
rRNA	172, 197
RT-PCR	188
SDS-PAGE	32
SGLT	14, 76
T_3	143
T_4	143
TAクローニング	191
TAF	198

Taq DNA ポリメラーゼ	187	TERT	183	VFA	37, 76, 82, 132
TATA 結合関連因子（TATA-binding associated factor）	198	TG	135, 242	VLDL	122
		TIM バレル	27	V_{max}	67
TATA ボックス	198	TLI	244		
TCA 回路	81, 90	tRNA	172, 200	X-gal	190
TCA サイクル	61				
T-DMR	219	UTR	171		

編集者略歴

横田　博（よこた・ひろし）
1978年　北海道大学大学院水産学研究科修士課程修了
現　在　酪農学園大学獣医学群教授
　　　　理学博士

木村和弘（きむら・かずひろ）
1988年　北海道大学大学院獣医学研究科博士課程修了
現　在　北海道大学大学院獣医学研究科教授
　　　　獣医学博士

志水泰武（しみず・やすたけ）
1992年　北海道大学大学院獣医学研究科博士課程修了
現　在　岐阜大学応用生物科学部教授
　　　　博士（獣医学）

改訂　獣医生化学　　　　　　　　　　定価はカバーに表示

2016年4月1日　初版第1刷
2024年8月1日　　　　第10刷

編集者　横　田　　　博
　　　　木　村　和　弘
　　　　志　水　泰　武
発行者　朝　倉　誠　造
発行所　株式会社　朝　倉　書　店

東京都新宿区新小川町6-29
郵便番号　１６２-８７０７
電　話　03（3260）0141
ＦＡＸ　03（3260）0180
https://www.asakura.co.jp

〈検印省略〉

© 2016〈無断複写・転載を禁ず〉　　　　　　　　Printed in Korea

ISBN 978-4-254-46035-3　C 3061

JCOPY　〈出版者著作権管理機構　委託出版物〉

本書の無断複写は著作権法上での例外を除き禁じられています．複写される場合は，そのつど事前に，出版者著作権管理機構（電話 03-5244-5088, FAX 03-5244-5089, e-mail: info@jcopy.or.jp）の許諾を得てください．

シリーズ〈家畜の科学〉

人間社会に最も身近な動物達を，動物学・畜産学・獣医学・食品学・社会学などさまざまな側面から解説．一冊で「家畜」のすべてがわかる

［A5判・各巻約200〜240頁］

1. ウシの科学　広岡博之編　248頁

2. ブタの科学　鈴木啓一編　208頁

3. ヤギの科学　中西良孝編　228頁

4. ニワトリの科学　古瀬充宏編　212頁

5. ヒツジの科学　田中智夫編　200頁

6. ウマの科学　近藤誠司編　〈続刊〉

小宮山鐵朗・鈴木慎二郎・菱沼　毅・森地敏樹編

畜産総合事典（普及版）

45024-8　C3561　　　　A5判　788頁　本体19000円

遺伝子工学の応用をはじめ進展の著しい畜産技術や畜産物加工技術などを含め，わが国の畜産の最先端がわかるように解説。研究者・技術はもとより周辺領域の人たちにとっても役立つ事典。〔内容〕総論：畜産の現状と将来／家畜の品種／育種／繁殖／生理・生態／管理／栄養／飼料／畜産物の利用と加工／草地と飼料作物／ふん尿処理と利用／衛生／経営／法規．各論：乳牛／肉牛／豚／めん羊・山羊／馬／鶏／その他（毛皮獣，ミツバチ，犬，実験動物，鹿，特用家畜）／飼料作物／草地

動物遺伝育種学事典編集委員会編

動物遺伝育種学事典（普及版）

45025-5　C3561　　　　A5判　648頁　本体18000円

遺伝現象をDNAレベルで捉えるゲノム解析などの技術の進展にともない，互いに連携して研究を進めなければならなくなった，動物遺伝学，育種学諸分野の総合的な五十音配列の用語辞典。主要語にはページをさき関連用語を含め体系的に解説。共通性の高い用語は「共通用語」として別に扱った。分子から統計遺伝学までの学術専門用語と，家畜，家禽，魚類に関わる育種的用語を，併せてわかりやすく説明。初学者から異なる分野の専門家，育種の実務家等にとっても使いやすい内容

前東大　高橋英司編

小動物ハンドブック（普及版）
— イヌとネコの医療必携 —

46030-8　C3061　　　　A5判　352頁　本体5800円

獣医学を学ぶ学生にとって必要な，小動物の基礎から臨床までの重要事項をコンパクトにまとめたハンドブック。獣医師国家試験ガイドラインに完全準拠の内容構成で，要点整理にも最適。〔内容〕動物福祉と獣医倫理／特性と飼育・管理／感染症／器官系の構造・機能と疾患（呼吸器系／循環器系／消化器系／泌尿器系／生殖器系／運動器系／神経系／感覚器／血液・造血器系／内分泌・代謝系／皮膚・乳腺／生殖障害と新生子の疾患／先天異常と遺伝性疾患）

日中英用語辞典編集委員会編

日中英対照生物・生化学用語辞典（普及版）

17127-3　C3545　　　　A5判　512頁　本体9800円

日本・中国・欧米の生物・生化学を学ぶ人々および研究・教育に携わる人々に役立つよう，頻繁に用いられる用語約4500語を選び，日中英，中日英，英日中の順に配列し，どこからでも用語が探しだせるよう図った。〔内容〕生物学一般／動物発生／植物分類／動物分類／植物形態学／植物地理学／動物形態学／動物組織学／植物生理学／動物生理学／動物生理化学／微生物学／遺伝学／細胞学／生態学／動物地理学／古生物学／生化学／分子生物学／進化学／人類学／医学一般／他

早大　木村一郎・前老人研　野間口隆・埼玉大　藤沢弘介・東大　佐藤寅夫訳

オックスフォード辞典シリーズ

オックスフォード動物学辞典

17117-4　C3545　　　　A5判　616頁　本体14000円

定評あるオックスフォードの辞典シリーズの一冊"Zoology"の翻訳。項目は五十音配列とし読者の便宜を図った。動物学が包含する次のような広範な分野より約5000項目を選定し解説されている。――動物の行動，動物生態学，動物生理学，遺伝学，細胞学，進化論，地球史，動物地理学など。動物の分類に関しても，節足動物，無脊椎動物，魚類，は虫類，両生類，鳥類，哺乳類などあらゆる動物を含んでいる。遺伝学，進化論研究，哺乳類の生理学に関しては最新の知見も盛り込んだ

T.E.クレイトン編
前お茶の水大　太田次郎監訳

分子生物学大百科事典

17120-4　C3545　　　　B5判　1176頁　本体40000円

21世紀は『バイオ』の時代といわれる。根幹をなす分子生物学は急速に進展し，生物・生命科学領域は大きく変化，つぎつぎと新しい知見が誕生してきた。本書は言葉や用語の定義・説明が主の小項目の辞典でなく，分子生物学を通して生命現象や事象などを懇切・丁寧・平易に解説，五十音順に配列した中項目主義（約450項目）の事典である。〔内容〕アポトーシス／アンチコドン／オペロン／抗原／抗体／ヌクレアーゼ／ハプテン／B細胞／ブロッティング／免疫応答／他

小笠 晃・金田義宏・百目鬼郁男監修

動物臨床繁殖学

46032-2 C3061　　　B5判 384頁 本体12000円

定評のある教科書の最新版。〔内容〕生殖器の構造・機能と生殖子／生殖機能のホルモン支配／性成熟と発情周期／各動物の発情周期／人工授精／繁殖の人為的支配／胚移植／授精から分娩まで／繁殖障害／妊娠期・分娩時・分娩終了後の異常

東大 久和 茂編

獣医学教育モデル・コア・カリキュラム準拠 **実験動物学**

46031-5 C3061　　　B5判 200頁 本体4800円

実験動物学のスタンダード・テキスト。獣医学教育のコア・カリキュラムにも対応。〔内容〕動物実験の倫理と関連法規／実験のデザイン／基本手技／遺伝・育種／繁殖／飼育管理／各動物の特性／微生物と感染病／モデル動物／発生工学／他

岡山大 国枝哲夫・東大 今川和彦・日獣大 鈴木勝士編

獣医学教育モデル・コア・カリキュラム準拠 **獣医遺伝育種学**

46033-9 C3061　　　B5判 176頁 本体3800円

遺伝性疾患まで解説した獣医遺伝育種学の初のスタンダードテキスト。〔内容〕遺伝様式の基礎／質的形質の遺伝／遺伝的改良（量的形質と遺伝）／応用分子遺伝学／産業動物・伴侶動物の品種と遺伝的多様性／遺伝性疾患の概論・各論

前農工大 桐生啓治・農工大 町田 登著

コンパクト 家畜病理学各論

46023-0 C3061　　　A5判 192頁 本体4000円

部位別の各疾患について知っておくべき重要な事がらがひと目でわかるよう個条書き式に簡潔に記述したサブテキスト。日常授業や国試前のまとめに最適。〔内容〕リンパ細網系／肝臓と膵臓／消化器系／泌尿器系／呼吸器系／神経系／循環器系

日獣大 今井壮一・岩手大 板垣 匡・鹿児島大 藤﨑幸藏編

最新 家畜寄生虫病学

46027-8 C3061　　　B5判 336頁 本体12000円

寄生虫学ならびに寄生虫病学の最もスタンダードな教科書として多年好評を博してきた前著の全面改訂版。豊富な図版と最新の情報を盛り込んだ獣医学生のための必携教科書・参考書。〔内容〕総論／原虫類／蠕虫類／節足動物／分類表／他

前東北大 佐藤英明編著

新 動物生殖学

45027-9 C3061　　　A5判 216頁 本体3400円

再生医療分野からも注目を集めている動物生殖学を，第一人者が編集。新章を加え，資格試験に対応。〔内容〕高等動物の生殖器官と構造／ホルモン／免疫／初期胚発生／妊娠と分娩／家畜人工授精・家畜受精卵移植の資格取得／他

佐藤衆介・近藤誠司・田中智夫・楠瀬 良・森 裕司・伊谷原一編

動物行動図説
―家畜・伴侶動物・展示動物―

45026-2 C3061　　　B5判 216頁 本体4500円

家畜・伴侶動物を含む様々な動物の行動類別を600枚以上の写真と解説文でまとめた行動目録。専門的視点から行動単位を収集した類のないユニークな成書。畜産学・獣医学・応用動物学の好指針。〔内容〕ウシ／ウマ／ブタ／イヌ／ニワトリ他

東大 明石博臣・麻布大 木内明夫・岩手大 原澤 亮・農工大 本多英一編

動物微生物学

46028-5 C3061　　　B5判 328頁 本体8800円

獣医・畜産系の微生物学テキストの決定版。基礎的な事項から最新の知見まで，平易かつ丁寧に解説。〔内容〕総論（細菌／リケッチア／クラミジア／マイコプラズマ／真菌／ウイルス／感染と免疫／化学療法／環境衛生／他），各論（科・属）

佐藤英明・河野友宏・内藤邦彦・小倉淳郎編著

哺乳動物の発生工学

45029-3 C3061　　　A5判 212頁 本体3400円

近年発展の著しい，家畜・実験動物の発生工学を学ぶテキスト。〔内容〕発生工学の基礎／エピジェネティクス／IVGMFC／全胚培養／凍結保存／単為発生／産み分け／顕微授精／トランスジェニック動物／ES，iPS細胞／ノックアウト動物／他

前東大 東條英昭・前京大 佐々木義之・岡山大 国枝哲夫編

応用動物遺伝学

45023-1 C3061　　　B5判 244頁 本体6400円

分子遺伝学と集団遺伝学を総合して解説した，畜産学・獣医学・応用生命科学系学生向の教科書。〔内容〕ゲノムの基礎／遺伝の仕組み／遺伝子操作の基礎／統計遺伝／動物資源／選抜／交配／探索と同定／バイオインフォマティクス／他

日大 村田浩一・井の頭自然文化園 成島悦雄・金沢動物園 原久美子編

動物園学入門

46034-6 C3061　　　B5判 216頁 本体3900円

動物園は現在，動物生態の研究・普及の拠点として社会における重要性を増しつつある。日本の動物園の歴史，意義と機能，動物園動物の捕獲・飼育・行動生態・繁殖・福祉などについて総合的に説き起こし，「動物園学」の確立を目指す一冊。

農工大 梶 光一・酪農学園大 伊吾田宏正・岐阜大 鈴木正嗣編

野生動物管理のための 狩猟学

45028-6 C3061　　　A5判 164頁 本体3200円

野生動物管理の手法としての「狩猟」を見直し，その技術を生態学の側面からとらえ直す，「科学としての狩猟」の書。〔内容〕狩猟の起源／日本の狩猟管理／専門的捕獲技術者の必要性／将来に向けた人材育成／持続的狩猟と生物多様性の保全／他

上記価格（税別）は2024年7月現在

遺 伝 暗 号

		第 二 塩 基				
		U	C	A	G	
第一塩基 (5′末端)	U	UUU ⎫ Phe UUC ⎭ UUA ⎫ Leu UUG ⎭	UCU ⎫ UCC ⎬ Ser UCA ⎪ UCG ⎭	UAU ⎫ Tyr UAC ⎭ UAA ⎫ 終止 UAG ⎭	UGU ⎫ Cys UGC ⎭ UGA 終止 UGG Trp	U C A G	第三塩基 (3′末端)
	C	CUU ⎫ CUC ⎬ Leu CUA ⎪ CUG ⎭	CCU ⎫ CCC ⎬ Pro CCA ⎪ CCG ⎭	CAU ⎫ His CAC ⎭ CAA ⎫ Gln CAG ⎭	CGU ⎫ CGC ⎬ Arg CGA ⎪ CGG ⎭	U C A G	
	A	AUU ⎫ AUC ⎬ Ile AUA ⎭ AUG Met	ACU ⎫ ACC ⎬ Thr ACA ⎪ ACG ⎭	AAU ⎫ Asn AAC ⎭ AAA ⎫ Lys AAG ⎭	AGU ⎫ Ser AGC ⎭ AGA ⎫ Arg AGG ⎭	U C A G	
	G	GUU ⎫ GUC ⎬ Val GUA ⎪ GUG ⎭	GCU ⎫ GCC ⎬ Ala GCA ⎪ GCG ⎭	GAU ⎫ Asp GAC ⎭ GAA ⎫ Glu GAG ⎭	GGU ⎫ GGC ⎬ Gly GGA ⎪ GGG ⎭	U C A G	

標準アミノ酸の名称と略式表記

アミノ酸	3文字表記	1文字表記
アラニン	Ala	A
アルギニン	Arg	R
アスパラギン	Asn	N
アスパラギン酸	Asp	D
システイン	Cys	C
グルタミン酸	Glu	E
グルタミン	Gln	Q
グリシン	Gly	G
ヒスチジン	His	H
イソロイシン	Ile	I
ロイシン	Leu	L
リシン	Lys	K
メチオニン	Met	M
フェニルアラニン	Phe	F
プロリン	Pro	P
セリン	Ser	S
トレオニン	Thr	T
トリプトファン	Trp	W
チロシン	Tyr	Y
バリン	Val	V